博士论丛

晋东南五代、宋、金建筑与《营造法式》

喻梦哲　著

中国建筑工业出版社

图书在版编目（CIP）数据

晋东南五代、宋、金建筑与《营造法式》/喻梦哲
著. —北京：中国建筑工业出版社，2016.8
博士论丛
ISBN 978-7-112-19731-6

Ⅰ.①晋…　Ⅱ.①喻…　Ⅲ.①建筑史-中国-宋代
Ⅳ.①TU-092.44

中国版本图书馆CIP数据核字（2016）第201065号

　　山西省东南部的长治、晋城两市域内遗存有大量五代、宋、金早期木构建筑，其保存之完好、数量之丰富、类型之多样、分布之密集、样式之典型，在国内均极为罕见，因而被誉为中国古代建筑的一座宝库。近年来，学界对这一地区建筑遗产的关注度持续提升，涌现了大量优秀研究成果。本书为作者就读于东南大学建筑研究所期间撰写的博士学位论文改编而成，主要关注于该地区早期木构建筑中与《营造法式》间存在特定技术关联性的构造特征与样式做法，希冀借由该地区的大量案例，探索《营造法式》编纂发行后对华北地区营造实践的影响情况。

＊　　＊　　＊

责任编辑：吴宇江
责任校对：王宇枢　张　颖

博士论丛
晋东南五代、宋、金建筑与《营造法式》
喻梦哲　著
＊
中国建筑工业出版社出版、发行（北京海淀三里河路9号）
各地新华书店、建筑书店经销
霸州市顺浩图文科技发展有限公司制版
北京建筑工业印刷厂印刷
＊
开本：787×1092毫米　1/16　印张：24¾　字数：442千字
2017年2月第一版　　2020年7月第三次印刷
定价：88.00元
ISBN 978-7-112-19731-6
（35582）

前　言

自五代至宋末的 370 余年时间，是我国历史上最后一次多政权并存的分裂阶段，两宋与辽、金、西夏的对峙，既是农耕的汉民族与内亚诸游牧民族间围绕生存空间的争夺，也是新生的江淮、中原市民文化与深受关陇贵族影响的契丹、党项文化间追逐正统地位的魅力竞赛。王朝之间互争雄长，军事上的暴力手段自不必言，经济、科技、财政制度方面的建设也是体现软实力的绝佳舞台，跨政权的文化交流活动频繁而深刻地影响着社会生活的方方面面，土木营构也概莫能外。

关于这一时期的建筑技术史研究，一是随着存世木构实例的增多，使得地域差别彰显，为样式细分和建立谱系提供了可能；二是随着《营造法式》的出现，使得文本与案例的互证得以实现。如此一来，选择适当的研究对象和切入视角便显得尤为重要。长治、晋城两市地处太行山区，是山西、河南两省交会之处，文化积淀深厚，民风淳朴而交通相对闭塞，气候干冷，近数百年来经济发展也较为滞后，这都从客观上为古建筑的大量保存提供了有利的外在条件。实际上，在这片区域内集中地分布着近百座五代、宋、金时期木构建筑，其存量之大、密度之高、样式之典型、脉络之清晰完整，均是国内所仅见。也正因此，关于这一地域的建筑史研究，近年来呈井喷之势，极为引人关注。

本书改编自笔者的博士学位论文。选题的缘起在于研判《营造法式》中存在的南北方诸要素，寻找线索以厘清其杂糅表象背后的历史真实。自潘谷西先生开创这项工作以来，这也是二十余年间东南大学建筑历史教研室众多师生共同努力的方向，本研究即是这一思路下的又一具体尝试。

将研究视野定格在晋东南，一方面是基于该地区存世案例丰富，足以支撑类型学、谱系学研究需要的现实，另一方面则是基于建筑文化传播中所谓"敏感地域"的考虑。北宋末年，《营造法式》是否确曾如李诫所请求的那样镂版海行，暂时还缺乏直接的文献证据，但从实例来看，其中提及的一些技术、样式在宋、金之交爆发性地出现却是事实，这无疑从侧面印证了《营造法式》在这一时段产生的影响。若以汴梁作为中原建筑文化圈的核心，在其对外传播过程中，晋东南显然是一个多文化圈交会之处，其稍北的晋中、太原地区接近辽、宋边界，建筑风格多少受到辽技术的辐射；晋西南地区与陕西接界，与关、陇、甘、青地区往来密切，再借由晋中和晋东南连通；向东越漳水跨井陉山区与河北相连；向南则直接受到中原文化的熏染。可以说，晋东南是汴梁建筑样式向北、向西流通的必经之路，比对其境内与周边地区木构上典型样式标尺的出现和存世年代先后，即可大致判定技术的传播方向与途径，从而将静态的遗构陈列还原为动态的流播过程。

因此，书中采用了考古学分型分式和年代学的方法，对大量案例进行了量化统计分析，并总结了若干典型做法。在此基础之上，以"厅堂化"现象作为切入点，列举了若干条体现构架简化和技术进化的线索，全面考察了晋东南地区五代、宋、金木构建筑与《营造法式》的内在关联性，勾勒了北宋末及金初《营造法式》在北方的传播情况，系统评价了晋东南地区的匠作传统与匠系水平。

喻梦哲

2016 年 3 月于西安

目　　录

第1章 绪论

1.1 研究缘起

1.1.1 研究背景与对象选择

自五胡乱华以来，我国的分裂局面便以南北对峙为主，晋、宋两度南迁，使得中原的典章仪制在江南顺利传承，汉族社会的文化中心随之迁移，而秦岭淮河线以北地区则长期受以游牧民为主体的异族统治，内外战乱频仍。相对安定的社会环境导致南方经济、文化发展远较北方迅速，这一趋势始于六朝而成于隋唐。近千年来南方的社会生活较北方更为稳定，无论是宗族制度、政区沿革或民俗传统，大都在缓慢推进的过程中部分地保留了古制。相应的，异族持续入侵导致的政权更迭与民族迁徙，一方面破坏了北方的经济建设与社会结构，另一方面也带来了新的刺激因素，体现为各领域中广泛存在的断层清晰的跳跃式发展轨迹。这样的趋势渗透了社会生活的方方面面，木构建筑技术当然也不例外。

如果说关于南北朝、隋唐时期的地区间匠作差异只能通过少许实例和间接图像资料窥得一鳞半爪，那么随着五代以降木构遗存数量的急剧增多，已足以就其差异展开深入讨论，尤其两、宋、辽金的对峙在建筑技术史的研究上具有典型和切实的意义——建筑专书《营造法式》的留存为我们提供了文献与实证相互统合、比对的可能性。

随着《营造法式》于北宋后期颁行，南北方的建筑技术发生了一次大规模的交融。正如江淮以南地区的经济文化水平已全面超越黄河流域一样，此一时期来自南方的技术与样式同样具备了一定的优越性，从而为官方营造活动大量摘用，并因靖康之难导致的京畿地区人口大迁移（包括北徙和南渡等不同方向）而迅速扩大影响，将中原技术反馈至江浙闽赣（如王唤于绍兴十

1

五年在平江府重刊《营造法式》）或进而传播至辽金腹地。[1]

对比河南、山西的北宋与金代建筑实例，可以清晰了解地域传统做法在《营造法式》颁行及随后宋金鼎革、工匠迁移的背景下发生了怎样急剧的转折。可以说早期金构中随处可见的样式驳杂现象体现和定格的正是这一特定时期南北木构技术激荡融合的动态过程，这一内在的混杂性在南方"滞后且泥古"和北方"嬗变规律清晰"的木构建造传统之间，为我们提供了一个短暂存在的交集，作为剥解《营造法式》南、北技术源流的重要佐证。

本书择取山西省东南部长治、晋城两市所辖县市[2]范围内的96处[3]唐五代宋金木构建筑作为研究对象，通过审视其构架类型、构造做法和构件样式等方面的区系特征，观察相关技术现象的内在发展规律及与接邻地区的相似程度，以寻求在大的时空背景下评价本区系内的木构匠作水平，作为技术史研究工作的拓展和深化。

1.1.2 研究目的与选题意义

本书以晋东南长治、晋城两市范围内现存金及以前的木构建筑为研究样本，以其历时性变化规律为考察对象，以技术现象变迁的动因作为切入视点，以《营造法式》的颁行和人员、技术、物资的流动为背景线索，以汴梁地区所特有（或通过对江南地区技术传统的学习获得）的构造做法在泽潞地区的传播、受容和消退情况为客观依据，以《营造法式》及其中涵括的南方技术在北地营造实践中的地位评定为依托，以剥离《营造法式》文本中代表

---

1 金初木作技术悉得自辽、宋工匠，按《金史·世纪》载"黑水旧俗无室庐，负山水坎地，梁木其上，覆以土。夏则出随水草以居，冬则入处其中，迁徙不常"；又据《大金国志·初兴风土》称，辽国治下的女真人"多依山谷，联木为栅，扉既掩，复以草绸缪塞之。穿土为床，温火其下，而寝食起居其上"，即所谓"纳葛"火炕。（宋）许亢宗撰《宣和乙巳奉使行程录》时，会宁州尚只有草创之"皇帝寨"："一望平及旷野，间有居民数十家，星罗棋布，纷杂错乱，不成伦次，更无城郭里巷，率皆背阴向阳……又一二里，命撤伞，云近阙，复北行百余步，有皋宿围绕三四顷，北高丈余，云皇城也，至于宿门，就龙台下马，行入宿围。西设毡帐四座"：其山棚，左曰桃源洞，右曰紫极洞，中作大牌，题曰翠微宫，高五、七尺……木建殿七间，甚壮，未结盖，经瓦仰铺及泥补之。以木为鸱吻，及屋脊用墨，下铺帷幕，榜额曰乾元殿。阶高四尺许，阶前土坛方阔数丈，名曰龙墀。西厢旋结架小苇屋，幂以青幕……"。按《大金国志·燕京制度》，至金熙宗营造上京时"始有内廷之禁"，海陵王迁都燕京以备伐宋，方采纳汉制，"逮三年而有成……金碧翠飞，规模壮丽矣"。

2 长治下辖二区、一市、十县，分别为长治城区及郊区、潞城市、长治县、长子县、屯留县、壶关县、黎城县、平顺县、襄垣县、武乡县、沁县、沁源县；晋城下辖一区、一市、四县，分别为晋城城区、高平市、泽州县、阳城县、沁水县、陵川县。

3 杨子荣.试论山西元代以前木构建筑的保护 [J]. 文物季刊，1994（01）：62-67。按该文数据，晋东南地区现存唐至金木构建筑遗存总计83座，这一数字随着第三次文物普查工作的推进而进一步扩大，详细名录见表3-2。

性做法的南北属性为预设目标，通过构架类型、构造做法和构件样式三个层面，结合若干个富有代表性的局部节点专题，探讨了晋东南地区五代、宋、金木构建筑与《营造法式》的技术关联性问题，从而在《营造法式》的文本释读和区系案例研究之间架起桥梁，既赋予《营造法式》研究以集约化的剖析对象（以解决此类研究中选例所跨时空范围过广，导致比对佐证工作失当的痼疾），也为特定区域内的匠作传统研究提供了足够的文本参照（以解决此类研究满足于在实例层面总结规律，导致结论以描述为主，过于具象而无法提炼其真实历史价值的缺憾）。

选题所具的双面性，一方面通过局部类型划分和定量统计分析的途径，细化和深化了针对晋东南早期木构建筑的整体认知水平，在继承以往学者工作成果的基础上，分不同层次与周边地区同期案例加以比较，提升了对山西境内不同区系木构技术水平、发展速度和相互影响关系的理解；另一方面，借助《营造法式》的定位，对特定时期与历史事件刺激下的建筑技术交流现象作出了回应，并反过来通过实例中典型样式标尺的溯源，推动了判读和剥解《营造法式》文本中混杂的南北技术因子的工作，而这也有助于对区内不同技术选择倾向的成因作出符合历史背景的解释，从而赋予本书"关联性研究"的特殊意味。

1.2 既有研究成果综述

因交通不便，营造学社主持的早期古建筑踏查并未涉足晋东南长治、晋城两市，但对其周边地区进行过相应报道。[1]

中华人民共和国建立以后，中央文化部与山西省文化局联合组织文物普查试验工作队，于1956年针对晋南闻喜、曲沃、夏县、安邑、高平、长治、晋城等县市进行了全面勘察，在晋东南四县内发现早期木构建筑73座（另有砖石塔20座、桥梁4座及经幢、石窟等20余处），并以专文形式将踏查结果发表于《文物参考资料》，[2] 这是我国建筑史学界将晋东南地区遗构纳入研究视野的开始。

此后针对该地区古建筑整体及个案的介绍性文章[3]陆续刊出，包括《太

1　林徽因，梁思成．晋汾古建筑预查纪略 [J]．营造学社汇刊，1935，5（3）：12-66；刘敦桢．河南省北部古建筑调查记 [J]．营造学社汇刊，1937，6（4）：30-128。

2　杜仙洲，李竹君，崔淑贞．晋东南潞安、平顺、高平和晋城四县的古建筑 [J]．文物参考资料，1958（3）：26-42；朱希元．晋东南潞安、平顺、高平和晋城四县的古建筑（续）[J]．文物参考资料，1958（4）：44-48。

3　杜仙洲．晋东南最近发现几座古建筑的报告 [J]．古建筑通讯，1956（1）；朱希元．山西高平玉皇庙 [J]．古建筑通讯，1957（3）；酒冠五．大云院 [J]．文物参考资料，1958（3）：43-44；酒冠五．山西慈林山法兴禅寺 [J]．文物参考资料，1958（11）：59-61；张智．山西长子县天王寺 [J]．历史建筑，1959（1）；杨烈．山西平顺县古建筑勘察记 [J]．文物，1962（2）：40-51，5-6。

行古建筑》[1]、《上党古建筑》[2] 等专著全面介绍了区内的砖石木构及石窟造像遗存。这一时期的工作成果主要是发现并鉴定了天台庵、大云院、崇明寺、原起寺、游仙寺、崇庆寺、青莲寺等重要晚唐、五代、北宋遗构，为文物保护工作的展开和案例研究的深入进行奠定了基础。

"文革"期间相关工作陷入停滞。20 世纪 70 年代末期，清华大学建筑学院莫宗江、徐伯安、楼庆西、郭黛姮等先生为编修《营造法式注释》而集中勘察了该地区早期遗构，并有专文发表。[3]

1990 年以来，随着保护规划编制工作的推进和修缮工程的规范化，针对单体建筑的研究文章[4] 迅速累积，此类成果大体针对案例的历史沿革、建筑形制、实测数据、病理灾害及应对措施等方面详加讨论，具有重要的基础资料价值，在缺乏官方统一数据的情况下，为学界提供了重要的信息来源。另一方面，针对山西省境内文物建筑分布情况和区期特征加以概述的成果亦颇丰富。[5] 这一时段的研究引入了《营造法式》研读的内容，在断代时突出了对历代维修、更换构件的甄别工作，树立了文物建筑本体由不同时期材料叠加复合的理念，并总结出了若干时代性与地域性特征作为评测建筑年代的参校指标。

进入 21 世纪后，相关研究的水平持续提升，在深度上表现为研究方法与对象的双重细化，在广度上则表现为研究案例的增多及与交叉学科的重叠。不同于此前以遗构为对象全面铺开介绍的惯行方法，近来的研究更加重视技术线索，并以之为纲串联大量案例加以举证，[6] 从而清晰描绘出某些特定样式做法的来龙去脉，是对木构研究认识水平的升华和凝练。此外，考古学、民俗学、历史地理学等相关学科的引入[7] 也为技术史研究提

1　建工部建筑科学研究院建筑历史及理论研究所张驭寰，孙宗文，杨平，夏祖高. 太行古建筑[M]. 长治：山西省晋东南专员公署编印，1963。

2　张驭寰. 古建筑勘察与探究[M]. 南京：江苏古籍出版社，1988。

3　郭黛姮，徐伯安. 平顺龙门寺[M]//科技史文集（第 5 辑），上海：上海科学技术出版社，1980。

4　马吉宽. 平顺龙门寺大雄宝殿勘察报告[J]. 文物季刊，1992（4）：22-28；李会智，赵曙光，郑林有. 山西陵川真泽西溪二仙庙[J]. 文物世界，1998（2）：3-25。

5　柴泽俊. 山西几处重要古建筑实例[M]//柴泽俊古建筑文集，北京：文物出版社，1997。

6　李会智. 古建筑角梁构造与翼角生起略述[J]. 古建园林技术，1999（3）：48-51；王书林，徐怡涛. 晋东南五代宋金时期柱头铺作里跳形制分期及区域流变研究[J]. 大同大学学报：自然科学版，2009（8）：79-85。

7　张君梅. 从民间祠祀的变迁看三教融合的文化影响——以晋东南村庙为考察中心[J]. 文化遗产，2011（3）：116-122；朱向东，姚晓. 商汤文化对晋东南宋金祭祀建筑的影响——以下交汤帝庙为例[J]. 华中建筑，2011（1）：157-161。

供了更为广阔的视野，对于揭示特定技术现象背后的人文背景及匠作谱系大有裨益。

这一时期的主要成果大致有以下几种：徐怡涛先生在其博士学位论文《长治、晋城地区的五代、宋、金寺庙建筑》中借助历史时期考古学的相关理论，探索了符合中国古代木结构建筑实际情况的年代学方法，对晋东南地区早期遗存的整体布局和单体形制进行了分期研究，从而大致勾画出了自五代至金末山西、河南、河北地区的建筑形制演变情况，以解决文章中提到的**"少数建筑的年代鉴别尚存在偏差，在建筑史研究成果和历史研究之间缺乏联系互证，致使该地区五代宋金时期隐藏在建筑发展脉络之后的历史信息和意义尚未得以清晰展现"**的弊端；刘妍、孟超针对本区早期歇山建筑的构造特征进行了归纳和统计，在《晋东南地区唐至金歇山建筑研究》系列文章中详加发述；朱向东先生长期致力于山西地域建筑的文化背景研究，就晋东南村庙的空间形态、建筑特征、流线组织等问题作了大量民俗文化学的解释；[1] 刘畅先生从斗栱用昂规律和间架尺度设计的角度出发，以应用数学在古代大木施工中的作用为切入点，著有多篇重要论文；[2] 相较而言，段智钧先生的研究则更加侧重营造尺长和用材等第的复原；[3] 贺大龙先生通过样式比对的手段，提出了碧云寺正殿、布村玉皇庙前殿、原起寺大雄殿等构建于五代的观点，并据之总结了本区晚唐五代建筑的一般特征。[4]

总的来说，断代标尺的择取、构造特征的分析、文化背景的阐述、尺度规律的复原，构成了近来关于晋东南地区早期遗构研究的主要内容。在此基础之上，通过梳理地方做法与《营造法式》相关制度的异同及其内在联系，提炼出形成区系样式特征的技术内因，从纷繁的演化表象中总结代表性的技术线索，由点及面把握这一遗构群体的独特性及普遍性，就其在我国木构技术发展脉络中的地位给予恰当评价，正是本书试图达成的主要目标。

1　朱向东，刘芳．中国传统文化影响下的寺院空间形态分析——以宋、金时期晋东南佛寺建筑为例［J］．古建园林技术，2011（1）：43-45；贺婧，朱向东．山西东南地区宋代建筑特色探析——以晋城二仙庙为例［J］．文物世界，2010（3）：39-41。

2　刘畅，刘芸，李倩怡．山西陵川北马村玉皇庙大殿之七铺作斗栱［M］//王贵祥主编．中国建筑史论汇刊（第4辑）．北京：清华大学出版社，2011：169-198。

3　高天，段智钧．平顺龙门寺大殿大木结构用尺与用材探讨［M］//王贵祥主编．中国建筑史论汇刊（第4辑）．北京：清华大学出版社，2011：224-238。

4　贺大龙．长治五代建筑新［M］．北京：文物出版社，2008。

1.3 研究框架

1.3.1 研究方法与技术手段

晋东南早期木构遗存众多，建造年代间没有大的断档，[1] 分布相对集中，样式序列连续且样本基数较大，利于在较小地域范围内考察建筑风格与技术选择的时代性嬗变规律。

本书的侧重点在于探寻南北技术交流下典型技术因子的异动情况，以晋东南地区原生的传统木作技法为背景，以与《营造法式》相关的外来匠作思维为镜鉴，探求区域间技术渗透的史实。为此，需要以建筑学的方法，从不同维度层析本区案例，在《营造法式》文本与木构实例间建立联系，以具备时空坐标性质的特定样式、技术做法衡量来自中原、南方的新技术在区内的营造实践中起到的刺激作用。此外尚需参考相关的类型学、谱系学、年代学分类方法，以期对晋东南金以前遗构的技术源流加以梳理和定位。

1.3.2 全书框架及逻辑线索

本书主体部分共有6章：第2到4章大致按照构架体系（宏观）、构造类型（中观）、构件样式（微观）的分级模式，对晋东南地区早期木构遗存的地域特征进行了分类探讨；第5章以构造专题的形式揭示了《营造法式》颁行后对该地区匠作传统的影响情况；第6章则在过往发表的实测资料基础上，对本地区木构建筑的平面间椽尺度规律进行了分析，总结出若干种可能的设计模式。各章具体内容如下：

第1章为绪论。

第2章回顾并重新梳理了厅堂、殿堂的定义及其判别标准，解释了过渡性做法在晋东南实例中占据主流的原因，讨论了北方厅堂的原生性问题及南北厅堂的差异，详细罗列了从典型殿堂到厅堂的漫长发展链条中存在的一系列折中式做法，并对其加以评价。该章从构架体系的宏观视角审视了晋东南木构长期停滞在简化/厅堂化进程初级阶段的事实及其原因，为本区木构技术的历时性发展特点作了背景铺垫。

第3章利用数理统计和年代学的方法，对区内实例的节点类型进行了详细统计，在此基础上，与毗邻地区的相关做法进行比对，从而在构造的中观

1　就纪年确定的案例而言，以宋金鼎革的公元1127年为界，计得北宋样本23个（分布于130年间），金代样本22个（分布于100年间）。自公元970～1230年，以10年为一个单位进行考察，可知实例主要断档集中在公元1000～1059年的半世纪中（总计只有2例）。北宋遗构时代上的集中趋势更为明显（公元1070～1120年的半世纪内囊括了15个样本，占总数的65.2%），而金代的样本分布则相对均衡。

层面归纳梳理了大量案例，同时从共时性的跨区域比较中实现了区系内匠作技法的自明，为本书相关结论的提出提供了翔实有力的实例佐证。

第4章通过选取三个与构造相关的样式线索（耍头拟昂现象，照壁趋简现象，扶壁栱配置特异化与程式化两分现象），论证了本区内的木构技术简化/厅堂化趋势在《营造法式》颁行之后的加速倾向，从微观的构件样式其及组合方式的角度入手，揭示了造成这些样式变动的成因，描绘了在工匠趋简意识的促进下，构架体系、构造节点与构件样式间的连带互动图景，进而诠释了样式更替背后的逻辑，并着重勾勒了简化现象在该时段内的具体表现方式，从而有助于深化对我国木构技术发展历程的整体认知水平。

第5章择取了三个构造专题（串的普及与襻间的退化，角梁平置与结角做法的归一，槫柱错缝及其尺度调节手段），以之作为与《营造法式》载录制度比对的线索，折射出《营造法式》本身也因应技术趋简原则而有所取舍的事实。

第6章讨论了在整数尺柱间制的前提下，晋东南早期遗构的间椽调配方法及其中可能存在的基准长单位（或模数组合），通过营造尺复原的途径研判了椽长组合的可能情况（以及椽长作为扩大模数控制地盘的可能性），较为系统地讨论了本区实例屋宇基本尺度的构成模式，并得出了若干初步结论。

据以上内容整理全书框架，如图1-1所示：

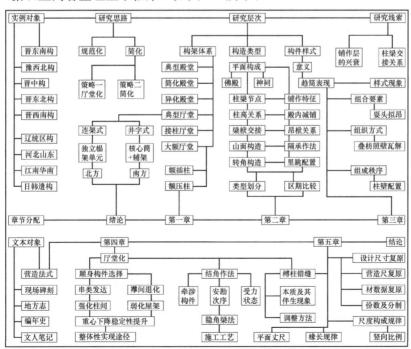

图 1-1　全书整体框架

1.4 史地背景

1.4.1 晋东南地区的地理特征

山西历称"表里山河"[1]，境内高山林立、大河贯流，东以太行山为界与河北相望，西、南两面以黄河为堑界分陕西、河南，北以长城为境与内蒙夹峙。省内自东北至西南为一连续断裂带，由若干山岭分作系列盆地（图1-2）：北部以管涔山、洪涛山、恒山、采凉山、七峰山围出大同盆地，桑干河流贯其间；东北部以恒山、五台山、系舟山、云中山区隔出忻定盆地，滹沱河由繁峙发源，穿代县、原平、定襄，自五台南麓东流正定、献县后会滏阳河入海；晋中盆地北起黄寨石岭关，南抵灵石韩侯岭，以太岳山、吕梁山东西围合而成，境内汾河、文峪河、潇河纵横交织，颇利于灌溉；韩侯岭以南，侯马以北，霍山、高天山夹峙临汾盆地，汾河南流至侯马、新绛后折而向西，于河津汇入黄河；汾河南岸，中条山、峨眉岭与黄河之间夹有运城盆地；东部则自五台山以南、系舟山与井陉山间形成山脉环抱的沁潞高原，其上因河流侵蚀切割而形成系列丘陵与盆地，其中以长治盆地最大，此外自北向南尚依次分布有寿阳—阳泉盆地、武乡—襄垣盆地、黎城—晋城盆地等。省内河流众多，流域面积大于 $4000km^2$ 的计有汾河、沁河、涑水河、三川河、昕水河、桑干河、滹沱河、漳河八条，其中前五条向西、南方向流动，属黄河水系，后三条东流，属海河水系。

晋东南地区的主要水系由浊漳河（向东与清漳水汇流后形成漳河）、沁河及丹河[2]（南向并入黄河）构成（图1-3）。其中丹河[2] 源出丹朱岭，自泽州出山西入河南，在沁阳汇入沁河后注入黄河；沁河[3] 发源自太岳山二郎神沟，流经沁源、安泽、沁水、阳城后切穿太行山进入河南省境，全长

---

1 《左传》"僖公二十八年"条："子犯曰：'战也。战而捷，必得诸侯。若其不捷，表里山河，必无害也。'"

2 （清）顾祖禹《读史方舆纪要》记丹河"源出高平县西北仙公山，流经州境合白水，下流入于沁河……"，一名长平水，"志云：丹水上源合上党诸山之水建瓴而下，每暴雨，涨高二三丈，浮沙赤赭，水流如丹，因名"。郦道元《水经注》称："丹水出长平北山，南流。秦坑赵众，流血丹川，由是俗名为丹水，斯为不经矣……丹水又迳二石人北，而各在一山，角倚相望，南为河内，北曰上党，二郡以之分境……丹水又南，白水注之。水出高都县故城西，所谓长平白水也。东南流历天井关……丹水又西，迳苑乡城北，南屈东转，迳其城南，东南流注于沁，谓之丹口。"

3 （北魏）郦道元《水经注》称沁水"出上党涅县谒戾山。沁水即少水也，或言出谷远县羊头山世靡谷……沁水又迳沁县故城北，盖藉水以名县矣……又东与丹水合，水出上党高都县故城东北阜下，俗谓之源源水……"

8

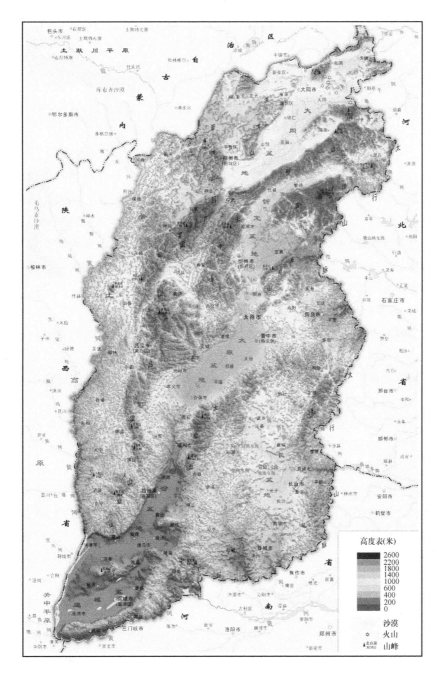

图 1-2 山西省内山脉及盆地分布

来源：http://www.maptown.cn

450km；漳河分清、浊两支，清漳[1]自黎城下清泉流入河北省境，在山西境内长150km，浊漳[2]由平顺马塔村流入河南省境，在山西境内长度223km，沿途汇有故城水、淘水、蓝水、梁水、伞盖水、绛水、涅水、小漳水、濩泽等多道支流。

从河流水运的角度出发，无疑漳河流域的武乡、沁县、襄垣、黎城、潞城、平顺等县市与河北、山东的联系紧密，而沁河/丹河流域的沁源、安泽、沁水、阳城、泽州等地与河南的交流频繁。两河之间的屯留、长子、长治、壶关、高平、陵川等地则处于过渡区域，兼受河南、河北地区的文化辐射（图1-4）。这一点在木构建筑类型及相应构造做法上也有所体现，如本地区宋、金时期的厅堂实例多集中在东部漳河沿线的武乡、沁县、襄垣、平顺一带，而沁河流经地区均采用简化殿堂形式；又如与辽技术关系紧密的斜栱做法，率先且大量分布于长治东部，而在受中原文化浸润更深的晋城南部则甚少出现。这些都是道路及水系交通限制带来的技术传播差异的具体表现，是技术史研究中不容放过的现象。

1.4.2　晋东南地区的建置沿革

山西地处黄河流域中干地段，境内分布有旧石器文化遗址百余处，相传嫘祖出自夏县，后稷出自稷山，可见其农耕文化之发达与早熟；而"尧都平阳、舜都蒲坂、禹都安邑"，均在临汾、永济一带，加之文献佐证和二里头类型文化遗址的大量出土，可知晋南是三代先民聚居的中心区域。

公元前17～前11世纪，晋南大部分地区位于"邦畿千里"的范围之内，受商王朝直接管辖，另有若干小的方国（如䣜、黎、亘方等）杂处其间。西周分封诸侯，贾（临汾）、魏（芮城）、潞（潞城）、黎（长治）、徐（屯留）等国皆出自姬氏，与晋同宗。春秋各国力行兼并，晋之疆域大张，为此在边远地区设郡而在内地设县，首开郡县制度之先河。三家分立后，晋东南地区成为韩、赵、魏交界之处，其中上党（长子西）属赵，潞（黎城）、泫氏（高平）、高都（晋城）属魏，而韩国领有涅（武乡）、铜鞮（沁县）、屯留、长子、端氏（沁水）、泽（阳城）。

秦始皇二十六年（公元前221年）分天下为三十六郡，参考《汉书·地

1　按《水经注》，清漳水"出上党沾县西北少山大要谷……《淮南子》曰：清漳出谒戾山……东过涉县西，屈从县南。按《地理志》，魏郡之属县也。漳水于此有涉河之称，盖名因地变也。东至武安县南黍窖邑，入于浊漳"。

2　《水经注》称浊漳水"出上党长子县西发鸠山。漳水出鹿谷山。与发鸠连麓而在南，《淮南子》谓之发苍山，故异名互见也。左则阳泉水注之，右则散盖水入焉。三源同出一山，但以南北为别耳。"

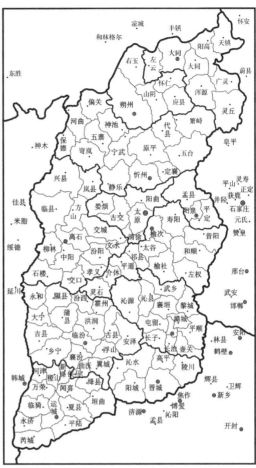

图 1-3　山西省内主要水系分布

来源：改绘自山西省及周边地区公路里程

地图册［M］. 北京：地质出版社，2011

图 1-4　山西省政区设置

来源：改绘自中国分省地图册［M］.

成都：成都地图出版社，2011

理志》可知山西境内分有河东、太原、雁门、代、上党五郡，上党[1] 郡下辖
长子、铜鞮、壶关三县。汉初郡、国并置，武帝元封五年置十三州刺史部及
司隶校尉部（东汉省去朔方刺史部，归作十三州），州置刺史，郡置太守，
国置相，郡以下为县、道（谓有蛮夷居处者）、邑（谓贵戚食地）、侯国（谓
县之别封者），县道又分大小（大置令、小置长），总的来说仍遵循州、郡、
县的三级行政划分。山西境内的河东郡（含今沁水县）属司隶校尉部，其余
太原、上党、云中、西河、雁门、代等六郡均属并州刺史部，上党辖县十

---

1 （宋）朱熹《二程外书》卷十称上党之得名系因"天下独高处，无如河东上党者，言上与天
为党也"。

四：长子、屯留、余吾、铜鞮、沾、涅、襄垣、壶关、泫氏、高都、潞、猗氏、阳阿、殸远，涵括今晋东南地区的绝大部分。

魏晋袭汉旧制，晋东南地区分属司州司隶校尉部平阳郡（下辖濩泽县，即今阳城县）和并州刺史部上党郡（潞、屯留、壶关、长子、泫氏、高都、铜鞮、涅、襄垣、武乡十县）。北魏太武帝神麚元年（公元428年）占有山西全境后，析之为九州三十五郡，晋东南地区主要归属并州与建州（十六国时期，西燕慕容永分上党一部置建兴郡，北魏孝庄帝永安间改建州，领有长平、高都、安平、泰宁四郡，北齐代东魏后并作长平、高都二郡，北周灭北齐后并作高平郡），北周宣政元年（公元578年）始置潞州。

隋文帝开皇三年（公元583年）废除郡制，以州统县，并于冲要诸州设总管府；炀帝大业三年（公元607年）复州为郡，但仍保持两级行政制。按《隋书·地理志》可知山西境内含十四郡八十七县，晋东南之丹川（晋城）、沁水、端氏、濩泽、高平、陵川六县属长平郡（开皇初改建州为泽州，大业初改泽州为长平郡），上党、长子、潞城、屯留、襄垣、黎城、五乡、铜鞮八县属上党郡（其时并辖有沁源与涉县）。

唐高祖武德元年（公元618年）重又罢郡置州，其后改州总管为都督府；太宗贞观十三年（公元639年）有四十一都督府、三百五十八州（其中九州属京畿直辖）；睿宗景云二年（公元711年）省并为上中下二十四都督府，其持节者为节度使；玄宗天宝间仅有十节度，而安史之乱后遍置，山西境内即有三个（河中、河东、泽潞）。军制之外，贞观十六年（公元627年）因山川方位另分天下为十道，开元二十一年（公元733年）改为京畿、关内、都畿、河南、河北、山南东、山南西、陇右、淮南、江南东、江南西、黔中、剑南、岭南等十五道，并置采访使（后改观察处置使，为节度使兼官）。按《唐书·地理志》，山西属河东道，下辖河中、太原二府及晋、绛、慈、隰、汾、沁、辽、岚、宪、石、忻、代、云、朔、潞、泽十九州，其中泽州高平郡领六县（晋城、端氏、陵川、阳城、沁水、高平）和潞州上党郡所领十县（上党、壶关、长子、屯留、潞城、襄垣、黎城、涉、铜鞮、武乡）即构成现晋东南地理概念的基本版图（唐初武德间曾于襄垣设韩州，贞观十七年废，以其所辖五县并入潞州）。

五代时期，山西全境基本处于南北对峙状态（如后周之于北汉），因后晋割燕云十六州予契丹，导致蔚、朔、云、应、武等州始终未能由宋统辖。北宋行用路、州（府军）、县三级行政制，太宗至道三年（公元997年）分天下为十五路并置转运使，神宗元丰八年（公元1085年）更析为二十三路，徽宗宣和四年（公元1121年）最终扩为二十六路。按《宋史·地理志》，山西除西南一部外，均在河东路治下。河东路含三府（太原、隆德、平阳）、八军（庆祚、威胜、平定、岢岚、宁化、火山、保德、宁晋）、十四州（绛、泽、代、忻、汾、辽、宪、岚、石、隰、慈、麟、府、丰，其中后三州不在今山西省境内）、八十一县。如图1-5所示，晋东南各县分属隆德府（上党、屯留、襄垣、潞城、壶关、长子、黎城、涉）、泽州（晋城、高平、阳城、端氏、陵川、沁水）与威胜军（铜鞮、武乡）管辖。

金置五京、十四总管府，合为十九路（原为二十路，临潢府路后并入北京路），于山西北部置西京路（辖大同府及应、弘、朔、武诸州）、中部置河东北路（辖太原府及晋、忻、平定、汾、石、代、隩、宁化、岢、岚、保德、管诸州）、南部置河东南路（辖平阳、

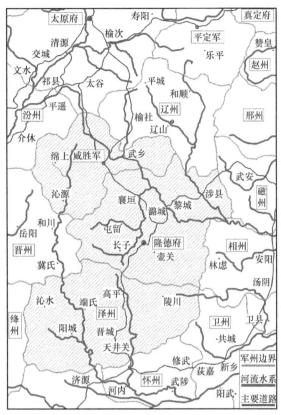

图 1-5 宋代晋东南地区建制与交通

来源：改绘自谭其骧. 中国历史地图集 [M].
北京：中国地图出版社，1996

河中两府及隰、吉、绛、解、泽、潞、辽、沁诸州）。潞州治所上党，辖上党、壶关、屯留、长子、潞城、襄垣、黎城、涉八县；泽州（天会六年为与北京泽州区别，加"南"字，天德三年去除）治所晋城，下属晋城、端氏、陵川、阳城、高平、沁水六县。

元初以潞州隆德府行都元帅府事，元太宗三年（公元1231年）复为潞州，隶平阳路，至元三年（公元1266年）以涉县割入真定府，仅领上党、壶关、长子、潞城、屯留、襄垣、黎城七县。泽州于元初置司候司，领晋城、高平、阳城、沁水、端氏、陵川六县，与五代、宋、金时期的边界相同，至元三年省司候司，以陵川入晋城、端氏入沁水，并作五县（《元史》卷五八）。元代泽潞地区州县级别全部被降为下等，这或许是其疆域远大于宋金所致，抑或肇因于战乱导致的户口锐减。

总的来看，晋城（泽）向为上等州/郡，长期置于长治（潞）管辖之下，且后者在唐代达到政治、经济地位的最高峰——玄宗置潞州大都督府，中唐

后改昭义军节度，其管辖范围一度达到河北省邢台（邢州）、永年（洺州）、邯郸（磁州）一带。五代后梁改为匡义军、后唐称安义军，后晋复为昭义军，宋太平兴国初改为昭德军节度，仍以隆德府为大都督府。"**（太平兴国）二年，以铜鞮、武乡两县属威胜军**"，意味着下辖区县的减少，但《宋史·地理二》记其"**旧领河东路兵马钤辖，兼提举泽晋绛州、威胜军屯驻泊本城兵马巡检事**"，则仍保持区域性中心军镇的地位，且可进一步向北、西辐射。按《金史·地理下》，天会六年（公元1128年）置为"**节度使兼潞南辽沁观察处置使**"，已不再控扼晋西州县。与之相反，泽州的地位在金中晚期相应有所上升，以因应与蒙元间的战争需要，"**贞祐四年（公元1156年）隶潞州昭义军，后改隶孟州。元光二年（公元1223年）升为节镇，军曰忠昌**"（《金史》卷二六）。

一般意义上的晋东南地区即对应于上党、高平两郡（图1-6），其疆域范围自秦、汉至隋保持大致稳定；唐开元七年（公元719年）因玄宗曾任潞州别驾而特设大都督府，覆盖泽、潞二州全境及沁、辽二州局部，宋、金大致因沿其旧；元代版图特大，将其缩改入晋宁路（初名平阳路，大德九年因地震改名），明、清则复为潞安府、泽州府。抗日战争时期以白晋铁路为界，路东为太行区、路西为太岳区；新中国成立后建立长治专署，1959年改为晋东南专区，这也是学界惯以"晋东南地区"统称该区四市十四县的原因，兹录其名称沿革如下：

长治，春秋时为黎侯国，西汉置壶关县，东汉至元均称上党，明洪武二年（公元1369年）废，并入潞州，嘉靖七年（公元1528年）复置长治县，为潞安府治所。

潞城，东周时为赤狄潞子国，秦置潞县，北魏太平真君十一年（公元450年）废入刘陵县，隋开皇十六年（公元596年）置潞城县，唐天祐二年（公元905年）改潞子县，五代后复称潞城。

晋城，秦初置高都县，隋改丹川、唐初改晋城，清改名凤台，民国恢复为晋城。

襄垣，以赵襄子曾于此地筑城而得名，一度为韩国别都，故称韩州，秦、汉建襄垣县，此后县名延续至今。

黎城，为春秋时黎国故地，北魏太平真君十一年（公元450年）置刘陵县，隋开皇十八年（公元598年）改黎城县，唐天祐二年（公元905年）改黎亭，宋熙宁五年（公元1072年）并入潞城县，元祐八年（公元1093年）复置黎城县，其后未再变更。

平顺，在太行之巅，明嘉靖八年镇压陈卿起义后，分黎城、潞城、壶关三县各一部，合为平顺县，以期平定归顺之意，此后屡经裁撤、复置。

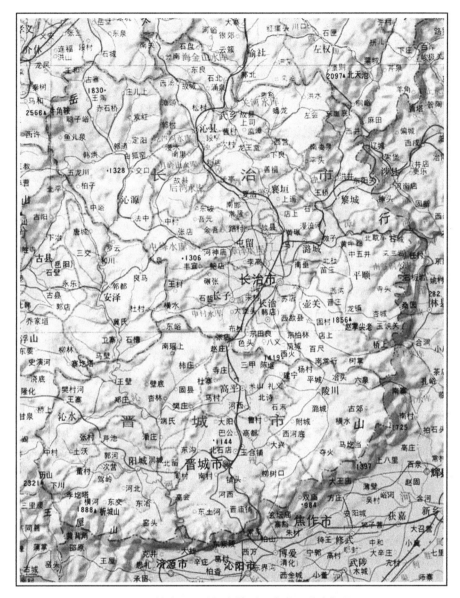

图 1-6　长治、晋城两市地形及水系、道路交通

来源：http：//www. maptown. cn

壶关，汉代以壶口为关，因之得名，历代仍沿不辍。

屯留，商时为余无戎、西周为徐国、春秋称留吁、战国称纯留，西汉置屯留、余吾两县，东汉归并，其后因袭至今。

长子，因传为帝尧之子丹朱封邑，故得名，西汉时为上党郡治所，西燕以之为都，北齐废除，隋开皇十八年改寄氏为长子，此后未变。

高平，古称泫氏，北魏于长平故城置高平县，北齐废泫氏，而移高平县

15

于泫氏故城。

阳城，唐以前称濩泽，此后称阳城。《新唐书》卷三九"地理三"称其地盛产铜、锡、铁，素有铸钱之利。

沁水，汉以前称端氏，北魏孝昌二年（公元526年）另于固镇设永安县，北齐改称永宁，隋开皇十八年（公元598年）改称沁水，以沁河纵贯全境而得名。此后沁水、端氏分治，元至元三年（公元1266年）合并。

陵川，隋开皇十六年（公元596年）始置县，因县境中部多丘陵、西南为平川，故得名。

沁源，西汉置谷远县，西晋末废除，北魏另置沁源县，延续至今。

沁县，汉以前称铜鞮，宋以后历代均为沁州治所，向以"北控晋阳、南襟潞泽"闻名，是晋东南地区与外界联系的交通要冲。

武乡，西周称皋狼，以涅水流经之故，战国至东汉期间历称涅、涅氏、涅县，西晋置武乡县，亦称南亭。

1.4.3 晋东南与周边地区的交通联系

太行历来被视作天下之脊，长治、晋城两地又控扼太行之险，自古即为兵家必争之地。[1] 其与周边地区的交通联系，大致以沁河、浊漳河为脉络，

---

1 （清）顾祖禹《读史方舆纪要》卷四二"潞安府"条："府据高设险，为两河要会，自战国以来攻守重地也。周最曰：'秦尽韩、魏、上党、太原，秦地天下之半也，制齐、楚、三晋之命。'荀子曰：'韩之上党，地方数百里，而趋赵，赵不能凝也，故秦夺之。'汉初韩信收上党，乃下井陉。东汉初冯衍遗上党守田邑书曰：'上党四塞之固，东带三关。'晋太和四年，燕皇甫真告其主暐曰：'苻坚有窥上国之心，洛阳、太原、壶关皆宜选将益兵，以防未然。'盖洛阳、太原，邺都之外屏，而壶关则肘腋之备也。时申绍亦言：'宜移戍井土，控制西河，南坚壶关，北重晋阳，西寇来则拒守，过则断后。'暐皆不用。继而苻坚命王猛伐燕，谓猛曰：'当先破壶关、平上党，长驱趋邺，所谓迅雷不及掩耳。'唐李抱真曰：'山东有变，上党常为兵卫。'杜佑曰：'上党之地据天下之肩脊，当河朔之咽喉。'杜牧曰：'泽潞肘京洛而履河津，倚太原而跨河朔。'语其形胜，不特甲于河东一道而已。五代梁围潞州，晋王存勖曰：'上党，河东藩蔽，无上党是无河东也。'宋靖康初粘没喝围泽州，种师中请由邢、相间捷出上党，措其不意。王应麟曰：'上党于河北常为兵卫者，以东下壶关则至相州，南下太行则抵孟州也。'明初定山西，亦由泽、潞而北，上党诚自古必争之地矣。"又卷四三"泽州"条："山谷高深，道路险窄，战国时秦争韩、魏，往往角逐于此。自两汉之季以迄晋室之衰，自晋阳而争怀、孟，由河东而趣沁、洛，未有不以州为孔道者。后魏都洛，追其末也。河北多事，高都、长平恒为战场。隋末窦建德与唐相持于虎牢，其臣凌敬谓宜取怀州、河阳，鸣鼓建旗，瑜太行入上党是也。唐之中叶，泽潞一镇藉以禁制山东。说者谓州据太行之雄固，实东洛之潘垣。五代时晋王存勖败梁人于潞州，进攻泽州，梁将牛从节自天井关驰救，曰：'泽州要害，不可失也。'继而梁争上党，往往驻军泽州。周显德初，周主败北汉兵于此，而河东之势日蹙。宋初李筠起兵泽潞，间丘仲卿说筠：'公孤军举事，大梁甲兵精锐，难与争锋，不如西下太行，直抵怀、孟，塞虎牢，据洛阳，东向而争天下，计之上也。'筠不能用而败。盖太行河北之屏障，而州又太行之首衡矣。"

16

分为南北、东西两轴。

1) 沟通河洛与晋阳的南北孔道

山西东侧、东南侧以太行与王屋山脉与河北、河南划界，太岳与中条山则从省内将临汾、运城盆地和长治盆地区隔为晋东南、晋西南两个部分。沁河自太岳山麓迤逦南下，经沁源、安泽、阳城，在沁阳与灌溉高平、晋城、泽州的丹河水系并流，过温县后汇入黄河。沁河沿途冲击出狭长河谷，最终与长治盆地南缘接通，构成连通洛阳与太原的天然孔道。

这一南北向通道的始末位置历代略有变迁，但大致走向固定：自洛阳出发，经野王北上，于孟津渡河至怀州，过天井关，经泽州、高平至潞州，分道铜鞮或武乡抵石会关至太谷、祁县，即可进入太原，全程900余里。

开辟该道路的直接动因是周平王迁都成周后，须联络晋国以控御戎狄。战国时随着太行山两侧南北干线[1] 及横贯其间东西向陉道[2] 的开通，三晋与中原诸国的联系更加紧密，这条通道历秦、汉、魏、晋、北朝均无大的改动，直至隋仁寿四年（公元604年）新建龙门（河津）至上洛（商州）间道路[3] 以联络大兴与洛阳，晋东南地区方与关中一带取得直接联系。

唐龙兴于太原，自立国之初便定其为北都，并置河东节度使以防御突厥。中唐以后因藩镇割据导致南北驿道淤塞，由长安出发，无论向西北通达回纥或向东北联络幽州，均只能经由太原、雁门道实现，而太原至洛阳道路须取次泽潞，这也间接提升了该地区的重要性。

入宋后，出现了汴梁与太原间的直接通道（自开封西北行，经卫州、泽州、高平、隆德府至太原），同时翻修了前述洛阳至太原的太行通道[4]，并新

1　战国时期的太行山东侧干道起自温县，经怀、宁、汲、朝歌、安阳、邺直抵赵都邯郸（如《史记·魏世家》记信陵君议论秦攻赵路线："**道河内，倍邺、朝歌，绝彰滏水，与赵兵决于邯郸之郊**"），其后经信都、东垣、中山、武阳到达燕都蓟，继续东行经无终、令支、孤竹，穿山海关即可抵达辽东。太行山西侧干道同样始于温县，经野王到上党，北上屯留、铜鞮、祁（或自屯留折向檰阳、阏与、魏榆）后抵达晋阳。

2　（晋）郭缘生《述征记》最早言及太行八陉，即轵关陉、太行陉、白陉、滏口陉、井陉、飞狐陉、蒲阴陉、军都陉。其中轵关陉始于济源，轵道西通上党、北达中山；滏口陉始于邯郸，连接武安、邺、黎城，最终抵达上党。

3　《隋书·炀帝记》称该道路"**东接长平（高平）、汲郡（滑县），抵临清关渡河，至浚仪（开封）、襄城，达于上洛，以置关防**"，全长约两千里，可借之向两京输送汴梁、南阳的物资。另据《资治通鉴·隋纪四》载，大业三年（公元507年）五月"**发河北十余郡丁男凿太行山，达于并州，以通驰道**"，扩充了由洛阳经济源、长治到太原的交通输送能力；翌年又令河北诸郡男女百余万开永济渠，引沁水入黄河并北通涿郡。

4　《续资治通鉴·宋纪一》载建隆元年（公元960年）赵匡胤平定李筠叛乱，于泽州进军潞州途中"**山程狭隘多石，帝自取数石于马上抱之，群臣六军皆争负石开道**"，即日平为坦途；同书又载建隆三年（公元962年）"**发潞州民开太行道通馈运**"。

修阳壶故道[1]，晋、豫间的交通选择更趋便利和多样。

2）联络晋阳与邺城的东西通道

汉末战乱导致长安、洛阳地区遭受重创，自建安元年（公元196年）迁都许昌，九年（公元204年）定邺城为陪都后，出现了环绕漳河的新政治中心。自邺城西行，经武城北上临水（磁县）、九龙口过滏口，沿漳水行至毛城（涉县）即可途次上党，北达晋阳。建安十一年（公元206年）曹操平定并州牧高干叛乱时即利用这一通道，并留下脍炙人口的《苦寒行》："**北上太行山，艰哉何巍巍！羊肠坂诘屈，车轮为之摧。**"

北魏前期修整了井陉路、莎泉道（灵丘道）、河西猎道等边道以加强河北、山西北部的联系。永熙三年（公元534年）北魏分裂，东魏建都于邺城，而高欢常居晋阳，形成实质上的两都并立局面，高洋篡立后，北齐皇室频繁往来于晋阳、邺城间，在漳水、涅水沿岸留下大量石窟造像，可见其时皇室扶持下僧侣活动之兴盛，以及沿漳河东西通道之繁忙。

借由此路，晋东南地区得以跨越太行天险，与河南北部、河北南部取得直接联系。而经由泽潞的周转，来自东部的人员、物资可在不经由灵丘、雁门道的前提下抵达太原，这在中原王朝与北方割据势力构兵角力时显得尤为重要。与此同时，晋东南与晋西南间长期交通阻隔，须按"人"字形路线先行上折至太谷、祁县，再向西南下折阴地关抵达晋州、绛州，继而西向直驱关中，方可将京兆府、隆德府、大名府、真定府连成一线（图1-7）。正因如此，晋西南与晋东南地区木构技术特征的交集，往往在作为中转地的晋中地区建筑上得到体现。

1.4.4 晋东南地区的经济发展与人口流动

山西自古胡汉杂处，半农半牧的自然条件及接邻河套平原的地理位势使得民族交融易于实现，周秦之戎、狄[2]、楼烦、林胡，汉魏之乌桓、鲜卑、匈奴五部，北朝之五胡，隋唐之突厥、九姓杂胡、回纥，五代之沙陀、契丹等少数民族势力，均在山西境内与汉族呈犬牙交错之势，杂居共处。

五代时期中原王朝与北方藩镇在上党地区攻守拉锯，五十余年间构兵不止（如开平元年朱全忠与李克用潞州之战、清泰三年赵德均与石敬瑭潞州之战、显德元年柴荣与刘崇高平之战等），直至宋初平定北汉，山西中南部方得以恢复正常生产。

辽宋以雁门为限对峙，党项亦不时犯边，使得晋中北地区成为重要的军

---

1 阳壶故道因位于渑池县黄河沿岸阳壶村得名，取道济源而无须绕行卫辉，较早前线路距离更短。五代宋初晋豫间盐茶贸易频繁，且有用兵北汉的需要，故令将作监吕蒙正督修该通道。

2 《国语》"晋语二·宰孔谓其御"："**景、霍以为城，而汾、河、涑、浍以为渠，戎狄之民实环之。**"

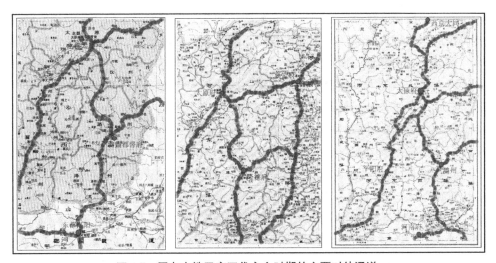

图 1-7 晋东南地区唐五代宋金时期的主要对外通道

来源：改绘自谭其骧．中国历史地图集［M］．北京：中国地图出版社，1996

事前线。神宗、哲宗两朝历行新法，锐意军事，三十年间投入大量资源用于应对陕西、河东、河北三路的边衅。为筹备军费，通过放派青苗钱及摊派免役宽剩钱的方法变相提高税收，同时大量印铸铁钱、又以便籴或折算便钱的方式将东南漕米转输前线，并放宽度牒发放额度，这些行为无疑刺激了作为中原与北境边镇通道上枢纽所在的长治、晋城地区的社会经济发展水平，物资、人员、信息的加速流动使得技术的迅速传播成为可能。

金初对辽、宋用兵，重视掳掠人口，对契丹、五国部等北方民族采取怀柔安抚政策，就地安置，编制于女真族的猛安谋克组织中加以看守；对汉族则采取强制迁徙、充实金源内地的策略，以缓解东北地区及新占北方都市人口匮乏、生产力不足的窘迫境况。[1]

---

1 《金史·食货志一》记天辅六年（公元1122年）金军攻克燕京"既定山西诸州，以上京为内地，则移其民以实之"；又《金史·太祖纪》载天辅七年（公元1123年）诏令："郡县今皆抚定，有逃散未降者已释其罪，更宜诏谕之。前后起迁民户去乡未久，岂无怀土之心？可令所在有司深加存恤，勿辄有骚动。"金入寇中原时仍处在奴隶制社会阶段，视人口为最重要之财产，故在联宋破辽后围绕郭药师常胜军的归属问题发生争执，并因强行起征燕京富户导致辽南京留守张觉起兵举事附宋，进而撕毁海上之盟南下侵夺汉地。天会四年（公元1126年）闰十一月汴梁城破后金军俘获徽钦二帝及宗室、外戚、官吏、军卒、百工娼伎等十余万人北归；六年（公元1128年）西路军统帅宗翰又迁徙洛阳、襄阳、颍昌、汝、郑、均、房、唐、邓、陈、蔡等州府民户，中原人口为之一空，按《三朝北盟会编》卷九记载："初，男女北迁者以五百人为队，虏以数十骑驱之，如驱羊豕。京师人不能徒走远涉，稍不前即敲杀，遗骸蔽野。"金军占领河东路后实行高压统治，致使义军蜂起，流民南下附宋者道路相连。为此，金太宗天会十一年（公元1133年）诏令女真人户自东北南迁，充实新占河北、河东地区，从而实现了北方与中原人口的双向交换。据《大金国志·太宗文烈皇帝六》记当时情状："秋，起女真国土人散居汉地。女真，一部族耳，后既广汉地，恐人见其虚实，遂尽起本国之土人棋布星列，散居四方。令下之日，比屋连村，屯结而起。"

借由输入汉族百工士商，金源故地的社会发展水平急遽提升，如上京会宁府"**自金人兴兵后，虽渐染华风，然其国中之俗如故，已而往来中国，汴洛之士多至其都，四时节序皆一中国侔矣**"（《建炎以来系年要录》卷一九）；同时，人口的大规模流动迁徙也为中原技术的北传奠定了基础，诸如北宋御前承应王逵入金后绘制岩山寺壁画（始于正隆三年，由其弟子完成于大定七年）之类的史实即可为这一趋势作注。

金末因蒙元侵袭，宣宗迁都汴梁，"贞祐南渡"引发山西人口的又一次大量南迁，"**自兵兴以来，河北溃散军兵、流亡人户，及山西、河东老幼，俱徙河南**"（《金史》卷一零八"胥鼎传"）。正大八年（公元1231年）山西全境附元，蒙古军队渡河攻入河南，其实正值饥荒，部分南渡人口又逃回河北、山西就食，致使这一时段内的人口迁移异常频繁，民族杂糅与融合进程加快，体现在生产技术层面，则是地方匠作传统解，区域特征逐渐模糊。

1.4.5 晋东南地区的宗教流派及民间信仰

唐末五代天下丧乱，唐武宗与后周世宗先后灭佛，佛教在北方遭受重大打击，成实宗、俱舍宗、三论宗基本消失，密宗也走向衰微。从全国范围来看，晚唐伊始，天台、华严、唯识、律宗均只在特定区域流传，而净土宗念佛法门也为所有其他宗派吸收，不复单独成立。只有禅宗一枝独秀，五花开七叶，以致禅师往往自称宗门嫡传，而视他宗为旁门别枝。[1]

泽潞地区自中唐以降已有神秀系北宗禅流传，[2] 南宗禅的南岳马祖和青原石头法系在境内也有活动，其著称者见表1-1所列。

唐、五代时期晋东南地区重要禅僧一览　　　　　　　　　表1-1

州治	法名	法嗣	出典	传录
潞州	弘济	神会	《中华传心地禅门师资承袭图》	无
	潞府青莲元礼	马祖	《景德传灯录》卷六	无
	潞府法柔	马祖	《景德传灯录》卷六	无
	潞府文举	马祖系二代盐官齐安	《景德传灯录》卷十	无
	潞府渌水和尚	马祖系三代西院大安	《景德传灯录》卷十一	有
	潞府盘宁宗敏	石头系四代石霜庆诸	《景德传灯录》卷十六	无
	潞府妙胜玄密	石头系六代玄泉彦禅师	《景德传灯录》卷二十三	有
	潞府妙胜臻	石头系六代云门文偃	《景德传灯录》卷二十三	有
泽州	亘月	神秀—普寂	《景德传灯录》卷四	无

来源：杨曾文. 唐五代禅宗在今山西地区的传播 [J]. 佛学研究，1999（6）：306-314。

---

1 （宋）契嵩《传法正宗记》"传法正宗论"称："**谓吾宗门乃释迦文一佛教之大宗正趣矣。**"

2 （宋）赞宁《宋高僧传》卷八记神秀门下计有嗣法弟子19人，其中的巨方活跃于上党寒岭地方传法，"**学徒数百，求情无阻**"。

此外，开化寺开山大愚禅师曾因作《心王表》而得获唐昭宗赏识，[1] 后唐明宗于长兴二年（公元 931 年）四月**"幸龙门佛寺祈雨"**，[2] 这些都是本区佛教昌盛的明证，但此后的金石文献中即不复见到僧侣与朝廷互动之记录，考察《祖堂集》、《宋高僧传》、《五灯会元》中著名禅师行迹亦鲜有述及泽潞者，则或许其佛学水平经历了一个持续衰落的过程。区内的寺庙经过金元时期的改宗，已基本化作禅宗寺院，但早期情况较为复杂，既有创立伊始即隶籍禅宗者（如开化寺），也有禅净双修者，[3] 同时亦不乏杂糅天台、净土者。[4]

宋初佛寺分布南北不均，江浙梵刹林立，僧尼众多，北方则除汴梁外普遍较为稀少，[5] 这与地区间经济发展、人口分布的不平衡，以及文化倾向、信仰习惯有关。[6] 其时汴梁周边皆以传习南山律宗为主，[7] 直至景祐元年（公元 1034 年）内侍李允宁舍宅建寺，仁宗赐额"十方净因禅院"，方始在京城引入南宗禅，神宗元丰六年（公元 1083 年）改组相国寺，将其六十二律院中的两所改作禅院，[8] 而徽宗时汴梁已普遍采用禅宗主张的佛祖四月八日圣

1　事见至顺元年（公元 1330 年）《皇元重修特赐舍利山开化禅院碑并序》："今开化寺者……始大愚禅师之创，即唐时佳僧，作心王表。昭宗目方外之宾尤敬，特赐腴田万亩……目今僧御等居为名山古寺，非大愚创之，其谁能治耶？"

2　（宋）薛居正，卢多逊，扈蒙，等．旧五代史［M］．北京：中华书局，1976：577。

3　宗内归并、宗外兼习是唐末以来禅宗发展的一般趋势，其中禅净合流更是大量存在的现象。（五代）永明智觉在《宗镜录》跋文中即主张**"以禅融教相，兼宏净土，理事双修"**。如梁瑞强通过大云院弥陀殿内壁画内容（东壁《维摩变问疾品》、扇面墙《西方净土变》）的线索，厘定大云院（时命仙岩院）禅净双修的宗派归属。梁瑞强．平顺大云院五代壁画略述［J］．山西档案，2012（4）：16-21。

4　天台宗以《妙法莲华经》为根本，带有浓厚的净土色彩，两者交集众多。晋东南地区典型的台净双修寺院有泽州青莲寺。寺创自慧远，北齐隋唐时以涅槃及地论学派为主；自智岑、慧愔于唐文宗大和二年（公元 828 年）结法华社、开普贤道场始转入天台教门；入宋后一度成为净土寺院，其后兼习台、净。

5　（金）元好问《续夷坚志·湖海新闻夷坚续志》卷一"崇兴道教"条记宣和间开封府有寺院691 所，当京东、西路之和有余；而据《宋会要·道释》可知，截至真宗天禧五年（公元 1021 年），北方（汴京、京东、京西、河北、河东、陕西）僧尼总数 115188 人，而南方（淮南、江南、两浙、荆湖南北、福建、西川、峡西、广南东西）有 327000 余人，相差 3 倍有奇，可见地区间差异之大。

6　（宋）张守《毗陵集》引政和间定陶知县詹朴墓志铭称"山东朴鲁，非江浙比，俗不为僧道，故寺观绝少。广济小垒，止定陶一邑、天宁一寺"，可知京东路素来儒风醇厚，佛教不兴；又如（民国）张维《陇右金石录》卷四"广化寺记"称陕西路成州居民**"勤生而啬施"**，令其**"施一钱以济贫赈乏且不可而得，况奉佛老者乎！"** 则经济贫乏亦影响到佛教的推广。

7　（元）释觉岸《释氏稽古略》卷四记"汴京自周朝毁寺，太祖建隆间复兴，两街止是南山律部"，宋初以左右街僧录为京师僧官，故所谓两街实是泛指整个开封的情况。

8　（宋）李焘．《续资治通鉴长编》卷三三七．元丰六年七月乙巳。

诞说以举办浴佛节，[1] 由此可窥见其在京师地位逐步上升的事实。

辽以佞佛亡国，金初以之为鉴，对佛教详加节制，[2] 但亦不乏扶持政策，[3] 寺院经济较为发达。[4] 终金一代，山西佛教各宗均有所发展，而尤以禅宗及华严盛行。自北宋中期开始，杨岐、黄龙系禅师已活跃于中原黄河沿线（如杨岐克勤住汴京天宁寺，黄龙净如住济南灵岩寺），宋金鼎革后，道询、佛日、圆性、政言、相了、道悟等相继活跃于燕京、汴梁等地，将看话禅发扬光大。金末的万松行秀传曹洞青源一系，时或兼讲净土，弘法于邢州净土寺，素为两河三晋信徒所钦敬，耶律楚材赞其**"得曹洞的血脉，具云门的善巧，备临济的机锋"**，以概括其融贯三教的思想，一时传为的评。治华严者则有宝严、义柔、惠寂和苏陀室利，尤其苏陀室利于皇统间以 85 岁高龄自那烂陀寺渡海来华，朝礼五台后未及宣讲即示寂于灵鹫寺（现显通寺），成为中印佛教交流史上一段佳话。

道教在北宋被奉为国教，金代则主要有肖抱珍所创太一、王重阳所创全真及刘德仁所创大道三支，其中尤以全真教流布最广也素受推重（如世宗授

---

1 释迦诞辰说法不一，宋代律宗多持十二月八日说，而禅宗认作四月八日。（宋）罗烨《醉翁谈录》卷四称禅宗浴佛节直至"皇祐间员照禅师来会林，始用此日……浴佛之日，僧尼道流云集相国寺"，而据（宋）孟元老《东京梦华录》所记，崇宁、宣和间律宗佛诞日浴佛活动尚得以部分保留"街巷中有僧尼三五人作队念佛，以银铜沙罗或好盆器坐一金铜或木佛像，浸以香水，杨枝洒浴，排门教化，诣大寺作浴佛会"，可知其时两种日期并存。

2 《金史》记世宗曾自言"人多奉释老，意欲微福。朕蚤年亦惑之，旋悟其非……辽道宗以民户赐寺僧，复加以三公之官，其惑深矣"；章宗亦严格限制民间私建寺院剃度僧尼，以防课税流失，承安元年（公元 1196 年）"敕自今长老、大师、大德限年甲，长老、大师许乞弟子三人，大德二人，戒僧年四十以上者度一人。其大定十五年附籍沙弥年六十以上并令受戒，仍不许度弟子。尼、道士、女冠亦如此"。

3 金太宗曾亲迎旃檀像于燕京悯忠寺并每年设会饭僧，天会二年（公元 1124 年）令僧善祥于应州建净土寺；熙宗巡行燕京，邀僧海慧至上京并建大储庆寺；世宗整顿教团，并仿照北宋政策公卖度牒以助军费，又尝为玄冥顗禅师在燕京建大庆寿寺、在东京创清安禅寺；章宗规定由国家定期定额试经度僧，并限制各级僧人蓄徒名额；卫绍王以后，为筹措军费抵御蒙古及侵略南宋，空名度牒的发行趋于泛滥，至宣宗、哀宗时教团已全面腐化。按雍正间《山西通志》记载，有金一代山西共新修、重建寺院 164 处，其中西京路 10 处，河东北路 93 处，河东南路 61 处。

4 金代寺院经济主要依靠帝室布施（如世宗建大庆寿寺，赐沃田二十顷，钱二万贯）；一部分辽代旧寺并得以保留原有田产，甚至仍沿二税户制度，直至世宗、章宗时方罢除；同时维持南北朝以来民间以邑社形式集资为寺院补充道粮或建置藏经、举行法会的传统（如兴中府三学寺的千人邑会；规定会员于每年十月向寺院纳钱二百，米一斗）。寺院经济充裕，便有余力举办社会事业（如施药和赈饥），从而推广信众基础；此外尚有寺院设置质坊以贸利，如（宋）洪皓《松漠纪闻》载延寿院一寺即设有质坊二十八所。

命长春子丘处机"**主万寿节醮事，职高功懋**"，章宗曾赐玉阳子王处一"**休玄大师**"之号）。王重阳创教之初便将"道德性命"的理学修养定作宗旨，主张"**儒门释户道相通，三教从来一祖风**"，[1] 或许正是受其影响，晋东南及周边地区留下了大量三教堂建筑以示三教和合。[2]

除佛、道二教外，晋东南地区尚遗留大量巫贤性质的村社神祠，其神格往往取自真实历史人物，而得享血食的信仰基础则是致雨灵验，这与本地区地势高耸、干旱缺雨的自然条件正相契合，从而将民间祭祀追求实利、崇功报德的性质展露无遗。

晋东南地区主要的民间神祠类型有玉皇庙、东岳庙、府君庙、二仙庙、汤王庙、三嵕庙、圣母庙等几种，简述其端末如下。

玉皇庙供奉玉帝，自齐梁时陶弘景撰《真灵位业图》已有"玉皇道君"、"高上玉帝"之称谓，位列玉清三元宫右班；隋唐时玉皇信仰广泛流传，如白居易《梦仙》诗有"**仰谒玉皇帝，稽首前至诚**"句。宋真宗大中祥符八年（公元1015年）正式上尊号为"太上开元执符御历含真体道玉皇大天帝"，徽宗政和六年（公元1116年）改"玉皇大天帝"为"昊天玉皇上帝"，此后历代追赠不绝。晋东南地区的早期遗构有布村玉皇庙、北义城镇玉皇庙、高都镇玉皇庙等。

东岳庙祭祀泰山府君，东汉时的《孝经援神契》、《龙鱼河图》等纬书已将泰山神格化，至迟于汉魏间已形成人死魂魄归于泰山的共识。如《三国志·管络传》记"但恐至泰山治鬼，不得治生人"；张华《博物志》称"**泰山一曰天孙，言为天帝之孙也，主召人魂。东方万物之始，故知人生命之短长**"；古乐府诗亦云"**齐度游四方，名系泰山录。人间乐未央，忽然归东岳**"。又因自秦始皇以来，帝王常封禅于泰山、梁父，以告功成于天地，故而泰山神历来颇受中央政权推重，武则天垂拱二年（公元686年）封之为"神岳天中王"，万岁通天元年（公元696年）加赠"天齐君"，玄宗开元十

1　道藏（第25册）[M]．天津：天津古籍出版社．1988：696。

2　三教合一思潮的产生起源甚早，（梁）僧祐《弘明集》卷二记宗炳于刘宋初撰《明佛论》称"孔、老、如来，虽三训殊路，而习善共辙也"，（晋）道安《三教论》亦称"**三教虽殊，劝善义一；途迹虽异，理会实同**"。宋代三教并重，真宗尝称"**道释二门有助世教，人或偏见，往往毁誉。假使僧、道士时有不检，安可废其教耶？**"；徽宗佞道以至于亡国，故此后君主皆力免偏颇，如（元）刘谧《三教平心论》记宋孝宗主张"**以佛治心，以道治身，以儒治世**"，即是宋、金朝廷一贯奉行之国策，耶律楚材仕元后亦秉持此说。以此之故，本地区存有大量三教堂建筑，且自宋至清绵亘不绝，计有二十余所，著名者如庆历二年（公元1042年）五月戊戌始建之武乡三教堂、金构陵川寺润村三教堂等。

三年（公元725年）改封"天齐王"；宋真宗大中祥符元年（公元1007年）加封号"东岳天齐仁圣王"，四年（公元1011年）改王为帝，崇奉至于顶峰。东岳庙（岱庙）在晋东南地区同样有广泛的分布，现存者主要为金代修造，其中尤以冶底村岱庙及周村东岳庙规模最为宏壮完整。

府君庙祭祀崔珏，（元）揭傒斯《重修崔府君庙记》称**"府君者，本祈州鼓城人也，父母祷于北岳而生府君。唐贞观举孝廉，仕磁州滏阳令，昼理阳、夜理阴……安禄山叛，上梦府君见曰：驾弗别往，禄山必灭矣。驾还阙，立庙，封显圣护国嘉应侯。武宗朝天下大水，祷之即止，封护国感应公"**；（元）薛澍《新修护国显应王庙记》则称其**"第为长子令，秉心公直，政立化行，摘奸发伏，民不忍欺。改任滏阳，庶事综理，民无冤仰，除猛虎害，屏巨蛇妖，为当代正臣。去久而见思，邑人为之立祠，开元间陈书请谥，始封显圣护国嘉应候。自时厥后，历代崇奉有加无已"**。府君信仰与护持国家有关，如《西游记》第十回描写魏征捎信予崔珏，托其在太宗下游冥府期间妥加护佑，此外更有府君泥马渡康王的传说。崔府君庙主要集中在其故乡河北乐平及曾经仕宦的山西长子一带。

二仙信仰在晋东南地区广泛流行，传说有微子后裔名乐山宝者，唐大历间自陵川徙居屯留，娶妻杨氏，感神光而生姊妹二人，后杨氏早逝，山宝之续弦吕氏悍妒，虐待二女**"单衣跣足，冬使采茹，热令拾麦"**。按西溪二仙庙藏金大定五年（公元1165年）赵安时撰《重修真泽二仙庙碑》所记，唐德宗贞元元年（公元785年）六月十五日，二女至壶关县赤壤乡紫团山采集，因无所得，惧为吕氏责骂，呼天以诉，有黄龙下，载二女升天，其后因致雨有灵，遂颇受崇奉。至于获敕封原因，按宋大观元年（公元1107年）苟显忠《鼎建二仙庙碑记》记载，系因**"四朝崇宁壬午，王师讨西夏……二女显化饭军，赐号冲惠、冲淑真人，敕有司所立庙，岁时奉祀"**。

汤王庙供奉成汤，一般认为成汤祷雨是中国雩祭之始，汤王庙分布最为集中的区域也正在干旱的太行山区（如山西阳城、晋城、泽州、陵川，河南济源、武陟、修武、沁阳、林县等地），按阳城县横河乡析城山村汤帝庙所存元至元十七年（公元1280年）《汤帝行宫碑记》所列，当时晋豫2省21县计有汤王庙宇83处，从分布密度看，是以泽州阳城县析城山为中心向西、北、东扩散。最迟于唐末已有汤王庙之兴造，如清人胡聘之《山右石刻丛编》收宋太平兴国四年（公元979年）张待问撰《大宋国还解州闻喜县姜阳乡南五保重建汤王庙碑铭》记："当州顷因岁旱，是建行宫逾八十年"，太平兴国四年前溯八十载为唐乾宁五年（公元899年），则其事可知。《山西通志》载汤王列入正祀因由："阳城县西南七十五里，相传成汤祷雨于此，有二泉，亢旱不竭，与济渎通。宋熙宁九年，河东路旱，遣通判王伾祷雨获应，奏封析城山神为诚应侯。政和六年，诏题殷汤庙额为广渊，晋封山神为嘉润公，敕书勒壁。宣和七年重葺，合嘉润公祠凡二百余楹"，这是因应农业生产对降雨的需求而产生。上古君主身兼帝王与巫觋双重身份，故得治国理民之权利，关于成汤祷雨的传说，最早见于《墨子》，"汤曰：惟予小子履，敢用玄牡，告于上天后曰，今天大旱，即当朕身履，未知得罪于上下，有善不敢蔽，有罪不敢赦，简在帝心。万方有罪，即当朕身，无及万方"。《荀子》增加了祷词即汤王自责之六过"汤旱而祷曰：政不节与？使民疾与？何以不雨至斯极也！宫室荣与？妇谒盛与？何以不雨至斯极也！苞苴行与？谗夫兴与？何以不雨至斯极也"。至《吕氏春秋》则情节刻画臻极细致——"昔者汤克夏而正天下，天大旱，五年不收。汤乃以身祷于桑林，曰：余一人有罪，无及万夫，万夫有罪，在余一人。无以一人之不敏，使上帝鬼神伤民之命。于是翦其发、其手，以身为牺牲，用祈福于上帝。"长治、晋城及济源、偃师等地至今仍流传唱词《汤王祷雨》和《盛花坪》，以纪念此事。

三嶕庙则为纪念后羿，《淮南子》记："尧使羿射九乌于三嶕之山，杀九婴于凶水之上，缴大风于青邱之泽。"《古今图书集成》称："三嶕山，一名灵山，一名麟山，在（屯留）县西北三十五里，三峰高峻，为县伟观，相传羿射九日之所。"宋徽宗崇宁年间（公元1102~1106年），因三嶕山神能致雨司雹，特进爵"显应灵贶王"，之后长子、屯留一带三嶕庙、灵贶王庙兴建不绝。

圣母庙祭九天玄女，（元）陶宗仪《说郛》引《龙鱼河图》称："黄帝仁义，不能禁止蚩尤，遂不敌，乃仰天而叹。天遣玄女下，授黄帝兵信神符，制伏蚩尤"；《旧唐书·经籍志》载《黄帝问玄女兵法》称"黄帝与蚩尤九战九不胜，归于太山，三日三夜，天雾冥，有一妇人，人首鸟形。黄帝稽首再拜，伏不敢起。妇人曰'吾玄女也，子欲问何？'黄帝曰'小子欲万战万胜、万隐万匿，首当从何起？'遂得战法焉。"后人以玄鸟或天女魃为九天玄女原型，自晚唐杜光庭《墉城集仙录》起，征战杀伐即成为其主要职司，这一认识在后世文学作品如《大宋宣和遗事》、《水浒传》、《女仙外史》、《三遂平妖传》中皆有所反映。九天圣母较少受到历代朝廷正式封谥，但作为战神与术数神，在边境地区颇受尊崇。

在本章的最后，附晋东南地区现存唐至金木构遗存具体分布情况，如图1-8所示。

25

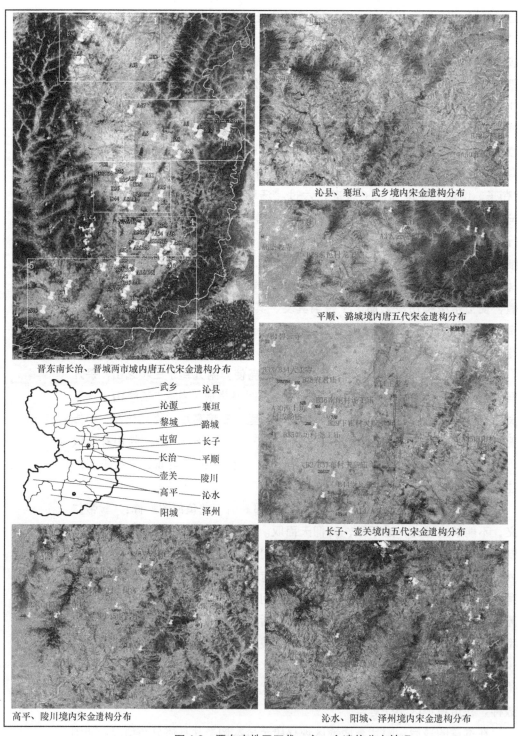

晋东南长治、晋城两市域内唐五代宋金遗构分布

沁县、襄垣、武乡境内宋金遗构分布

平顺、潞城境内唐五代宋金遗构分布

长子、壶关境内五代宋金遗构分布

高平、陵川境内宋金遗构分布

沁水、阳城、泽州境内宋金遗构分布

武乡　　沁县
沁源　　襄垣
黎城　　潞城
屯留　　长子
长治　　平顺
壶关　　陵川
高平　　沁水
阳城　　泽州

图 1-8　晋东南地区五代、宋、金遗构分布情况

来源：地理坐标及底图引自 http://www.earthol.com

26

第2章　晋东南地区五代、宋、金建筑的构架体系

2.1　本章引言

2.1.1　以构架的分类及分布作为本研究起点的必然性

本书关注的焦点集中在两个方面：其一，《营造法式》海行前后中原（及其背后的南方）技术对上党地区匠作传统的渗透情况以及影响的程度和范围；其二，该地区固有的木构体系特点及其衍变脉络。为此需要从构架逻辑、构造技术和构件样式的不同层面分别予以讨论，以期对本地区的木构发展进程进行尽可能全面客观地描述。在此基础之上，寻找若干具有代表性的线索，与《营造法式》的相关制度逐一比对，以剥解其中涵括的南、北方因素，并据之探讨宋金对峙局面下，区系间技术的交融与隔绝现象。

考察本地区木构遗存，最为显著的一个特点莫过于厅堂构架类型在宋、金鼎革前后突发性的出现，以及经过大幅简化的殿堂变体在整个五代、北宋时期成为主流选择。厅堂构架出现时间的滞后（基本为北宋末以后）和分布地域的集中（多位于武乡、襄垣、沁县等本区域边界）和作为过渡样式的简化殿堂长期存续的事实，无疑又指向了一个更加根本的命题：构架类型的演化在不同区系内的发展时序和侧重点受哪些因素制约？殿堂与厅堂思维在技术进步带来的简化趋势下如何并行发展和相互影响？《营造法式》的颁行在这一过程中又扮演了怎样的角色？

由此引发了两点反思：其一是北方厅堂的原生性问题；其二是晋东南地区构架体系简化过程中，以《营造法式》为代表的中原技术扮演的角色问题。廓清厅堂技术的南北分野，探析营造活动的简化途径，并利用《营造法式》作为参照系，厘清相关内容的祖源构成，正是本研究的主要目标之一。

无疑，在构架类型（宏观）、构造做法（中观）和构件样式（微观）的三级划分体系下，"殿堂/厅堂"这一组关键词可以最大限度地将不同层次间的具体问题统合起来——在构架层面上，厅堂（广义）作为一种趋简的演化方向和直接的设计思路，逐渐取代殿堂而成为我国传统木构架的主流做法；

在构造层面上，《营造法式》语境中的厅堂（狭义）与殿堂概念成对出现，两者在柱、梁关系等局部节点上的差异为我们深化文献与实物遗存的互证工作、了解古代匠师对于木构体系的分类意识提供了重要依据；在构件层面上，厅堂的分槽特性决定了诸如顺栿串、丁头栱等特定构件与其上级构架间存在着紧密的逻辑连带性，特定构件样式的选择在一定程度上也可以反映构造层次的技术决定性，而殿堂层叠特性则对诸如照壁之类局部的组合方式形成制约，并影响到相关构件的种类和样式选择，从而为我们提供了利用构件特征反推构架属性的可能，以解决过渡期构架面目模糊、难于判别的问题。

在晋东南地区的五代、宋、金木构遗存序列中，可以看到原生的殿堂构架体系通过吸收若干厅堂手法而不断简化的发展趋势。实际上，较之于典型的、发展完备的殿堂或厅堂，莫如说处于演化进程中间阶段的例子更为常见，也正是这些千差万别的过渡期折中式样构成了现存案例的主体部分，它们的演化程度截然不同，但无疑大都依附在"借鉴厅堂建构思路以达成简化殿堂目的"这一大的发展方向之下，即处于"殿堂构架厅堂化"进程的不同阶段之中。这与直接选用柱、梁作构成逻辑的北方原生厅堂（或模仿南方技术的次生厅堂）间，或可看作技术选择的顿、渐之别，而选择这一折中、渐变的手法作为主流演化途径，则造成了晋东南与周边地区根本性的技术差异。

以此，本章以"简化"这一关键词作为切入点，先行阐述晋东南地区木构发展的一般规律及其背后的影响因子，作为本书其余部分依次展开的背景和铺垫。

2.1.2 中国传统木构架分类问题的研究综述

1）中国传统木构架的两个源头

我国木构体系的分类至迟至唐、宋已臻成熟，尤以宋崇宁二年（公元1103 年）官颁之《营造法式》为代表。殿堂[1]、厅堂、余屋的三分法清晰扼要，其中尤以殿堂和厅堂代表了两种截然不同的构架逻辑。要深入探讨这组概念，需回顾我国木构体系的大致发展历程。

按原生类型，我国木构的源头可粗略分为穿斗与井干两类，前者或许源于巢居传统，强调各组排架中纵横构件的相互穿插，以及不同排架间大量施用牵拉联系构件所带来的整体稳定性；后者则或许源自穴居传统，强调土木混合结构的相互扶持作用和木材叠垒带来的自重稳定性。

---

1 按《营造法式》卷三十一"大木作制度图样下·殿阁地盘分槽第十"，凡地盘图皆称"殿阁"，而同卷草架侧样第十一至十四则称"殿堂"。陈明达先生在《营造法式大木作研究》中指出，"殿阁"可以为多层构造，而"殿堂"则与"厅堂"成一对概念，适用于单层单檐或单层多檐建筑。本书袭用陈先生观点，仅在述及多层木构或引述前辈学者观点时采用"殿阁"一词。

作为基本的人居模式，巢居与穴居具有一定的地域性倾向，无疑林木茂密、炎热潮湿的南方更为适合构木为巢，而土层厚重、温差较大的北方利于掘土为穴，但这一分野并不绝对，即便同一地区，在不同的气候和地质环境下也可在两者间自由选择和转化，如《礼记·礼运》有云：**"昔者先王未有宫室，冬则居营窟，夏则居橧巢"**，《孟子·滕文公》亦称：**"下者为巢，上者为营窟"**，可见季节变迁与地势高下同样决定着巢居或穴居的选择。考古发掘也支持这一记载，如湖北大溪文化红花套遗址、江苏青莲岗文化大墩子遗址等，虽在南方，因有适宜的土层，亦作穴居。

巢居在经历了独木橧巢→多木橧巢→干栏式建筑的发展阶段后，在东南亚等地区传承至今。干栏建筑自平地立柱，于密柱之上构筑楼板层作为抬高的居住面，是对巢居生活方式的忠实继承，而立柱上下贯通直冲屋檩、柱网密布形成排架、串枋穿插柱身这三点穿斗式特征，构成了其赖以存在的技术基础。穴居则在经由横穴→袋形竖穴→复穴（半穴居），最终转向地上式建筑的过程中，逐渐实现了屋盖与墙体的分离，如半坡F3遗址（木骨泥墙从穹庐式长椽围护结构中独立出来，壁体趋向直立），土木混合体系中木材的施用比重同步提升，最终形成了层叠的柱梁式构架——其极端形态即为层层叠枋的井干。

"井干"概念同样有广义与狭义之分。按《辞源》释义，狭义井干系指**"一种不用立柱与大梁的房屋结构，以圆木或矩形、六角形木料平行向上层层叠置，在转角处木料端部交叉咬合，形成房屋四壁，形如古代井上的木围栏，再在左右两侧壁上正中立矮柱承脊檩构成屋架"**，如《汉书·郊祀志》**"立神明台井干楼高五十丈，辇道相属焉。颜师古注：'井干楼积木而高，为楼若井干之形也，井干者井上木柱也，其形或四角或八角。'张衡《西京赋》云'井干叠而百层'，即为此楼也"**。广义的井干概念则可延展至纵架承重的柱梁式木构建筑中的扶壁栱部分，如汉阙中段纵横相叠的枋木形象（图2-1）。广义的井干做法姑置不论，狭义井干构造尤其大量地应用于粮仓、棺椁等特殊类型构筑物中，同时，间接反映其存在的陶器、青铜器和画像砖石形象在南方也多有出土，故在技术层面上，穿斗与井干思维或许在封建社会早期即已合流并存、相互影响。

随着纯木承重结构逐渐取代土木混合结构，次生的抬梁做法以其满足大跨空间的能力，自封建社会中期起被广泛采用。在《营造法式》体系下，抬梁式建筑又可进一步细分为殿堂、厅堂和余屋。殿堂因内外柱同高、结构水平分层、两套梁栿并用、草架构件层叠等特征而被认为较多地继承和反映了井干传统；厅堂则因栿项入柱、内柱冲槫、间缝用梁柱、架间联系构件发达

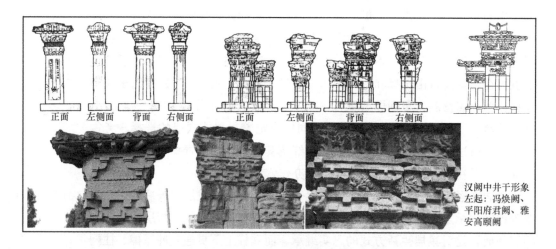

正面　　左侧面　　背面　　右侧面　　　正面　　左侧面　　背面　　右侧面

汉阙中井干形象
左起：冯焕阙、
平阳府君阙、雅
安高颐阙

图 2-1　汉阙形象中的井干做法

来源：刘叙杰. 中国古代建筑史（第一卷）［M］. 北京：中国建筑工业出版社，2003

等原因被认为含有一定的穿斗因素；余屋涵盖范围极大，营舍、行廊、望火
楼等不用铺作或斗栱样式较低级的建筑皆隶于该类，因在主要构件的交接关
系上更为接近厅堂逻辑，故一般附隶其下。

2）关于殿堂与厅堂属性的总结

关于殿堂与厅堂基本特征及其本质区别的研究，自梁思成先生注释《营
造法式》以来即作为我国建筑史学界的核心课题之一，受到反复地探讨：

陈明达先生在《营造法式大木作研究》第二章"各类房屋的规模形式"
第一节"《法式》中的房屋类型"中，从制度所定材分、用料规格的差异角
度出发，区分了殿堂、厅堂、余屋、副阶等几种基本类型。同书第五章"两
种结构形式——殿堂、厅堂"中，则结合《营造法式》图样与现存实例，详
细分析了两者的异同。[1]

1　陈明达. 营造法式大木作研究［M］. 北京：文物出版社，1981。书中归纳厅堂的结构特点
为"以每一间横向柱中线（即间缝）上的柱、梁配置为主，每一间缝分为若干椽，构成一个用梁、
柱组合的屋架。每两个屋架之间，逐椽用槫、襻间等，纵向连接成一间"；殿阁特点则包括"分槽
（柱、额、铺作划分的各种空间），允许槫缝不与柱缝相对，乳栿，大梁之上分别使用草栿"等。厅
堂"以横向的梁、柱构造为主体，每缝成为一个单独的屋架，檐柱头上用铺作承栿首，栿尾入内
柱，因此内柱高于檐柱。每两个屋架之间，在梁头部位用槫、襻间、顺脊串，在屋内柱头及柱身用
屋内额、顺身串连成一间，每增加一间即再增加一个屋架"；殿阁则是"按水平方向分层次的构造，
单层房屋分为柱额层、铺作分槽层、屋架层三个层次；柱子按间和分槽形式排列，柱头用阑额、由
额连接成柱网。扶壁栱是分槽结构的主要构造——纵架；内外柱间的栱、枋、栿则组成横架。柱头
铺作是纵架与横架的结合点，补间铺作则是次要的、可以不用的"。

郭湖生、张驭寰先生主编的《中国古代建筑技术史》第五章"木结构建筑技术"第五节"宋代木结构"在评判殿堂与厅堂的异同时，引入了施工操作的视角，并注意到了北地宋构由殿堂向厅堂过渡的现象。[1]

傅熹年先生在《中国科学技术史（建筑卷）》第七章"宋、辽、西夏、金建筑"第四节"建筑技术的发展"篇谈到木结构体系划分时，将当时主要木构类型分作"柱梁式"、"穿斗式"和"木构拱架——叠梁拱"三类（图2-2）。其中，殿堂、厅堂、余屋、鬭尖亭榭、多层楼阁及塔、梁式桥皆从属于柱梁式，其共同特点是柱上承梁、梁上架梁、层层内收、梁端承檐。[2]

潘谷西先生在《营造法式解读》第二章"木构架"第一节"宋代官式建筑木构架的基本类型"中，将殿阁定义为"层叠式构架"，由柱框、铺作、屋盖三个水平层叠垒而成；而将厅堂定义为"混合整体构架"，其特点为**"以柱梁作的结构体系为基础，吸收殿阁式的加工和装饰手法而形成的一种混合式木构架"**，其最大优势在于构架分椽方式灵活多变，可以适应各种平面和进深的需要。柱梁作、厅堂和殿阁作为《营造法式》归纳的基本类型，实际工程中常跨类混用。

1　中国科学院自然科学史研究所. 中国古代建筑技术史［M］. 北京：科学出版社，1985。书中总结殿堂与厅堂构架的差别为："殿堂式……进深八椽或十椽，**整体构架由柱、斗栱层和梁架组成，主要特点是殿身的内外柱高度约略相等，施工时可按水平层安装或拆卸……厅堂式与殿堂式最明显的区别是，'屋内柱皆随举势定其短长'，即内柱比檐柱高出一步架或两步架，檐头的乳栿或劄牵后尾插入内柱**，故施工中不能完全按水平层安装或拆卸……在现存宋代木构建筑中，有些木构架并不明显的属于以上几式样，多数处于殿堂式和厅堂式之间。如宋代一些中小型建筑中颇为盛行的一种结构式样，即在梁架中采用乳栿与四椽栿在内柱柱头斗栱上对接的方法，内外柱的高度也基本相同。此种式样具有殿堂式施工方便，可按水平层安装或拆卸的优点。最大的特点是能使柱网设计具有一定的灵活性，内柱的数目可减可加，位置也可以在梁缝中心线上前后适当移动。单从柱的高度看这些建筑都应属于殿堂式，但从它的整体构造似归入厅堂式更为合适，故在此列一项。"

2　傅熹年. 中国科学技术史（建筑卷）［M］. 北京：科学出版社，2008。书中总结殿堂型构架的特点包括：由柱框层、铺作层、草栿屋架层三个水平层次叠加；内柱与檐柱同高，铺作层绞明栿承藻井平棊（类似圈梁），铺作层上用草栿承屋架（有些遗构如晋祠圣母殿、隆兴寺摩尼殿没有明栿月梁构成的铺作层，而由出跳栱承直梁，梁上架平棊藻井，当归为简化殿阁的变体）；最大规模为十一间十架椽（不计副阶）。厅堂型构架的特点则包括：在房屋分间处竖立横向的垂直构架作为基本单元，若干道这样的基本单元并列，其间以阑额、槫、襻间等牵拉，构成房屋骨架；各缝构架的内柱皆随屋架举势逐渐升高，分别承托上架梁端，而其外侧的下架梁尾直接插入该内柱柱身，通过梁架的承托穿插，使构架连为一体；最大规模为七间十架椽，不得使用平棊。厅堂并可进一步细分为基本型（如华林寺大殿、保国寺大殿、华严寺海会殿）、兼有殿阁构架特点的变型（如奉国寺大殿）、使用大阑额型（如佛光寺文殊殿、崇福寺弥陀殿）。余屋为《营造法式》分类之一，直柱承托直梁，不用斗栱过渡，是厅堂的最简化形式，只有等级意义，没有规模意义。

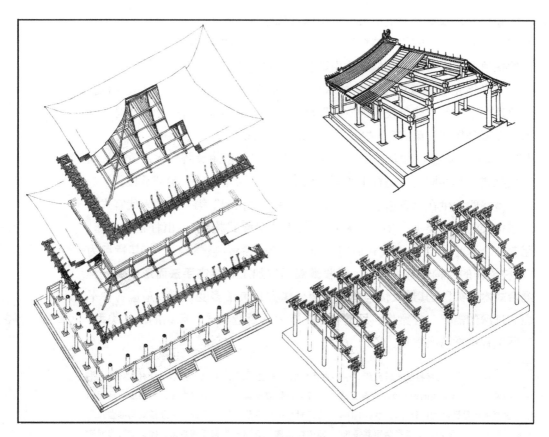

图 2-2　中国传统木构架的基本类型

来源：傅熹年，郭黛姮 . 中国古代建筑史（第二、三卷）［M］. 北京：中国建筑工业出版社，2003

郭黛姮先生在《中国古代建筑史（第三卷）》第十章"建筑著作与匠师"第二节"《营造法式》所载各主要工种制度"中，述及殿堂、厅堂特点时分别归纳了三项特征，同时也可作为判定标准。[1]

张十庆先生在"从建构思维看古代建筑结构的类型与演化"一文中，将抬梁、穿斗、井干、殿阁、厅堂等概念，按照层叠与连架两种基本结构类型

1　郭黛姮 . 中国古代建筑史（第三卷）［M］. 北京：中国建筑工业出版社，2003。书中称"殿堂式构架用于等级高的建筑，其特点：有三：①使用明栿、草栿两套构架，其分功是＇凡明梁只阁平棊，草栿在上，承屋盖之重＇。②内、外柱同高，柱间置阑额、地栿，形成柱框层。③有明确的铺作层，每幢殿堂构架即由屋盖、铺作层、柱框层叠落而成。此外，带副阶者又需于殿身四周插入副阶构架，即半坡屋盖、铺作层、副阶柱框层。厅堂式构架特点：①内、外柱不同高，内柱升高至所承梁首或梁下皮，其上再承槫。②梁、栿皆作彻上明造，无草栿，梁尾插入内柱身。梁、栿间使用顺脊串、襻间等纵向联系构件较多。③铺作较简单，最多用到六铺作，一般用四铺作，由于内柱升高，梁、栿后尾可直接插入内柱柱身，不再使用铺作，因之未形成铺作层，以外檐铺作为主。"

重新划分。[1]据此建立起殿堂/水平层叠、厅堂/竖直连架的概念联系，就其发生源头而论，到典型的殿堂、厅堂形式出现为止，或许存在着下列单向演化线索：

穴居→层叠传统→自重稳定逻辑→自承重体系→井干构造→节点实拍做法（柱梁叠压）→箱式组合（以扶壁栱绞角作为构造重点）→框式组合（引入立柱且梁栿分化，由井干叠垒发展为柱梁交接和铺作层并存）→构造分层→水平性→典型殿堂。

巢居→穿插传统→整体稳定逻辑→框架承重体系→穿斗构造→节点咬接做法（柱梁穿逗）→串式连架（横杆一端插入竖杆，连接成排架整体）→梁式连架（初步确立抬梁思路，从柱枋穿插关系演变为梁柱穿插关系）→构造分榀→竖直性→典型厅堂。

至迟到唐末、五代时，殿堂与厅堂中的若干构造做法已互相渗透和影响，并形成了多个亚型，使得混融和非典型性成为两宋、辽、金建筑的基本特征，入元后随着铺作层的全面退化和传统梁、栿节点处理方式的崩解而更趋混杂，最终促使明清官式建筑针对构架类型进行了再定义。可以说，甄别以《营造法式》为基准的典型殿堂与厅堂做法在五代、宋、辽、金时期的分化及演变规律、建构各区系内的木构架发展脉络、厘清其间相互的影响和被影响关系、分析这些变型背后的决定与制约因素，正是木构建筑技术史研究中必须长期面对的一个重要课题。

3）殿堂与厅堂的分类标准

以《营造法式》殿堂、厅堂概念为纲，梳理我国唐至元的木构遗存，可以认识其大致的地域差别和时代嬗变规律。然而典型殿堂、厅堂毕竟只占少数，实例更多的是处于混融交杂的中间状态，因此陈明达先生在《中国古代

---

1 张十庆从实现构架整体稳定性途径的角度出发，对相关概念进行了再考察，并据之认为层叠型构架依靠自重和体量求得平衡，相互拉结的整体意识较弱，榫卯处理亦较原始；连架型构架与之相反，依靠各榀架之间的拉结联系构成整体。在此认识基础上，进一步推测穿斗和井干分别代表了层叠型和连架型的基本原生形态。井干无柱，穿斗无梁，两者的区别在于围护与承重结构的合一与分离。殿阁与厅堂则被视为层叠和连架两种建构逻辑的次生演化形式，它们在外在表现形式上都从属于抬梁式做法，但源头各异。抬梁现象的背后，既可能是层叠的逻辑，也可能是连架的逻辑，殿阁与厅堂这两种抬梁构架形同而实异——厅堂实质上是穿斗结构抬梁化的表现，而殿阁则是井干结构抬梁化的结果。他认为层叠逻辑的前后阶段及相应形式可归纳为实拍式层叠与梁柱式层叠；连架逻辑的前后阶段及相应形式则可划分为串式连架和梁式连架。总结其发展进程如下：箱式层叠→实拍式层叠→井干结构；框式层叠→梁柱式层叠→殿阁结构；串式连架→穿斗式连架→穿斗结构；梁式连架→抬梁式连架→抬梁结构。见：张十庆. 从建构思维看古代建筑结构的类型与演化 [J]. 建筑师，2007（02）：168-171。

木结构技术（战国——北宋）》一文中，于佛光寺型（典型殿堂）和海会殿型（典型厅堂）之外，又单分出一类奉国寺型（简化殿堂）构架，以描述实例中大量出现的过渡现象，该三分法因切合实例的复杂性和多样性而素为学界推重，在此基础上尚有进一步细化分类的尝试。[1]

透过木构实例变化万端的现象甄别其内在的本质构架属性，首先需树立适切于殿堂、厅堂概念的判别标准。

王贵祥先生在"唐、宋木构建筑在构造与装饰上的一些变化"[2]一文中指出，厅堂具有排架属性，故多用于庑房，以便复制延伸；殿阁不适于自由延伸，而是单独自立地形成完整闭合的整体。两者具有四对迥异之特征：

（1）内外柱等高与否（殿堂同高，厅堂不同高）；

（2）铺作成层与否（殿堂斗栱形成了一个可以连接在一起的铺作结构层，厅堂斗栱散置于各梁柱节点，未形成铺作层）；

（3）室内露明与否（殿堂采用平棊与平闇，梁架分明栿与草栿，厅堂不用平棊与平闇，梁架彻上露明）；

（4）副阶周匝与否（厅堂不用副阶，殿堂往往副阶周匝，并在铺作用材、跳数上较殿身稍减，以分主次）。

这是基于《营造法式》图样中殿堂与厅堂地盘分槽和侧样之差异提出的，直观且系统，在《营造法式》语境下明晰有序，但在面对实物遗存时，则因反例过多而存在一些解释上的困难（如奈良唐招提寺金堂内外柱相差两足材却仍是殿阁，宁波保国寺大殿局部铺作成层却属厅堂，平遥镇国寺万佛殿两套梁栿但梁架全部露明，晋祠圣母殿副阶周匝但下檐部分显现厅堂特质等）。

针对现实情况中殿堂、厅堂要素的驳杂，张十庆先生在《宁波保国寺大殿勘测分析与基础研究》[3]一书中提出了另一套分类标准：

（1）结构逻辑上，殿堂为水平分层叠构，厅堂为垂直分架连接；

（2）梁栿铺作关系上，殿堂采用两套梁栿，上层直梁草栿叠压在铺作上，而下层月梁明栿绞入铺作中，厅堂则仅以直梁或月梁明栿绞入铺作中；

1　王辉．《营造法式》与江南建筑——《营造法式》中江南木构技术因素探析［D］．南京：东南大学建筑研究所，2000。文中将我国传统木构架体系细分为佛光寺型、奉国寺型、保国寺型、法式型、天宁寺型五类，其中，佛光寺型为纯粹殿阁，保国寺型体现穿斗架特征并最为接近法式型厅堂，奉国寺型为殿阁造向厅堂造过渡的较早期形态，天宁寺型则是法式厅堂进一步趋简发展的产物。

2　王贵祥、刘畅、段智均．中国古代木结构建筑比例与尺度研究［M］．北京：中国建筑工业出版社，2011。

3　张十庆，喻梦哲，姜铮，等．宁波保国寺大殿勘测分析与基础研究［M］．南京：东南大学出版社，2012。

（3）柱梁交接关系上，殿堂柱梁通过铺作间接铰接，厅堂则梁尾入柱，直接插接。

显然，这其中尤以柱梁交接关系和铺作层形成机制是评判木构架殿堂、厅堂属性的最主要指标，两者的异动情况最为直观地反映了种种过渡形态的变化策略，故此下节主要从这两个角度出发，梳理我国早期木构架中殿堂、厅堂的发生与交融情况，作为晋东南地区五代、宋、金时期木构建筑构架类型研究的相关背景。

2.2 殿堂构架的发展与衰微

铺作成层是评价殿堂构架的诸要素中至关重要的枢纽，它决定了内外柱等高、两套梁栿并用、平棊安搭、柱梁分离以及槽空间的实现等诸多其他因子，因此最适于担任考察殿堂技术发展脉络的风向标。而在铺作层瓦解、典型殿堂吸纳厅堂技术走向混杂样式的阶段中，柱梁关系和室内空间的实现途径取代前者，成为考察构架特征的基本指标。本节以殿堂构架的成熟为分野，分别从铺作成层的演化经过和厅堂因素的引进策略两方面考察殿堂构架的发展与衰微历程，而晋东南地区简化殿堂构架的标本意义，即在作为这一历程后端的重要节点和典型范式的定位中得以体现。

2.2.1 殿堂构架演化的外部表征——铺作层

铺作成层与否作为构架属性判定之优先标准的观点，[1] 目前为学界普遍接受，针对铺作层的构造现象与技术意义进行分析，实质上即是将讨论引向殿堂本质特征的归纳，两者层次不同，但具有显著的连带性和同构性。

铺作由斗栱构件简单组合、功能分离的状态（即简支减跨和出跳承檐的二分）逐渐趋成整体，自单只的悬挑或层垒构件发展而成完整的空间网状结构，这一过程始于北魏迁洛前后（以木构中纵架与横架的统合为标志），而达成于晚唐（以补间铺作的发达，形式上与柱头铺作取得一致为标志）。此后，随着木构架组成原则的不断趋简，厅堂逐渐取代殿堂，铺作层的发展亦随之进入逆向分解的阶段（但在形式上仍保持着对完整圈层意向的追求，具体表现为外檐补间铺作朵数的增加，以及诸如补间用斜栱等强调装饰意味的手法）。梁架与铺作的脱钩，以及铺作本身用材的持续减小，最终使得它的结构性全面让位于装饰性，从而令构造意义上的铺作层走向消亡，**"南宋开始出现省去明栿、平棊安于最下层草栿两侧的简化做法的萌芽，至元、明形**

---

1 钟晓青. 斗栱、铺作与铺作层 [M] // 王贵祥主编. 中国建筑史论汇刊（第 1 辑）. 北京：清华大学出版社，2009：3-26。

成定制，斗栱缩小，攒数增加，铺作层蜕变为垫层"[1]。

以下首先回顾铺作层（同时也是殿堂构架）从肇生到成熟的三个阶段。

1）纵横架的交织——铺作成层的前提条件

我国早期木构可大致分为纵架承重与横架承重两种结构方式。纵架以成组的柱头栱枋作为承重主体，在其上自由分配屋架梁栿，各行柱列按顺身方向取齐，顺栿方向可以错位；横架以梁栿作为承重主体，直接经由梁栿将屋架重量传导至立柱上，各行柱列顺栿方向平行对齐，不可错动。

傅熹年先生指出纵架"**是在构架发展初期的通常做法**"，但"**唐宋以后，以横向梁架为主，成为木构架的主流**"，从而逐步遭到淘汰，可是"**仍有少数特例延续下来，演变成以檐额、绰木枋或内额为主构成的纵架，而使额下的柱子可以在进深方向不对位**"[2]。实例所见，斗、栱、方桁作为补充元素融入以楣、槫、斜梁为主的纵架体系，在宜宾黄伞溪汉代崖墓上已有明显表现，并在北魏平城时期定型，"**于横楣（阑额）与檐槫之间相间布置斗栱和叉手，组成类似平行弦桁架的纵向构架，安放在前后檐墙上，前檐有门窗时，则下用柱支撑，柱头上用栌斗。但柱及栌斗不与纵架上的斗栱对位**"，此时"**在进深方向，则用梁、叉手组成横向梁架。由于柱只是简单支撑在纵架之下，整个房屋的纵横双向的稳定只能靠厚墙来维持**"[3]。

横架的出现同样古老，以安阳小屯殷墟甲 4 宫殿遗址为例，"**其主要支承结构为沿长轴方向之东西列柱，尤以二列檐柱为最，其上再以'大叉手'式斜梁及水平'撑桿'承屋面，在山墙处立排柱以增加侧向之抗力，并辅以分隔大空间之实心夯土墙及位于中缝之若干中柱**"[4]，该遗址柱网中短轴三列柱子一一对应，与黄陂盘龙城商代诸侯宫室遗址 F1 完全不同，应系横架承重无疑，而关于横架更为确定的形象，至迟到汉代也已出现（图 2-3）。

斗栱在纵、横架体系中的受力表现同样判然有别。众所周知，斗、栱构件的组合，至迟于公元前 4 世纪已经出现（现存最早实物为河北平山中山王墓出土龙凤铜案，最早木构实物为公元前 206～420 年新疆若羌县楼兰故城遗址采集栱件），此时的斗用于调节构件水平高度，栱则用于传递应力（横栱）或出挑屋檐（跳栱）。大致来说，纵架中的栱件用于承托柱头井干壁，

1 傅熹年. 宋式建筑构架的特点与"减柱"问题 [M] //傅熹年建筑史论文选. 天津：百花文艺出版社，2009。

2 傅熹年. 陕西扶风召陈西周建筑遗址初探——周原西周建筑遗址研究之二 [M] //傅熹年建筑史论文选. 天津：百花文艺出版社，2009。

3 傅熹年. 中国古代建筑史（第二卷）[M]. 北京：中国建筑工业出版社，2003：283。

4 刘叙杰. 中国古代建筑史（第一卷）[M]. 北京：中国建筑工业出版社，2003：140。

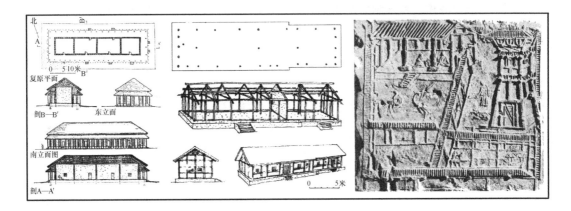

图 2-3　早期纵、横架实例（左起：盘龙城 F1，小屯殷墟甲 4，杨子山汉墓"举翼"画像砖）

来源：刘叙杰 . 中国古代建筑史（第一卷）［M］. 北京：中国建筑工业出版社，2003

并减小枋子跨距，属于横栱；横架中的栱件则主要用于承托梁头或出挑承檐，属于出跳栱。两者来源有别，功能各异，考察秦汉、魏、晋的图像资料，斗栱主要在檐下呈带状分布，而游离于横架柱梁之外，这是对该时段纵架结构类型占据主导地位的忠实反映。直至北魏迁洛前后，才出现了纵架与横架追求对应关系的迹象，这也开启了两种斗栱相互结合，由纵、横向的片状结构向空间块状结构发展的先声——**"云冈第 5 窟南壁明窗西五层塔（约 493 年前后）、第 11 窟以及三期开凿诸窟中，佛塔檐下出现了自柱头栌斗外伸的梁头，迁洛后开凿的第 39 窟中心塔柱各层斗栱已与檐柱明确对位，洛阳龙门古阳洞内的一座屋形龛上，可见外檐斗栱栌斗上向外伸出上下叠置的替木与梁枋头，是表现佛殿内部梁枋与外檐斗栱相交结并向外出挑的最早形象"**[1]。

值得注意的是，传承南朝木构技术的法隆寺建筑，在保留井干壁发达，斜梁承重等纵架特点的同时，已实现了横架与纵架在柱头节点的交织，联系到龙门石窟路洞浮雕建筑形象所示柱盘枋[2] 由栌斗口内下移至柱头之下变为阑额，以及同窟古阳洞屋形龛所示梁栿伸出柱头栌斗之外的现象，似乎存在这样一种可能：纵、横架的交织在南朝统治区域内率先发生，并以北魏孝文

<hr />

1　钟晓青 . 斗栱、铺作与铺作层［M］//王贵祥主编 . 中国建筑史论汇刊（第 1 辑），北京：清华大学出版社，2009：3-26。

2　学界一般认为该下弦构件为阑额，后随时代推移而位置下降，但阑额一词出自《营造法式》，本就有明确的位置（用于柱头间，长随间广、两头至柱心）、尺度和构造样式方面的内涵，而纵架中柱头栌斗口内所出构件对于柱列并无牵拉扶持功用，且其上斗栱可自由移动位置，与间广分配无关，构造上更为类似日本早期木构中的柱盘，故本书姑且称之为"柱盘枋"，以示区别。

帝迁洛和改习汉制为契机，延展至中原地区，但雁北一带则仍保留旧制，导致两种做法长期并存，这或与守旧的鲜卑贵族势力长期盘踞平城有关（图2-4）。

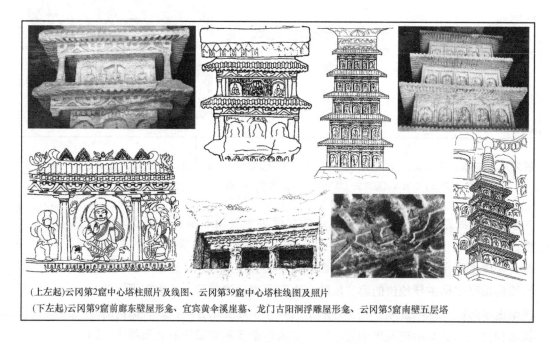

（上左起）云冈第2窟中心塔柱照片及线图、云冈第39窟中心塔柱线图及照片

（下左起）云冈第9窟前廊东壁屋形龛、宜宾黄伞溪崖墓、龙门古阳洞浮雕屋形龛、云冈第5窟南壁五层塔

图2-4　早期纵架中的斗栱排布情况

来源：刘叙杰. 中国古代建筑史（第一卷）[M]. 北京：中国建筑工业出版社，2003；

傅熹年. 中国古代建筑史（第二卷）[M]. 北京：中国建筑工业出版社，2003

　　傅熹年先生总结北朝土木混合式构架，分出五种基本形式：Ⅰ型四壁厚土墙不用木柱，墙顶为斗栱、叉手组成的纵架，上承横架形成屋顶；Ⅱ型山墙及后墙用厚土夯筑，前檐架设纵架并插入山墙，纵架下用木柱承托，前墙后移以获得开敞前廊，梁栿架设于前后厚墙之上，与纵架脱钩；Ⅲ型外檐用柱列承托纵架，梁栿绞于耙头栱内，但未必与纵架下柱子对位；Ⅳ型木柱上升，直接承檐槫，柱盘枋由栌斗口内下移至柱间成为串，纵架被分割为数段；Ⅴ型柱盘枋下移至柱头位置，成为阑额，其上用人字栱或直斗，与柱头枋、槫子组成纵架，共同承托屋顶，并实现斗栱与立柱的对位，亦即纵架与横架的对位（图2-5）。五种类型中，Ⅰ、Ⅱ型出现年代最早，[1]Ⅲ、Ⅳ型较

　　1　Ⅰ型实例见于云冈北魏第6窟太子出行四门浮雕，因该做法实际上由土墙承重，纵横架的交接关系并不具备构造意义；Ⅱ型实例见于云冈北魏第9、10窟前室侧壁上层屋形龛，并延续至天龙山北齐第1、16窟窟檐，横架架设于土墙之上，纵架仅承担前廊部分，两者间缺乏直接关联。

迟，[1] V型最迟。[2]

自南北朝后期至初唐，除与横架相互结合形成柱头节点外，纵架自身的构成形式尚处于不断发展的进程之中，集中表现为：①高度持续增加，层次持续增多；②构成因子简化，组合方式多样化；③受力状态复合化。

其中第一点表现为柱头井干壁的发达。与早期石窟、壁画常见的"柱盘枋→耙头栱／人字栱→檐枋→檐槫"组合不同，法隆寺建筑中，柱头之上已可见多道素枋重叠而成的高大井干壁体，这与屋宇出檐深远，出跳华栱数急剧增多有关。

第二点表现为"材"概念在设计行为中的确立。尤以法隆寺金堂、五重塔所见的"一材造"现象为代表，同时，因"以材为祖"原则的落实，柱头壁的构成形式得以在不同的单元组合间自由转换和选择——法隆寺建筑中的单栱叠素枋多道做法和慈恩寺大雁塔门楣石刻佛殿中的单栱素枋单元重叠做法在这一时期同样常见。

第三点表现为柱盘枋位置下移形成阑额。早期纵架以柱盘枋、檐枋及铺垫其间的耙头栱、人字栱构成排架，作为整体承托屋顶重量，立柱及栌斗可在柱盘枋下自由移位，此时柱盘枋为单纯的承重构件；而自从其位置下移至柱头并变为阑额后，又被附加了牵拉联系纵向柱列的功能，尤其初唐以降，重楣做法普及，使得纵架对于柱列的扶持作用更趋明显。

无疑，这三点变化均反映着技术的进步——组合体高度的提升意味着纵架竖向承载力的加强，同时扶壁栱与出跳栱的良好配合也意味着挑托承檐结构在设计和构造两个层面的成熟；栱枋组合模式的多样反映了不同匠系间审美观念的分化，以及材模数设计方法在实现不同构造形态方面的高度适应力；柱盘枋位置下降变为阑额，一方面通过增加纵架抗水平形变的能力提高了整体稳定性，另一方面提供了找平层，为补间斗栱的进化及铺作成层奠定了基础。

2）明栿与草栿分离——铺作成层的必然要求

1　Ⅲ型实例见于南响堂山北齐第7窟窟檐、麦积山北周第4窟七佛阁等，纵架同样仅用于前廊，而与横架无涉。Ⅳ型实例见于北魏宁懋石室、沁阳东魏造像碑、天龙山隋代第8窟窟檐等，由于内柱升高打断纵架，逻辑上梁栿应当与柱头寻求对位关系，否则檐枋上产生应力集中易致折断，因此初步具备纵横架对位的特征。

2　Ⅴ型实例见于麦积山隋代第5窟、敦煌420窟隋代维摩诘经变壁画，以及河南省博所藏洛阳陶屋等，此时兜圈阑额确保柱框稳定，并为柱额之上的铺作提供了可靠的找平层，柱网、纵架铺作、横架梁栿的水平分层已经成熟，亦即纵、横架在柱头形成节点，为其后梁栿绞铺作出头、纵横架交织合一奠定了基础。

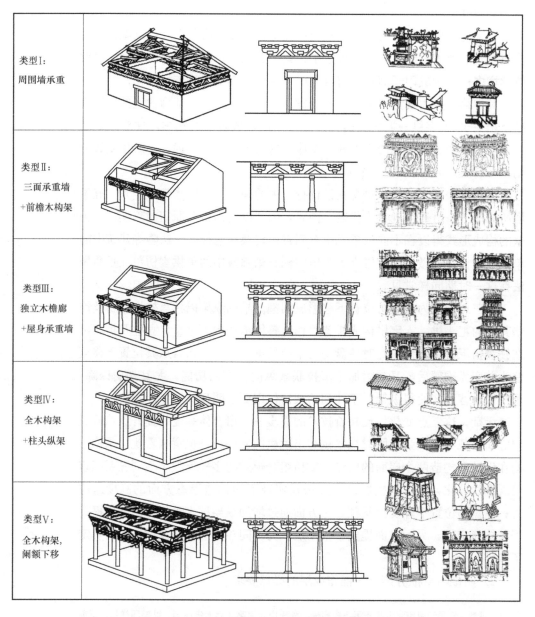

类型Ⅰ: 周围墙承重			
类型Ⅱ: 三面承重墙 +前檐木构架			
类型Ⅲ: 独立木檐廊 +屋身承重墙			
类型Ⅳ: 全木构架 +柱头纵架			
类型Ⅴ: 全木构架, 阑额下移			

图 2-5　北朝五种纵架类型

来源:傅熹年.中国古代建筑史(第二卷)[M].北京:中国建筑工业出版社,2003

　　如前所述,纵架与横架的交织——其代表形式为梁栿绞扶壁栱出头作出
跳栱或耍头,是铺作层发展至成熟阶段的必然表现。

　　横架梁栿与纵架井干壁交互穿插,两者从独立承重的结构单元进化成具
有构造整体性的结构层,并进而利用铺作的纵向材栔格线控制横向的梁架

（包括驼峰、缴背等），将梁栿断面与栿上隔承构件也纳入铺作层整体设计之中。

值得注意的是，梁栿出头拉结纵架的措施与纵横架在设计概念上的统一是两个相对独立的过程，如图2-6所示，两者的发展并不同步，前者出现年代较早，在北魏宋绍祖墓石室上已有所反映。[1] 此后随着纵架起始高度的降低，柱盘枋下降到阑额位置，情况迅速改变——从最初的纵向柱列承托平行弦架，纵架之上再承托横架梁栿，到稍后的横架下降以绞纵架，再到纵架本身高度亦下降，得以与柱列发生联系，促使纵架、横架、柱框两两关联，这一过程的本质正反映了三者从相对独立的结构单元发展为上下对位的统一空间网架的过程。

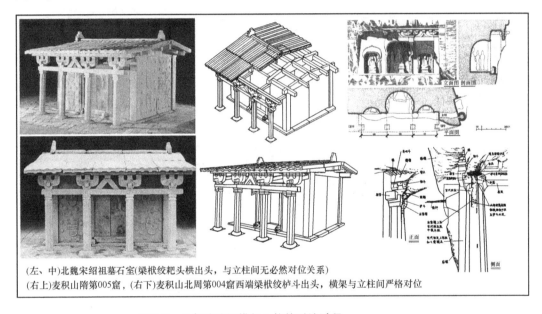

(左、中)北魏宋绍祖墓石室(梁栿绞耙头栱出头，与立柱间无必然对位关系)
(右上)麦积山隋第005窟，(右下)麦积山北周第004窟西端梁栿绞栌斗出头，横架与立柱间严格对位

图2-6　北朝建筑梁栿与立柱的对缝过程

宋绍祖墓石室图像来源：张海啸. 北魏宋绍祖墓石室研究 [J]. 文物世界，2005 (01)；
麦积山石窟窟檐图像来源：傅熹年. 中国古代建筑十论 [M]. 上海：复旦大学出版社，2004

从宋绍祖墓石室发展到麦积山第5窟隋代窟檐的阶段，柱梁间的对位关系已完全成立，横架设计的概念逐渐清晰，同时纵架中的阑额取代栌斗内的

1　张海啸. 北魏宋绍祖墓石室研究 [J]. 文物世界，2005 (01)：33-40。石室柱盘枋上的耙头栱与梁栿绞接，但柱盘枋的高度决定了其下部的柱子及栌斗可以自由移位。此时纵横架基于土木混合结构前廊开敞的空间需要而产生了绞成整体的构造诉求，但前檐柱列尚未被纳入这一对应关系之中，柱、斗栱、梁栿间尚不存在严格的构造连带性。尤其柱梁错位的现象，突出地表明了该阶段横架设计概念的模糊和不成型。

柱盘枋，降低了斗栱的起始高度，柱头平面作为构造起点的地位得到确认，纵、横架之间原本的高度层次划分亦被打破。而梁栿绞纵架出头，令其本身的构造位置下降，从而为明、草栿的分化提供了内在需求和前提条件。

华栱出跳承檐这一构造形式虽在两汉石阙、陶楼、画像砖石中大量出现，却在其后魏、晋、南北朝时期的建筑形象中归于平寂，除敦煌北魏第251窟插栱实物外（图2-7），大量图像资料中皆缺乏针对该技术要素的表达，这一情形直到南北朝晚期才有所改变——洛阳陶屋柱身的三跳插栱和南响堂山北齐1号窟檐下斗栱，不惟再次表达了出跳栱形象，且体现了纵架扶壁栱与横架出跳栱结成整体的趋势。

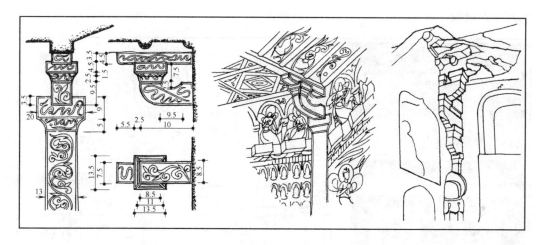

图 2-7 北朝出跳栱形象

莫高窟北魏251窟插栱（左、中）图像来源：萧默．敦煌建筑研究［M］．北京：机械工业出版社，2003；

南响堂山北齐第1窟窟檐（右）图像来源：傅熹年．中国古代建筑史（第二卷）［M］．

北京：中国建筑工业出版社，2003

这一时期，除了上述井干式的纵、横架交接方式外，在诸如法隆寺建筑中尚存在斜枋式的做法，其特点在于以斜枋（尾垂木）作为横架梁栿的延伸，插入纵架扶壁栱，并与平枋、短柱组成三角形构架共同出跳承檐，其本质是利用上层荷载压于斜枋尾部，使其与斜枋端头所受的檐部荷载达到平衡。这一杠杆受力的逻辑显然有别于井干式梁栿直接绞扶壁栱出头挑檐的悬臂梁性质，而这或许即是南北朝时期地域差异的一种体现。

无论纵、横架的交织具体表现为井干式抑或斜枋式，纵架的增高与横架的延展作为一对互相促进的伴生现象，都导致一个共同的结果——铺作成层所需要的结构空间的实现。随着建筑规模扩大，出檐日趋深远，挑檐距离增长，单层悬臂栱已无法满足所需的结构强度，而需要代之以多道出跳栱，层层垫托擎檐，以减少跨距、分散应力。正是出跳栱层次的增加，导致扶壁栱相应地垫高，为铺作层的出现以及明、草两套梁栿的分离奠定了空间基础。

此时，横架出跳栱与梁栿间出现了两种构造关系：其一是梁栿绞扶壁栱后不再继续前伸，其下出跳栱同时向内、外挑出，梁栿叠压于纵架扶壁栱上；其二是梁栿绞扶壁栱后直接出头作出跳构件，梁栿插入扶壁栱身之中。如图 2-8 所示，前者实际是草栿的构造逻辑，旨在承托屋架荷载，实现对空间跨度的追求；而后者则代表了明栿的发展方向，用以牵拉各道纵架之上高度大为增加了的扶壁栱，加强纵架的稳定性并在不同纵架间形成联系以提升整体刚度。

明、草栿的最终分离，原因自是复杂而多源的，但该现象成熟并盛行于中晚唐应较为确定。家具的转变在这一过程中或许起过某些间接作用：高坐起居方式终唐一世皆与汉地传统的低坐传统并存，并不断提升其在日常生活中所占的比例，直到北宋，因应气候周期之变化而得以最终确立。起居方式的改变使得针对室内空间高度的需求激增，除加大柱高外，提升屋架位置也是一条有效的途径，而这显然有利于明、草栿的进一步分离。

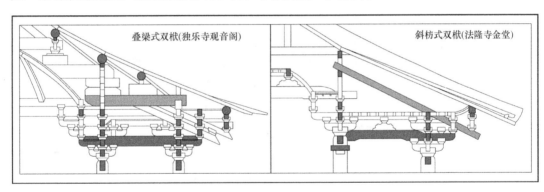

图 2-8　斜栿式双栿与叠梁式双栿

一旦明栿与草栿上下叠加的形式语言成为定制，横架部分承托屋顶重量与牵拉纵架的功能得以完全分离，铺作层产生的前提条件便告成熟，典型殿堂的双层梁栿组合亦随之自然产生。而草栿的两种原始形态——井干式与斜栿式，则拥有截然相反的命运：井干式水平叠梁在汉民族对平直稳定感受的视觉追求和心理习惯下，成为汉地正统的屋架构成形式；斜栿式三角叠梁则持续地受到排斥，最终只在少数蒙元时期建筑中以斜梁的形式短暂存在。

3）柱头与补间构成形式的对应——铺作成层的最终表现

铺作成层，除构造上明、草栿的分离外，尚有形态上的规范作为前提，即补间斗栱与柱头斗栱在构件加工和组合次第上的趋同。

按敦煌壁画所示情况，北朝迄隋的斗栱皆无出跳之表示，当柱盘枋位于柱头栌斗之上时，纵架平行弦中密布人字栱，与柱头之耙头栱呈上下分布关系；在柱盘枋下降为阑额后，两者方始相间配置，出现了柱头、补间铺作分化的雏形。隋代心间的间广已较南北朝建筑有所增大，对应的补间配置也不限于单朵。至初唐，斗栱之配置已趋于复杂，如莫高220窟壁画楼阁上层已出现单栱素枋重叠的形象，这一扶壁栱形式与十六国时期耙头栱、直斗与人字栱三要素的随机配对不同，并非单纯为了支垫纵架上下弦间的空当，而是体现了一种单元组合的思路，这无疑是简单斗栱向复杂铺作进化的重要转折点。单栱素枋重叠的扶壁栱，再配合出跳栱及跳头令栱（或替木），便形成诸如莫高321窟壁画廊庑中的五铺作双杪偷心形式，但此时补间铺作仍保留不出跳的原始形态。

进入盛唐后，铺作出跳数逐渐增加，由莫高172窟北壁净土变佛寺主殿形象可知，转角已出至七铺作双杪双昂，同时补间铺作亦引入出跳华栱，从而在形态上与柱头铺作取得一致（该殿扶壁栱仍用单栱素枋重叠）。由于中唐南禅寺大殿转角已作列栱，而敦煌地区直到宋初的窟檐与壁画上仍无此类形象，因此这或许是体现了某种地域性的选择；壁画佛殿补间铺作在阑额上先用人字形驼峰升到下道柱头枋处，再从驼峰上坐斗口内连出两杪，使得补间较柱头少出两跳，与佛光寺东大殿的情况一致。

中唐除延续盛唐时期最高可至七铺作逐跳重栱计心的特点外，尚有新的发展，即补间铺作的最终成熟——表现为其构成形式与柱头铺作的全面趋同，以及朵数的增加。以莫高231窟[1]为例，其补间与柱头同为六铺作单杪双下昂，逐跳单栱计心，双补间直接自阑额上栌斗口内起出跳，而与前述莫高172窟壁画佛殿、佛光寺东大殿，甚至崇明寺中佛殿的垫高减跳做法迥异。扶壁栱构成至此也转变为单栱上叠垒素枋多道，并且素枋间施有垫块，这无疑是晚唐五代以降北方木构最为常见的扶壁单栱承多道素枋并隐栱置斗手法的雏形。显然，补间铺作朵数的增加，出跳数与柱头铺作的趋同，以及扶壁栱构成形式的转变，对于增加撩风槫下支点，加强承檐部件结构强度，以及提升纵架的整体性都大有助益。作为补间与柱头铺作形式趋同的结果，完整意义上的铺作层亦由此得以实现（图2-9）。

中唐之后，铺作层发展的情形，即可借由我们熟知的佛光寺东大殿一窥

---

1 据231窟内壁所书《大蕃故敦煌郡莫高窟阴处士修功德记》知该窟开凿于吐蕃统治时期（公元781～847年）。

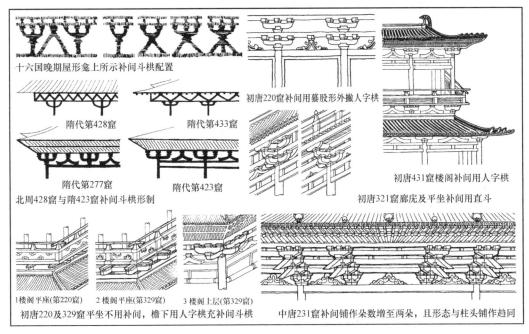

图 2-9　敦煌壁画中北朝至唐补间铺作的发展

来源：萧默. 敦煌建筑研究 [M]. 北京：机械工业出版社，2003

全貌，在此不再赘述。总括而论，典型铺作层的成立与否，大体可以用以下几点必备特征加以界定：

（1）以内外柱的同高（或存在符合整数材栔关系的高差）为基本条件，在构架中作为整体呈水平层状分布。

（2）其分布应当符合特定的分槽形式，并在水平投影上有所体现。即通檐小殿外圈铺作的完备不能构成铺作成层的充分必要条件，只有在铺作按照诸如日字形、目字形、田字形之类，而非口字形平面均等排布于殿身内外的情况下，才能视作真实的铺作成层。

（3）纵架之间借由明栿牵拉构成整体，明栿及其上组件同样符合柱头壁上的材栔格线。

（4）包括明栿、草栿两套竖向分层的构造节点。

以上三节所描述的铺作层从肇生到成熟的三个阶段，同样可以映照于殿堂构架的发展历程：纵横架的交织促使所有立柱形成规整网格，为殿堂分槽提供必要的空间格局；明草栿的分离意味着双重梁栿之间出现空当，可以安插平棊、平闇之类，从而使殿堂构架可以垂直划分为草架和露明部分；补间与柱头铺作形式的统一则意味着铺作层的出现，从而实现了结构的水平分层。因此铺作层的完善与殿堂构架类型的完善是一个同步发生的进程，反之，铺作层的瓦解也势必导致典型殿堂形式的消失。

2.2.2 厅堂化——五代、辽、宋时期北方殿堂构架的主流发展趋势

考察五代、辽、宋前期的北方木构实例，构架类型的分布具有一定的地域倾向性，大致辽构沿袭唐风，以典型殿堂（如华严寺薄迦教藏殿、佛宫寺释迦塔、独乐寺观音阁及山门等）和混合式构架（如奉国寺万佛殿、善化寺三圣殿及大雄殿等）居多，兼有少数几例典型厅堂（如阁院寺文殊殿、华严寺海会殿）；而宋统区内的遗构表现出更强烈的革新倾向，厅堂和具有厅堂化倾向的殿堂构成现存早期遗构的主体（厅堂化手法分两种：一是趋简，与铺作层整体的退化伴随发生；二是混杂，由大型木构对于增扩空间的创造性尝试导致）。总的来说，所有中间样式的产生均具有明确的方向性：殿堂为其源头，厅堂则是归宿；而厅堂构架自身的存续具有连贯性和标识性，与厅堂化的殿堂长期共存。

1）简化与小型化——殿堂构架厅堂化的发展方向之一

现存四个唐代遗构，除佛光寺东大殿为典型斗底槽殿堂外，其余三例南禅寺大殿、广仁王庙五龙殿及天台庵弥陀殿[1]皆为通檐无内柱的小殿，其构架属性历来言人人殊。张驭寰先生认为"**较小的建筑物可以身内无柱，例如南禅寺大殿，这即接近厅堂的概念了**"[2]；傅熹年先生将其归类为厅堂，[3]指出"**南禅寺大殿……由于它面阔三间，只用二道梁架并列，故厅堂构架特点表露不明显。如果为五间或七间，则次梢间梁架可以为中间有柱的其他形式，依实际需要设置柱，就可更清楚地表现用多道垂直梁架并列拼成的厅堂构架的特点了**"。考察可以与这几例作比的《营造法式》厅堂间缝内用梁柱形式，即四架椽屋通檐用二柱侧样，可知两者虽柱梁配置高度类似，但铺作等第不同：《营造法式》图样只用四铺作单杪，以梁栿出头作耍头，与南禅寺大殿之五铺作大相径庭——后者下缘平行于地面的批竹昂形耍头已不是四椽栿绞铺作出头后充任，而是通栿之上的缴背出头部分。由于通栿广一足材（出作第二杪），因此贴于其上的缴背伸出柱缝作耍头后仍能符合铺作材栔格线，如果按图 2-10 所示，将四椽通栿位置下移，令其出头作第一杪，而使第二杪向里外皆出卷头，承托位置不变的缴背，甚或于其上安槫平棊，则此时缴背变为草栿，两套梁栿的叠置和分工将会凸显此构水平层垒的殿堂属性。另外，将托举平槫之高驼峰平置于四椽栿上，相当于省略草架，直接在

1　李会智 . 山西现存早期木结构建筑区域特征浅探（上）[J]. 文物世界，2004（02）：22-29。文中以天台庵弥陀殿存在脊蜀柱且隔承构件样式特异为由，认为该构建于五代而非唐末。

2　中国科学院自然科学史研究所 . 中国古代建筑技术史 [M]. 北京：科学出版社，1985：70。

3　傅熹年 . 中国古代建筑史（第二卷）[M]. 北京：中国建筑工业出版社，2003：632。

明栿上安搭屋盖层，且通栿、丁栿、大角梁、山面平梁[1] 均为水平叠压的关系（丁栿平置于通栿上，出山面柱缝做耍头，高度与缴背平齐，后尾与之直接搭交），从施工角度看依旧遵循自下而上分层建造的顺序，而没有明显的分槽安装痕迹，因此该构或许可以视为殿堂的一种极端简化形式。至于平顺天台庵弥陀殿，因柱头只用斗口跳，其梁栿已无进一步分化之可能，视之为四架椽通檐厅堂当无不妥。

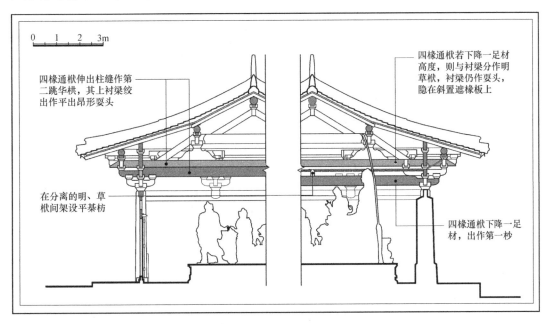

图 2-10 南禅寺大殿构架属性分析

　　五代、北宋的几例通檐佛殿则体现出殿堂简化的另一个倾向：绝对规模的急剧减小和双栿形式的完备保留。或许是受百丈怀海"不立佛殿，唯树法堂"主张的影响，晚唐、五代时期，佛殿在禅宗寺院中的地位下降，间数减少，但在用材、铺作数、柱梁加工等方面并未随之降低等级，因此出现了一批整体规模与构件尺度不相连属的遗构，其中尤以福州华林寺大殿和平遥镇国寺万佛殿为代表。

　　万佛殿（公元 963 年）材广 21.41cm，材厚 15.57cm，契高 10.23cm，[2]约当《营造法式》四等材，用于三间殿或五间厅堂。柱头七铺作双杪双下昂

---

　　1 此构件一般称作"太平梁"，本书因所述对象均为早期遗构，故不采用清官式称谓。据其位置、长度、功用等因素综合考虑后称作"山面平梁"，下同。

　　2 刘畅，刘梦雨，王雪莹．平遥镇国寺万佛殿大木结构测量数据解读［M］//王贵祥主编．中国建筑史论汇刊（第五辑），北京：中国建筑工业出版社，2012。

重栱偷心造，补间五铺作双杪偷心（大斗下用直斗立于阑额上，以取平与柱头铺作间的高差），按《营造法式》大木作图样，七铺作双杪双昂用于双槽殿堂（"殿堂等七铺作副阶五铺作双槽草架侧样第十二"）或殿阁亭榭（"转角铺作正样第九"），皆非方三间规模小殿所宜用。至于梁栿组合，更与典型厅堂殊异——该殿通檐不用内柱，六椽栿绞扶壁上第二道素枋出柱缝作昂下华头子，其内广两足材，上缘与扶壁栱第三道素枋上端齐平，两颊杀出月梁形栿背折线，模仿明栿的意向可谓明显之极；其上叠单材缴背一层垂直于扶壁第四道素枋，隐出栱形并置散斗；再上用六椽直梁一条（广一足材）绞扶壁上第五道素枋出头后截割，压跳柱头铺作两道下昂后尾，则显然属于草栿意向。六椽"草栿"之上，方始敷设四椽栿、平梁，逐层梁栿间以栌斗、驼峰垫托。

显然，万佛殿两道六椽栿连用、下道隐出月梁形而上道素平无装饰的做法来自对典型殿堂双栿形式的直接继承——就受力状况而言，当明栿位置的下道六椽栿已需直接承托上部梁架重量，故工匠将其截面加大，但传统样式的生命力如此强盛，以致工匠不厌其烦，在其两侧隐出卷杀折线，并另设一较小截面之六椽"草"栿，以求得与殿堂传统在形式上的符合。以此观之，镇国寺万佛殿之类逐槫间叠梁的三间通檐小殿，是对典型殿堂直接小型化处理的结果，并伴随有极少量的简化措施（如室内省略平棊天花之类），改动幅度远较晋东南地区习见的简化殿堂为小，推测其构造原型及变形措施如图2-11所示。

另一类小型佛殿于室内添置内柱一至两列，厅堂在对称使用内柱的情况下，长栿（平梁及其下各槫栿）两端插入内柱头铺作，短栿（劄牵、乳栿等）则头端绞入外檐柱头铺作，尾端劄入内柱身；使用中柱或非对称使用内柱的情况下，长栿、短栿皆一端劄入内柱身。因此判定构架是否属于厅堂，当以短栿内端节点作为主要考察对象。

举平顺大云院弥陀殿（公元940年）为例，如图2-12所示，该构殿身三间四架，逐间单补间，用后内柱两根，三椽栿对劄牵用三柱，内柱头较檐柱头高出两足材，上出十字栱一组承托对梁节点，而十字栱高度与檐柱头五铺作的要头齐平，因此仍存在统一格线关系。尤其该构于檐柱缝和柱头铺作里跳缝上分设两圈井干壁的做法颇为引人注目——里跳跳头叠枋成壁，同样见于辽构奉国寺大殿等例，旨在通过增加一圈扶壁栱，形成双筒以强化外圈纵架，这显然与厅堂构架主要强调横架骈列的总体趋势相悖，故而历来将之归为简化殿堂。

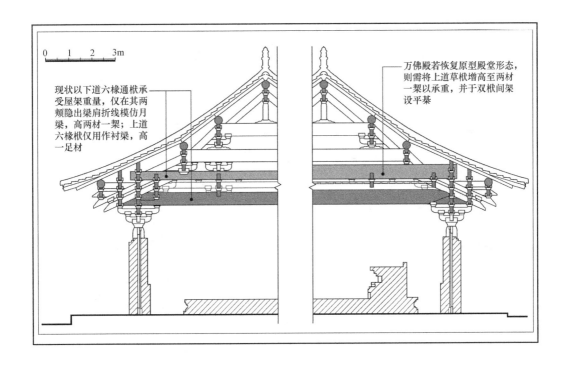

图 2-11　镇国寺万佛殿现状及其推测原型

　　该型构架在入宋后于晋中、晋东南地区普及，榆次永寿寺雨华宫（公元1008 年）、长子崇庆寺千佛殿（公元 1016 年）、高平开化寺大雄殿（公元1073 年）、晋城青莲寺释迦殿（公元 1089 年）、平顺龙门寺大雄殿（公元1098 年）等皆属其类，概括其特点如下：

　　（1）内柱不升高（如永寿寺雨华宫）或按材栔升高（如开化寺大雄殿），压在长栿之下，柱、梁、槫间的分层关系明确。

　　（2）长栿与短栿以下缘等高的"对梁"交接做法为主流，间或因短栿施用双栿而产生长栿与短草栿相对、与短明栿相叠的情况（如开化寺大雄殿）。宋后期至金，"对梁"做法全面演进为"叠梁"做法，改以长栿压在短栿之上。

　　（3）内柱头斗栱较外檐柱头铺作简化，其上顺栿方向安放沓头——宋构内柱上沓头两出，同时承托长、短栿；金构则以短栿伸过内柱缝作沓头，继续向前延伸半椽到一椽长不等以承托长栿。而金代叠梁做法或许直接源自辽构的长短栿相叠减跨传统（如宝坻广济寺三大士殿）。

　　关于前举宋代北地大量方三间佛殿的性质，过往研究多认可是殿堂与厅

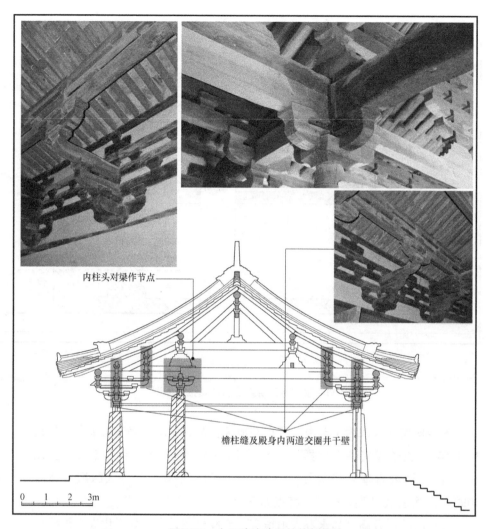

内柱头对梁作节点

檐柱缝及殿身内两道交圈井干壁

0　1　2　3m

图 2-12　大云院弥陀殿的构架属性

堂的折中，[1] 但折中现象的两端，厅堂与殿堂二者间孰本孰末则仍需明确。本书认为，满足上举三个构造特征的五代、北宋木构实例，皆可定性为殿堂的简化形式。

　　1　赵琳. 宋元江南建筑的技术特征［D］. 南京：东南大学建筑研究所，1998。论文第四章第一节"厅堂与殿阁构架——南北方梁架体系的差异"中称："就构架结构而言，北方方三间小型殿构架，也许称之为'带有殿堂造倾向的厅堂造'更为贴切。因为这些实例虽然都采用彻上明造，内外柱有些也并不同高，具有厅堂造的一些特征，但本质上大部分北方小型殿的构架，梁架层与柱框层是相对独立的，表现出层叠性的特征。铺作层既是找平层，调整内外不同高的柱头与梁架之间的距离，同时也起到空间网架结构承重、传力的作用。……宋、元江南建筑……构架的整体稳定性较北方'殿式厅堂造'做法要好，但施工和构件加工的技术较为复杂。"

至于敦煌几座晚唐至北宋的窟檐[1]，规模均仅三间两椽且檐部平缓，亦无内柱与长栿，单就乳栿及其上构件的情况看，这些构架未曾动用双栿系统，当已进入了构架趋简的阶段，又或许简化变革本来就是在诸如窟檐一类的小型木构上因空间限制而率先发生的（图2-13）。

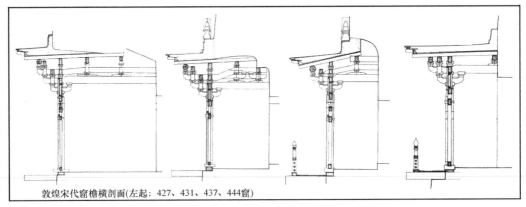

敦煌宋代窟檐横剖面(左起：427、431、437、444窟)

图2-13　敦煌宋代窟檐剖面

来源：萧默. 敦煌建筑研究［M］. 北京：机械工业出版社，2003

2）异化与大型化——殿堂构架厅堂化的发展方向之二

辽袭唐制，相比于五代、北宋之创新，其木构技术更多地继承了晚唐燕蓟地方传统，故早期殿堂实例多为辽构。[2] 此外，尚出现了所谓"奉国寺型"

1　晚唐196窟为何大法师开凿，据甬道壁上画像题名结衔**"敕归义军节度使沙瓜伊西等州管内观察处置押蕃落营田等使守定远将军检校吏部尚书兼御史大夫巨鹿郡开国公食邑贰仟户实封二百户赐紫金鱼袋上柱国索勋一心供养"**考察，因索勋于大顺元年（公元890年）篡政，景福二年（公元893年）由朝廷颁布任命，次年即乾宁元年（公元894年）为李明振袭杀，故本窟开凿年代在公元893年稍前。

北宋427窟于承椽枋底题刻**"维大宋乾德八年岁次庚午正月癸卯朔二十六日戊辰敕推诚奉国保塞功臣归义军节度使特进检校太师兼中书令西平王曹元忠之世刱建此窟檐记"**，乾德年号共使用六年，乾德八年庚午实为开宝三年（公元970年）。

北宋431窟承椽枋下题记**"太平兴国伍年岁次庚辰……曹延禄之世刱建"**，知为公元980年实物。

北宋437窟据窟内供养人题名**"归义军节度使……西平王曹元忠供养"**，可知不晚于曹延恭继曹元忠统领敦煌的公元974年。

北宋444窟按窟檐题记建于**"大宋开宝九年岁次丙子"**，即公元976年。

2　陈明达. 中国古代木结构技术（战国——北宋）［M］. 北京：文物出版社，1990。书中附录A（唐、北宋主要木结构建筑实例间椽形式）中，将佛光寺东大殿、独乐寺山门、独乐寺观音阁上层、永寿寺雨花宫、晋祠圣母殿、下华严寺薄迦教藏殿、隆兴寺摩尼殿、佛宫寺释迦塔皆列为殿堂。

傅熹年. 试论唐至明代官式建筑发展的脉络及其与地方传统的关系［M］//傅熹年建筑史论文选. 天津：百花文艺出版社，2009。文中指出北宋大型建筑如晋祠圣母殿、隆兴寺摩尼殿等因存在明显简化倾向而不应归属于典型殿堂。

的折中样式，按陈明达先生的标准，该型构架存在三个特点：

（1）内外柱圈上扶壁栱枋形成两周框架，外低内高，相差若干足材，外檐铺作、内槽铺作及内柱结合为整体；

（2）内柱可以移位，没有严格对称的回字形平面，分槽并不整齐明显；

（3）由于内柱移位，槫下铺作相应地通过驼峰、内额分布在长栿而非内柱头上，因此全部结构连同内柱在内，相互交错形成整体。

这一变异类型的产生与辽、宋时期殿堂的大型化趋势密不可分。无论奉国寺大殿、隆兴寺摩尼殿或晋祠圣母殿，殿内空间均发生了急剧增扩，突破了传统殿堂八架椽的界限，而达至十架椽（或更高）规模，此时即出现了两个问题：

（1）类似佛光寺东大殿 2-4-2 梁架分椽与斗底槽地盘间的完美对应关系被打破。基于实际的空间安排，十架椽殿宇难以保持对称式的梁栿配置：2-6-2 分椽将导致礼佛空间与佛像空间不成比例，以及长栿跨度过大；3-4-3 分椽则因后三椽栿下仅用于通行而造成空间使用的浪费（实例中亦仅华严寺大雄殿采用）。因此在多数情况下，皆是通过移动前内柱位置得到长四椽的礼拜空间，从而形成 4-4-2 的非对称间椽配置模式。

（2）辽构庑殿顶传统对于统一屋宇空间的追求导致副阶要素普遍缺失，从而失去了利用副阶空间增扩礼拜场所并形成对称式构架的可能。

在此前提下即发生了内柱的移位：在平面上表现为突破四种地盘分槽的新模式的出现，其本质是斗底槽、单槽、双槽等单元的组合叠加；在构架关系上则表现出局部的柱梁直接交接，即主体殿堂部分与周圈厅堂部分的交融。

以奉国寺大殿（公元 1020 年）为例：如图 2-14 所示，其核心部分为六架椽殿堂，出于增扩礼佛场地的需要，四出各追加两椽空间，并统一在同一四阿屋顶之下，因此两圈柱网在高度上存在严格的材栔对位关系。又因对礼佛空间的持续追求，进一步将六架殿堂部分的前内柱由下中平槫分位内移两椽到上平槫分位，从而使得殿堂部分的前后柱亦不等高。同时前檐增扩出的乳栿向内延展为四椽栿后劄入前内柱，于其中段施驼峰承托下中平槫缝下的井干壁（即原六架椽核心部分之柱头壁）。概括而言，奉国寺大殿的建造存在三个阶段：第一阶段为核心六架椽部分的构筑，此时尚处于典型殿堂状态；第二阶段为四周两架椽部分的加入（纳入殿身屋架之下）；第三阶段则是针对这一叠加结果的调整。排除移减柱的成分，这一手法与殿堂副阶周匝的组织方式并无不同，本质上都是通过增加槫架层次来实现对空间的进一步扩充。

与奉国寺大殿完全相同的处理手法尚见于大同善化寺大雄殿，如图2-15所示，该构前内柱后移至上平槫下，十架椽 4-4-2 分配，于前四椽栿上立驼峰以承托六椽栿伸出前内柱的悬挑部分。六椽栿两端（下中平槫缝下）以素枋四道形成内圈井干壁体，较檐柱头的外圈扶壁栱升高约两足材。六椽栿以上部分保有殿堂特征，下中平槫与撩风槫间的部分则符合厅堂柱梁穿插的特点。

大型殿宇分槽形式与椽数配置的日渐自由，是辽构演进过程中常被忽略的一个方面，而这往往与构架体系的改变密切相关。就构成逻辑而言，典型殿堂构架因水平分层的缘故，柱列与椽架间实际上并不存在必然的对照关系，严格说来其梁栿亦不可以"某椽栿"命名。各个版本的《营造法式》图样中，殿堂柱头铺作槽缝和槫缝之间允许错位，但早期木构实例却基本保持着柱槫对缝的传统，这是因为殿堂侧样中的通檐八椽甚或十椽栿无法在现实中加以制作，即便三段拼合也过于费料，所以实际营造时大都采用在内柱头上以井干壁承托长短栿对梁作节点的办法加以解决。此时为保证屋顶荷载向下传递的直接，柱头、梁缝节点需与槫缝取齐，以免在梁栿端头出现局部应力集中。以此之故，辽宋大型殿宇多保持着槫、柱的对位，即便殿堂构架也同样遵循一间两椽的厅堂柱、槫关系，即平面分槽与屋架分椽是两个互动共存而非割裂独立（典型殿堂中）的设计环节，这或许也是两类构架走向混融的一个具体表现。

金构华严寺大殿仍保有辽式特征，[1] 如图 2-16 所示，与奉国寺大殿一样，其空间设计同样可以分解成三个阶段：六架椽核心部分的树立，周圈两椽空间的叠加，移动内柱位置以求得所需的室内空间。在第一个阶段，因为梁栿

1　柴泽俊. 大同华严寺大雄宝殿结构形制研究［M］//柴泽俊古建筑文集. 北京：文物出版社，1999。大殿始建于辽清宁八年（公元 1038 年），重建于金天眷三年（公元 1140 年）。殿身总计九间十椽，两山梁架用六柱，中央七间六缝梁架则用四柱，在前后乳栿式的 2—6—2 分椽基础上作出调整，将两根内柱在六椽栿下分别向内移动一椽距离到达上中平槫缝下，形成 3—4—3 的间椽分配。其前后三椽栿上，沿下中平槫缝设置七材高的井干壁一圈，以承托六椽栿两端悬出部分。文中据此认为该殿是金厢斗底槽变体，与善化寺大殿、奉国寺大殿相比，梁架仍然前后对称，保持受力的绝对平衡，因而更为科学。大殿梁架彻上露明（现有天花为明宣德四年到景泰五年间所加），各道檐栿之下都以方材制成衬梁或长驼峰，六椽栿、四椽栿各广两足材以保持槫间材栔关系。除上中平槫下（即内柱头缝）叠枋七重外，下中平槫下叠枋四重、上平槫下叠枋三重、檐柱缝上叠枋四重，屋架内形成多道井干壁，势同圈梁，大幅加强了纵架刚度。同时三椽栿上承托下平槫和下中平槫的两攒铺作，分别以一根长栱材与外檐铺作、内柱头铺作连为整体，这一类似劄牵的构件大幅加强了横架的整体性，同时负有承重作用。六椽栿虽两端伸出，但其下有斗栱支垫，在获得四个连续支点后，结构上反而得到强化。六椽栿上用缴背一道并用长两架的重栱承托四椽栿，长重栱上分别放置散斗五枚和七枚，缩短了四椽栿净跨并扩大了其传递荷载的有效面积，并与承托丁栿的异形栱取得直接联系。

通檐，尚处于殿堂叠梁的典型状态；在第二个阶段，若通过降低内柱，增加内柱缝上并干壁层次来维持内外柱的等高，则可以形成典型殿堂，否则即转为厅堂；进入第三个阶段后，因内柱移位，已不可能通过无限增加内柱头壁上的素枋层次来维持内外柱等高，而必须升高内柱以使柱梁直接插接，此时殿堂、厅堂的混杂性即得以全面体现。

再看宋统区内的情况。与大型辽构喜用单檐庑殿顶不同，遗世宋构的屋面形式更加丰富多样，且有使用副阶之传统，而这也导致构架的组织方式更为复杂。

以晋祠圣母殿（公元1102年）为例，从图2-17可看出，该构可分解为五间八架身内单槽的殿堂主体部分，以及椽长两架的周圈副阶部分。相较单槽重檐殿堂的原型，其变化在于前檐副阶的乳栿全部向内延伸，劄入殿身内柱变为四椽栿后承托殿身前柱，使之不必落地，而于原来的前内柱列安装版门分隔内外，形成六架椽的室内神像空间、两架椽的后檐及山面绕行空间，以及长达四架、内外连通的前檐礼拜空间。这一构架变化的目的旨在扩大前廊无疑，而作为结果，便是副阶从属地位的改变。众所周知，早期副阶的一大特点在于其与殿身结构的分离，撤除副阶并不影响殿身的存续。而圣母殿则不然，因殿身前柱悬空，落于前四椽栿上，殿身与副阶部分已不再是单纯的搭接扶持关系，副阶梁栿（前四椽栿）与殿身柱（前柱及前内柱）相互穿插交织为整体，关键节点的栿项入柱体现了典型的厅堂性，反映着两种构架类型的叠合。

正定隆兴寺摩尼殿（公元1052年）在除去四面抱厦后尚余三圈柱网，外一圈为副阶，里两圈为斗底槽殿身。由于将墙体由上檐柱间外移至下檐柱间，导致实际的绕行及礼拜空间扩大到周匝四椽。如图2-18所示，这一思路本质上与圣母殿相近，都是借用副阶空间，只不过手法不同——圣母殿通过后移照壁、版门位置，使副阶与前廊混融；而摩尼殿则通过外移壁体，将副阶全部纳入室内。[1]

上述几例的共同特点是：

（1）长栿由内柱头铺作承托，短栿插入内柱身；

（2）因空间需要，发生内柱或壁体的移位，并往往因此打破构架的对称；

1　张秀生. 正定隆兴寺 [M]. 北京：文物出版社，2000。摩尼殿殿身部分的五间八架中，当中三间四架安设佛坛，用内柱八根、四椽栿及平梁蜀柱四组；其外用上檐柱二十根（四根专用于与两山龟头屋梁架搭接），乳栿及丁栿十二组；内柱较上檐柱高出一足材，内柱头铺作因之减去一层，导致上檐柱与内柱间阑额一端落在柱头，一端劄入柱身，从而获得厅堂性质的栿项入柱节点，其结果即是殿身的八架椽空间分化为当中四椽殿堂与周圈四椽厅堂。

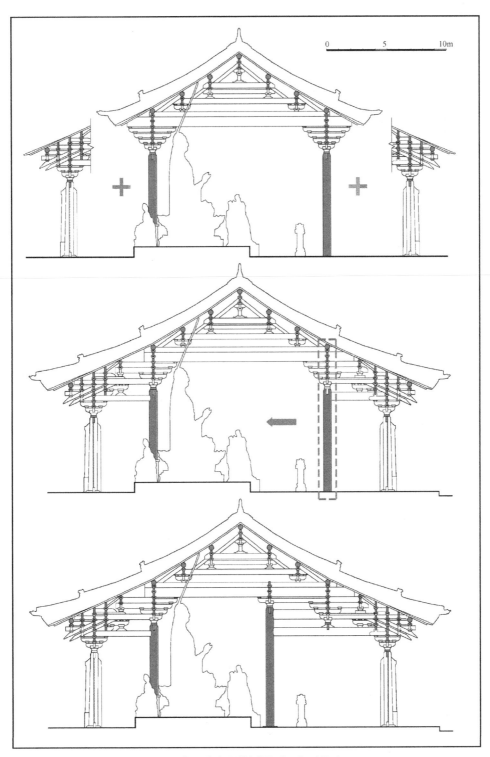

图 2-14 奉国寺大殿推测原型及变形策略

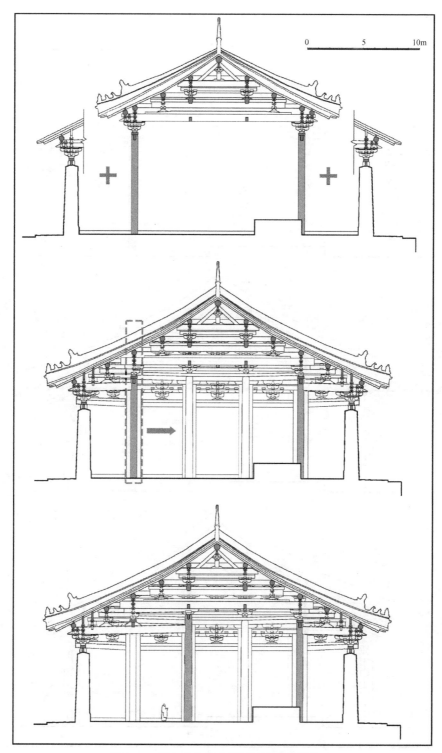

图 2-15 善化寺大雄殿推测原型及变形策略

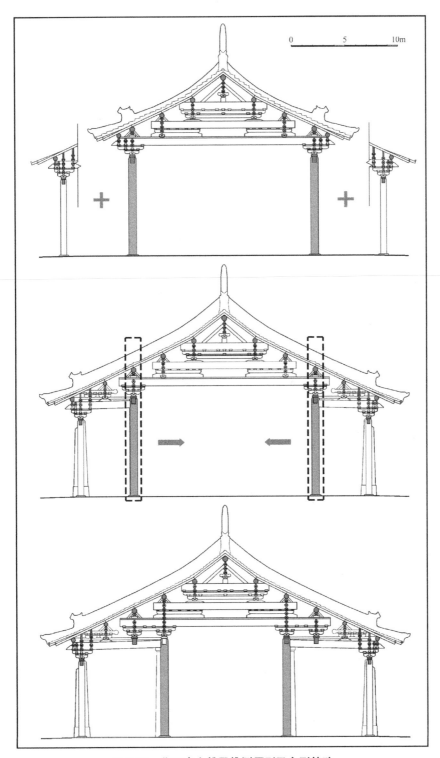

图 2-16　华严寺大雄殿推测原型及变形策略

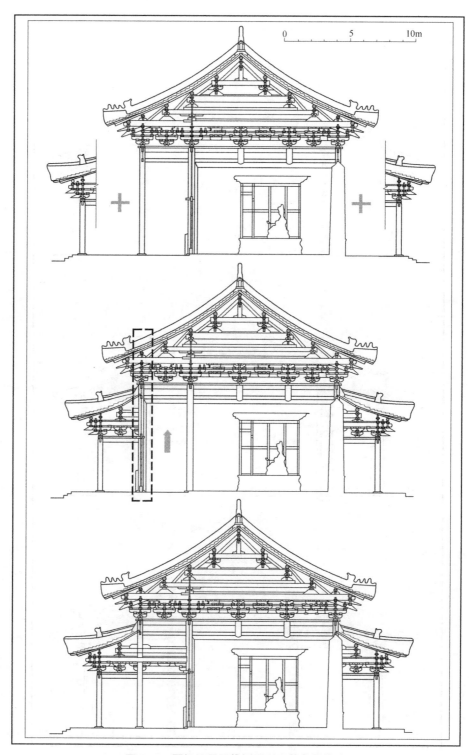

图 2-17　晋祠圣母殿推测原型及其变形策略

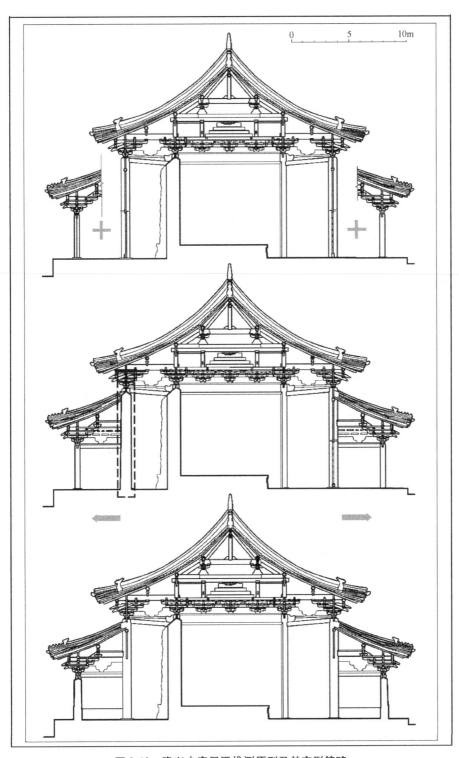

图 2-18　隆兴寺摩尼殿推测原型及其变形策略

（3）柱头井干壁发达。

由于内柱不冲槫，亦未能冲断长栿从而打破横向的叠梁分层关系，因此该类构架本质上仍属于殿堂，仅仅是体现了一种相对异化的演进策略。[1]

2.2.3　殿堂构架厅堂化的表现及其评价

相较殿堂，厅堂的优势集中体现在结构逻辑清晰，构造方式简单，室内空间多变，建造用材简省，整体稳定性占优等几个方面，在适用性、经济性、安全性上都更加先进。在长时段的历史视野下，厅堂无疑代表着更加先进的木构架技术发展方向，其最终取代殿堂是符合事物发展客观规律的。然而这个衍替过程绝非一蹴而就，在五代、辽、宋时期的北方地区，该趋势体现为厅堂、殿堂构架的长期混杂交融，这一阶段历时久远，其间的种种过渡性现象反而构成历史的主流。至李诫于北宋末编纂《营造法式》，提出殿堂与厅堂的概念并强调两者间的差别，则只是针对繁复技术现象的总结与提炼，而未必是围绕实际情况的忠实写照。这对经过高度抽象的"标准状态"与同期遗构间存在着巨大的鸿沟，令人对北宋末是否仍存在典型和纯粹的殿堂构架颇感怀疑。

总括而论，过渡时期内的各种混杂表现均服膺于"构架趋简"的同一主题，其实现途径大致有二：一是殿堂构架的厅堂化，在构架形制大体保持殿堂传统的同时于若干构造节点上出现符合厅堂构成原则的转变，从而形成介乎两者中间状态的一系列做法，其中又分简化与异化两个阶段，前者在不改变构架水平分层性质的前提下通过精简构件层次实现，而后者则与厅堂构造做法具有更多交集；二是厅堂自身的持续发展，体现为辅助穿插构件的增多和构架整体性的加强。

逻辑上虽存在着由殿堂简化趋势引起多种厅堂化表现，通过不断积攒最终质变为厅堂构架的演化脉络，但实际上各条线索长期共存并相对独立，在不同区域内各有侧重。就晋东南的实例所见，是以殿堂的简化为主，体现为铺作层的初步瓦解，而这也是整个厅堂化进程的起点。

1）铺作层的瓦解

该现象主要反映在大量五代、北宋小型木构中。此类实例的简化趋势表现为梁栿与铺作组织关系的变化及铺作自身构造的简化两个方面。

1　傅熹年. 中国科学技术史（建筑卷）[M]. 北京：科学出版社，2008. 书中认为北宋木构遗存中没有典型殿堂，因殿堂的判定标准在于**"内外柱子是否同高和柱网上有无由铺作的柱头枋、出跳栱和明栿月梁组成的水平铺作层"**，故圣母殿、摩尼殿等**"没有明栿月梁构成的铺作层，由出跳栱承直梁、梁上架平棊藻井"**的做法只能视为**"殿堂型构架简化的变体"**。

典型殿堂中梁架与铺作层的互动反映在梁栿功能与位置的分化上，即由明、草栿组合而成的"双栿系统"。这一做法在以佛光寺东大殿为典型代表的完备殿堂上得到完整体现，并在五代至北宋初发生了同步的快速消退。退化的表现大致表现为三种：其一，省略绞入铺作的明栿，直接在草栿上隐出月梁梁肩折线，即明栿意向与草栿做法的统合（实例如晋祠圣母殿）；其二，形式上保留双栿的划分，但弱化明栿，使其不再绞铺作出柱缝，而仅起到充垫昂下三角空间的功用，同时强化草栿，使其出柱缝拉结跳头横栱、撩风槫，即明栿的纯形式化和草栿功能的复合化（实例如开化寺大雄殿）；其三，加大明栿截面，并于其上施加同等椽长的衬梁以充草栿意向，即通檐彻上露明简化殿堂中叠梁屋架对于双栿形式的变异模仿（实例如镇国寺万佛殿、崇明寺中佛殿）。

上述几种表现的共通之处在于取缔明栿构件及其实际承担的牵拉功能，而将这部分内容赋予草栿（此处仅指压跳铺作后尾并承托其上屋架荷载的梁栿，并非一定需要草作或不可见），从而使得草栿获得复合的受力状态。显然，这一简化过程中的取舍选择是符合北方木构架建造的客观需要的——草栿对于整体构架的重要性始终要超过明栿，并且梁头叠压于铺作之上的方法能够更好地满足大跨度叠梁式构架的受力要求。因为相较明栿，草栿端头无须绞入铺作，也就不用为了满足铺作的材栔组织而削减自身截面高度，不会出现类似明栿为出柱缝作耍头而导致抗剪能力急剧下降的危险。相反的，南方厅堂因屋顶荷载相对较小而鲜有此类顾虑，故而对于明栿绞铺作后承载力的下降并不忌惮，月梁造明栿仍实际承重并受拉，其复合化的受力状态正与前述北方厅式殿中的草栿相类似。

双栿中，省略明栿现象率先发生在长栿之上，并逐渐扩展至短栿部位。由于明乳栿多直接做成卷头绞入铺作，短栿的双栿系统尤为明显地表现了铺作层的构造整体性，而其去除则是铺作层纵、横架交织关系瓦解的必然结果和直观反映（图 2-19）。

省略明栿的趋势解除了纵、横架间的交织关系，铺作层的消失导致纵、横架不再作为一个整体工作，两者的功能亦再次分化——纵架因受到削弱而从承重为主转向稳定扶持为主，横架则持续增强，逐渐成为结构中的主要承重部分。横架承重、纵架联系的组织方式体现了厅堂构架分榀的内在属性，同时纵架承重功能的消失，在铺作中体现为素枋排布方式的改变：唐、辽、五代时期殿堂中盛行的呈"I"字形竖列的扶壁栱，随着北宋以来计心造的发展而逐渐消解，柱头枋向里外跳头分配，高大的集合式扶壁栱被分散的

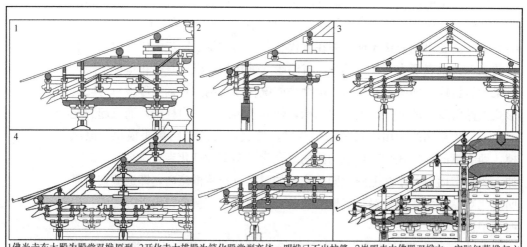

1佛光寺东大殿为殿堂双栿原型;2开化寺大雄殿为简化殿堂型变体,明栿已不出柱缝;3崇明寺中佛殿双栿中,实际仅草栿起主要结构作用;4晋祠圣母殿已取消明栿,令草栿露明;5镇国寺万佛殿则采用等长的衬梁模拟草栿,实际仍是明栿承重;6保国寺大殿局部使用双栿,且草栿与内柱断开,通过井口枋压在明栿上,而以明栿承重

图 2-19　双栿系统类型划分

"V"字形素枋组取代。

　　铺作层瓦解的另一个表现是出跳数的剧减(图 2-20)。由于明栿取消,草栿功能趋于复合,因此草栿位置势必下降,其端头出作耍头成为了晋东南地区宋构中的通例。梁栿则由铺作里跳承托,为维持稳定及确保传力路线的简洁,势必要求压缩铺作高度,减少出跳数,而这又反过来导致了扶壁栱枋层次的缩减,最终使得柱缝上扶壁栱数量不足以满封椽下空间——柱缝上端虚悬、不用承椽枋,同样明确地表达了纵架承重功能的消退。晋东南地区宋、金遗构外檐斗栱绝大多数限于五铺作,扶壁栱按照单栱三素枋配置而令上部虚悬,并不上抵椽腹,这是以铺作配置的简化换取柱梁交接的直接可靠,从构架的整体性来看应是一种进步。

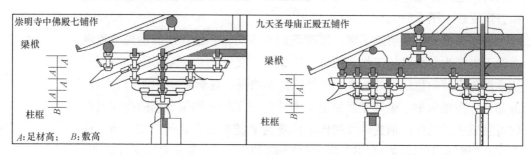

图 2-20　双栿体系的瓦解与晋东南遗构铺作的趋简倾向

值得注意的是，此后晋东南地区木构实例长期停滞在厅堂化发展链条的起点，形成了固定的简化殿堂范式，而未能更进一步地在柱梁交接关系上有所突破。直到北宋末，受周边匠系影响，方在该区域的边缘地带出现了典型的厅堂案例（如武乡应感庙五龙殿）。

若适当扩展视野，则可看到殿堂构架厅堂化演进路线的后续表现，包括两个关键节点：

2）内柱升高与柱梁插接

内柱升高与梁尾入柱是厅堂与殿堂间根本性的差别，但并非满足这一条件的构架都能归类为厅堂，不少折中式样遗构中同样部分地存有该构造关系。与典型厅堂在"点侧样"之初便遵循**"随举势定其短长"**的原则以使内柱升高冲槫不同，殿堂厅堂化过程中的内柱升高现象是针对特定的空间或构造需要而作出调整的产物，其动因可分为简化和叠加两种情况。

简化是基于节省铺作用材、提高室内空间的目的而大量性发生的现象。由于殿身内柱头铺作的出跳数对于构架的整体影响非常有限，更多的是为了追求与外檐铺作里跳部分在形象上的对应而设置，明栿既不承重，缩减梁跨也就没有实际意义，为了减少铺作用材的浪费，改善柱梁节点的可靠性，增加内柱间覆斗空间高度以突出场所主次差别等目的，内柱头铺作的简化自唐代以来已成为一种普遍趋势，在五代、辽或日本奈良时期建筑上皆有所反映（如独乐寺观音阁下层内柱头铺作减少一跳，内柱升高一足材之类）。当这一简化幅度达到一定程度，量变引发质变，即带来梁尾入柱的节点形式，柱梁关系随之呈现出厅堂化的表现（如唐招提寺金堂内柱升高两材三栔，明乳栿梁尾剳入内柱身）。

叠加则是在大型木构建筑中，因增扩空间的实际需要，而对副阶、殿身部分相关柱列进行移位或精简，导致构架局部出现厅堂式的柱梁直交现象。此时铺作仍然局部保持层状分布，退化并不彻底。在奉国寺大殿等实例中，内柱的升高仍然符合整材栔数，因此与檐柱间尚存在着高度设计上的直接关联，内外柱圈的铺作虽然无法统一成层，但铺作间的整体构造关系依旧成立，仅仅是从水平式分布发展为阶梯式分布而已。

与典型厅堂不同，殿堂构架厅堂化过程中的内柱升高，不是一个直接由槫底下降至地面的被动行为，而是基于简化铺作或移动柱位引发的内柱头铺作位置提升的要求导致的，一个自下而上的包含材栔计算在内的设计结果

（图 2-21）。

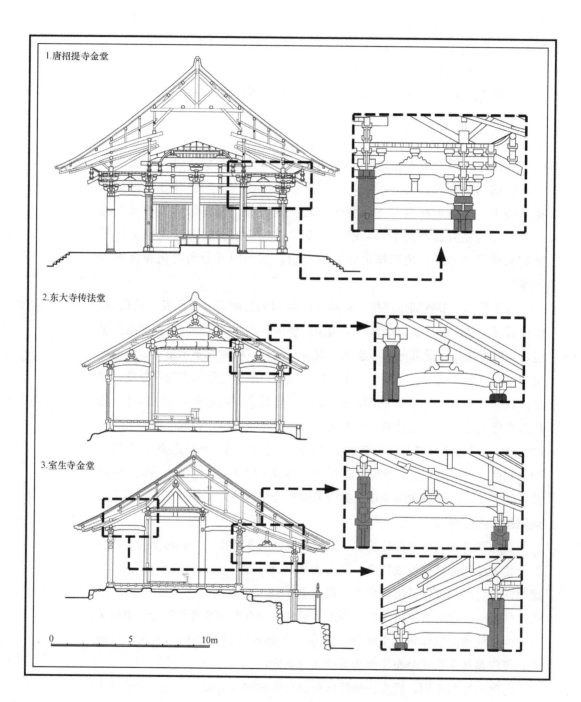

1. 唐招提寺金堂

2. 东大寺传法堂

3. 室生寺金堂

0　　　　　　　5　　　　　　　10m

图 2-21　日本和样建筑内柱头铺作简化导致的内柱升高现象

3）移减柱现象与地盘分槽的消失

移减柱现象针对的对象限于殿堂或带有较强水平层叠意向的折中式构架，厅堂因其间缝用梁柱的特性而不在该概念的适用范围内。[1]

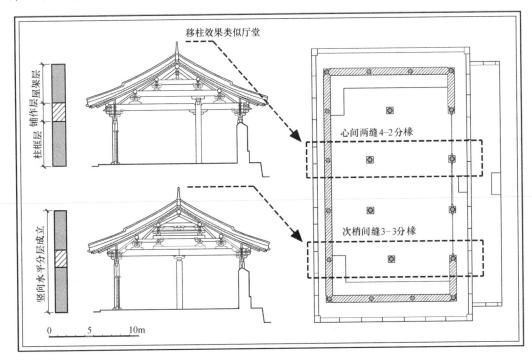

图 2-22 开善寺大殿间缝变用柱梁与水平叠构并存

厅堂化过程中的一些折中案例，因同时拥有殿堂和厅堂的若干属性，而适于代入"移减柱"的概念。以辽构新城开善寺大殿为例（图 2-22），心间两缝"乳栿对四椽栿用三柱"，长短栿皆插入内柱身，但内柱仅升高至四椽栿下而不冲槫，该节点体现出两面性；次间两缝采用"分心用三柱"形式，但内柱位于梁下，仅以栌斗口内所出耍头承托两道三椽栿对梁节点，而与《营造法式》分心厅堂两道三椽栿插入内柱身的做法不同，层叠关系明显。显然在此类过渡性构架中，移减柱法打破了典型殿堂中铺作层与柱网平面间的

---

1 傅熹年. 宋式建筑构架的特点与"减柱"问题［M］//傅熹年建筑史论文选. 天津：百花文艺出版社，2009：307-322。文中概括移减柱的本质为："**殿堂型构架建筑地盘分槽有定式，其柱网布置是固定的；厅堂型构架有很多形式，其内柱数量和位置随所选用构架而定，用它组合成的建筑其内柱的布置可有很大的灵活性；故正规的殿堂和厅堂建筑都不存在'减柱'或'移柱'问题。只有额外增加构件，减去按原构架体系本应有的柱子或改变其原有的位置，才可认为是'减柱'或'移柱'。如圣母殿之增前檐副阶乳栿为四椽栿、文殊殿之增加纵架，减去原构架体系本应有之内柱始属于减柱；如弥陀殿之利用内额改移原有之柱位，始属于'移柱'。**"

65

对应关系，使得分槽格局发生改变，其实现需要依赖梁栿的中继作用——即以对梁作梁栿作为转换层，切断内柱与上部屋架间的联系，此时体现的是殿堂水平分层的特征；而另一方面，因柱位的移减实现了室内各缝空间的变化和柱网的非对称性排列，这又突破了固有的殿堂分槽概念，符合厅堂竖向分架的意向。因此可以认为，移减柱现象是殿堂构架厅堂化的又一个重要表现。

无论是初步的简化，抑或是深入的异化，典型殿堂的厅堂化都是符合史实的基本趋势。在坚持殿堂构架独具的"纪念性"的同时，囿于其施工备料的繁难和技术的相对落后而不得不采用折中方案，来调和业已形成整套技术策略的殿堂设计思路与技术进步、木材匮乏等多种现实因素导致的构架趋简诉求之间的矛盾，正是所谓"厅堂化"转变的本质。故而这一趋势实质上是在等级观念、建构传统和技术发展客观规律等要素间寻求平衡和妥协的结果，是多种过渡性做法的集合，是对殿堂构架为解决自身的若干适用性不足而借鉴厅堂特征以求继续发展的事实的总结。晋东南地区遗构长期停留在厅堂化初级阶段的事实，则证明了简化殿堂在该地区具备的良好适应性，这种在选择构架转型过程平衡点时体现出的差异，也正体现了各地区的工匠心理特征和必须面对的营造环境，从而为我们客观评判其技术水平提供了重要参照。

2.2.4 殿堂构架在南方的传播及其在地化的特点

随着唐末战乱导致的南北间第二次大规模移民，我国的经济与文化中心逐步转移至江淮以南地区，五代以降，南唐、吴越、闽、蜀、楚、南汉等割据政权的社会相对安定，生活富庶，使得包括木构建造技术在内的生产水平全面超越北方。关于中世江南木构技术取得的成就及其影响，傅熹年、潘谷西等先生早已撰有专文，无须赘述，本书在秉承前辈学者关于两宋时期南北方建筑技术交流情况一般认知的同时，着重关注这一过程中南北方构架体系的互动情况，这一问题由两个方面构成，其一是南方厅堂技术对北地木构架发展演化的促进作用，其二是北方殿堂传统在南方木构架成熟定型过程中的示范作用。厅堂技术的北传详见后文，此处先行讨论以殿堂构架为主要内容的北方官式做法的南传情况。

因穿斗传统构成了江淮以南地区的原生木构技术基础，故其对厅堂构架具有先天的适应性，且厅堂强调整体，自重较小，分榀施工，室内空间灵活多变的特点都能更好地切合南方潮湿炎热的气候环境，山地湖泊众多的地理特征及以杉木为主的木材加工传统。在此基础上，厅堂或带有厅堂特点的混合构架一直在南方的木构营造活动中占据主导地位。然而随着南北人员、经济、文化及技术交流的深入，更具纪念性的殿堂做法逐渐因正统观念的推动而备受重视，但在技术层面上，两者的位差恰恰相反，故而这种基于形制等级意味的学习过程势必附有大幅的取舍和改良，而非简单的模仿，其目的在于打破构架类型与装饰要素间的对应关系，以促使厅堂构架最终获得高等级和纪念性。

具体而言，五代、两宋时期殿堂构架类型在南方的存在，体现为两种新的进化亚型：厅堂的殿堂装饰化，以及因应当地客观条件的南方殿堂。

1）铺作从水平分层到台状分层——南方殿堂特征述要

唐以前南方是否存在典型殿堂盖无定论，陈明达先生将苏州玄妙观三清殿（公元1179年）归为元以前长江以南唯一一座殿堂遗构，[1] 三清殿的实际建造年代迄今存疑，即或视为宋代原物，诚如陈先生指出，其构成形式已发生了变异——最主要的表现是部分内柱的直冲屋架、柱身附加插栱，以及梁栿与顺栿串的混融（串化梁栿现象在江南元、明时期遗构武义延福寺大殿、扬州西方寺大殿、景宁时思寺大殿中皆有直接体现，该混合构件同时受弯和受拉，介于顺栿串与插梁架之间，若考虑其截面形态，则本质上或许更为偏近顺栿串）。

除三清殿外，最为符合殿堂水平分层原则的南方实例当属福州华林寺大殿（公元964年），钟晓青先生因其存在连续的铺作层及回字形平面，以及拥有双杪三昂的最高铺作等级，而将其与宁波保国寺大殿、莆田元妙观三清殿一并归作殿堂。[2] 实际上，保国寺大殿外檐铺作由前后两个独立圈层组成，前圈呈"目"字形排布，在前三椽区间局部成层，而对应后五椽的后圈则呈口字形排布，与相关梁栿上骑栿斗栱间并无材栔对照关系，也没有层叠意向，因此该构至多是局部具有殿堂特征。元妙观三清殿的铺作则因内外柱不等高而形成"囲"字形的内外两圈，两者所在平面不同，仅是各自成层，又因内柱身插栱及其上方桁和外檐铺作里跳部分共同作用，造成了乳栿之下存在"外圈铺作层"的假象，但这部分插栱其实完全可以省略，并非结构上之必须，因此仅仅是对殿堂形式的刻意模仿；又因其四椽栿与乳栿采用肥硕月

1 陈明达. 营造法式大木作研究［M］. 北京：文物出版社，1981。书中第七章"实例与法式制度的比较"称三清殿"是比较独特的形式……使用满堂柱，是唯一孤例。同时有部分内柱随举势加长，以致从平面到结构都脱离了殿堂结构形式的基本原则。只余阑额、铺作配置，表现出殿堂分槽的表面形式，却又是很独特的分槽。它的外槽大致和金厢斗底槽相似，内槽又分为五个长两间、宽一间的槽，又与《法式》分心斗底槽有类似之处……可以说是综合了《法式》几种分槽形式而成的复合形式，因此改变了分槽结构的构造原则。应当说这是殿堂结构形式的新发展，从这里我们看到了明代以来的殿堂结构的雏形"。

2 钟晓青. 斗栱、铺作与铺作层［M］// 王贵祥主编. 中国建筑史论汇刊（第1辑）. 北京：清华大学出版社，2009：3-26。

梁，逐槫间已不再存有对位的材栔格线关系，槫子标高已不再是自下而上叠加得来，因此不同于华林寺大殿，不宜视为南方殿堂（图 2-23）。

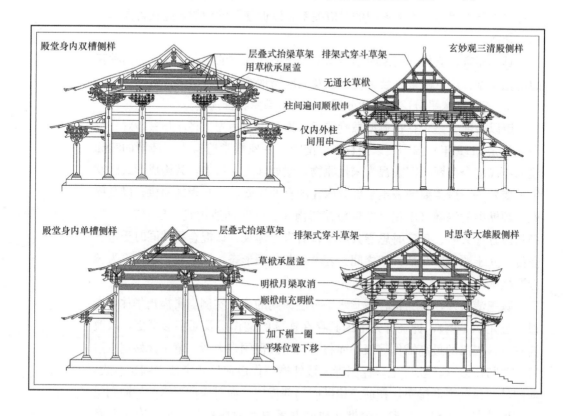

图 2-23　南方殿堂构架的特征

以华林寺大殿为典型，在针对传统殿堂的简化过程中，南方工匠采取了与北方同侪不同的策略，表现为以下几点（图 2-24）：

（1）双栿体系的瓦解，以草栿而非明栿的省略为结果；

（2）内柱按材栔层叠升高至槫下，利用殿内柱头铺作里跳层层出挑相向，形成覆斗天花意向，而不再另设平棊，并因此取消了长草栿；

（3）内外柱间存在整数材栔高差，内柱等高，内外柱圈上井干壁各自成层，回字形平面中的两圈纵架位于不同的空间高度上，纵横架的交织联系高度依赖于梁栿下之栱枋过渡；

（4）内柱头铺作不加简化，并利用铺作栱材而非草栿压跳昂后尾，昂长因此往往长过一架，直接影响到屋面坡度设计；

（5）井干壁构成形式丰富多样，如江南的单栱素枋重叠、潮汕的绞打叠斗等，装饰性超过北方的单/重栱叠素枋壁做法。

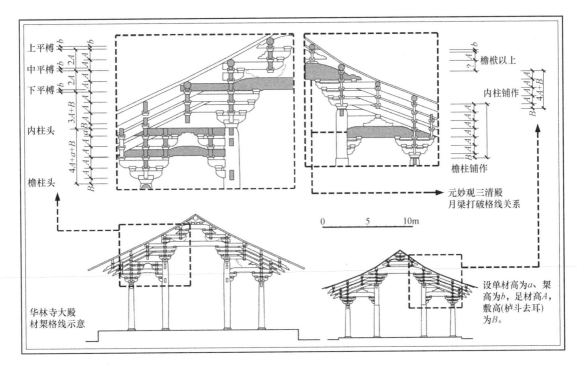

图 2-24　华南地区传统殿堂构架的特征

2）厅堂构架的殿堂装饰化——殿堂思维对南方建构传统的影响

基于对高等级形式的追求，南方早期厅堂遗构普遍存在模仿殿堂的倾向，其中最为典型者莫过于宁波保国寺大殿。

如图 2-25 所示，该构为八架椽屋月梁造厅堂，3-3-2 分椽，内外柱、前后内柱皆不等高，两根三椽栿及乳栿均一端插入内柱身，一端绞入铺作，并于中三椽栿下设顺栿串一道，厅堂意味明显。但由于安置三个阑八藻井，在前廊部分出现了草架，并相应地产生了两套梁栿（明三椽栿绞铺作出头并承托阑八、平闇，阑八井口枋上放置草栿并立草架柱支顶平槫）。虽然草栿重量最终是通过阑八井口枋间接传递到铺作里跳之上，而非直接压于柱缝扶壁栱端，较之典型殿堂，草栿到柱子的传力线路并不非常直接，但其参与了承托屋架重量则毫无疑问。阑八覆盖的这前三椽空间具有较为典型的殿堂特征，室内五椽空间却完全彻上露明。外檐铺作虽用至双杪双下昂并于周圈施加平棊格子，但这只是为了营造宗教气氛和夸饰建筑等级而刻意为之，就本质而言，该构仍是典型法式八架椽前后乳栿用四柱型厅堂的变体，因此张十庆先生在《中国江南禅宗寺院建筑》中将其定性为"厅堂的殿阁装饰化"，可称切中肯綮。

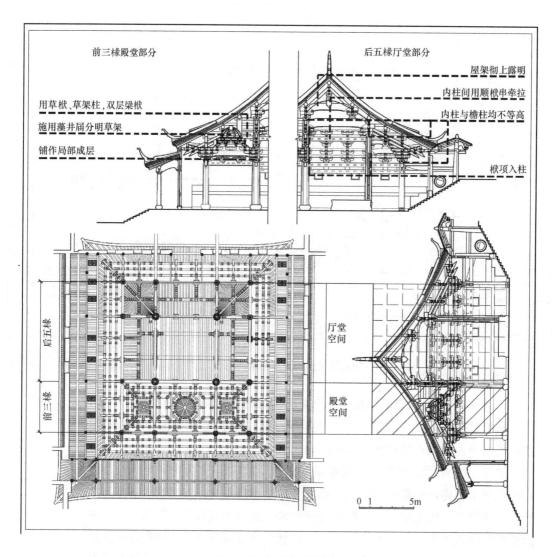

前三椽殿堂部分　　　　　　　　　后五椽厅堂部分

屋架彻上露明

内柱间用顺栿串牵拉

用草栿、草架柱、双层梁栿

内柱与檐柱均不等高

施用藻井届分明草架

铺作局部成层

栿项入柱

后五椽

前三椽

厅堂空间

殿堂空间

0　1　　　　5m

图 2-25　江南厅堂的殿堂装饰化倾向

2.3 《营造法式》成书前后厅堂构架的发展情况

相较典型殿堂，厅堂的表现形式远为丰富，其细类划分更加繁杂。陈明达先生以"海会殿型"指代《营造法式》海行之前北方业已存在的各种早期厅堂构架形式，而将《营造法式》传播之后南宋、金、元时期的实例分作三类：第一类为标准厅堂（如善化寺三圣殿），第二类是厅堂结构形式的楼阁（如隆兴寺转轮藏殿和慈氏阁及善化寺普贤阁），第三类则是"试图改革的厅堂结构形式"[1]（如武义延福寺大殿和上海真如寺大殿）。

傅熹年先生在《中国科学技术史（建筑卷）》中将五代、辽、宋、金的厅堂构架分为三型：华林寺大殿、保国寺大殿、华严寺海会殿为"厅堂基本型"；奉国寺大殿、善化寺大殿、广济寺三大士殿为"间有殿堂构架特点的厅堂型"，是辽构特有之创举；佛光寺文殊殿和崇福寺弥陀殿则为"大额型"。

无论划分依据如何，《营造法式》颁行前后北方各种厅堂类型一度多元并存殆无疑义，但晋东南地区直至宋末方出现典型厅堂案例，且所占比例极少，这与周边地区的情况大相径庭。除滞后性突出外，本区厅堂的另一个特征是类别稀少，大致限于四至六架不厦两头造，柱梁插接关系则限于乳栿、劄牵与内柱之间，而同期盛行于周边地区的接柱式、大额式等厅堂类别在本区内基本没有反映。本节首先从出现时间和流布情况出发，对北方厅堂构架的原生性问题作一简要回顾。

2.3.1 前法式时期的北方厅堂原生性问题

《营造法式》颁行之前，厅堂构架在我国的发展与分布存在显著的地域差异——江南与华南地区因穿斗技术传统而自发地选择厅堂作为主要构架形式，如宁波保国寺大殿（公元 1013 年）、莆田元妙观三清殿（公元 1015 年）、肇庆梅庵大殿（公元 996 年）等；幽燕及雁北地区为唐代河北道故地，入辽后其匠作传统得到继承与发展，十四例辽构（包括已毁但留有实测图的五例）中仅有两例典型厅堂；晋东南地区五代至北宋前中期遗构中，仅有少量无内柱小殿带有一定的分椽特质，可视为四架椽通檐用二柱厅堂之属（如龙门寺西配殿、崇庆寺三大士殿）。早期实例中典型厅堂案例相对匮乏的现实，迫使我们将视野拓展至海外——考察日本奈良（公元 710～794 年）古建筑遗存，可以间接了解唐文化圈中厅堂技术的传播情况。

现存白凤时期木构仅药师寺东塔（公元 730 年）一例；其后的东大寺三座经库（本坊、劝学院、法华堂）与正仓院校仓、唐招提寺经藏及宝藏、法隆寺经藏属于小型构筑物，实际可供参考的例子计有如下几座：东大寺法华堂（公元 733 年）及转害门（公元 756 年）、新药师寺本堂（公元 747 年）、海龙王寺西金堂（公元 731 年）、唐招提寺金堂（公元 759 年）及讲堂（原为平城京朝集殿，公元 760 年移建）、法隆寺东院梦殿（公元 743 年）及传法堂（原为圣武天皇夫人橘古奈可智住宅）、食堂（公元 747 年）、东大门、讲堂、荣山寺八角堂（公元 757～764 年）、室生寺金堂（公元 770～805 年）。

如图 2-26 所示，上述内外柱间存在高差的案例中，东大寺法华堂、唐

1　陈明达. 中国古代木结构建筑技术（南宋—明、清）［M］//陈明达古建筑与雕塑史论. 北京：文物出版社，1998：217-238。

招提寺金堂可归为一类，而法隆寺传法堂、东室、唐招提寺讲堂则为另一类：前者内柱较檐柱升高整数材栔，内柱头用铺作托平梁；后者则不用出跳栱，内柱升高后以柱头栌斗直接绞平梁或四椽栿承槫（荣山寺八角堂为例外，其上下檐柱头均用铺作，可视为成熟阶段的样式）。大致而论，前者的内柱升高是殿堂厅堂化过程中因简省殿内铺作的需要而导致的结果，后者则体现了柱梁直交的意识，更为接近厅堂的原始思维。唐招提寺金堂一般被认为是最典型的中晚唐殿堂样式，但其内柱较檐柱升高两材三栔并托举高三足材的井干壁以承四椽明栿，严格来说斗底槽的内外圈高度不一（东大寺法华堂与之类似，内柱头升高约三材两栔并放置三足材以承平梁），已偏离典型殿堂做法。法隆寺讲堂的特殊之处在于，其檐柱仅作斗口跳，而内柱则设有双杪（一说后世更替），内外铺作的繁简关系倒转意味着构架属性转变过程中关键拐点的出现——既然内柱头铺作出跳数更多，那么简化殿内斗栱铺数作为升高内柱的直接动因也就不再成立，这同时还导致内外柱间足材高差的打破，使内柱摆脱檐柱制约，转而直插槫下，厅堂性也因之得以彰显。室生寺金堂主体部分 2-2-2 分椽，内柱升至平槫下并插以乳栿，同时向前缘延展的庇屋长约三椽，月梁三椽栿一端劄入前檐柱身，一端绞入廊柱栌斗口内，从而造成连续两组柱梁穿插节点。

与之相比，法隆寺东室、元兴寺大房等柱梁作遗构完全不受铺作材栔制约，内柱直冲槫下，楅架骈列的意味更加明显。唐招提寺讲堂檐柱头出四铺作单杪，内柱头栌斗口内直接承托四椽栿，内外柱间已不存在材栔关系；法隆寺传法堂（橘夫人宅）不用铺作，以系虹梁插入内柱身，柱高显然由举势决定，这几构都完全符合柱梁作或简单厅堂的基本构成法则。

显然，日本天平时期遗构中已同时存在殿堂（含简化殿堂）、厅堂与柱梁作等各种主要构架类型，反溯其祖源地，则无疑隋唐时期的北方地区亦已完成相应的构架分型。

再看存世辽构的情况。辽人袭唐故智，辽构体现的实是唐代北方传统匠作技法。考察辽代典型厅堂，华严寺海会殿（公元 1062～1123 年）与阁院寺文殊殿（公元 966 年）[1] 的构架形式基本符合《营造法式》卷三十一之"八架椽屋前后乳栿用四柱"和"六架椽屋乳栿对四椽栿用三柱"图样，但部分构件在样式选择上颇有特点：《营造法式》直梁厅堂以沓头穿内柱身承

<hr>

1　阁院寺文殊殿断代存在争议。莫宗江认为建于辽应历十六年（公元 966 年），见莫宗江. 涞源阁院寺文殊殿［M］. 清华大学建筑工程系. 建筑史论文集（第 2 辑），内部资料，1979：51-71。徐怡涛则认为建于天庆四年（公元 1114 年），见：徐怡涛. 河北涞源阁院寺文殊殿建筑年代鉴别研究［M］//张复合主编. 建筑史论文集（第 16 辑）. 北京：清华大学出版社，2002：82-94。

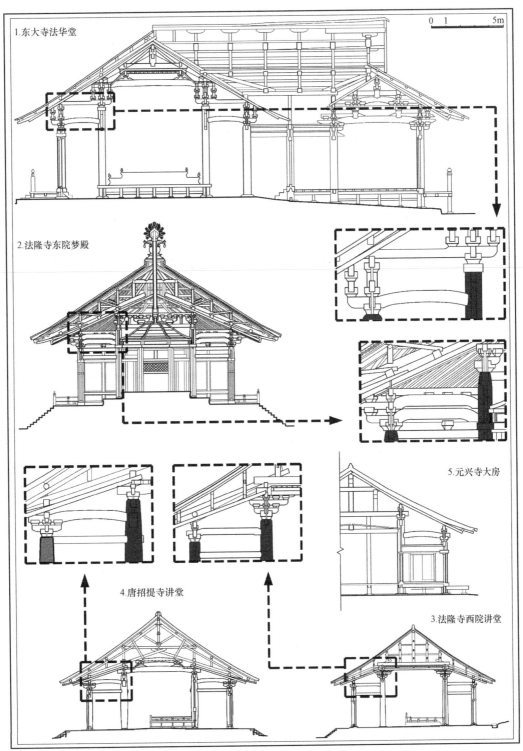

图 2-26　日本奈良时代建筑的构架类型

梁栿，文殊殿则采用足材枋过柱作丁头栱的形式，海会殿更是乳栿、劄牵皆不穿过柱身，其下亦无垫托构件。学界一般将《营造法式》图样中的厅堂直梁造、梁栿下用沓头或合沓、蜀柱上用顺身串等线索归为北方传统，而将月梁造、顺栿串出柱作丁头栱、内柱上用顺身串等现象视作南方传统，从上举两个辽构的情况来看，这一划分当仅是针对 12 世纪以来宋统区内情况的大致概括，实例所见则复杂得多，图 2-27 所示：①宋、辽六架椽屋均直梁作且逐层用梁栿；②《营造法式》厅堂内柱身用屋内额，辽构实例无；③《营造法式》梁栿压铺作、辽构梁栿绞铺作出为卷头；④《营造法式》厅堂隔承构件用蜀柱，辽构用驼峰；⑤八架椽月梁造不见于北方实例；⑥《营造法式》丁头栱后尾不过柱身，辽构则斜研后压在托脚下侧，或直接出作衬梁身；⑦辽构不用顺栿串构件；⑧北方亦缺少地栿实例。

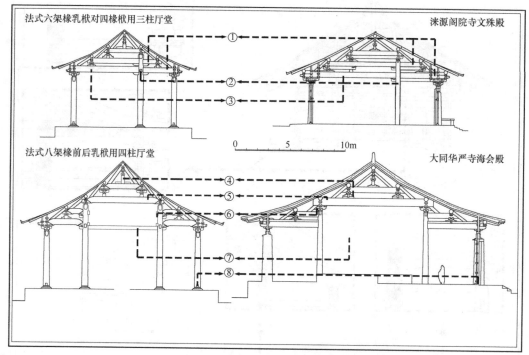

图 2-27　辽宋厅堂构架特征比较

关于北方厅堂，陈明达先生就"海会殿型"归纳有四个特点：

（1）只在外檐一周或前后檐使用较简单的铺作组成纵架，只是扩大了梁柱结合点，而没有铺作组成的整体框架；

（2）室内不用铺作，梁尾直接与内柱结合，内柱可以位于任一檩条之下，室内柱排列方式因此灵活多样；

（3）内柱需随举势增高；

（4）按垂直方向分为若干个横向屋架，逐架之间用槫子及栱枋联系。

傅熹年先生则将辽、宋厅堂的差异视作时代区别的地域性反映，认为辽构利用叠梁手法，使六椽栿、四椽栿实际跨度只相当四椽栿、三椽栿，而宋式厅堂通用内柱升高分割六椽栿、四椽栿为两段，以达到缩短梁跨的目的，两者相较，宋式更为简单、省料。辽构反映了唐以来北方厅堂构架的早期特点，而《营造法式》图样则反映了五代北宋以后的新发展。

综上可知，《营造法式》颁行之前，北方已有成熟的厅堂构架流传，但其分布与具体形式存在较大的地域差别：

（1）厅堂与殿堂构架的划分至少在盛唐已经完成，并东传日本；

（2）相较殿堂，厅堂技术在江南占据优势地位，而在同期的北方居于从属地位；

（3）北方厅堂的构造做法与地理分布存在不均衡性，辽统区采用的厅堂技法，或较宋统区内的更为古老；

（4）厅堂在建筑群组中的等级意味存在地域差异，辽代佛寺允许主殿或较大型的次要殿宇采用厅堂构架形式，而晋东南五代、北宋佛寺中，厅堂只能充任配殿，并严格控制其规模，以无内柱的通檐悬山顶小殿为主。

2.3.2 连架式厅堂与井字式厅堂的地域属性

北方厅堂的原生性问题，应当且只能在与江南厅堂的对比中加以廓清。关于两者的区别，过往研究多将讨论聚焦在诸如直梁造与月梁造的形式语言层面，而本节着重关注两者间更为本质的建构逻辑差异，这种不同集中反映在立架的顺序与方式中，简括而论，或可归纳成"连架式厅堂"与"井字式厅堂"两类。

诚如前辈学者所总结的，厅堂的本质属性在于竖向分架。而在此基本原则下，尚存在不同的槫架联立方式：其一是使用椽架数相当、分椽方式相同或不同的若干槫排架，纵向联立，通过间缝用梁柱组合方式的多样性来满足具体的室内空间需要，理论上这一构架可以无限延伸，如京都莲花王院三十三间堂（公元1164年）、首尔朝鲜王朝宗庙十九间正殿（重建于公元1608年）等，这一做法尤其适用于大量重复性的廊庑配殿，以不厦两头造为主；其二是拥有四内柱的向心性方殿（如1-2-1、1-4-1、2-2-2、3-2-3、2-4-2、3-3-2等分椽模式），这类构架须先树立四内柱核心方筒，再由内柱身向外插接周圈辅架八槫（闽东华南地区则连角缝在内计十二槫），最后通过檐槫和檐柱头铺作将八槫辅架拉通，形成内外双筒的九宫格平面，亦即所谓的"井字式"厅堂。

显然上述两种厅堂类型在建构层面上存在本质区别：同样是槫架单元的

重复组合，前者强调延展方向的单一，后者则注重组合手法的对称，前者纵向延伸，后者环绕式兜接；表现在立架顺序上，前者以每一缝的内外柱及穿插其间的梁栿额串为一个独立单元，实际建造过程中可以在逐缝安戗完毕后，再以阑额、槫子等顺身构件将各缝榀架连成整体，而后者却不具备完型的榀架单元（四内柱核心方筒自身具有整体性和向心性，周圈辅架则仅存在檐柱一端支点，在插接入内柱身之前无法独自竖立），树屋的过程必须由内及外，依次完成；最后在时空属性上，宋元以前，连架式厅堂的实例多见于北方，而井字式厅堂仅见于江南地区，且在江南诸遗构中具备唯一性，自宁波保国寺大殿以来，苏州罗汉院正殿、甪直保圣寺大殿、武义延福寺大殿、金华天宁寺大殿、上海真如寺大殿、苏州轩辕宫正殿等均取这一模式，概莫能外（图 2-28）。

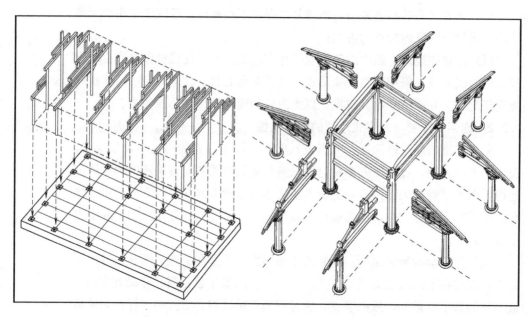

图 2-28　连架式厅堂与井字式厅堂
连架式厅堂图像来源：傅熹年. 傅熹年建筑史论文选 [M]. 天津：百花文艺出版社，2009；
井字式厅堂图像来源：张十庆，喻梦哲，姜铮，等. 宁波保国寺
大殿勘测分析与基础研究 [M]. 南京：东南大学出版社，2012

本节从构架稳定性的实现途径和立架顺序的角度出发，结合《营造法式》厅堂图样中的顺栿串线索，对前述两者的差异加以解释。

一般认为保国寺大殿（公元 1013 年）是使用顺栿串的现存最早木构实例，而北方遗构中确凿无疑的顺栿串实物最早见于西安鼓楼（公元 1380 年）。显然这一接近 370 年的时差难以用南北地理的阻隔、技术传播的不便

加以解释，而只能归因于匠系传统的不同。顺栿串构件不见于唐、辽及日本奈良时期连架式厅堂遗构（法隆寺传法堂、大讲堂之繁贯[1] 系后世补加），而在江南方三间井字厅堂上率先出现，并作为固定范式延续至元、明时期，这显然与此类构架的自身属性紧密相关。

简而言之，连架式厅堂关注的稳定要素有两点：一是每榀排架自身的扎实可靠，二是逐缝排架间连接机制的有效。前者通过梁栿穿插内柱身实现，而后者依赖于阑额、内额、襻间、槫子等顺身构件的支抵牵拉功能。

顺栿串作为架间联系构件，主要的作用在于确保各内柱相互间保持稳定，不产生扭闪变形，正因如此，《营造法式》图样中单内柱的厅堂皆不用顺栿串（即不用于檐柱与内柱间），顺栿串如若出现，必在各道内柱之间。[2] 至于直梁厅堂中六架椽屋前后乳栿劄牵用四柱（2-3-1），四架椽屋分心劄牵用四柱（1-2-1）这两种间缝用柱梁形式，或因规模限制，内柱间距甚小，尚无变形之虞，故而徒有双内柱却未曾使用顺栿串构件，成为《营造法式》图样中的例外。

如果说图样表现的是一种杂糅的经过再处理的综合形象，那么实例中顺栿串的取舍则显示出更加清晰的逻辑：江南井字式厅堂中，首先利用顺栿串与屋内额将四内柱箍成核心方筒，以作为立架过程的开始——该筒体一旦树立便可保持自身稳定，无需另行支撑（这无疑简化了施工过程中用于扶持主体框架的功料），此后即可逐榀安装周圈辅架（在诸如保国寺、天宁寺、延福寺大殿等 3-3-2 型构架中，辅架分作乳栿/丁栿—劄牵及三椽栿—两椽栿/劄牵两类，而在保圣寺、轩辕宫大殿等 2-4-2 型构架中，辅架进一步简化为统一的乳栿/丁栿—劄牵单元）。

值得注意的是，江南井字式厅堂中，顺栿串的使用随时代不同而产生了异变：宋初保国寺大殿的顺栿串仅用在两内柱间的主栿（即中三椽栿）之下，体现了其原初的构造意义（立架过程中为保持主体结构不致倾颓而临时附加的支撑构件）；至保圣寺大殿已扩展至丁栿之下；而天宁寺大殿、轩辕宫正殿更是长短栿下遍用；延福寺大殿的情况较为特殊，由于梁栿串化且位置下移，中三椽栿两端插入内柱身，实际已经串化，因而省略了本该设于其下的顺栿串构件（图 2-29）。

1　日语中汉字词，即中国建筑语汇中的"顺栿串"。

2　《营造法式》关于顺栿串的记载主要集中于大木作制度二"侏儒柱"条："**凡顺栿串，并出柱作丁头栱，其广一足材，或不及，即作楷头，厚如材。在牵梁或乳栿下**"，考之卷三十一"大木作图样下"，该构件仅用于六架椽以上用双内柱、三内柱或四内柱诸厅堂的当中两或三根内柱间，并不与檐柱相关，则或许"**在牵梁或乳栿下**"系指顺栿串出头作丁头栱或楷头的部分，而非顺栿串串身，如若不然，则属图、文相左。

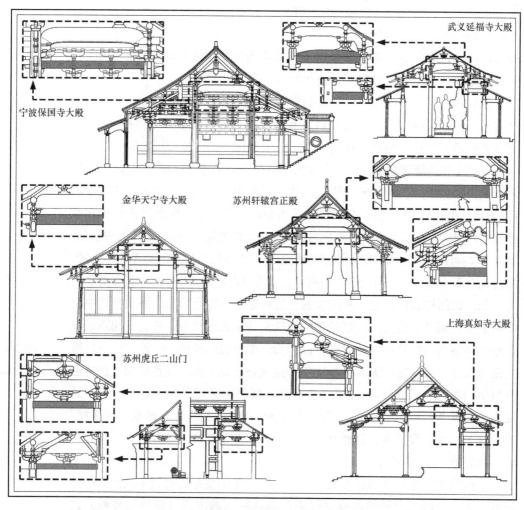

图 2-29　江南宋、元厅堂顺栿串实例

　　总之，顺栿串最初的存在意义，当与四内柱方间的自体稳定需要紧密相关，因此实例中率先见用于江南井字式厅堂，且在本区系内有运用位置日趋泛滥的倾向。与之相应，北方连架式厅堂实例鲜有用到这一构件的，这一线索或许正指向了两种厅堂类型的本质差别所在。

　　另外需要指出的是，与前述顺栿串、井字立架传统及江南月梁造厅堂相关的一个重要现象，是《营造法式》厅堂图样中对实例常见的 3-3-2 分椽模式的裁汰。这一问题的背后，或许潜藏着李诫对连架式与井字式厅堂类型的择取态度，而这一态度，又或许更进一步地暗示着两种类型的地域属性。

　　众所周知，《营造法式》对当时盛行样式的记录具有鲜明的地域倾向性，大量地方做法虽具备高超的艺术与技术水准，却被视为正统之外的旁枝末流而加以摒弃（如斜栱）。而在构架层面上，我们往往惊诧于图样与实例间的背反，如 2-6 分椽厅堂，因六椽栿过于糜费物料，实际上或许并不存在，《营造法式》却将其作为最高等级的厅堂类型加以记录（唯一一例用六铺作者），3-3-2 分椽的实例显然已相当普及，李诫却避而不谈，作此取舍的原因何在？

考察《营造法式》厅堂图样不难发现：当用到两根及以上内柱时，内柱基本都是对称布置的（十个间缝分椽方案中唯一例外的是六架椽屋乳栿劄牵用四柱），施用位置的对称可以保证前后内柱柱头等高，而这无疑对于各间缝变化柱梁配置甚为便利——在且只在连架式厅堂中，存在各缝梁架自由改动用柱位置的需要与可能，而此时十分重要的一点，在于保证无论柱位如何变化，相邻间缝对应槫位下均有内柱存在。惟其如此，方能确保插入内柱身的内额逐间施用，否则内额的断续将使得保持各间相对稳定、抵抗水平扭曲变形的责任全部落在襻间上，而这显然是不现实的。

因此，虽然间缝用梁柱形式繁多，但真正宜于成组使用的，仍限于在相同槫位下施用内柱的对应组合（图 2-30）。以八架椽的情况而言，在中平槫下用内柱的"前后乳栿用四柱"，"乳栿对六椽栿用三柱"和"分心乳栿用五柱"宜于作为一组使用；在上平槫下用内柱的"前后三椽栿用四柱"，"前后劄牵用六柱"可分作一组。如此一来，按 3-3-2 分椽方案设定的间缝柱梁形式在内柱配置方面便显得极其尴尬——这一方案无法与任何一种其他八架椽厅堂适配，除非另行创造出一个所谓"前后乳栿用六柱"的侧样，否则其他所有间缝用梁柱形式都无法满足前后内柱同时与 3-3-2 分椽型厅堂相对，从而在间内变换梁柱配置以满足空间变化的需要。

因此或许可以认为，与其他习见分椽模式的适配性不足，是导致李诫舍弃 3-3-2 型厅堂的一大原因，而这一推想得以成立的前提，在于李诫意识中的厅堂属于连架式而非井字式——毕竟井字式立架的厅堂本身即不存在间缝变换梁柱的必要。另一方面，十八幅厅堂图样虽然都未记录纵剖面信息，但仍可以清楚地看到，其最外侧的乳栿或劄牵上皆有过柱出头并穿插栓口的细节描绘，而与之相对的，内柱身上虽标有阑额、内额等多种卯口，却绝无丁栿、劄牵的出头痕迹，这是否暗示着李诫心目中的厅堂典范，不唯以连架式为主流，且以抱厦两头造为基本形式？如此，则可以在存世北方连架式厅堂实例和《营造法式》图样之间创立联系。至于图样中的月梁丁头栱线索，或许仅是出于对南方构件样式的忠实模仿，而不具备构架选型的意味。

概括而言，内外圈环绕的井字式厅堂构架，是北宋以来盛行于环太湖流域的新样式，这一技术创新在区域内具有强大的影响力，几乎涵括了所有早期方三间、方五间遗构，并作为禅宗样的固有组成部分东传日本。与之相应，连架式厅堂在元以后方广泛见用于南北各地。

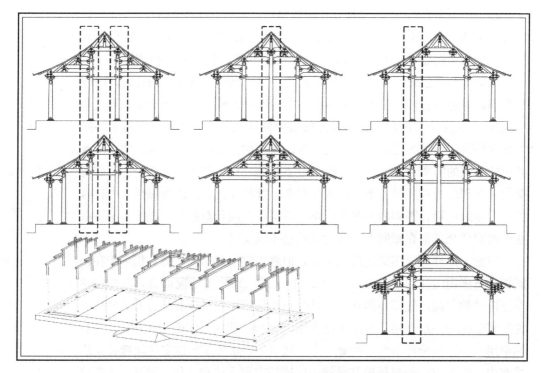

图 2-30 《营造法式》八架椽月梁造厅堂间缝用梁柱形式分组

　　由于南方早期实例的相对匮乏，尚难以确定连架式厅堂本源的地域属性问题。连架式厅堂与井字式厅堂之间，反映的到底是南方与北方的地域差别，抑或是南方构架技术中普遍做法与特殊做法的差别，始终是个见仁见智的问题，甚至是否存在北方原生厅堂，短期内亦难有定论。[1]

　　本节从实证出发，考察遗构分布情况，得出唐辽时期北方已存在成熟的厅堂做法，且该类连架做法式与江南地区井字式立架思路判然有别的结论。无论北方厅堂的最初来源如何，至迟在辽宋时期，其构造技法已趋于定型，并逐渐形成若干符号化的样式特征，从而得以与流行于同期南方的厅堂做法拉开距离，并为《营造法式》所收录。值得注意的是，直梁通柱连架式厅堂并未随着《营造法式》的颁行而在第一时间成为晋豫地区的主流样式，这其中尚存在一个重要的过渡阶段，即兼具厅堂与殿堂逻辑的柱上接柱型构架的

---

　　1 张十庆，喻梦哲，姜铮，等. 宁波保国寺大殿勘测分析与基础研究［M］. 南京：东南大学出版社，2012。书中针对两类厅堂的源头问题提出：**"实际上内柱升高、梁尾入柱的厅堂构架，其构架做法近于以柱承槫的穿斗构架形式，故《营造法式》厅堂侧样中所谓南北两式的厅堂谱系，都有显著的南方技术倾向，推测其源头应皆在南方。"**

盛行，详见下节。

2.3.3 《营造法式》的成书与北方厅堂的展开

晋东南地区在宋末金初的短时期内出现了建筑风格和构造技法的剧变，大量中原与南方技术要素爆发性呈现，这一方面是由于《营造法式》的影响所致，另一方面金初大量掳掠汉族工匠北归，也促使中原先进的技术沿其行经路线快速渗透至营造传统单一且滞后的各个边远地区。

这一时段内，晋东南及周边地区开始出现真正意义上的厅堂，梁栿水平分层对内柱的截断不再成立，柱身逐渐升高冲槫，而其实现形式分作两种：其一为内柱上接柱，其二为内柱用通柱，这两者的发展源头有别，前者系由殿堂厅堂化过程中的厅堂要素不断积累引发，后者则是对区域外成熟厅堂做法的直接搬用。

1）殿堂构架厅堂化的进一步发展——接柱型厅堂

五代北宋时期，北方普遍存在殿堂构架厅堂化的倾向。按照柱梁关系趋向直接的思路，这一演变历程的最终归宿指向一个宋末金初开始出现的新节点形式——柱上接柱。其特点为：分层叠构的建构思维残余最终从叠梁扩展为叠柱，影响到内柱的处理方式（不同于晋东南简化殿堂在对梁或叠梁节点上放置蜀柱的手法，接柱法是直接从内柱头栌斗中接上段柱，而将各道梁栿分别插入上下两段柱身），从而打破柱托梁栿的固有位置关系，异变为梁插内柱（及与之作为一个整体的短柱）身，完成从"厅式殿"到"柱上接柱型厅堂"的最终转变。

学界关于接柱型构架的属性看法不一，[1] 本书认为，叠柱与叠梁的共存虽然体现了明确的水平分层意向，但与此同时不应忽视各道梁栿均插入逐段接柱柱身的事实——栿项入柱及上下层柱身相续的结果，是槫、柱位置的对应，此时上层柱已无法如典型殿堂的蜀柱一样在梁栿上自由移位。上、下层柱作为一个构造整体，插接梁栿并承托槫子，这与厅堂的构成逻辑一致，而与殿堂传统相去甚远。因此，接柱型构架的本质已是厅堂，而种种界限的模糊皆起因于它对固有殿堂样式的变相模仿。

至于其更进一步的发展方向，则必然是以通柱取代接柱组合，此时即完成从殿堂到厅堂的最终转变，故而本书将接柱型构架定性为殿堂厅堂化过渡进程的最终环节，标志着这一漫长演化过程的尾声。

此类构架中存在两个与接柱做法相互关联的伴生现象：其一为长、短栿

---

1 张十庆，喻梦哲，姜铮，等. 宁波保国寺大殿勘测分析与基础研究 [M]. 南京：东南大学出版社，2012 张十庆先生举汾阳太符观及登封初祖庵为例，将其归类为简化殿堂，认为叠柱的目的在于简化殿内繁复的铺作与梁架形式，柱的层叠与梁栿的层叠一样体现了殿堂水平分层的特质。

上下相叠，其二为逐槫下用栿，这两者也都与殿堂构架间存有紧密的亲缘关系。

（1）长短栿相叠。

叠梁取代对梁做法，或与柱梁位置关系的改变存在内在联系——五代、北宋所见简化殿堂，因内柱并不升高冲槫，故长、短栿可一并压于内柱头栌斗上，再于其上支立蜀柱。反过来看，也正是由于对梁做法所需开刻的卯口过大，破坏柱身结构强度过剧，致使其不能适配于厅堂的通柱做法。要解决内柱升高冲槫和长短栿节点过大这两者间的矛盾，只有两种解决方案：要么令梁栿截断柱身，要么改变长短栿交接方式。

由此于宋末金初出现了叠梁做法，位于下方的短栿过内柱后继续前伸，制成卷头或沓头以支托长栿，结果便是长栿截面得以缩减、叠梁卯口高而瘦窄，此时内柱无论采用通柱或接柱形式，皆可与之适配。可以认为长、短栿交接节点的收窄正是接柱法得以成立的关键，而长、短栿相叠又是缩小该节点的最有效途径。接柱与叠梁，这两个现象的连带性又与前述第二个伴生现象——逐槫下用栿紧密相关。

（2）逐槫下用栿。

宋、金时期的北方六架椽屋中，梁栿的使用层次分两种情况：其一是在上平槫下直接立蜀柱承平梁，这时省略了中层梁栿；其二是不省略中层梁栿，以下层的六椽栿或长、短栿组合（四椽栿＋乳栿），中层的四椽栿或长、短栿组合（三椽栿＋劄牵）及上层的平梁层层叠垒构成屋架，此时隔承构件的高度较之第一种情况已大为降低。

这两者体现了不同的建造策略：前者重视高蜀柱与下层通栿（或四椽栿＋乳栿组合）相互间结合的紧密，故而必须加合沓穿串蜀柱脚，下层梁栿实际担负了蜀柱柱脚枋的功用，与蜀柱、上层梁栿间两两穿插致密，形成排架以获取整体的稳定；后者则试图通过逐层施用梁栿、加大自重以求得稳定。因此可以认为，逐槫下用栿现象的本质是殿堂层叠思维的延续，旨在借助多层梁栿的穿插叠压，加强屋盖层的整体性。在奉国寺型辽构及部分处于厅堂化初期的中小型北宋遗构中，皆可看到这一倾向（如高平开化寺大雄殿、晋城青莲寺释迦殿等）。

接柱、长短栿叠压、逐槫下用栿，这三个现象的相伴发生恰表明了接柱型厅堂与殿堂间的亲缘关系，该型构架的层叠性反映在两个方面：其一是梁栿的层叠，逐槫下用栿增加了梁栿整体的数量和层次，凸显了殿堂水平分层的特性；其二是柱的层叠，工匠在已经产生柱梁插接、内柱升高意识的前提下，仍不厌其烦地借助接柱而非通柱的手段加以实现，去简就繁的背后无疑是殿堂惯性思维的残余影响所致。

关于接柱叠梁型厅堂与殿堂间的亲缘关系，尚有另一条线索可资佐证。如前所述，典型殿堂的瓦解与铺作层的消退同步发生，作为其代表特征之一的双栿系统在经过构架简化后的诸多过渡型遗构中有着不同的表现，但明栿形态的保留是其共通之处。在接柱型厅堂中，双栿系统的分化与瓦解，表现为长栿草栿化和短栿明栿化。同一水平层次的长、短栿，分别承袭了原本隶属不同高度的明、草栿做法，这一混用的出发点是工匠对传统殿堂双栿系统的习惯性再现，而其分化的依据则是对于明、草栿受力状况的经验总结和合理认识。

此类六架椽厅堂中，短跨的乳栿取用明栿形态，绞柱缝出作耍头；而长跨的四椽栿采用草栿形态，压于铺作之上。这也导致前后檐铺作与梁栿节点处理方式的差异：当前后檐铺作形态一致时，与前檐乳栿出作耍头对应，后檐铺作耍头内伸为沓头，两者高度相同，位置相对，共同承托四椽栿，减小了实际梁跨；当前后檐铺作跳数不同时，则改由后檐铺作华栱里跳扮演沓头角色。草栿长栿和明栿短栿的后尾，或插入内柱身，或于内柱头上相叠并承托上段接柱，形成明栿短栿在下、草栿长栿在上的固有位置关系，此时后者解决大跨叠梁的实际承重问题，而前者绞入铺作以改善横架受力状况，两者的组合科学合理，体现了工匠对于木结构受力性能已具备较高的认知水平。

典型的接柱型厅堂实例，有北宋末登封初祖庵大殿、南宋初广饶关帝庙正殿、金构汾阳太符观昊天上帝殿等（图 2-31）。

初祖庵大殿（公元 1103 年）历来被认为是与《营造法式》北式直梁造厅堂最相接近的案例，无论构件样式、铺作配置，乃至石刻雕镂制度，皆与《营造法式》记录高度契合，然而其构架方式却拥有文本所录六架椽厅堂所不具备的一些特点。首先，作为一个典型的移柱案例，大殿 2-2.5-1.5 的分椽模式不同于厅堂图样中的任何一种，且移柱导致后下平槫与后内柱错缝，这一构造特点依赖下道三椽栿的过渡方得以实现，长栿打断内柱与屋架的联系，后内柱压在栿下、不再上升冲槫的现象，体现了厅式殿的折中性。与此同时，前内柱通过在柱头栌斗里再续接短柱的手段，实现了柱、槫的对位，因此又具备相当典型的厅堂性质。其次，殿内逐槫下用栿，第二层梁栿本可省去，但因屋架举起较高，为求稳定特加劄牵、三椽栿一层，加强了上下平槫间的联系和排架的整体性。

初祖庵大殿作为北宗禅祖庭，具有特别重要之地位，应能代表当时京畿地区较高的建造水平和主流趋向，故而该例构架的不纯粹性甚为值得注意——这种在吸收厅堂做法的过程中出于对殿堂形式不舍导致的混杂，应是

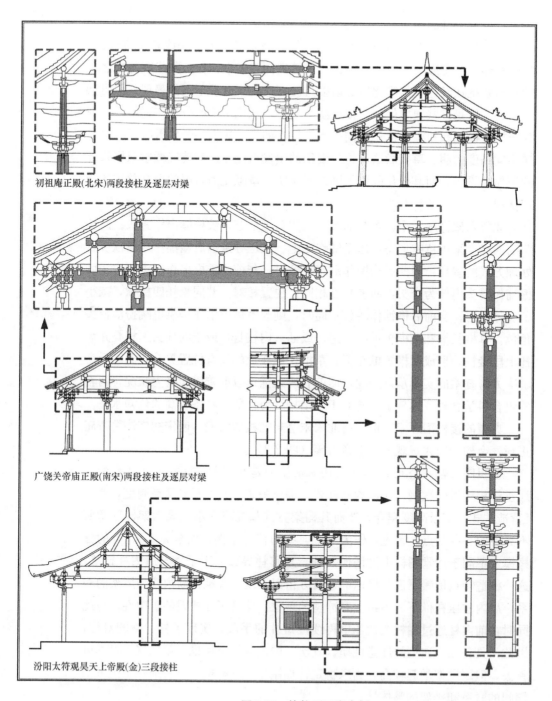

初祖庵正殿(北宋)两段接柱及逐层对梁

广饶关帝庙正殿(南宋)两段接柱及逐层对梁

汾阳太符观昊天上帝殿(金)三段接柱

图 2-31　接柱型厅堂实例

受等级观念影响的产物，而考察河南省内稍后的几例金构（登封清凉寺大殿、临汝风穴寺中殿、济源奉仙观三清殿），不难发现以汴梁为中心，距离越远，时代越后，等级观念对构架形式的影响就越淡薄，纯粹的厅堂技术也越多地运用于纪念性建筑之上。

广饶关帝庙大殿（公元1128年）前乳栿对四椽栿用三柱、两栿绞于前内柱柱头铺作中，并于其上接柱承上平槫。与初祖庵大殿一样，该构亦逐槫下用栿，乳栿、四椽栿上立蜀柱承劄牵、三椽栿，两者相对劄于前内柱接柱柱身中。这两构年代相近、做法类同，而地理间隔较远，可以推想接柱式厅堂在北宋末黄淮流域一度盛行的事实。

较之登封初祖庵或广饶关帝庙的两段接柱，汾阳太符观昊天上帝殿（公元1200年）的三段接柱表现出更为夸张的层叠意向，而接柱节点的增多也意味着水平分层意识的强化。[1] 各段柱身上大量构件交织穿插，相互支撑固繫，节点的繁杂使得构架整体的三向划分皆极具层次，比之典型厅堂的柱梁关系更为丰富。

值得注意的是，接柱厅堂做法在河南某些地区一直延续至较晚时期（图2-32），如元、明时期遗构济源轵城镇大明寺中佛殿（公元1327年）、许昌襄城县乾明寺中佛殿（公元1465～1487年）等。

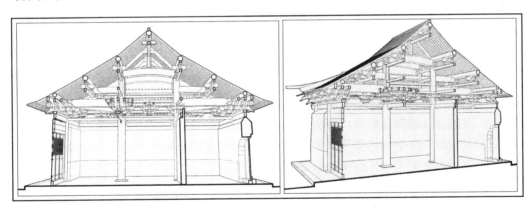

图2-32　乾明寺中殿等晚期接柱型构架
来源：同济大学常青教授工作室测绘成果

晋东南地区北宋末至金晚期遗构中则未见典型接柱做法，除直接引入成

1　太符观昊天上帝殿在前内柱缝上用阑额普拍枋，与檐柱等高。内柱头栌斗中出横栱两重，以泥道栱绞乳栿，其上承四椽栿，在四椽栿首叠立第二段柱，柱身上并插有屋内额一条（对应梢间位置则用丁栿）；劄牵、三椽栿及泥道栱交于第二段柱头栌斗口内，并于泥道栱上出顺身串一道，劄牵对三椽栿；三椽栿首之上叠立第三段柱，柱头栌斗内出泥道栱绞平梁，上承替木托上平槫。下道蜀柱柱头及上道蜀柱头、脚各用顺身串一条。三段接柱之上，总计插有顺身方向的阑额一条，普拍枋一道、屋内额/丁栿一条，山面劄牵一条，顺身串三道，扶壁重栱一组，扶壁单栱两组，人字栱一组，以及顺栿方向的乳栿、四椽栿、劄牵、三椽栿、平梁各一根。

熟的厅堂构架之外，殿堂厅堂化进程长期停留在简化或内柱按材栔升高的初级阶段，梁栿水平分层始终未被完全打破，相较前一时期的发展主要体现在梁栿进一步简化（双栿体系彻底消失），架间联系构件层次增多，叠梁造长、短栿出头超过柱缝与槫缝等细节上。

柱上接柱现象拥有重大的构架转型意义：

（1）它意味着殿式厅向真正厅堂的突变，标志着五代、宋、金以来柱头承托长栿的水平层叠式柱梁关系最终演进为长栿插入内柱身（虽是接柱，但仍是上下连贯、传力直接的一个组合单元）的柱梁穿插、逐槫分排的连架关系。

（2）它直接源自北方殿堂层叠式的构造思维，以柱上接柱为手段，达到内柱冲槫的目的，是去简就繁的做法。短柱相接本身违反厅堂的整体逻辑，但这一手法的内在动因却是对厅堂结构方式（或空间效果）的追求与模仿，因此具有强烈的矛盾性和两面性。

（3）宋末金初，接柱和通柱做法并存是一个有趣的建筑文化现象，代表了在追求简化构架的共同意愿下，两种不同思路的并行发展。相较而言，接柱法的地域性更加明显，而通柱法符合厅堂的本质属性，自金初即在北地广泛流行。

2）通柱式厅堂在北方的传播及地区差异

与接柱做法的特殊性不同，通柱法在全国广泛分布，唯在各个区系内的发生、发展存在不平衡性。这一构架方式在辽与吴越两个匠作传统相对稳定的区域内各自发展，分别形成了以华严寺海会殿和保国寺大殿为代表的直梁连架式厅堂和月梁井字式厅堂；而在中原及华北地区，这一构架做法的案例直到北宋末期才较为集中地出现，在时间节点上与《营造法式》的颁行相互叠合。就山西境内的情况而言：

晋北地区受辽技术传统影响，金代直梁厅堂做法普遍且成熟，自华严寺海会殿之后，在善化寺三圣殿（公元 1128～1143 年）、崇福寺弥陀殿及观音殿（公元 1143 年），直至元构浑源永安寺传法正宗殿上皆可看到内柱抵槫的现象。五台山区的通柱厅堂同样不乏其例，且常与大内额结合，如佛光寺文殊殿（公元 1137 年）、岩山寺文殊殿（公元 1158 年）等。

晋中地区现存宋、金构中，厅堂占有较大比例，但内柱多采用非对称布置（一根冲槫，另一根压在长栿之下），较为典型的处理方法是：以短栿穿插内柱身，短栿上叠驼峰承托延展过来的长栿，长栿之上再托驼峰承平梁。这一做法人为拉开了长、短栿与内柱间的交接节点，使得榫卯加工不致集中在一处，客观上便于工匠操作，且对主要受力部材的损害较小，但会导致内柱与槫子错位，柱梁关系繁复且草率。实例如榆社寿圣寺山门（公元1020年）、平遥慈相寺大殿（公元1137年）、平遥文庙大成殿（公元1163年）、阳曲不二寺大殿（公元1195年）、太谷真圣寺正殿（金）等。

晋东的定襄关王庙正殿（公元1123年）、定襄洪福寺三圣殿（公元1132年），晋西南的绛县太阴寺大殿（公元1170年）、曲沃大悲院献殿（公元1180年）、万荣稷王庙大殿（宋）等皆是通柱厅堂构架，比之于同区其他早期遗构，如芮城城隍庙正殿（公元1008年）等，不难发现宋金鼎革以来厅堂构架应用日趋广泛的事实。

晋东南地区所存遗构既多，相应的通柱厅堂在其中所占的比例显得较小，但其绝对数量仍较可观。该类构架自北宋末以来经历了从无到有的历程，典型者如平顺侯壁村回龙寺正殿（宋末金初）、沁县郭村大云寺正殿（宋）、武乡监漳村应感庙五龙殿（宋金）、沁县南涅水村洪教院正殿（公元1169年）、襄垣郭庄村昭泽王庙正殿（公元1187年）、武乡监漳村会仙观三清殿（公元1229年）等，入元后分布更为普遍，在沁县仁胜村洪济寺后殿、武乡故城镇永宁寺正殿、襄垣文庙大成殿等例上皆有所见。

显然，如图2-33所示，就山西境内通柱厅堂遗构的时空分布情况，可以大致得出如下结论：

（1）厅堂构架在晋北辽统区及宋辽边界地区一直延续并附有若干特殊做法，尤其是大内额法成熟且富可识别性，当是基于唐、辽北方技术传统的自发发展结果，而非《营造法式》传入中原技术所致；

（2）符合厅堂思维的柱梁处理方式自宋中叶起鲜见于晋中及晋西南地区的少数实例中，或许与关中地区的技术交流有关；

（3）晋中地区的厅堂实例在《营造法式》颁行前后开始大量出现，但其做法具有相当的民间特质，表现为梁柱插接关系的随意和不对称；

（4）《营造法式》颁行以后，晋东、晋西南地区迅速步晋中后尘，确立了厅堂构架的主流地位；

（5）晋东南地区在针对新技术的引进上显现出颇为强烈的守旧性，厅堂做法的受容过程远较山西境内其他地区缓慢，普及程度也较低，传统的简化殿堂做法在《营造法式》编写后继续长期占据主导地位。

3）大额式厅堂技术与移减柱做法

入金后出现了所谓大额式厅堂，实际是将纵架承重传统创造性地运用在新的构架体系下，从而为实现室内空间的自由划分提供了特殊优势。

按照施用位置的不同，大额做法可分为大内额法与大檐额法两类。

大内额法主要针对殿内移、减柱的需要而设，在内柱与相应分位山面柱

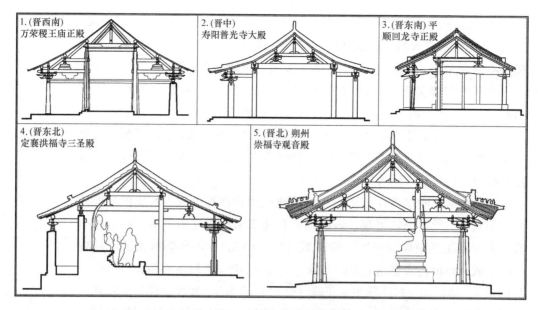

图 2-33　山西境内宋、金时期通柱式厅堂构架实例

间架设粗巨之屋内额，承托自檐柱头伸入的梁栿，这种技法省略了对应内额所跨间缝上的内柱，但受制于梁栿与内额搭接的需要，所用内柱必须位于柱网顺身方向轴线上，亦即大内额法不支持顺栿方向的移减柱。

与之相比，大檐额法施用于檐柱头，将前檐各柱组织成一个纵向整体，再于其上安搭梁栿，梁栿后尾落于内柱头铺作或后檐柱头铺作上，此时因内外柱或前后檐柱高度不同，梁栿实际上仅需保证其后端与内柱或后檐柱对齐，而前端可以在大檐额上随铺作自由移位，如此则可以实现内外柱或前后檐柱间在顺身方向上的错位，亦即大檐额法可同时在纵、横（顺身与顺栿）两个方向上移动柱子，这也更为接近早期纵架传统。

在节点构造关系上，大内额既可插于内柱身（如济源奉仙观三清殿），亦可搭压于内柱头上（如高都景德寺后殿），故而与厅堂构架间并不存在绝对的对照关系，厅堂与殿堂皆可使用大内额。考察现存金代实例，仍以用于厅堂的居多（如崇福寺弥陀殿、佛光寺文殊殿、岩山寺文殊殿、奉仙观三清殿的内额皆插入内柱身上），但内额本身各具特点：岩山寺文殊殿与奉仙观三清殿以断面粗广之单根木材充用；佛光寺文殊殿及崇福寺弥陀殿则采用长材组成复梁式结构，分上下两层，其间以叉手式斜材支撑。

晋东南地区在入金后，大内额法逐渐普遍，这或许是受到晋北地区的匠作传统影响，元代留存的实例更多，如武乡故城镇大云寺三佛殿、高平南庄村玉皇庙正殿、武乡东良侯村洪济院正殿、陵川南召村文庙大殿、长治李坊村洪福寺眼光菩萨殿、高平河西镇河西村三崚庙正殿、高平下台村古中庙正殿、屯留宝峰寺五方佛殿、武乡土河村真如寺正殿等，如图2-34所示。

对于规模较小的建筑，如敦煌宋代窟檐、济源济渎庙龙亭、高平开化寺观音殿之类，则因长栿通檐、不用内柱的缘故，而将纵架移至外檐柱列，形成檐额做法。

大檐额法的本意在于调整外檐开间比例（甚至间数），使其不受内部梁架制约而表现特定的设计意向，如开化寺观音殿于前檐插大檐额入角柱（木质，檐额不出头），其上置普拍枋承托铺作、梁栿，为夸示心间而特意将前檐平柱（石质，位于檐额之下）向两侧移动，并穿插绰幕方予以补强，此后因心间跨距过大，檐额承托梁栿出头部分剪力集中，导致额身下挠有折断之虞，而在铺作/梁栿节点之下另加木柱两根支托（后加木柱几乎打断绰幕方的蝉肚尖部，两者相犯严重，当属后世改易无疑），从而形成外观五间、内部三间的局面。与之相反，陕西韩城地区所存元构普遍使用檐额、绰幕方组合（或简化为厚普拍枋），其目的在于将五间小殿改装成外檐三间的形象，通过扩大间广的途径提升殿宇级别，即所谓"明三暗五"做法，典型者如昝村镇禹王庙正殿、史带村大禹庙正殿等。

高都景德寺前殿大内额　开化寺观音殿大檐额　河西村三崚庙正殿大檐额　屯留宝峰寺五方佛殿大内额

陵川南召村文庙大成殿内额　武乡东良侯村洪济院正殿内额　武乡大云寺三佛殿大内额　武乡上河村真如寺后殿大内额

图2-34　晋东南地区金、元时期大檐额、大内额法实例

来源：武乡洪济院照片下载自http：//blog.sina.cn/s/blog 4a877d4d0102era5.html，
　　　武乡真如寺照片下载自http：//blog.sina.cn/s/blog 4a877d4d0102dxdr.html，
武乡大云寺照片下载自http：//blog.sina.cn/s/blog 4a877d4d0102dwf5.html，其余
照片自摄

需要指出的是，《营造法式》中额类构件中，檐额用材甚巨，具备相当的结构强度，其设计功能当与实例所见略同，**"凡檐额，两头并出柱口；其广两材一栔至三材；如殿阁即广三材一栔或加至三材三栔。檐额下绰幕方，**

广减檐额三分之一；出柱长至补间；相对作耍头或三瓣头_{如角梁}"。而关于内额之记载则称"**凡屋内额，广一材三分至一材一栔；厚取广三分之一；长随间广，两头至柱心或驼峰心**"，其截面较小，甚至不如顺栿串（广一足材），显然无法实际承重，当有别于遗构中所见的大内额，两者或许并非同一构件。由此可见，大额做法中，《营造法式》采录的是大檐额法，而对于大内额法则未予理会，这或许是因大檐额法的灵活性更甚于大内额法，适用性更佳所致。

2.4　本章小结

北方工匠针对典型殿堂构架体系施工繁难、耗功费料的现实情况，在（外来或固有的）厅堂思维刺激之下，不断趋向采用更加简便直接的构造技法，形成各种过渡样式，最终产生一种符合北方气候条件与生产实际的北式厅堂，这一简化过程本身构成了五代、宋、金时段内北地木构营造活动的主要内容。

与周边地区相比，晋东南工匠的营造实践显得相对保守和滞后，长期停留在殿堂厅堂化过程中简化的初级阶段，而迟迟没有发生质变。尤其本区内没有接柱式厅堂实例留存，使得这一演进过程在关键环节上有所缺失。该地区通柱式厅堂虽自北宋末年起零星出现，但所占比重甚低，起始年代也较迟。厅堂构架的欠发达，反过来验证了晋东南与汴梁地区在营造理念上的近似——综合考虑建造难度、工料经济性、构造稳定性和等级意向等多方面因素后，简化殿堂在以低成本取得高纪念性方面具备最佳效率，因此得以从各种中间形态的亚型中脱颖而出，成为较长历史时段内的不二选择，而这一营造习惯又以极大的惯性反过来制约了其他构架类型的出现和推广，从而造就了本地区自五代迄金一以贯之的构架传统。

第3章 晋东南地区五代、宋、金建筑的构造类型

3.1 本章引言

3.1.1 以构造节点的分类比较作为本研究知识背景的必要性

在《营造法式》大木作制度这一技术标尺与晋东南地区现存遗构间建立逻辑联系，通过与周边同期案例的比较，厘清崇宁法式出现这一历史事件对该区系内营造传统的影响方式、程度及范围，是本书写作的一个主要目的。前章已围绕晋东南地区早期实例构架体系的发展脉络及特性进行了一些讨论，本章将进一步拉伸视野，将视点聚焦到中观构造层面。

构造与构架问题虽在技术史研究中居于不同层次，却具有深刻的联动并进关系。大致来说，某种构架范式的最终形成，是多种构造做法长期竞争、磨合和相互妥协的结果，局部构造做法的定型始终领先于整体构架形态的成熟。这是因为构架问题牵涉的因素繁多，在整个营造活动中总是作为最终结果呈现，其间囊括了诸如空间的使用方式、节点的交接关系、构件的等级特征等各个层次的问题，而这些要素在特定构架发展为典型范式之前，大多是可以自由组合运用的，也即是说，我国的木构营造活动总是符合从实践到理论、再由理论返回实践，如此往复螺旋上升的客观规律。实践理性主义的匠作传统必然要求一切高度程式化、规范化的理论建构，经由总结无数次成功或失败的生产经验得来，这也是早期案例千差万别，几乎无一例能完全吻合《营造法式》之记录原因所在。

与之相反，但凡和构造做法相关的，基本都是实实在在的"对策性"而非"选择性"问题。局部节点如何处理，在经验主义主导的营造传统下，与地域适应性问题密切相关，一旦形成固定做法，除非出现革命性的全新技术，否则断难发生根本改变。大量的构造技术经过不断改良试错，逐渐优选出最佳的组合方式，促使构架范式从成立走向完善，是一个渐进的补充强化过程。由于样式选择的多解，这个过程一般不存在明确的边界，而只能将几项相互联动的指标性样式的并存时段作为相应技术的大致

存续区间。

值得注意的是，构架体系、构造技术和构件样式的演进速度间存在着显著的不同步，因口授心传的师承习惯，不同区域间巨大的物质条件差异以及各民系间多样的审美心理需求，不同匠系间的技术壁垒往往异常森严，诸如工具变革之类的新技术带来的刺激，对上述三个层次的影响程度与速度也不可一概而论，而各层次在革新与守旧的选择之间，又往往掺杂有大量主观因素，这又进一步降低了三者递变的同步率。

概括而论，构件样式的变动最易实现，但保留古制的边际成本也最低廉（如福建建筑使用皿斗，并不影响其构架整体的进化）；构造做法的演进在技术发展过程中具有一定的独立性与能动性，并不完全受构架变化的影响（如江南殿堂中的草架部分大多使用在地化的穿斗做法，与其下露明的官式殿堂部分迥异其趣）；构架形态居于整个营造系统的顶端，包罗万象的代价便是面目的相对模糊，其改变往往缺乏明确的时空界限，而只能借由下一层次的构造要素间接表达。

因此，处于中观层面的构造做法问题是可以进行分类统计、定量分析的优质对象，且构造问题直接涉及技术选择，据之与<营造法式>相关制度及周边地区实例进行比较，能够就晋东南木构营造活动的技术水准得出明确结论，而这一描述性的工作本身对于我们深入了解本区遗构的历时性与共时性特征，进而为下文的技术专题做好铺垫，也是大有裨益的。

3.1.2 有关晋东南地区五代、宋、金建筑构造类型问题的研究综述

在简化殿堂的基本构架体系下，晋东南地区的五代、宋、金遗构体现出高度的规范性和相似性，其构造节点的类型划分简明有序，且几种基本形式长期线性发展、沿袭不辍。程式化的背后反映的是整套设计策略在本区系内的强大适应性，诸如对梁/叠梁做法、丁栿平置/斜置组合等，学界对此已有所讨论，其主要成果如下：

李会智先生在《山西现存早期木结构建筑区域特征浅探》[1]一文中，以唐、五代、辽宋、金、元的时代递进为经，以晋北、晋中、晋东南、晋西南的地域差异为纬，交织勾勒山西地区早期木构建筑发展的情况，考察了梁栿间支垫构件（驼峰、斗子、蜀柱等）、槫间联系构件（叉手、托脚、劄牵等）、随槫构件（襻间、顺身串之类）、扶壁栱等构造节点在不同区域内的发展演变规律，并穿插介绍了大量代表性的实例。该文通过案例排比，对山西

---

1 李会智. 山西现存早期木结构建筑区域特征浅探（上）[J]. 文物世界，2004（02）：22-29；李会智. 山西现存早期木结构建筑区域特征浅探（中）[J]. 文物世界，2004（03）：9-18；李会智. 山西现存早期木结构建筑区域特征浅探（下）[J]. 文物世界，2004（04）：22-29。

境内不同区期木构建筑的特征与差别作出了若干定性概括，同时着重强调了遗构所在地理位置与过渡性做法间的关联（如在介绍开村普照寺大殿、郭村大云院后殿时，以沁县地处晋东南与晋中交界为由，解释这两构梲间用驼峰与蜀柱、缴背的混杂并存现象）。该文是迄今为止针对山西早期建筑的地方特征所作归纳与示例最为翔实和广受引用的一个成果。

刘妍、孟超针对晋东南地区唐至金歇山建筑的构造做法发表有系列文章，对这一遗构群体的诸多特性进行了翔实梳理，其中：

在《晋东南歇山建筑的梁架做法综述与统计分析——晋东南地区唐至金歇山建筑研究之一》[1] 一文中率先指出小型殿宇的平面布置与宗教内容间存在对应关系，依内柱使用与否及位置将横架类型归纳为三类，并揭示对梁与叠梁做法的时代先后关系。此外，通过统计分析将山面构架分为四种模式，而将丁栿形态总结为三类，分述了其搭配的时代规律，最后提炼出一种典型晋东南地区歇山木构模型。

在《晋东南歇山建筑与〈营造法式〉殿堂造做法比较——晋东南地区唐至金歇山建筑研究之二》[2] 一文中，从六个方面（包括内外柱等高问题，层叠式梁栿向连架/蜀柱结构转变的问题，内柱与平槫竖向对位关系问题，四椽栿与乳栿的压接关系，假昂取代真昂问题，《营造法式》型殿堂明栿在本区的遗留痕迹问题）分析本区宋、金歇山建筑与《营造法式》的异同，并评述了晋东南地区典型的厅堂造遗构实例（会仙观三清殿和回龙寺正殿）与《营造法式》型厅堂的主要差别之处。

在《晋东南歇山建筑"典型"做法的构造规律——晋东南地区唐至金歇山建筑研究之三》[3] 一文中着重对梁栿分类进行了梳理，从而"**通过揭示构件之间的制约与联系来分析结构定型的成因（及其）随时代变化的构造与结构动因**"。依照内、外柱及长、短栿高度关系将区内实例分作四种基本型，讨论了不同搭配模式下内、外柱头的铺作做法及其对构架的调整，在就柱梁关系进行排列组合的分类基础上探讨了"典型做法"中主要构件的构造规律，着重分析了双丁栿在加工形式、头尾高度、支垫方式及出头形态上的差别。

在《晋东南歇山建筑"典型"做法的构造规律——晋东南地区唐至金歇

1　孟超，刘妍. 晋东南歇山建筑的梁架做法综述与统计分析——晋东南地区唐至金歇山建筑研究之一 [J]. 古建园林技术，2008（02）：3-9。

2　刘妍，孟超. 晋东南歇山建筑与《营造法式》殿堂造做法比较——晋东南地区唐至金歇山建筑研究之二 [J]. 古建园林技术，2008（04）：8-13。

3　刘妍，孟超. 晋东南歇山建筑"典型"做法的构造规律——晋东南地区唐至金歇山建筑研究之三 [J]. 古建园林技术，2011（01）：20-25。

山建筑研究之四》[1]一文中，围绕转角造几个关键构件及其搭接、受力关系作了整理分类。首先讨论了系头栿的性质问题，将其定义为"亦梁亦栿"；之后总结了系头栿、角梁尾和下平槫的位置演变规律及其成因，并进一步指出角梁后尾长度的变化引发了包括平槫位置内移、出际起始位置改变、正脊长度缩短等一系列连带反应，从而波及立面比例。文中随之讨论了角梁后尾下移对于槫距均等分配的促进作用，以及角梁自身受力状态的改变，最后讨论了转角做法进化导致的转角铺作补强问题。

刘妍、孟超关于晋东南唐至金歇山建筑的系列文章是过往关于这一对象群体的构造特征和类型划分中最为细致、深入和全面的研究成果。

王书林、徐怡涛在《晋东南五代、宋、金时期柱头铺作里跳形制分期及区域流变研究》[2]一文中，着重提炼了该地区柱头铺作里跳类型，并据之作为木构分期的一项重要参考指标。同时通过与《营造法式》制度及不同区域实例间的对比，探讨《营造法式》相关做法的区域来源及对后世之影响。该文延续了徐怡涛先生在其博士论文中利用斗栱构件样式线索构筑时代标尺，进而对现存遗构进行考古学断代的工作方法，为本地区样式谱系的深入划分工作提供了一条新的线索，其逐层分类、定量统计、同类互证的考古学分析方法适切于晋东南遗构这一对象群体基数巨大的特质，因而具有良好的可操作性，在方法论上具有重要的指导意义。

3.1.3 样本案例的选择依据及分类标准

针对木构的分期与分区研究，首要的工作便是建立分类清晰、范围明确的样本库，并在此基础之上提取素材，加以比对、归类，总结规律。本书以晋东南地区五代、宋、金木构遗存为研究对象，以宋金之际构架形式与构造做法的变革与发展为研究视点，以《营造法式》所载诸技术因子在本地区的流传和变异为切入角度，探讨相应区域间木构技术的传播与受容情况，以及促成这些技术选择的内在原因。由于所涉遗构本身数量巨大，且为阐述观点，需更进一步引入旁近地区或接邻时代的实例作为参照，这就进一步扩大了案例征引范围；同时，即便在同一木构遗存上，其柱子、铺作、梁架等不同部分的建成年代，以及同一部分的实物和样式年代也并非完全一致，故在不同的章节中势必出现侧重点的不同，各个遗构案例之间也存在极大的可信度和可比性差别。因此有必要先行对所涉木构进行权重划分，以防止低纯度

---

1 刘妍，孟超. 晋东南歇山建筑"典型"做法的构造规律——晋东南地区唐至金歇山建筑研究之四 [J]. 古建园林技术，2011（02）：7-11。

2 王书林，徐怡涛. 晋东南五代宋金时期柱头铺作里跳形制分期及区域流变研究 [J]. 山西大同大学学报：自然科学版，2009（08）：79-85。

实例中间杂的矛盾现象对结论的产生造成干扰。

1）样本分级的标准

以晋东南（长治、晋城两市及其下辖县市）地区唐至金木构中年代确切可考且构件纯度较高者为 A 类案例，并依照年代排序，自 A1 至 AN 不等；

以同区同期遗构中无明确文献佐证，仅凭样式断代，且经过后世修缮较多、原状改动较剧者为 B 类案例，大致以地区为别排序；

在针对不同问题的讨论中，这两类案例的征引是有所选择的，不可能也不必在每一个分项讨论中动用到全部数据。

2）样本情况总览

样本的选取以六批国保单位名录中的为主，此外尚存有为数不少的宋金遗构，或因新近发现，或因构件纯度较低、改易较剧，又或文献记录不详，始建年代存疑，或是保护级别较低，素来不受学界重视，但作为旁证资料，用以参校样式谱系的发展脉络则仍有其价值。本书选用的 A、B 两类案例概况及与建造年代相关的文献资料详见表 3-1。

本研究选取的木构样本及其建成年代的相关文献记录　　　表 3-1

样本序号	建筑名称	建成年代	保护级别	所在地区
A1	平顺天台庵正殿	唐天祐四年(公元 907 年)	国 3	山西省长治市平顺县实会乡王曲村
A2	平顺龙门寺西配殿	后唐同光三年(公元 925 年)	国 4	山西省长治市平顺县石城镇源头村
A2	据殿前后汉乾祐三年(公元 950 年)佛顶尊胜陀罗尼石经幢所记。			
A3	平顺大云院弥陀殿	后晋天福五年(公元 940 年)	国 3	山西省长治市平顺县龙耳山实会村
A3	据寺内存天禧四年《赐双峰山大云院十方碑》。又据宋太平兴国八年(公元 983 年)《石灰村上生经邑制造铭记》"原夫像教东流诸佛来化……厥有当院兰惹自建隆元年先师发讳奉景基趾住持可谓地隆真胜……况又自创以来殿宇有一百余间功德及五百余事幸蒙皇王大惠潜赐鸿恩于太平兴国八年三月七日特降敕额改仙岩为大云禅院更龙门为惠日□名广□文明同时降敕今者邑众寺遭逢圣运照烛隆兴乃召良工刊石为铭……"			
A4	高平崇明寺中佛殿	宋开宝四年(公元 971 年)	国 5	山西省晋城市高平县河西镇郭家庄
A4	据寺内淳化二年《敕赐崇明之寺》笏头碣"□□□□圣佛山崇明之寺记……直有供养主法朗功德主法江力扶邑众心悟真宗与师弟法能法通斋生一念邑众等终毕修崇须凭文字以喻塋题则镂石雕金不可废也其心□哉知身处于浮华如电如泡非久者诧修崇之道盖大缘之至矣□□三传□□达撰木匠人侯琏石匠人袁周……伏以当寺始自开宝之初有先师行颢挈□携锡而届于斯是……时有邑头李顺真言灌顶法水洗心发宏愿于一时出迷途于万劫乃以□檀那于两县诱信士于三乡闻者喜跃而遭依化者坚贞而允听是乃采梁栋于云峰建堂□于金地震舒丹□景枕清幽自以兴于功绩颇涉辛勤岁月历二十年余邑则三分有一或有发心于翁父或有毕手于子孙盖两世之坚心望千年之不泯……欲镌□先代之名奈了于后来之手聊伸同志须述见存用镌其词永志为记院主僧法□供养主僧法朗功德主法江维那法能典座法道行者僧留小乞……淳化二年岁次辛卯七月戊戌朔二十一日戊午庆讃讫应乡贡三传举李允成书了"，此外有明万历十九年重修记事嵌壁石一方			

样本序号	建筑名称	建成年代	保护级别	所在地区
A5	陵川北吉祥寺前殿	宋太平兴国三年(公元 978 年)	国 4	山西省晋城市陵川县礼义镇西街村
	据殿侧《中书门下牒泽州》碑"泽州准奏敕分析到所管存留有无名额僧民寺院共叁拾贰所内□所什柱院宜赐北吉祥之院为额……太平兴国三年五月二十五日牒中书侍郎平章事卢右仆射兼门下侍郎平章事□左仆射兼门下侍郎平章事"。另康熙四十一年(公元 1702 年)嵌壁石记历代重修"元贞二年重修住院僧满庆洪武十八年重修住院僧圆泰康熙四十一年十月十七日重修告成住院僧兴如勒石"				
A6	长治崇教寺正殿[1]	宋雍熙元年(公元 984 年)	省 2	山西省长治市长治县马场镇故驿村
	据殿身勒"中书门下牒潞州"碑,"潞州奏据潞城县广武山庄□楼寺并灉山□□禅院僧老尊等状称先奉诣□□旧住持仍许渐次添修殿宇即五十间已上即仰别具闻奏当□特赐名额者今逐寺院各添修到殿宇五十间已上并是谙实□敕旨武山庄楼修到殿宇五十间佛像□□□事僧行九人宜赐荐福之寺为额奉敕如前牒至准敕故牒太平兴国九年□月十七日牒左谏议大夫知政事李……"(太平兴国九年为雍熙元年之误)				
A7	高平游仙寺毗卢殿[2]	宋淳化间(公元 990~994 年)	国 5	山西省晋城市高平县宰李村游仙山
	据殿侧宋康定二年(公元 1041 年)《游仙院佛殿记》碑记"……成佛殿一厅三间基址□□栋宇高宏……"				
A8	长子崇庆寺千佛殿	宋大中祥符九年(公元 1016 年)	国 4	山西省长治市长子县色头镇琚村
	据殿外所遗宋天圣间撰《书四大部经并建内外藏之记》碑"五峰山□□……论沙门□载述并建内额……紫云荡有莲□曰崇庆其殿堂廊……外藏三间彩绘皆备修五□内藏朱漆间成□□四大部经并法华金刚……时皇祐四圣在宥之……载哲后抚运之明年天圣纪号中秋月望日都会道太……等建前刊御书汝南和郁镌字";又据清嘉庆三年(公元 1798 年)《崇庆寺重修碑志》"唐明皇别驾潞州时宴僚佐于壶口见此山紫云摇拽彼时尚未有寺意者瞿昙之祥光先见于是乎□宋大中祥符九年而寺始建千佛殿居其北卧佛殿居其东大士殿居其西天王殿居其南东南立门门之东南建关帝殿西北建十帝并鬼王殿西南又立给孤长者殿东北一院则为禅舍……"				
A9	陵川南吉祥寺中殿	宋天圣八年(公元 1030 年)	国 4	山西省晋城市陵川县礼义镇平川村
	据殿内宋天圣八年《皇帝万岁》颙屃鳌座碑记,"吉祥院碑文并序乡贡三传李□撰并书……院主僧智韶去淳化三年十月三日敕赐到院额度得弟子四人吉悟功德主吉宣吉辩师训行者师信人言师进师间师宝大宋国天圣八年庚午岁十二月己卯朔六日建立木匠人史忠塑匠人王伦丹青人秦坦郭凤禹砖匠人常用庆……"				
A10	小会岭村二仙庙正殿	宋嘉祐八年(公元 1063 年)	国 5	山西省晋城市陵川县附城镇小会村
	据香炉台座《二仙蘸盆记文》"……嘉祐八年十一月十四日庙子李财为首抄到□财盆□□烧砖桢却去。熙宁四年八月十三日,重换却□□盆,故记……"				
A11	长子正觉寺后殿	宋熙宁三年(公元 1070 年)	国 5	山西省长治市长子县司马乡看寺村
	据(明)马暾纂《潞州志》"正觉寺,在城西南二十里刊字村,唐太和间建,宋熙宁三年僧贞玘重建,元至顺三年僧道喜重修"				
A12	高平开化寺大雄殿	宋熙宁六年(公元 1073 年)	国 5	山西省晋城市高平县舍利山
	据宋大观四年(公元 1110 年)《泽州舍利山开化寺修功德记》碑"……以元祐壬申正月初□绘修佛殿功德迄于绍圣丙子重九灿然功已又崇宁元年夏六月五日……",殿内壁画绘于宋元祐七年(公元 1092 年),可作为其建造年代的下限				
A13	府城村玉皇庙玉皇殿	宋熙宁九年(公元 1076 年)	国 3	山西省晋城市泽州县金村镇府城村

续表

<table>
<tr><th>样本序号</th><th>建筑名称</th><th>建成年代</th><th>保护级别</th><th>所在地区</th></tr>
<tr><td rowspan="2">A14</td><td>长子崇庆寺三大士殿</td><td>宋元丰二年(公元 1079 年)</td><td>国 4</td><td>山西省长治市长子县色头镇琚村</td></tr>
<tr><td colspan="4">据殿内宋塑下砖雕神台纪年。</td></tr>
<tr><td>A15</td><td>周村东岳庙正殿</td><td>宋元丰五年(公元 1082 年)</td><td>国 6</td><td>山西省晋城市泽州县周村镇北黄沙岭</td></tr>
<tr><td rowspan="2">A16</td><td>高都镇景德寺后殿</td><td>宋元祐二年(公元 1087 年)</td><td>/</td><td>山西省晋城市泽州县高都镇高都村</td></tr>
<tr><td colspan="4">据施柱题记“尹寨村河北社崔永定奉为先考崔从先妣李氏亡男元哥王男七哥施石柱顶石法堂上施粟一十石钱一贯妻司氏女子留住女子夺住女子招喜功德主讲上生经沙门福遇勾当主持寺主沙门永明元祐二年丁卯岁八月日施主崔永定石匠人司寿”;另门楣题刻金泰和五年(公元 1205 年)“胡村上社画人校尉李珪君璋年七十六岁同长男奇次男显彩绘法堂壁张鼎书石匠司理男司琪刊泰和五年九月重阳日”,梁架风格较为晚近,已经后世重修</td></tr>
<tr><td>A17</td><td>潞城原起寺大殿</td><td>宋元祐二年(公元 1087 年)之后</td><td>国 5</td><td>山西省长治市潞城县辛安村凤凰山</td></tr>
<tr><td rowspan="2">A18</td><td>平顺龙门寺大雄殿</td><td>宋元符元年(公元 1098 年)</td><td>国 4</td><td>山西省长治市平顺县石城镇源头村</td></tr>
<tr><td colspan="4">据捐柱题记记作“绍圣五年”,应为元符元年之讹。又据明成化十五年(1479 年)《重修惠日院记》:“幸感北齐敕修寺额元末民遭涂炭……慧苑禅师居□其户□其无人矣斯寺爰有碑楼屋檐三叠彫甍奇巧忽罹兵燹惟石柱碑座正殿并东西两殿及三门存焉……天顺元年丁丑修东院房十余间明年戊寅……经构后殿一区……而复甃砌阶郊基陛整矣……迨己亥岁住持智祥等缉熙完美共十二间伟乎关王堂土地堂山节藻棁焕乎旧前殿新后殿……”,可知后殿(雷音殿)为明代重修,而前殿(大雄殿)为宋代原构</td></tr>
<tr><td rowspan="2">A19</td><td>平顺九天圣母庙正殿</td><td>宋建中靖国元年(公元 1101 年)</td><td>国 5</td><td>山西省长治市平顺县北社乡东河村</td></tr>
<tr><td colspan="4">据宋建中靖国元年(公元 1101 年)《重修圣母之庙》碑“潞州潞城县三池东圣母仙乡之碑唯大宋国大都督府潞州潞城县圣母仙乡重修之庙撰文人进士张孝先书字人王净林……命良工再修北殿创起舞楼并东廊绘饰和西伟严华盖门楼耸碧束阶砌盘花事以得琉璃翠雅楹拱稀奇愿尊神降佑者也……钜宋岁次庚辰元符三年十二月十五有日立贞珉记之矣……建中靖国元年正月日县尉刘唐锡立……”另圣母殿明洪武十二年题刻“有九天圣母祠祠之建始于唐而修于宋迄今七百余年矣”</td></tr>
<tr><td rowspan="2">A20</td><td>泽州青莲上寺罗汉阁</td><td>宋建中靖国元年(公元 1101 年)</td><td>国 3</td><td>山西省晋城市泽州县寺南庄硖石山</td></tr>
<tr><td colspan="4">据壁上所勒宋政和八年(公元 1118 年)《五百罗汉名号碑》记述</td></tr>
<tr><td rowspan="2">A21</td><td>泽州青莲上寺释迦殿</td><td>宋元祐四年至崇宁元年,
公元 1089-1102 年</td><td>国 3</td><td>山西省晋城市泽州县寺南庄硖石山</td></tr>
<tr><td colspan="4">据门楣线刻题记“院主僧紫新特发虔心自舍衣盂做石门一合报答四恩三有法界众生同登觉岸度门人鉴峦鉴昭等石匠赵嵩时大宋元祐四年十月一日建造毕”,又有捐柱题刻若干,如西南角柱“勺曲村成恭谨舍净财施石柱壹条元祐四年十月二十六日”、后檐西平柱“北社村尚书杜选谨舍净财施石柱壹条永为供养长男杜昌杜宗祐元祐四年十月日记”、东南角柱“郭壁村施主母选等谨舍净财施石柱壹条姪男母宗祐母宗景母宗遇元祐四年十月日记”,以及后世游记之属,如西北角柱“承安五年闰月廿六日同张君玉吴寿共来游莲兴□公无二登凤凰山周揽青莲之胜钩慕河间许古道题”,并县志卷十九引《青莲寺石柱记》“记前书石柱之一永为供养熙宁九年至崇宁元年二月初九日不书施主姓名考熙宁九年神宗丙辰崇宁元年为徽宗壬午柱非一时所施或至徽宗时庙始告成”云</td></tr>
<tr><td rowspan="2">A22</td><td>高平米山镇玉皇庙正殿</td><td>宋崇宁元年(公元 1102 年)</td><td>/</td><td>山西省晋城市高平县米山镇</td></tr>
<tr><td colspan="4">据殿东壁上勒石“泽州高平举义乡米山村有玉皇庙……殿宇宏壮独绘象颇沦黯……逆发诚愿图报神庥乃募画工以施绘象……施主李觉画匠张玘……崇宁元年岁次壬午四月一日”,据同庙明洪武二十一年(公元 1388 年)《重修玉皇庙记》“……斯庙也盖建于宋元丰间……”</td></tr>
</table>

样本序号	建筑名称	建成年代	保护级别	所在地区
A23	河底村汤王庙正殿	宋大观二年(公元 1108 年)	省 4	山西省晋城市泽州县大东沟镇河底村
A24	北义城镇玉皇庙后殿	宋大观四年(公元 1110 年)	国 6	山西省晋城市泽州县北义城镇
A24	据前檐心间柱上重修题记"泽州晋城县吕山乡义城村重修玉皇殿记,大观四年岁次庚寅二月十五日甲寅,□首维那李善等,都维那李善、男植,同修维那李道、李衡、李应、李定、李宁、焦千、张诚、李盟、李□,木匠郭□,吕确书叚皇刊"			
A25	小南村二仙庙正殿	宋政和七年(公元 1117 年)	国 4	山西省晋城市泽州县金村镇南村
A25	据西山墙所勒《二仙庙记》"建始于绍圣四年次年改元符落成于政和七年";另砖雕神台题刻为崇宁五年(公元 1106 年)			
A26	泽州崇寿寺释迦殿	宋宣和元年(公元 1119 年)	省 2	山西省晋城市泽州县巴公镇西部村
A26	据施柱题记"宣和己亥季春初二日上板桥礼司刘潜施主二";又门额题记"晋城县莒山乡司村众社民户施门一合正隆二年岁次丁丑仲秋二十日谨记"			
A27	陵川龙岩寺过殿	金天会九年(公元 1131 年)	国 5	山西省晋城市陵川县梁泉村
A27	据殿前金大定三年笏头碣《龙岩寺记》"尚书礼部牒泽州陵川县梁泉村老人秦厚等同僧王智远等状告本村院自来别无名额已纳讫合着钱数乞立寺名勘会是实须合给赐者奉敕可特赐龙岩寺额至准敕故牒大定三年二月二十六日令史向昇主事安中宪大夫行员外郎李郎中镇国将军行侍郎阿典正奉大夫礼部尚书□□□□王承旨王……龙岩寺记乡贡进士天水赵安上撰弟□□□故宣义郎赵修孙前进士赵稷撰额……至天会九年辛亥先祖父赵乂暨叔礼施为金田继而我先人倡首并维那常祐等十有二人鸠工衷旅协力同心伐木于左右之林运土塞往来之路乃命公输设矩□匠挥斤不逾于岁已即其工越明甲寅乃落成……越二月丁丑经诣本郡军资库输钱三十万兼经藏堂□买得赐曰龙岩寺愚谓其乡名云川以云从龙而变化不测又以里名义泉以龙得水而出入有时檐下曰岩斩上曰崖以石岩在宏堂之内而金容居石岩之中中选斯名当其实……安上久废诗书学问不揆斐然姑录其年月耳于时大金大定三年岁次癸未四月辛酉朔戊辰立石承直郎行主簿兼知县尉飞骑尉赐绯鱼袋周允忠承德郎行县令飞骑尉赐绯鱼袋任宿石匠秦达申兑刊"。又据大定二十五年笏头碣《新建龙岩寺法堂记》"里人姬守中书丹乡贡进士常忻忠撰额……本朝开国之后天会乙酉有僧乘耀旅居其中观此故基厥有巨石势峯层峦不凿而成三壁就镌圣像几数百焉上称其堂下无所附乃募化檀越我先人常克及都维那赵辅周等十一人鸠材命工华构前殿广三间各六椽宏壮靓深丹青炳焕绘三身佛塑弥勒像兴自辛亥东作之时毕于甲寅西成之日……继有僧普懿暨都维那赵辅周等十有六人于贞元甲戌创建经藏堂三间共一十八椽居此寺东百余步耳延至大定壬午诏天下无名额寺观许输钱请额时僧普懿乃恭白于众曰此乃祖乃父旧修佛宇虽显勤劳奈无额号幸国朝许输钱请买千载一遇善不可加公等肯堂构乎大众忻然乐输其财给其所费众恳请普懿为主僧懿辞以疾再四不诺以乘耀门人智远为主僧又以北吉祥僧惠通副之即有大檀越余兄常谨率秦厚等二十有五人于癸未首春□泉三百千输之官府国赐额曰龙岩厥后智远退辞住持南吉祥惠通住持此寺……因求余为文余不敢以鄙拙为辞弃吾祖先之旧业用述二殿所成之始末刻诸坚石传之不朽时大定二十五年岁乙巳三月甲申朔初三日丙戌里人常谨记武功将军行泽州陵川尉骁骑尉赵居谦宣将军行泽州陵川县主簿骑都尉专陵川开国男食邑三百户崔兴寿奉直大夫行泽州陵川县令飞骑尉赐绯鱼袋裴纶入灭院主僧惠通见署管主持僧净生化缘功德主僧普懿立石石匠宋元赵汴李进刊"。此外有明万历二十四年(公元 1596 年)《重修中央殿记》嵌壁石一块,记录修缮始末			
A28	高平开化寺观音阁	金皇统元年(公元 1141 年)	国 5	山西省晋城市高平县舍利山
A28	据山墙上所勒《高平县舍利山大愚禅师作心王状奏六贼表并韵母三十三字》碑"……皇统改元岁次辛酉十二月腊日寿春王庭直敖裴泉村李京评事同男李舍己财三百余贯重修禅师殿"。又据柱头题记"泽州同知宋建飞翔霄县令任元奭善长县尉独吉明威前长子县令毕伸邦荣从友人宋文铎振之李载熙广之暨显公和尚之请联辔来游崇庆改元三月滭前一日李肯播克绍识",另一柱头题记"邑令任致远□督税访妙法师烹茶导话颇快尘襟癸亥腊月六日"			

样本序号	建筑名称	建成年代	保护级别	所在地区
A29	**西溪二仙庙后殿**	金皇统二年(公元 1142 年)	国 5	山西省晋城市陵川县城关镇西溪村

据殿侧金大定五年赵安时撰《重修真泽之碑》"重修真泽二仙庙碑中散大夫前南京路兵马都总管判官上骑都尉天水县开国子食邑五百户赐紫金鱼袋赵安时撰中靖大夫行潞州潞城县上骑都尉太原县开国子食邑五百户赐紫金鱼袋王良翰书……真泽二仙显圣迹于上党郡之东南陵川县之界北地号赤壤山名紫团洞出紫气氤氲如盖故谓之紫团所居任村俗姓乐氏父讳山宝母亲杨氏诞降二女大娘同释迦下降月日二娘诞太子于门时数生俱颖异不类几庶静默不言七岁方语出言有章动合规矩方寸明了触事警悟有识知其仙流道道侣继母李氏酷虐害妒单衣跣足冬使采茹泣血浸土化生苦苣共得一筐母尤发怒执令拾麦外氏弗与遗穗无得畏母捶楚踣地凌竞仰天号诉忽感黄云二娘腾举次降黄龙大娘乘去俱换仙服绛衣金缕绘以鸾凤宝冠绣□又闻仙乐响空天香馥路超凌三界直朝帝所大娘仙时年方笄副二娘同少三岁许贞元元年六月十五田野见之惊叹瞻顾远近闻之骇异歆慕……遂于南山共建庙宇……至宋崇宁年间曾显灵于边戍西夏青靖久屯军旅于粮食转输艰阻忽二女□饭救度钱无多寡皆令□□饭□虽小不竭所取军匠欣跃二仙遭遇验实帅司经略奏举于时取旨丝纶褒誉遂遂加封冲惠中淑真人庙号真泽岁时官为奉祀勒功丰碑至今犹存……先是百年前陵川县岭西□张志母亲秦氏因浣衣于东南涧见二女人服纯红衣凤冠俨然北涧南弗见夜见梦曰汝前所睹红衣者乃我姊妹二仙也汝家立庙于化现处令汝子孙蕃富秦氏因与子志创建庙于涧南春秋享祀不怠自尔家道自兴……本朝皇统二年夏四月因县境亢旱官民恭谒本庙迎神来邑中祈雨未及浃旬甘雨霈需百谷复生及送神登途大风飘幡屡进不前莫有喻其意者乃诧女巫而言曰我本庙因红巾践毁人烟萧条荒芜不堪今观县岭西灵山之阴瀱秀幽奥乃福地也邑众可广我旧庙而居之……张志子权兴子姪举愿等敬奉神意又不忘祖父之肯基乃率谕乡县增修涧南之庙……先舍净财次率化于乡村及邻邑于时神赫□灵处处明语近者施其材木远者施其金帛有愿施粮食者有愿施功力者无有远近咸云奔而雾集不数年而庙大成重建正大殿三间挟殿六间前大殿三间两重檐梳妆楼一坐三滴水三门九间五道安乐各一坐行廊前后共三十余间举之堂兄□独办后殿塑像堂弟□等重□瓦前殿其诸廊庑各有塑画像其楼服峥嵘丹青晃日远近来祀者咸叹其雄壮伟丽左右神庙无有出其右者……大定五年九月二十八日鸡鸣乡鲁山村南庄重修真泽庙都维那张举同化缘人赵达立石石匠秦从申□刊"

| A30 | **西上坊村成汤庙正殿** | 金天德二年(公元 1150 年) | / | 山西省长治市长子县丹朱镇西上坊村 |

据殿侧金正隆二年(公元 1157 年)《成汤庙记》碑"潞州长子县重修圣王庙……信心虔祷始得美雨其或愿心供养必立祠宇由是圣王庙在在处处有之潞州长子县上方村旧有圣王庙局促隘陋岁时祈祷乡人以为不称事神之意皇统元年七月十九日因旱致祷好事者同发誓愿鸠工度材用宏兹贵中建大殿高九十尺其广七丈五尺深六丈八尺后殿并左右挟殿广九丈五尺深三丈八尺中高三丈五尺左右减十之一前建门楼高七十尺其左右挟屋相连阔二十有八步南北八步有奇东西廊屋相对各十九间庭中建献殿五间高广深邃足以容乐舞之众是时檀越喜施曾无难色材木云集斧斤雷动工巧之妙神施鬼设石柱屹立虹梁交横仰而望之从天际以飞来远而视之擘坤隅而涌出民大和会试目改观落成于天德二年十月晦日塑像画绘罔不周备祭祀所赛殆无虚日……上方村地势爽垲距县城六里后倚青龙山前临浊□水庙基隆起真吉壤也……然则修庙之功其力不赀矣维那及庙官等辛苦历年铢积寸累木材工匠□食□费无虑数万贯劳神耗力其勤亦至矣……今记尔营造之功土木之盛非所夸耀四□而矜大之也亦欲传示后人不忘一日之必葺如尔用心其或朽蠹易旧为新则殿宇完修常如今日矣若因循苟且忽倾弗支非所望也……朝散大夫河中府推官骑都尉太原县□国男食邑三百户赐紫金鱼袋王良翰书陕西西安咸阳县由进士知长子县事知县刘诰重修漳源进士王翰篆上方村维纳李刚李镇陈仲两水村维那和宝郭良吴进韩场都维那王显庙子□通大李村维那王方杜宝张宝徐□徐海张千桃阳维那李祥庙子李元妻胡氏阴阳人罗宗武德将行长子县尉□骑尉张辕昭信校尉飞骑尉行潞州长子县主簿卢□佐□威将军行潞州长子县令上骑都尉彭城县开国子食邑三百户刘顺忠大金正隆二季次丁丑月日潞州长子县重修圣王庙记立石上党任少同男任有刊",知建成于天德二年。另,据前檐平柱头"皇统元年两水村和宝栽柱一条记",知皇统元年(公元 1141 年)捐柱

样本序号	建筑名称	建成年代	保护级别	所在地区
A31	西李门村二仙庙正殿	金正隆二年(公元1157年)	国6	山西省晋城市高平县拥万乡西李门村
	据月台"队乐图"石刻及门楣线刻题记"晋城县莒山乡司徒村众社民户施门一合正隆二年岁次丁丑仲秋二十日谨记纠首……石匠……";另据同殿阶基"方巾舞图"及《重修二仙庙碑记》纪年则为正隆三年(公元1158年)			
A32	平顺淳化寺正殿	金大定九年(公元1169年)	国5	山西省长治市平顺县阳高乡阳高村
	据大殿后墙上勒碑"……龙门惠日院僧广妙伏为有本村人户杨全宋京等先于大定六年五月一日请到主持淳化寺均法堂多年破碎霖漏功德不可忍见欲发俸意诱化众善友番瓦了当大定九年一月日住持开经沙门广妙……游龙门寺宋家庄阻雨陵晨□羊羔乡喜晴路中即事闻说龙门好鞭羸岂惮行岩高飞鸟倦路转好风迎溪户哪□数山花不得名春风如有意为我作新晴大定己丑三月晦日□□李晏致美题……游龙门寺回投宿淳化寺精蓝三日饱溪毛俗累纷纷觉飞逃探水寻源通月冷披榛得路接云高山围故垒怀前古河转孤岩激怒涛回首烟霞应笑我人间官职信徒劳大定己丑孟夏改朔县令李晏致美题住持广妙立石匠人王才刊",李晏除于龙门下寺(淳化寺)留有诗作外,尚于龙门寺大殿东北角柱上留有游记题刻,可资互证,"予守官三年每欲来游以山路迂曲因循未能今春偶被檄劝农遂率邑中士人吴东美王全一路行甫秦谦甫李仲华陈明□石信之同来信宿而还时大定己丑四月改朔邑令李晏致美题"			
A33	沁县洪教院正殿	金大定九年(公元1169年)	省3	山西省长治市沁县南涅水村
	据殿侧金贞祐二年重修碑记			
A34	中坪村二仙宫正殿	金大定十二年(公元1172年)	国6	山西省晋城市高平县北诗镇中坪村
	据殿内献台上《重修真人行宫记》"翠屏一景水青山秀中建真人行宫乃时祈祭之所原夫真人显圣迹在秦关施德泽于黎庶今者宫室既备藻饰鸠全奈何基址圮坏柱础难存真人无可安坐今有本村维那谨发虔诚各舍己财仍招良匠遂奠基地继功于后岁易季迁恐不知其首故遂之耳直书年月日而大定十二年九月日维那靳珇等"。又历代重修记录见明万历二十年(公元1592年)嵌壁石"……从元统三年重修庙□殿又至元二年重又至□□朝万历二十年殿宇□□□毁朽坏不□□重修……"			
A35	南阳护村三峻庙大殿	金大定十七年(公元1177年)	国5	山西省长治市壶关县黄山乡南阳护村
A36	沁县大云寺正殿	金大定十二年(公元1180年)	国5	山西省长治市沁县郭村镇郭村
	金大定十二年重建并购得空名院额一道,金崇庆元年(公元1212年)正式敕用,据寺内《奉敕可特赐大云禅院牒》碑"……有本村张舜即村众等相率而告于有司纳其钞乃就平阳府降敕牒其额曰大云禅院……"。一说本殿宋构,大定十二年重修			
A37	王报村二郎庙戏台	金大定二十三年(公元1183年)	国6	山西省晋城市高平县寺庄镇王报村
	据台基题记"昔大定二十三年岁次癸卯仲秋十有五日石匠赵显赵志刊"			
A38	陵川崔府君庙山门	金大定二十四年(公元1184年)	国5	山西省晋城市陵川县礼义镇
	据明人鲁邦泰《礼义镇崔府君庙碑记略》"宋真宗加封,陵川县西三十里,有里曰礼义里,中有广祐王庙,考之两碑记:一云重修于金大定二十四年,一云重修于大定二十六年,但未详创始于何代"			

样本序号	建筑名称	建成年代	保护级别	所在地区
A39	高都镇东岳庙天齐殿	金大定二十五年(公元1185年)	省2	山西省晋城市泽州县高都镇高都村
	据门楣题刻"维南瞻部洲大金国河东路泽州晋城县莒山乡高都管高都社众维那共发诚心命匠创造神门一合谨献上岳庙正殿永远安置者进义校尉刘湜进义校尉张廷……时大定二十五岁次己巳季夏壬子朔念一日壬午功毕石匠石隽同弟司宝木匠李厚乡贡进士段安中书";神台题刻为大定二十九年(公元1189年)			
A40	冶底村岱庙天齐殿	金大定二十七年(公元1187年)	国5	山西省晋城市泽州县南村镇冶底村
	据明嘉靖重修碑记及捐柱题刻,创建于宋元丰三年(公元1080年)"五岳殿王清施石柱一条元丰三年二月三日记"、"五岳殿王琮施石柱一条元丰三年二月初三日记"。金大定二十七年(公元1187年)改建,据门楣石刻"阳城县石源社郭润门上施钱贰拾贯时大定岁次丁未年己丑月癸未日本周石匠司贵同弟窦小二",此外尚有元至元十七年(公元1280年)《重修岱岳庙记》嵌壁石一块			
A41	襄垣昭泽王庙正殿	金大定二十七年(公元1187年)	国6	山西省长治市襄垣县王桥镇郭庄村
A42	尹西村东岳庙天齐殿	金明昌五年(公元1194年)	/	山西省晋城市泽州县北义城镇尹西村
A43	湖娌村二仙庙正殿	金泰和五年(公元1205年)	省4	山西省晋城市泽州县高都镇湖娌村
	据施柱题记"本社特授进义副男刘进……永承供养泰和五年岁次……"			
A44	府城村玉皇庙成汤殿	金泰和七年(公元1207年)	国3	山西省晋城市泽州县金村镇府城村
A45	高都镇玉皇庙东朵殿	金泰和四年(公元1208年)	/	山西省晋城市泽州县高都镇高都村
	据施柱题刻"凤栖管北区头南社李福施门板一半男宋在施油门窗泰和八年九月十三日功毕时泰和岁次壬戌四月己酉日高都上社施主赵……"			
A46	屯城镇东岳庙天齐殿	金泰和八年(公元1208年),另有施柱题刻承安四年(公元1199年)	省2	山西省晋城市阳城县屯城镇屯城村
A47	襄垣灵泽王庙正殿	金大安二年(公元1210年)	国6	山西省长治市襄垣县夏店镇太平村
	清康熙四十八年(公元1709年)《重修灵泽王庙碑记》称"……但无石碣可稽不知创自何代至故明弘治间□官晋琭社首晋敬等改四椽而增为七檩平隘而起为崇高殿宇聿新……自此而后谅亦续修有人由明迄今总无碑记可考至顺治十二年岁次丙申兵燹之余民鲜安宅管理者寡而庙貌倾颓矣……"			
A48	下交村汤帝庙拜殿	金大安三年(公元1211年)	国6	山西省晋城市阳城县下交村
A49	郊底村白玉宫正殿	金崇庆元年(公元1212年)	国6	山西省晋城市陵川县潞城镇郊底村
	据殿侧《重修东海神祠记》碑			
A50	武乡会仙观三清殿	金正大六年(公元1229年)	国5	山西省长治市武乡县监漳镇监漳村

样本序号	建筑名称	建成年代	保护级别	所在地区
B1	小张村碧云寺正殿	五代宋	/	山西省长治市长子县丹朱镇小张村
B2	布村玉皇庙正殿	五代宋	07县	山西省长治市长子县慈林镇布村
	民国十四年《修缮各庙碑记》"乐阳古名郡也后改称长子县县南三十里有布村镇古名正法村南望慈林北环丹水诚胜境也村中大小各庙创建既非一时重修亦非一次历年既久故墙颓者有之瓦落者有之栋折榱崩者亦有之若不急为修葺□以妥神明而壮观瞻乎此该村故侗生陈君登云及王君鸿钧所以极力提倡发起而修缮之也但独木难支大厦一液岂可成海以修理各庙之巨工终非该村各户所能单任故兴工基金虽由村户负担然一方更推人劝募以资补助款既集有成数复推宋君金玉郭君玉村宋君起发程君鹏举祝君长寿宋君永□等襄理共其事遂乃择吉兴工百堵皆作于是重修玉皇庙正殿三楹东西配殿六楹东禅房四楹东西南房九楹乐楼三楹山门三楹后进三清宫三楹东西配殿六楹……玉皇庙之香亭昔也卑陋今则高□村中之观音堂昔也狭隘今则扩大且大小各庙于皆饰以丹青绘以彩色轮焉奂焉胥于是乎维新矣噫斯工也经始于民国四年春落成于十三年秋鸠工庇材十易寒暑革故鼎新百六十间此皆程王二君首先提倡之功也而金王诸君相助为理之力尤有足称者焉工既成该村士人程君求名于余余虽不文力辞不获条故略叙其始末以志不忘云尔是为记国立山西大学讲师山西法政学校教授日本明治法学士李宜劝撰文清优增生柴林崇校正国立山西大学工学士程鹏达书丹",尚未见与玉皇庙正殿始建年代直接关联之金石资料			
B3	泽州青莲上寺藏经阁	宋崇宁间(公元1102~1106年)	国3	山西省晋城市泽州县寺南庄硖石山
	据金泰和六年(公元1206年)《福岩万寿之记》"大金泽州硖石山福岩禅院记奉正大夫中都西京等路按察副使郭俣篆额奉政大夫泽州刺史兼军州事杨庭秀撰并书……太平兴国三年赐名福严禅院崇宁间鉴峦禅师继主其教以其寺基久远岁坏月靡虽补镈陋不胜其弊乃刻意规画度越前辈……由是供佛有殿讲法有堂构宝藏以贮圣经敞云房以棲法侣……泰和六年正月十日住持沙门宝贤立石……"。又元至元二年(公元1336年)《重修法藏之记》"福严院重修法藏记修造主僧通□乡士贺禄撰并书石匠提控车斌弟君奖……曩有明师远公择是而处焉福严精舍权兴于此也考之他碑迄今八百余载矣中间先后缔构王宫梵刹中堂曰殿曰室曰洞宏敞相接惟谓法藏者置大藏经之阁也历世之绵远缘风雨之摧剥以致梁楹腐朽栋宇挠折将恐有就毁之患毒元统乙亥讲经律论弘义大师住持讲主秀公一旦欲补葺而更新之僧众复从而乐焉之于是度费计工募材召匠竞趋其后而无一倦焉耳檀越闻之者争施其财经始于是年之春比追夏而告成焉……大元至元二年岁舍柔兆困敦清和望日功缘主沙门僧通□立石……福严院廊下寺院青莲廓院青莲下院净隐寺石虎寺广利院在城开元寺南关胜因寺金村显庆院高平县净福院龙泉院□□清化寺……"			
B4	高平清化下寺如来殿	宋	省3	山西省晋城市高平县神农镇团池村
	确年无考,据清道光五年(公元1825年)《建修垣墙碑记》称"团池之东有寺曰青化名刹也自李唐迄今历有年矣";寺内一方明代残碑称殿宇皆建于元以后"……延祐初年始成一殿历年既久修理乏人……斋堂三门僧舍与夫金容圣像之设一无一备至今焕然全美冈有废弛盖亦福地之盛者也成化己丑……遂成七佛一殿……因有二殿善念……复营诸天殿一座由是殿宇峥嵘云攒□岫金碧辉煌丹青掩映视昔之声盛者有倍矣"			
B5	高平嘉祥寺转果殿	宋	省3	山西省晋城市高平县三甲镇赤祥村
	据清乾隆五十六年(公元1791年)《补修嘉祥寺创建西林书院碑记》载"村之西北有嘉祥寺建始于五代后周广顺二年而宋金元明代有修理碑志载在前后殿中历历可数寺之规模广廓中殿三佛后殿七佛东殿诸天西殿阁罗前转果殿大佛南殿观音大士皆前代次第建立……"			

样本序号	建筑名称	建成年代	保护级别	所在地区
B6	高平资圣寺正殿[3]	宋	省2	山西省晋城市高平县马村镇大周纂村
B7	平顺佛头寺大殿	宋	国6	山西省长治市平顺县阳高乡车当村
B8	长春村玉皇观正殿	宋金	/	山西省长治市长治县荫城镇长春村
B9	上阁村龙岩寺前殿	宋金	市保	山西省长治市沁水县中村镇上阁村
B10	周村东岳庙关帝殿	宋金	国6	山西省晋城市泽州县周村镇北黄沙岭
B11	平顺回龙寺正殿	宋末至金初	国6	山西省长治市平顺县阳高村侯壁村
B12	武乡应感庙五龙殿	金正隆间(公元1156~1160年)	87县	山西省长治市武乡县监漳镇监漳村
	据《应感庙封神加爵牒碑》记,宋宣和四年(公元1122年)始建;另据左近会仙观中所收金正隆间(公元1156-1161年)《重修应感庙记》碑,则现存构架或是金代重修之后的余物			
B13	武乡大云寺三佛殿	金大定(公元1161~1189年)	国5	山西省长治市武乡县故城镇故城村
B14	沁县普照寺大殿	金大定(公元1161~1189年)	国6	山西省长治市沁县郭村镇开村
	据清雍正《沁州志》记			
B15	南涅水村洪教院正殿	金大定(公元1161~1189年)	省3	山西省长治市沁县牛寺乡南涅水村
B16	平顺龙门寺山门	金大定九年至金末(公元1169~1234年)	国4	山西省长治市平顺县石城镇源头村
	据明成化十五年(公元1479年)《赐龙门山惠日院重修碑记》所记			
B17	南庄村玉皇庙正殿	金大安间(公元1209—1211年)	省4	山西省晋城市高平县河西镇南庄村
B18	泽州显庆寺毗卢殿[4]	金	/	山西省晋城市泽州县金村镇金村
	殿前为大雄殿,其前檐心间檐柱上修寺题记"泰和四年十一月十五日记"			
B19	三王村三嵕庙正殿	金	省2	山西省晋城市高平县米山镇三王村
B20	玉泉村东岳庙正殿	金	国6	山西省晋城市陵川县附城镇玉泉村
B21	玉泉村东岳庙东朵殿	金	国6	山西省晋城市陵川县附城镇玉泉村
B22	西溪二仙庙梳妆楼	金	国5	山西省晋城市陵川县城关镇西溪村
B23	陵川北吉祥寺中佛殿	金	国4	山西省晋城市陵川县礼义镇西街村
B24	石掌村玉皇庙正殿	金	国6	山西省晋城市陵川县潞城镇石掌村
B25	南神头村二仙庙正殿	金	国6	山西省晋城市陵川县潞城镇石圪峦村
B26	寺润村三教堂	金	国6	山西省晋城市陵川县杨村镇寺润村
B27	北马村玉皇庙正殿	金	/	山西省晋城市陵川县附城镇北马村
B28	东邑村龙王庙正殿	金	国6	山西省长治市潞城县葛井乡东邑村
B29	下霍村灵贶王庙正殿	金	国5	山西省长治市长子县丹朱镇下霍村
B30	武乡洪济院正殿	金	国5	山西省长治市武乡县故城镇东良侯村
B31	阳城开福寺中佛殿	金	国6	山西省晋城市阳城县城关
B32	润城镇东岳庙天齐殿	金	国6	山西省晋城市阳城县润城镇润城村
B33	长子天王寺前殿	金	国6	山西省长治市长子县城关南大街
B34	长子天王寺后殿	金	国6	山西省长治市长子县城关南大街

样本序号	建筑名称	建成年代	保护级别	所在地区
B35	韩坊村尧王庙正殿	金	82县	山西省长治市长子县大堡头镇韩坊村
	元代重修题刻"至元戊寅润八月□维那韩整等□门来谒……自经地震两吻涸坠四兽零□□□解四壁崔折是时□生聚未安庙亦荒闲围墙倾覆□□通衢纵达横蹊闲庭……"			
B36	南鲍村汤王庙正殿	金	07县	山西省长治市长子县丹朱镇南鲍村
B37	布村玉皇庙后殿	金	07县	山西省长治市长子县慈林镇布村
B38	长子府君庙正殿	金	/	山西省长治市长子县城关东大街
B39	王郭村三嵕庙正殿	金	82县	山西省长治市长子县宋村乡王郭村
B40	川底村佛堂正殿	金	/	山西省晋城市泽州县川底乡川底村
	据殿内元至顺三年(公元1335年)《重修佛殿记》勒石,"沙城门人卫师□撰窃以浮屠居世祖之先独称□持哉人意立庄严之祀可致安康哉释教育群生妙然不远一物惟兹旧邑爰有神居庙□犹存基址未完有乡豪信士纠众社商议各备已财灾劝功功者庙成之后风调雨顺民俗阜康国家获保佑之祥邑里兴具廉之行疹疾不降实赖神庥□□宜为记耳……至顺三年仲夏吉日记"			
B41	高都镇景德寺中殿	金	/	山西省晋城市泽州县高都镇高都村
B42	周村东岳庙财神殿	金	国6	山西省晋城市泽州县周村镇北黄沙岭
B43	高都东岳庙昊天上帝殿	金	国6	山西省晋城市泽州县高都镇高都村
B44	崇瓦张村三嵕庙正殿	金元?	/	山西省长治市长子县慈林镇崇瓦张村
B45	陵川南吉祥寺圆明殿	金元?	国4	山西省晋城市陵川县礼义镇平川村
B46	西顿村济渎庙正殿	金元?	/	山西省晋城市泽州县高都镇西顿村

1　崇教寺正殿梁栿部分加工草率,疑似经过元代工匠重修。
2　游仙寺毗卢殿梁架部分金代特点明显,一般认为铺作以上部分已经过较大改动,徐怡涛先生则断为宋康定至熙宁间(公元1040～1068年)。
3　资圣寺正殿脊槫槫襻间枋下有明正德元年(公元1506年)墨书"龙飞大明正德元年岁次丙寅二月辛亥朔十五日乙丑吉时上梁本村重修南殿僧性愈",应曾经历过落架重修。
4　显庆寺毗卢殿近年经重装油饰,构件纯度已难以确定。

3.2 宗教差异与殿宇平面构成

考察晋东南地区早期遗构,同样的三间小型殿宇,因供养对象不同而在室内空间的使用上迥然有别。大抵供奉道教和民间神祇的建筑均采用前廊开敞、其余三面封闭不辟后门的形式,梁架按照前乳栿后四椽栿或前劄牵后三椽栿的方式分配,取用前内柱;而佛教殿宇分两种情况,前殿(金堂)一般四面围合,辟前后门,殿内用后内柱两根,按4-2或3-1分椽,后殿(法堂)则往往采用三间、五间悬山的外观和六椽/四椽通栿的梁架形式,配殿亦然。上述区别显然是因宗教性质和偶像崇奉方式不同导致的。关于晋东南地区佛教殿宇及道教、民间神祠的间椽分配模式和空间使用情况,详见附录A。

3.2.1 佛坛庄严与后内柱间版壁设置

附表A-1中列举本区唐末至金佛教寺院建筑40座,其中三间六架屋22

例，三间四架屋 10 例，三间五架屋 1 例，五间六架屋 7 例。

三间六架屋中，4-2 分椽的 15 例，用通栿的 3 例，3-3 分椽的 1 例，1-4-1 分椽的 3 例；三间四架屋中，3-1 分椽的 3 例，用通栿的 5 例，1-3 分椽的 2 例；五间六架屋中，4-2 分椽的 6 例，1-5 分椽的 1 例。

显然，晋东南地区佛殿的主流配置方式为前后檐置门窗以采光、通行，室内留后内柱，在后内柱间设置佛屏背版，于其前砌筑佛坛，对应平梁上的两椽空间，佛像位置居于殿内正中，前檐至前上平槫的两椽空间用作信徒礼佛，后檐至后上平槫的两椽空间，一椽安放倒坐菩萨像，一椽用作绕行通道。这一基本配置在三间六架屋和五间六架屋中分别占到 65% 和 85.7% 的绝对多数，其余的分椽方式则多由建筑本身的性质决定——三间六架屋中 3-3 分椽的实例为天王寺前殿和龙门寺山门，为对称安置四天王或二金刚像，故采用分心用三柱的形式；1-4-1 分椽的实例为沁县大云寺正殿及沁县洪教院正殿，两者建造年代仅差三年，构架及外观绝相类似，或出同一批工匠之手；五间六架屋中 1-5 分椽的是陵川南吉祥寺圆明殿，最初或用作法堂；三间四架屋中，用作佛寺主殿的全部为 3-1 分椽或四椽通栿，1-3 分椽的两个实例（回龙寺正殿、青莲寺罗汉阁）前廊开敞，罗汉阁为重层偏殿，回龙寺正殿则背临陡坎，室内无佛座残留，或许原本即不是金堂，两者既不供奉主尊，自然无需遵循"前长栿—后短栿—保留后内柱"的佛殿平面布置规律。

长栿在前，短栿在后，施用后内柱，殿内流线贯通，前廊不开畅，这几点要素成组出现，是由佛像的崇奉方式决定的。

唐宋时期殿内佛像配置皆以铺为单位，主尊在中结跏趺坐，若奉三世佛、五方佛或七世佛，则诸佛并坐于莲台之上，旁侧配以菩萨、眷属、力士、獠蛮拂林之类。佛坛装饰虽精，形式则统一简明，一般不另施神龛或天宫之属以模仿人间帝王宫殿，这一点与道教或民间神祠至为不同。同时，佛像庄严颇为依赖头光、背光的烘托，这便需要于佛坛之后安置背版以资映衬，就高度而言，无疑将背版安置于平槫之下最为合宜。与此同时，尚需考虑佛像高度与瞻仰视角的关系，如果采用本地区道教及民间神祠习用的 2-4 分椽和前廊开敞布局，则室内礼佛空间不敷足用，通行空间又过于靡费，显然并不合适，唯有 4-2 分椽才能在允许信众进入的情况下保持殿内空间的高效利用，并营造庄严肃穆的宗教氛围。

3.2.2 前廊开敞与祠观神龛布置

附表 A-2 列举晋东南五代、宋、金民间祠观建筑 46 座，其中三间六架屋 29 例，三间四架屋 11 例，五间六架屋 2 例、五间八架屋 2 例，一间四架屋 1 例，一间两架屋 1 例。

29 个三间六架屋中，2-4 分椽的 25 例，占绝对多数，此外尚有六椽通栿 2 例（崔府君庙山门和小会岭二仙庙正殿），4-2 分椽 2 例（布村玉皇庙后殿及府城村玉皇庙成汤殿）。11 例三间四架屋中，1-3 分椽的 9 例，3-1 分椽的 2 例（布村玉皇庙正殿及长治长春村玉皇观正殿）。[1] 2 个五间六架屋中，监漳村应感庙五龙殿 2-4 分椽，北马村玉皇庙正殿则为六椽通栿（因前檐七铺作巨硕，扣除出跳部分后栿长实际仅五椽）。2 个五间八架屋中，长子县府君庙正殿 2-4-2 分椽，西上坊村成汤庙正殿则为 2-6 分椽，且于心间两缝六椽栿下架立支柱，柱间设置神台。一间四椽的一例为寺润村三教堂（加副阶后形成方三间重檐外观）。一间两椽的一例为高平王报村二郎庙戏台（四面双补间铺作后尾直接挑托交圈平梁、平槫，不另用檐栿）。

本区民间神祠的基本配置模式可归纳为：三面墙体围合、前廊开敞，于前下平槫或前中平槫下安置门窗区隔内外；前内柱与门楣、窗框、障日版等构件组合，形成照壁；前内柱头之上，长短栿及丁栿相接并支立蜀柱；殿内则常封闭，长栿之上构件简洁，其下安放形式各异的神龛、神橱、供案之类。

短栿在前，长栿在后，施用前内柱，前廊开敞不辟后门，流线不贯通，出入必从殿外绕行，是晋东南地区道教及民间祠观主殿的共同特征，这是由神祇的祭祀方式决定的。

按照传统，无论供奉对象是祖先神或自然神，飨食酬神都占据着全套祭祀程序的核心环节。正如詹鄞鑫在《神灵与祭祀》[2] 一书中总结的：**"祭祀活动从本质上说，就是古人把人与人之间的求索酬报关系，推广到人与神之间而产生的活动，所以祭祀的具体表现就是用礼物向神灵祈祷致敬，祈祷是目的、献礼是代价、致敬是手段。人的生存主要表现为饮食，所以从一开始，祭祀就表现为神的饮食"**。所谓**"礼之初始诸饮食"**，因此整个祭礼的节次，本质上就是献食的过程。祭祀的种类繁多，以最为基础的儒教四时祭为例，其进程分作 19 个步骤（择日斋戒→陈器→具馔陈设→变服就位→出主→降神→参神→进馔→初献读祝→亚献→终献→侑食→阖门→开门进茶→受胙饮福→辞神→纳主→彻→馂），其中的高潮部分是模拟神灵降临世间，在祭堂内享用食物，而这个阶段需要"阖门"，即将祭祀者留在室外，不得窥视神灵进食的情状。这一尊崇神灵的精神同样适用于道教仪轨，因此祠观建筑需要内外分隔有序、启闭自如，并留出充足的檐下空间，供献官诵读祭词，以

1　长子布村玉皇庙正殿与后殿，皆采用设前内柱，长栿在前的构架方式，显得较为特异。据慈林山法兴禅寺内宋碑记载，布村原名正法村，可知一度佛寺兴盛。由于玉皇庙内碑记倾颓，早期沿革未明，当其建造之初，或许并非供奉玉帝的道教建筑。

2　詹鄞鑫. 神灵与祭祀［M］. 南京：江苏古籍出版社，1993。

完成读祝、献酒、进香、焚表等环节，这一"灰空间"的部分，即作为殿内神圣空间与殿外世俗空间的中介区域存在。因此唯有前廊开敞的形式能够满足此类需求。

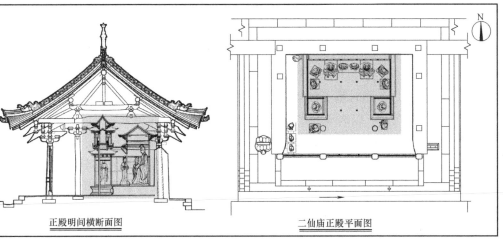

正殿明间横断面图　　　　　　　　　二仙庙正殿平面图

图 3-1　南村二仙庙正殿神龛布置

来源：贺婧，朱向东．山西东南地区宋代建筑特色探析——以晋城二仙庙为例［J］．文物世界，2010(03)：39-41

　　加之本地区神道祠庙一般规模较小，限为某一村社所用，其主殿往往同时充作寝宫，而基于内外有别的考虑及本地区女性神众多的事实，寝宫是不宜对外开放的。故而祷雨祈愿的活动一般在主殿/寝宫外部举行（图 3-1）——在配置较为齐全的神庙中，祭祀献胙安排在献厅，酬神演戏则在山门背面的戏台。如此一来，此类祠观的主殿实际上仅用于奉安神像，为避免滋扰刻意采用三面墙体围合、不设后门的形式，以截断流线。这一观念同样可在更正式与大型的国家级祭祀建筑中得到体现，如晋祠圣母殿、济渎庙寝宫等皆然。

　　长栿在后的另一个好处在于殿内空间宽敞，利于安放繁丽的小木作神橱、神龛。从小南村二仙庙正殿、府城村玉皇庙成汤殿等案例的情况看，本地区早期道教建筑使用的神龛体积相当之大，且布置方式多样，非如佛坛之作一字排开。因对天宫的形象颇多追求，导致神龛平面组合方式多样，相应的占地面积也更大，若采用佛殿长栿在前的配置，则未免支拙失当。

3.3　梁架做法及其分类

3.3.1　梁架分类的考察指标及案例统计情况

　　如前章所述，晋东南地区五代、北宋以降，构架的主要类型皆可归为具简化趋势的殿堂，即所谓"厅式殿"，梁栿叠压于内柱头并于其上立驼峰或蜀柱承槫；宋末金初出现了内柱冲槫的真正厅堂构架，但属于少数，并且也不可用"厅堂用于次要建筑，简陋随意因而少有存留"加以解释，因为即便在一些金代朵殿中，所见仍是简化殿堂做法，反而少数几例厅堂皆充作所在祠观的主殿（如回龙寺正殿、应感庙五龙殿）。

本节整理晋东南地区五代、宋、金建筑梁架做法的典型类型——根据构件自身的特性和典型构件间的交接关系，通过20条分项指标逐一对其进行归类（见附表B-1）。同时基于典型构造样式的时代差别将晋东南地区五代、宋、金遗构分作六期：以唐末五代为第一期（唐哀帝天祐四年至后周世宗显德六年，公元907~959年），北宋前期为第二期（宋太祖建隆元年至宋太宗至道三年，公元960~997年），北宋中期为第三期（宋真宗咸平元年至宋英宗治平四年，公元998~1067年），北宋晚期为第四期（宋神宗熙宁元年至宋徽宗崇宁二年《营造法式》成书，公元1068~1103年），北宋末至金中期为第五期（宋徽宗崇宁三年至金世宗大定二十九年，公元1104~1189年），金中晚期（金章宗明昌元年至金哀宗天兴三年，公元1190~1234年）为第六期。在此基础上统计附表2-1所涉数据，定量分析各相关构造做法的演进趋势及时代分布（见附表B-2~B-7），其中：

内柱升高冲槫的现象集中于宋金之交出现，最早见于高都景德寺后殿；因内柱头铺作简化导致内柱升高若干足材的做法出现年代较早，在大云院弥陀殿上已有所反映，但实例大量集中于《营造法式》颁行前后；内外柱等高做法的时代跨度较长，数量上以金构居多。梁栿加工方式则以直梁做法为主，贯穿整个五代、宋、金时期；保留材木自然形态的做法主要见于金构中；在直梁上剜刻折线模仿月梁的做法则集中在五代至北宋前中期。

对梁做法基本集中在五代至北宋时段内，间有几个金代遗构采用旧制，也是源于其自身的特殊构造需求（如龙门寺山门断梁造，分心柱承托两道两椽栿，不存在长短栿之分，两者必须相对排布）；叠梁做法实例中以金构占多数，但在北吉祥寺前殿、正觉寺后殿等北宋遗构上已可看到。梁栿交接节点基本上均以内柱头铺作承托，插入内柱身的厅堂做法极少。逐层用梁栿方面，几种亚型均未显示出历时性特征，这是由于作为其简化对象的殿堂原型早在中晚唐已全面成熟导致的，单就数量而言，省略中层梁栿的做法最为常见，即针对简化殿堂的构造特点进一步削减其梁栿层次，是本区五代、宋、金时期的主流趋势。

角梁后尾不参与承托系头栿的案例较少且集中在北宋中期以前，最晚实例为小南村二仙庙正殿（建成于政和七年即公元1117年，但据题记知始建于绍圣四年即公元 1097 年），此后凡转角造皆将系头栿两端支搭在角梁后尾上。丁栿上所用隔承构件，蜀柱、驼峰混用现象的出现年代较晚，主要集中在金中期以后；宋构则整体而言较为纯粹，或纯用驼峰，或纯用蜀柱，以采用双驼峰的居多；金构中蜀柱逐渐取代驼峰，几个八架椽屋实例则全部是蜀柱、驼峰混用。系头栿与下平槫的位置关系以等高交圈为主，系头栿在下的案例出现年代较早，并持续至金中叶，反之下平槫在下的做法则自金中后期方始出现。至于系头栿的投形位置，以在梢间中缝偏外的占绝大多数，在梢间中缝上的自金中期后逐渐增多，在梢间中缝偏内者时代跨度大但实例较少，而在山面柱缝或梢间缝的均为特例。

双丁栿的配置方面，无论内柱在前或在后，前丁栿均不用斜弯料。平直料与斜直料皆可单独或互相搭配使用，而斜弯料仅与平直料配合使用。各种组合中，以前斜直＋后平直的做法年代较早且集中。单丁栿做法（如崔府君庙山门）用斜直料搭在四椽通栿上，其上以缴背搭扣丁栿尾；而三丁栿的搭配较为自由，对称式布置时两侧用平直料，当中则用斜直或斜弯料。

丁栿之上，不另加劄牵的做法相对更为普遍；加有劄牵的，双丁栿上同时添加者比之仅一根上加设的情况出现年代更早；如用至三丁栿，则或全部不加，或两侧加而当中不加。丁栿与下平槫的位置关系方面，以对位者占据绝对多数，不对位的情况多出现在北宋中期以后。而丁栿与长短栿的节点，以丁栿压在对栿之上为典型早期做法，自北宋中期开始出现丁栿接短栿并共同压在长栿下的革新，此后两种做法长期并用。系头栿外另加承椽串一根的现象，则基本仅见于北宋时期遗构中，不另用承椽串的做法相对更具普遍性。

关于梁架做法统计分析的具体情况，详见附表 B-2～附表 B-7。

3.3.2 典型的构造节点类型

1）内、外柱高关系

整理晋东南地区遗构，内、外柱间存在四种高度关系（图 3-2）：

（1）模式 A：檐柱等高，内柱较檐柱升高整数材栔。

（2）模式 B：檐柱与内柱等高。

（3）模式 C：檐柱不等高，不用内柱。

（4）模式 D：檐柱不等高，内柱升高冲槫，三者高差无规律。

这些差异又与长短栿的交接方式、柱头铺作配置的简繁差别等因素相互关联，构成联动的整体。

其中，模式 A 多见于北宋转角造殿宇，其外檐柱等高，内柱较之升高一到两足材，相应的内柱头铺作减去一到两跳，此时又因对梁或叠梁做法不同而存在细微差异：对梁作实例如龙门寺大雄殿，前后檐柱头均为五铺作单杪单昂，下昂与昂形耍头压跳于四椽栿与乳栿下，内柱升高两足材，仅出一杪托替木，上承长短栿节点；叠梁作实例如北吉祥寺前殿，内柱与后檐柱铺作均压在乳栿之下，而前檐柱头铺作压在四椽栿下，因长短栿相叠、前檐较后檐柱头铺作高出一个乳栿广（一足材），导致两者形态不同。对梁式做法中，梁栿外端叠压在前后檐柱头铺作之上、长短栿交接节点（包括内柱头缝上平置丁栿）则由内柱头铺作承托，因此在内、外柱头铺作施用材等一致的前提下，内柱的升高实际是在外檐柱头铺作总高的范围内（极限情况分别为长短栿节点直接搭接在内柱头栌斗口内，或内外柱等高、柱头铺作形式一致）按材栔关系调整的结果；叠梁做法中，长栿仍叠压在外檐柱头铺作之上，而短栿绞入另一端外檐铺作，出头作华头子或耍头不等，此时短栿与铺作层联系密切，其栿广设计须符合材栔格线，因此压于其下的内柱头铺作与长栿下的檐柱头铺作之间存在若干足材的高差，而可以与短栿下的檐柱头铺作等高（对应外檐四铺作，实例见青莲寺释迦殿）或减一跳（对应外檐五铺作及以上，实例如北吉祥寺前殿）。

模式 B 则基本集中在金代民间神庙——尤其是前廊开敞的六架椽转角造殿宇中，典型实例如西溪二仙宫后殿、南神头二仙庙正殿、石掌玉皇庙正殿、郊底白玉宫正殿等。显然，前廊开敞及其局部铺作成层意向是导致内外柱等高的直接动因。前照壁和廊下作为该类殿宇的装饰重点，往往集中施用包括虾须栱、瓜瓣斗、蝉肚沓头等在内的多种装饰构件，而这些构件唯有在成组对称排布时才能确保装饰效果最大化。举西溪二仙庙后殿为例：其前廊普拍枋兜圈，这便要求内外柱等高，同时丁栿、乳栿水平咬接，共同压于四椽栿下，前丁栿既与乳栿取用相同的加工方式，相应的柱头铺作跳数（五铺作双杪）与扶壁栱构成（扶壁重栱造）也应保持一致；系头栿下襻间枋转过角梁后尾后成为外檐铺作里跳算桯枋并于其上隐刻栱形，这圈枋子同样与丁栿和乳栿上的劄牵交圈成层。此类开敞前廊虽未设置藻井、平棊之类的部件，但寻求内外柱壁上相应单元的对称，以及在前廊内形成兜圈铺作层是无疑的，这也造就了内外柱的等高。

模式 C 主要运用在某些用通栿的悬山顶建筑中，典型实例如北马村玉皇庙正殿。该构前檐柱头七铺作单杪三下昂，其上再加昂形耍头一道；后檐则只用四铺作出单杪（外作假昂）。由于通栿只用一根六椽栿，因此后檐柱头较前檐柱头升高三足材。这种做法的目的显然在于夸耀视线焦点所在的前部，而省略后部以简省工料。

模式 D 之典型实例如平顺回龙寺正殿、武乡会仙观三清殿及应感庙五龙殿等厅堂构。回龙寺正殿梁架或经改换，后檐柱及其上铺作的原真性成疑，但前檐柱与前内柱已体现了明确的厅堂内外柱高关系；会仙观三清殿前檐柱头用五铺作单杪单假昂并加昂形耍头，后四椽栿压前乳栿后共同插入冲槫的前内柱身，而后内柱头仅用单斗只替，令得前后檐槫不等高，内外柱间、前后檐柱间均不存在合乎材栔的高度关系。

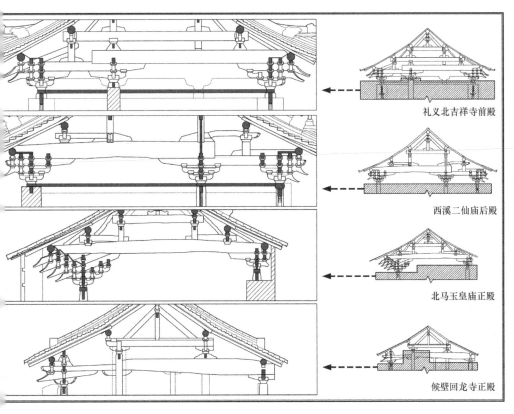

礼义北吉祥寺前殿

西溪二仙庙后殿

北马玉皇庙正殿

候壁回龙寺正殿

图 3-2　晋东南地区遗构四种内外柱高模式

关于本区木构梁架的特征可以从四个方面加以讨论：其一是长、短栿的组合关系（涉及栿底铺作的差别化配置），其二是逐槫下用栿与否（涉及梁架整体稳定性的评价以及栿间支垫构件的种类差别），其三是内柱端丁栿与对应位置丁栿的形态差异（包括其与梁栿、铺作间的高度和构造关系），其四是系头栿的位置与构成方式。

2）长、短栿组合方式及内柱头铺作的调整策略

长、短栿组合包括对梁与叠梁两种基本模式（图 3-3），对梁做法较早（如大云院弥陀殿），北宋中叶以后叠梁做法开始出现，入金后逐渐取代前者成为主流。对梁做法中，有少数实例保持长、短栿栿广相近的原则，也即

《营造法式》单槽、双槽殿堂图样中所示的于柱缝处利用勾头搭掌拼合等高断梁以形成通长檐栿的手法，唯一区别在于晋东南实例往往使长、短栿拼缝避开柱缝，这样可以使得上部蜀柱、驼峰之类隔承构件完全落在长栿背上，不致压坏拼接节点；而绝大多数情况则是长栿断面远大于短栿，两者由内柱头铺作上广一材至一足材的绰幕方、两出蚂头等支垫。叠梁作中，长栿上皮与短栿下皮的间距更广，导致短栿所承下平槫下的空间加大，这也直接促使其隔承构件大量地由驼峰转为蜀柱。

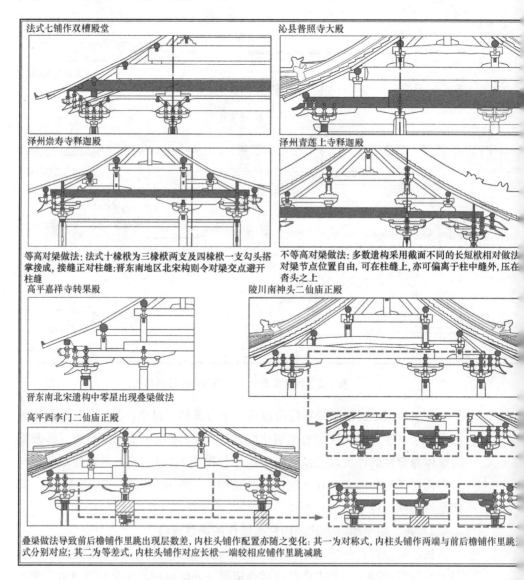

图 3-3　晋东南地区遗构长、短栿交接模式

梁栿上下叠压带来的另一个后果是短栿实际长度的增加及其外观处理手法的多样——出于保障整体稳定性的需要，叠梁做法中短栿往往伸过槫缝继续向长栿一端延伸，这一方面增加了长、短栿间的接触面积，另一方面间接减小了长栿梁跨，两者的重合部分越长，共同受力的性能便越好，因此实例中短栿多有伸至脊槫之下的，伸出的部分砍斫成耍头、蝉肚绰幕甚至足材丁头栱或实拍卷头之类，形态不一而富于表现力。

对梁作时，转角造殿宇前后檐柱头铺作的层数保持一致，内柱头铺作相应减少一至两跳；而在叠梁作且前后檐柱高度相等时，前、后檐柱头铺作分别升至长、短栿底皮，相差一个短栿高（往往是一足材），而内柱头铺作升至短栿下，可与出跳数较少一方的柱头铺作层数取同，或较之更减一铺。此时铺作形式分作两种：一种为对称式，内柱头铺作伸向短栿的一端与承托短栿的柱头铺作里跳形式一致，而伸向长栿的一端与对应的长栿下柱头铺作里跳形式一致（实例如南神头二仙庙正殿）；另一种为等差式，内柱头铺作较对称式更缩减一层，导致朝向短栿与长栿的两端，分别较承托短栿和长栿外端的檐柱头铺作里跳减少一层（实例如西李门二仙庙正殿）。

3）逐槫下用栿倾向的时代变迁及隔承构件的发展

逐槫下用栿现象体现了典型殿堂梁栿层叠的构造特征，实例大致可分作三种模式（如图 3-4）：

（1）逐槫下用栿（下层六椽通栿或四椽栿＋乳栿、中层四椽栿、上层平梁）。

（2）逐槫下用栿的变体，即在中层以组合式的三椽栿对劄牵取代四椽栿，或者在某些特例中仅使用三椽栿。

（3）省略下平槫间四椽栿，此时上平槫由高蜀柱支撑，而于承托下平槫的栌斗口内出劄牵一条，劄入蜀柱身。这是以上下平槫间的联系构件（劄牵）取代两下平槫间的联系构件（中层四椽栿），此外有省略上下平槫间劄牵的极端简化做法。

模式（1）典型实例如宋构北吉祥寺前殿、九天圣母庙正殿、开村普照寺正殿，三者均为六架椽屋四椽栿对乳栿用三柱，四椽栿上立驼峰、乳栿上立蜀柱以支撑中层四椽栿两端，再于中层四椽栿背上架驼峰承托平梁。

与模式（1）不同，模式（2）中承托上平槫的蜀柱直接落在下道四椽栿或六椽通栿背上，如此则势必打断联系前后下平槫的上道四椽栿（因其截面巨大，无法穿透蜀柱身），而须将其分为两段（即三椽栿/劄牵组合），这一做法的典型实例有金构南神头村二仙庙正殿与南阳护村三嵕庙正殿等，但其原型似可追溯至初祖庵大殿。究其原因，或许是受厅堂构架逻辑影响追求内柱连贯接续、直冲槫下所致，但也不能排除营造过程中偶然因素的可能（如缺乏足够长大的材木充当上道四椽栿，只得将其分解作三椽栿与劄牵组合之类）。此外，高平开化寺大雄殿前下平槫与上平槫间无联系构件，而前上平槫与后下平槫间架有三椽栿一道，可视为一个特例。

模式（3）在本区最为常见，自宋至金皆有沿用，时代性差异主要体现在：早期于劄牵之上立驼峰、蜀柱托平梁（如青莲寺释迦殿），而后期蜀柱直接落于四椽栿背上，以劄牵尾端穿串蜀柱脚（如开福寺中殿）。这一变化或许反映了厅堂穿插思维在本地区的逐渐普及。

与《营造法式》殿堂侧样中以对称于脊槫中线且逐层叠架的多道通长梁栿分别承槫的做法不同，晋东南地区的逐槫下用栿传统中，更多地利用对梁或叠梁组合取代通栿，这就为蜀柱的引入创造了条件，其进一步的发展形式即是省略中段梁栿及相应驼峰构件，改以蜀柱直接托槫，"梁—槫"关系转为"柱—槫"关系，正体现了厅堂的建造思路。同时，典型殿堂中底层通栿虽在内柱铺作头上断合，但柱、槫间并无直接关联，因此内柱仅仅是一道连续梁的中间支点，而无须寻求与槫子对位；若省略逐层叠架的梁栿层，则必然产生蜀柱、平梁、上平槫的对位需求，此时蜀柱作为内柱的延伸，保证了槫、柱的竖向对位，更有利于结构传力。因此可以认为逐槫下用栿做法的逐渐衰退，是与构架厅堂化进程的深入直接关联的，前者正是厅堂化技术革新的一个具体表现。

4）丁栿做法分类及山面梁架的位置变化趋势

丁栿的施用位置、形态及交接关系，是木构梁架分类的另一项重要依据。晋东南唐至金歇山顶建筑的丁栿用法大致可以分为四种模式（实例如图3-5）：

（1）模式 A：通檐不用内柱，此时用斜置式双丁栿或单丁栿架在通栿背上。

（2）模式 B：施用内柱者，在内柱缝使用平置式丁栿，对应减柱位置施用斜直式或弯曲式丁栿。这是就丁栿自身的形态而言，而就丁栿的位置论则存在三种可能：一是丁栿与平槫对缝，在其背上立蜀柱或驼峰承托平槫，二是丁栿与平槫错缝并位于其内侧（靠近脊槫），三是丁栿与平槫错缝并位于其外侧（靠近檐柱缝）。

（3）模式 C：用单内柱且使用三丁栿，此时除了内柱位置和对应的减柱位置外，尚于脊槫之下、长栿之上另加斜置丁栿一道；

（4）模式 D：使用对称式梁架且拥有双内柱者基本用平置式双丁栿，但在某些八架椽屋实例中，也会于脊槫缝下另加一道丁栿（如西上坊成汤庙正殿）。

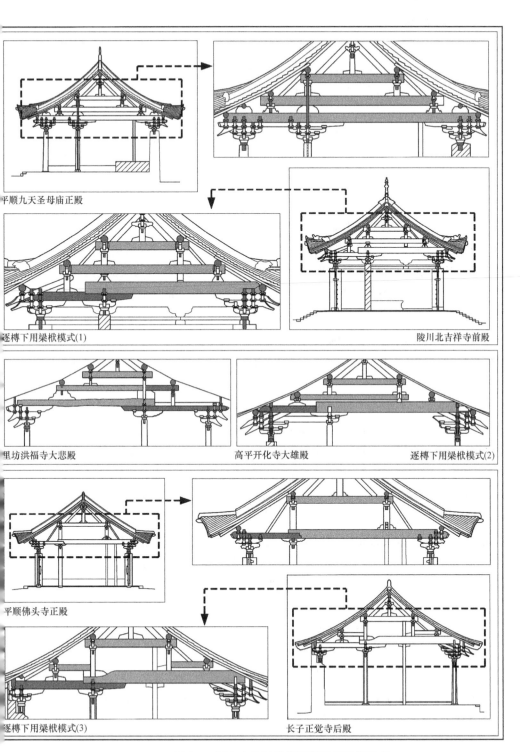

平顺九天圣母庙正殿

逐槫下用梁栿模式(1)

陵川北吉祥寺前殿

里坊洪福寺大悲殿

高平开化寺大雄殿

逐槫下用梁栿模式(2)

平顺佛头寺正殿

逐槫下用梁栿模式(3)

长子正觉寺后殿

图 3-4　晋东南地区遗构逐槫下用梁栿模式

115

模式 A 和模式 D 姑且不论，使用单内柱、非对称式构架的模式 B、模式 C 两型中，尤其以最大量出现的模式 B 而言，前、后平槫下丁栿的差异是多方位的：除了形态的平直与斜弯不同外，两者的起始位置、栿广、承托构件、绞铺作出头方式、栿背垫托构件等皆判然有别。正当内柱位置的丁栿的高度可分为两种情况：

（1）当长、短栿对梁作时，丁栿、乳栿底皮等高（形态与长度也基本一致），两者与长栿底位于同一高度之上，三根梁栿皆由内柱头铺作所出十字栱承托，而减柱位置丁栿位于长栿背上，两根丁栿的底皮间相差一个长栿广。

（2）当长、短栿叠梁作时，又分两种情况，其一是丁栿与短栿仍旧等高，两者插接后压在内柱头节点上，而共同压于长栿之下，此时斜置丁栿与平置丁栿后尾之间的高差增大为长栿广＋短栿/平置丁栿广；其二是内柱位置丁栿咬进长栿，两者底皮等高，共同压在短栿之上，此时平置丁栿与短栿发生分化，而它与斜置丁栿间的高差仍维持在一个长栿广。叠梁作的宋构中，平置丁栿与长栿齐平、同压在短栿上的实例有游仙寺毗卢殿和崇寿寺释迦殿等，而平置丁栿与短栿齐平、同压在长栿之下的例子则有北吉祥寺前殿（后者在入金后成为定式）。

由此可知，头端齐平时，两丁栿尾端的最大高差为长栿广＋短栿/平置丁栿广。此时若用直材斜置充任减柱位置丁栿，则斜置角度甚大，丁栿有失稳滑落之虞；若用弯材斜置，虽头端基本保持平直，但寻找恰如其分的弯料甚为困难，而利用结角解开的方法锯解大料又过于费材。因此匠人往往借助提高减柱位置丁栿端头起始高度的方法加以弥补——具体手法是令承托斜置丁栿的铺作后尾较承托平置丁栿者里转多出一跳，从而将斜置丁栿的端头位置抬升一足材，这大致相当于短栿/平置丁栿广，如此则两丁栿尾端高差恢复到正常的一个长栿广，较为稳妥。这种处理方法广泛见于包括北吉祥寺前殿、西李门二仙庙正殿在内的大量遗构中，当然，保持两丁栿间"长栿广＋短栿/平置丁栿广"高差的亦不乏其例，如陵川龙岩寺中佛殿。

丁栿与外檐铺作的交接关系共分三种：其一是丁栿头端绞入铺作扶壁栱中，出头作耍头以挑托撩风槫；其二是丁栿头端与撩风槫齐平，绞扶壁栱最上道素枋出头作衬方头；其三是丁栿头端压在柱头铺作扶壁栱上，用以压跳铺作昂后尾（此时丁栿位置升高，直接承托山面檐槫，如开化寺大雄殿）。因尾端高度不同，内柱位置丁栿（平置）与铺作的相互关系多属于前两种，而减柱位置丁栿（斜置）则常采用第三种，后者的稳定性明显不如前者，因此往往需要利用蜀柱、驼峰之类压住丁栿后尾，以防止侧滑。

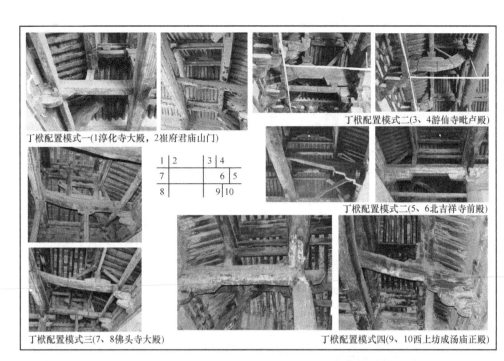

丁栿配置模式一(1淳化寺大殿, 2崔府君庙山门)

丁栿配置模式二(3、4游仙寺毗卢殿)

丁栿配置模式二(5、6北吉祥寺前殿)

丁栿配置模式三(7、8佛头寺大殿)

丁栿配置模式四(9、10西上坊成汤庙正殿)

图 3-5　晋东南地区遗构丁栿配置模式

丁栿上的支垫构件，用于填补栿背与系头栿底之间的空当，并传递歇山屋面荷载。蜀柱或驼峰的选择受空当高度制约。换言之，在大角梁尾端、斜置丁栿与平置丁栿背上，往往分别采用不同的隔承构件以垫平系头栿下高矮不同的空当。以往研究认为，宋代驼峰、蜀柱并用的情况较多，而入金后，支垫构件种类逐渐单一化，[1] 而据本书整理的数据可知，金代歇山建筑中驼峰、蜀柱并用的例子并不鲜见，且隔承构件种类繁多，垫块、栌斗等往往被选用来填塞较小的缝隙，关于"驼峰被蜀柱/合沓组合取代"的结论并不绝对，具体选择仍由系头栿起始位置的高度决定。

至于丁栿的水平投形位置，实际反映的是槫、柱对缝与否的问题，在此仅考察单内柱双丁栿组合，而不讨论单丁栿、三丁栿、通栿上双丁栿等不牵涉内柱的情况。如前所述，单内柱双丁栿的歇山构架中，内柱位置丁栿与山面柱对缝，而减柱位置丁栿则相对自由，虽然多数实例仍保持槫、柱对位，但也不乏两者错位的案例，这其中又以位于平槫外侧的为多见（如龙门寺大雄殿、南吉祥寺中殿、小会岭二仙庙正殿、淳化寺正殿等），而丁栿错缝在平槫里侧的案例较少（北义城镇玉皇庙正殿、郊底白玉宫），实例如图 3-6 所示。

1　刘妍，孟超. 晋东南歇山建筑"典型"做法的构造规律——晋东南地区唐至金歇山建筑研究之三 [J]. 古建园林技术，2011（01）：20-25。

槫子与丁栿错缝(郊底村白玉宫正殿、北义城镇玉皇庙正殿)　　　　　槫子与丁栿对缝(崇庆寺千佛殿)

图3-6　晋东南地区遗构丁栿与槫子位置关系

　　而丁栿上用劄牵与否反映的是丁栿与乳栿是否同质的问题，透过与乳栿单元的比对，可以窥测工匠意识中对于这两组两椽栿根本属性的认识是否趋同，这进一步决定了制材下料时的工艺选择。在井字式构架中，无疑丁栿组与乳栿组仅存在施用位置差异；而在连架式厅堂中，丁栿的长度、搭接高度、榫卯制作，都不必与乳栿取得对照关系。就实例（图3-7）来看，大致存在如下几个趋势：

双丁栿上对称使用同型劄牵(上左：青莲寺释迦殿；上中、上右：大云院弥陀殿)
双丁栿上使用异型劄牵(下左：玉泉村东岳庙正殿前丁栿上构件；下中；玉泉村东岳庙正殿后丁栿上构件；下右：石掌村玉皇庙正殿双丁栿)

图3-7　晋东南地区遗构丁栿上劄牵及串施用情况

　　（1）丁栿上不另施劄牵是主流做法；

　　（2）五代至北宋木构中，双丁栿上使用同样的劄牵配置、前后对称的情况较为多见（如青莲寺释迦殿、清化寺如来殿、北吉祥寺前殿和大云院弥陀殿）；

　　（3）相应地，入金后分出三种做法，其一是沿用双丁栿上用同型劄牵的传统（如三王村三嵕庙、王郭村三嵕庙、西溪二仙庙，以及增添中丁栿的变体，如西上坊成汤庙和长子府君庙），其二是双丁栿上使用异型劄牵（如玉泉村东岳庙），其三则是双丁栿中，平置丁栿上用劄牵、斜置丁栿上不用劄牵的变通做法（如阳城开福寺中殿、西李门二仙庙正殿、石掌玉皇庙正殿、南神头二仙庙正殿、韩坊尧王庙正殿等）。

5）系头栿位置的变化及其对结角的影响

针对本区歇山建筑中系头栿构件的分类主要经由以下两个方面进行：其一是考察其水平位置，其二是观测其竖向高度。

系头栿的水平位置实际由角梁后尾决定，即在角梁后尾由长两架转为一架，并由搭压在平槫上改为挑压在平槫下的演进过程中，不仅发生了从首尾两端受压到杠杆挑托平衡的受力状态转变，大角梁、系头栿、平槫间的相互制约关系也同步发生了异动。众所周知，在诸如天台庵大殿、大云院弥陀殿之类的早期遗构中，由于角梁后尾长达两架，导致平槫相应向内移动，平槫至檐柱缝的架深远大于平槫到脊槫的架深，此时系头栿亦随之内移，直至达到其极限位置——落于心间缝梁架之上，这是早期小型遗构正脊短小、屋面平缓的根本原因。随着角梁做法的改变，系头栿得以外移、屋宇正脊拉长、出际增大，同时大角梁后尾高度降低，改由角梁与丁栿共同承托系头栿，平槫位置也更加便于调节，从而为各步架椽长的分配提供了更大的灵活性。按附表 B-1 统计的情况，本区内系头栿的水平位置分作五类：

（1）立在梢间缝的，主要见于早期遗构（如天台庵正殿、原起寺大殿）以及极小型遗构（如川底佛堂正殿）；

（2）位于梢间中线靠内侧的（早期案例有大云院弥陀殿、碧云寺正殿，晚期案例则有郊底白玉宫正殿、淳化寺正殿）；

（3）恰好位于梢间中缝（如南神头二仙庙正殿、三王村三嵕庙正殿）；

（4）位于梢间中线略靠外侧，是北宋时期最为常见的做法（如清化寺如来殿、开化寺大雄殿），入金后仍大量沿用（如西上坊成汤庙正殿）；

（5）立在山面柱缝上的（如会仙观三清殿）。

系头栿的高度即其与平槫的搭接关系，同样可以分作五类：

（1）压在平槫之上（如天台庵大殿、大云院弥陀殿）；

（2）由大角梁尾插入平槫身后承托，是一种过渡期做法（如原起寺大殿）；

（3）由角梁支撑平槫与系头栿交点，且系头栿在平槫下（如北义城镇玉皇庙正殿）；

（4）由角梁支撑平槫与系头栿交点，两者底皮齐平、系头栿截面较高

（如龙门寺大雄殿）；

（5）由角梁支撑平槫与系头栿交点，两者交圈、上皮等高，是最为常见的做法，此时系头栿实际是以山面平槫充任，但间或砍斫成方形截面以示区分。

关于这几种做法的区别，过往研究[1] 主要从结构受力的角度加以区分，并将系头栿、平槫交圈做法和大角梁尾下移至两者交圈节点之下的趋势视为一个联动过程，认为系头栿与平槫的趋同直接导致了角梁结构的加强，并引发了转角铺作的补强。

以上围绕晋东南地区五代、宋、金遗构的梁架做法，依照相关构件的相互位置关系进行了类别划分，以下则通过比对同期相邻地区实例的相应节点做法，从中总结晋东南木构建筑的地域特征，以及不同历史时期内相关地域间匠作体系的相互影响关系，并将其与《营造法式》所载制度相互验核，以了解李诫搜罗各类做法的技术源头及其流向，探求《营造法式》的颁行在跨地域技术交流过程中所起的作用，从而提高对晋东南地区木构建筑的总体认识深度。

3.3.3　晋东南遗构梁架做法与周边地区同期实例的比较

与晋东南联系最为紧密的地区首推晋中与豫西北。徐怡涛先生在其博士学位论文《长治、晋城地区的五代、宋、金寺庙建筑》第四章"长治、晋城地区五代、宋、金建筑与周边地区同期建筑形制的比较"中对这一问题作过详细讨论[2]，按其观点，太原、晋中一带或代表技术传播中位势较高的一方，成为晋东南地区仿效的对象；晋西南与晋东南地区则因共有若干未载于《营造法式》的地方性做法而被认为具有相当程度的技术亲缘性；而在与河南地区的比较中，重点谈的实际是《营造法式》与晋东南遗构间的对应关系，较

1　刘妍，孟超. 晋东南歇山建筑"典型"做法的构造规律——晋东南地区唐至金歇山建筑研究之四 [J]. 古建园林技术，2011（02）：7-11.

2　徐怡涛. 长治、晋城地区的五代、宋、金寺庙建筑 [D]. 北京：北京大学考古文博学院，2003. 文中在讨论晋东南与周边地区木构技术的亲缘关系时称："……长治、晋城地区与晋中、太原、河北（北宋统治区）地区的建筑……五代和北宋前期斗栱形制基本一致，但梁架结构已有较明显的差异。至北宋中晚期，上述地区之间的斗栱细部形制出现了明显的差异，北宋末期至金代中前期，上述地区之间在斗栱细部形制和梁架结构形制上又有所趋同……金代中晚期开始，地方做法又有所繁荣……北宋中晚期至金代中前期，长治、晋城地区对晋中、太原地区的影响小于晋中、太原地区对长治、晋城地区的影响……与河南地区现存北宋木构建筑和《营造法式》相比……两地建筑的结构形式始终存在明显差异……金代晋西南和长治、晋城地区的斗栱形制大体相似，两地除共同具有一些符合《营造法式》的形制外，还有不见于《营造法式》的地方做法……显示出一定的关联性。"

少涉及河南宋金遗构本身。该文总结晋东南与周边地区在木构技术交流上的历时性关系为："**五代至北宋中前期是长治、晋城地区与周边地区间同大于异的时期，而北宋中后期——即神宗熙宁年间前后至徽宗宣和元年以前，则是长治、晋城与周边地区差异最显著的时期，宋末至金中前期，《营造法式》的颁布和流传在一定程度上削弱了地区差异。各地区之间又呈现出互相影响的交融趋势。**"

本节大致将晋东南地区遗构与四个相关区域的同期案例进行对比，详细名单见表3-2：

五代、宋、金时期晋东南周边地区木构选例名单　　　　表 3-2

建筑名称	建成年代	保护级别	所在地区
晋中地区（太原、晋中、吕梁）			
平遥镇国寺万佛殿	北汉天会七年（公元963年）	国3	山西省晋中市平遥县郝洞村镇
太谷安禅寺藏经殿	宋咸平四年（公元1001年）	国6	山西省晋中市太谷县城关西道街
永寿寺雨花宫正殿	宋大中祥符元年（公元1008年）	已毁	山西省晋中市榆次区源涡村
榆社寿圣寺山门	宋熙宁元年（公元1068年）	/	山西省晋中市榆社县郝北镇郝壁村
祁县兴梵寺正殿	宋天圣三年（公元1025年）	国6	山西省晋中市祁县东关镇东关村
太原晋祠圣母殿	宋天圣间（公元1023～1031年）	国1	山西省太原市晋源区晋祠镇
太谷万安寺大殿	宋天圣八年至皇祐二年（公元1030～1050年）	已毁	山西省晋中市太谷县城关
清徐狐突庙后殿	宋宣和五年（公元1123年）	国6	山西省太原市清徐县西马峪村
寿阳普光寺大殿	宋	国6	山西省晋中市寿阳县西洛镇白道村
昔阳离相寺正殿	宋金	03市	山西省晋中市昔阳县赵璧乡川口村
平遥慈相寺大殿	金天会间（公元1123～1137年）	国5	山西省晋中市平遥县沿村堡乡冀郭村
文水则天庙正殿	金皇统五年（公元1145年）	国4	山西省吕梁市文水县南徐村
太谷真圣寺大殿	金正隆二年（公元1157年）	国6	山西省晋中市太谷县范村镇蚍蜉村
平遥文庙大成殿	金大定三年（公元1163年）	国5	山西省晋中市平遥县城关东南
太原晋祠献殿	金大定八年（公元1168年）	国1	山西省太原市晋源区晋祠镇
榆社福祥寺正殿	金大定间（公元1161～1189年）	国6	山西省晋中市榆社县河裕乡岩良村
阳曲不二寺大殿	金明昌六年（公元1195年）	国6	山西省太原市阳曲县城关大运公路东
汾阳太符观上帝殿	金承安五年（公元1200年）	国5	山西省吕梁市汾阳市杏花村镇上庙村
虞城五岳庙正殿	金泰和三年前（公元1203年）	省4	山西省吕梁市汾阳市阳城乡虞城村
清源文庙大成殿	金泰和三年（公元1203年）	国6	山西省太原市清徐县城关赵家街西
太谷宣梵寺大殿	金	56县	山西省晋中市太谷县侯城乡惠安村
兴东垣东岳庙正殿	金	国5	山西省吕梁市石楼县龙交乡兴东垣村
柳林香岩寺大雄殿	金	国5	山西省吕梁市柳林县城关东北
西见子宣承院大殿	宋	/	山西省晋中市榆次区长凝镇西见子村
庄子圣母庙正殿	金	/	山西省晋中市榆次区庄子乡

建筑名称	建成年代	保护级别	所在地区
晋西南地区（运城、临汾）			
芮城城隍庙正殿	宋祥符间（公元 1008～1016 年）	国 5	山西省运城市芮城县永乐南街小西巷
乡宁寿圣寺正殿	宋皇祐元年（公元 1049 年）	国 6	山西省临汾市乡宁县城关东街
夏县余庆禅院正殿	宋治平二年（公元 1065 年）	国 3	山西省运城市夏县水头镇小晁村
绛县太阴寺正殿	金大定十年（公元 1170 年）	国 5	山西省运城市绛县卫庄镇张上村
曲沃大悲院献殿	金大定二十年（公元 1180 年）	国 5	山西省临汾市曲沃县曲村镇
新绛白台寺释迦殿及法藏阁	金大定至明昌间（公元 1161～1195 年）	国 6	山西省运城市新绛县泉掌乡光马村
万荣稷王庙正殿	宋	国 5	山西省运城市万荣县南张乡太赵村
晋东北地区（阳泉、忻州、定襄）			
忻州金洞寺转角殿	宋元祐八年（公元 1093 年）	国 6	山西省忻州市忻府区合索乡西呼延村
阳泉关王庙正殿	宋宣和四年（公元 1122 年）	国 4	山西省阳泉市定襄县白泉乡林里村
定襄关王庙无梁殿	宋宣和五年（公元 1123 年）	国 6	山西省阳泉市定襄县城关定襄二中内
定襄洪福寺三圣殿	宋政和至宣和七年前（公元 1111～1125 年）	国 5	山西省阳泉市定襄县弘道镇北社村
五台佛光寺文殊殿	金天会十五年（公元 1137 年）	国 1	山西省忻州市五台县豆村镇佛光村
繁峙岩山寺文殊殿	金正隆三年（公元 1158 年）	国 2	山西省忻州市繁峙县南峪口天岩村
盂县大王庙后殿	金承安五年（公元 1200 年）	国 5	山西省阳泉市盂县秀水镇西关村
五台延庆寺大殿	金	国 6	山西省忻州市五台县阳白乡善文村
繁峙三圣寺大雄殿	金	国 6	山西省忻州市繁峙县砂河镇西沿口村
豫西北地区			
济源济渎庙寝宫	宋开宝六年（公元 973 年）	国 4	河南省济源市庙街村
济源奉仙观三清殿	金大定二十四年（公元 1184 年）	国 5	河南省济源市北海区荆梁街
临汝风穴寺中佛殿	金	国 3	河南省汝州市风穴山
济源济渎庙龙亭	金	国 4	河南省济源市庙街村

1）插接前廊传统与晋中地区厅堂特征

徐怡涛先生在其博士论文中就晋东南与晋中地区遗构的异同现象进行归纳，据之总结两地的技术流动关系为：北宋前期晋中影响晋东南，宋中晚期到金代两地技术水准持平（晋中受晋东南影响体现在不用补间、丁栿斜置，晋东南受晋中影响体现在阑额不出头、托脚过梁首抵槫），同时宋末金初两地出现了符合《营造法式》定义的典型厅堂，并在诸如耍头、托脚过梁头抵槫等细节上体现了该文本的影响。

总结晋中地区（含太原、晋中、吕梁下属县市）主要遗构的梁架特征，大致可分作：①通檐无内柱简化殿堂；②前廊开敞型殿堂；③内柱移柱型厅堂；④插接前廊型厅堂四类。其中第②、③类规格较高且规模较大，属于较为正规的做法，而第①、④两类属于当地民间做法，尤以④最为典型，代表着本地区厅堂化过程中的优先选择方向。

考察晋中地区现存的 25 个早期实例，五代至北宋前中期的 7 例（镇国寺万佛殿、安禅寺藏经殿、永寿寺雨花宫、寿圣寺山门、兴梵寺正殿、晋祠圣母殿、万安寺大殿）以简化和异化殿堂构架为主（图 3-8）：其中镇国寺万佛殿、安禅寺藏经殿为①通檐无内柱型（寿圣寺山门现有前内柱一根，但推测原状为通檐型小殿），晋祠圣母殿及永寿寺雨花宫、万安寺大殿皆为②前廊开敞型殿堂（内外柱等高且柱头铺作跳数相等，共同承托对椽节点，逐槫下用檐栿），兴梵寺正殿因室内吊顶，情况未明。这一阶段实例的构架类型总的来说较为单一，原型可归纳为以圣母殿及雨花宫为代表的身内单槽（异化）殿堂型和以万佛殿为代表的通檐无内柱（简化）殿堂型。在梁栿的简化策略方面，万佛殿保留了两套梁栿但反转了明、草栿的受力关系；圣母殿与万安寺实际省略了明栿，而将草栿露明处理；与之相反，安禅寺藏经殿与永寿寺雨花宫以绞入铺作的明栿直接承重，从而省略了草栿。

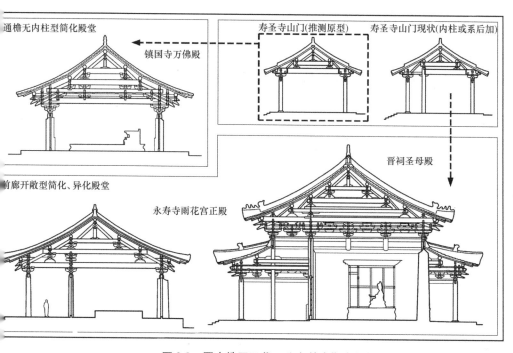

图 3-8　晋中地区五代至北宋前中期木构架类型

北宋后期至金中期的 7 个案例（清徐狐突庙后殿、平遥慈相寺后殿、文水则天庙正殿、太谷真圣寺正殿、平遥文庙大成殿、晋祠献殿、榆社福祥寺正殿）则在前一时期的两种分型基础上增强了厅堂化的趋势（图 3-9）：其中狐突庙后殿、晋祠献殿接近四架椽屋通檐用二柱厅堂（则天庙正殿与寿圣寺山门的内柱推测应是后加）；平遥文庙大成殿与晋祠圣母殿采用相同的移柱策略，基本构成相近；[1] 慈相寺后殿、真圣寺大殿及福祥寺正殿（内额与前檐铺作后尾相犯，当非原物）则均可视作不厦两头造殿身插接富装饰性的前檐柱列的典型案例。[2]

金后期的 4 个实例（虞城村五岳庙五岳殿、汾阳太符观昊天上帝殿、阳曲不二寺大殿、清源文庙大成殿）中，除最晚的清源文庙大成殿外，皆体现了相较前一阶段更为成熟的厅堂化特征（图 3-10）。其中虞城五岳庙继承了前述④型插接前廊做法；[3] 太符观昊天上帝殿保持檐柱与内柱（下段）等高的传统，但梁栿插入接柱身、叠梁取代对梁、因逐槫下用蜀柱而非驼峰从而导致屋架升高等现象，都体现了厅堂技术对简化殿堂传统潜移默化的影响；阳曲不二寺大殿前檐五铺作而后檐不用斗栱，同时微调前内柱使其向后移动约半架深，以免与前檐铺作里跳相犯，属于典型的④型插接前廊型厅堂；清源文庙大成殿建成年代甚晚但其梁架体现多种早期特征（内外柱等高、四椽栿对乳栿之上以大斗支垫双丁栿、三椽栿对劄牵之上以驼峰大斗托平梁，各槫下均以半卷头让过托脚并绞襻间枋），与永寿寺雨花宫一脉相承。

具体建造年代未明的 7 个案例[4]（寿阳普光寺大殿、西见子宣承院正殿、昔阳离相寺正殿、太谷宣梵寺大殿、兴东垣东岳庙正殿、柳林香岩寺大殿、

1　两者不同之处在于大成殿升高了下檐柱，将副阶与殿身置于统一屋顶下，而相似之处则在于其空间划分方式——同样是将前内柱后移两椽位置，将前乳栿延展为四椽栿插入前内柱身。大成殿各槫下隔承构件以蜀柱为主，是较为晚期的特征，而前四椽栿、后乳栿均使用了双层梁栿，且六椽栿上加贴缴背，又颇具古意，样式表现甚为驳杂。

2　几例的殿身内均不设铺作，仅以栌斗托襻间枋承槫，而将装饰因子集中于前檐柱列上，舍此之外，前后檐长短坡现象也彰示了前檐柱列的独立性和植入性。

3　虞城村五岳殿为四架椽通檐用二柱厅堂，前加檐柱一列并施五铺作单杪单昂斗栱，其华头子里转第二杪延成长枋，劄入前内柱身并过柱加销，衬方头里转作劄牵压跳昂后尾后同样劄入前内柱身，该局部甚至具备了典型殿堂明草栿分层的构造特点，但其后尾入柱方式又呈现出明显的厅堂性质。

4　普光寺、离相寺与宣承院正殿偏近北宋前中期式样；宣梵寺大殿仅前后檐柱列上铺作保持金代特征（前檐扶壁单栱三素方、后檐重栱双素方）；香岩寺大雄殿按方志记载重建于金正隆、大定间；兴东垣东岳庙在元至元四年（公元 1388 年）经历过大修，样式则仍保留相当程度的金代风格；庄子乡圣母庙正殿的靴楔、云头形衬方头及下折式假昂等部件样式年代较迟，但平出假昂、仰合沓子、襻间半栱等又具有早期特征，主体部分建造年代当不迟过金中后期。

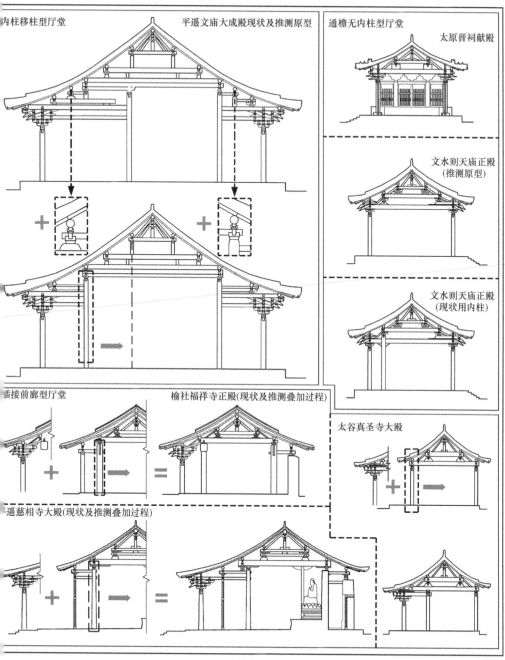

图 3-9 晋中地区北宋末至金中期遗构类型

庄子圣母庙正殿）中，宣承院正殿、离相寺正殿[1]与雨花宫相似，普光寺

1 宣承院正殿 2-4 分椽，除内外柱头铺作形式较简外，与雨花宫正殿梁架基本相同；离相寺正殿六椽通栿上斜置丁栿并搭扣递角梁后尾，逐层梁栿间以驼峰隔承，外檐心间单补间、梢间不用，四铺作单杪里转约及一架。

125

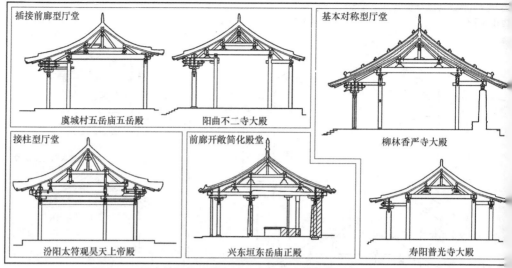

图 3-10　晋中地区金晚期及确切年代未定的遗构类型

大殿与宣梵寺大殿为对称式厅堂，庄子乡圣母庙正殿[1] 则秉承了本地的插接前檐做法。

本区四种梁架类型中，以④插接前廊型厅堂最为典型和常用，该做法适用于不厦两头造厅堂，在强调前檐装饰性的同时保持了整体工料的节省和框架关系的简明，非常适于用作受经济条件制约的村社神庙主殿。该种做法同样可在晋东南地区找到对应实例（如回龙寺大殿和应感庙五龙殿），这也向我们暗示了厅堂技术自晋中地区传入晋东南的可能。

2）大内额法传统及晋东北地区厅堂特征

晋东北地区（含阳泉及忻州一部）现存 9 例遗构的构架类型体现出明确的时代特征（图 3-11），4 个宋构（忻州金洞寺转角殿[2]、阳泉关王庙正

1　庄子乡圣母庙正殿 1-3 分椽，劄牵对三椽栿插入内柱身，前檐用五铺作单杪单假昂重栱计心造斗栱，后檐柱不用。

2　金洞寺转角殿方三间六架椽，四内柱较外檐柱高一足材，相应减去一跳，内外柱头铺作上层层叠枋充当下层梁栿（四内柱间三面接有阑额，仅两前内柱间不设，改为柱头枋两道，其中下道对应足材丁栿与乳栿、两椽栿、递角梁高度，上道绞两椽栿上衬梁出头；内柱头素方绞角并坐大斗一枚，斗内叠枋两层，下道枋向内侧出作卷头、向外侧直延至山面与檐面下平槫托脚下，于枋身上隐刻令栱相对，上道枋向外侧出作丁栿、乳栿上劄牵，向内作四内柱间柱头枋；该层之上再坐驼峰大斗，斗口内平梁绞襻间枋后共托上平槫；角缝递角梁上立蜀柱托绞角下平槫，蜀柱身开口穿插转角铺作角缝要头后尾，其长转过一架；内柱头栌斗内两椽栿外接乳栿后形成组合式六椽栿，其上层柱头枋向外作劄牵，实长四架，相当于组合式四椽栿，两者皆为单材枋，前者上架单材衬梁，后者下有单材半栱，在竖向构成上亦类似复梁），极具殿堂水平分层意味。脊槫下襻间隔间相闪，上平槫下逐间用单材襻间，下平槫用单材充担，其下逐间用单材襻间，至山面兜转为单材系头栿，并绞丁栿上单材劄牵。因所有相关构件全部一材造，结构逻辑异常清晰简明，早期特征显明。见李艳蓉，张福贵. 忻州金洞寺转角殿勘察简报 [J]．文物世界，2004（06）：38-41。

殿[1]、定襄关王庙正殿[2]、定襄洪福寺三圣殿[3]）中简化殿堂与通柱厅堂各半，5个金构（五台佛光寺文殊殿、五台延庆寺大殿、繁峙岩山寺文殊殿、繁峙三圣寺大殿、盂县大王庙后殿）中2例采用大内额法，其余为通檐不用内柱的简化构架形式。

上述各例中，关王庙、洪福寺的内柱虽仍在平梁之下，但柱头上已无铺作，而是自栌斗口内直接绞平梁、襻间枋，且平梁下诸道长、短栱均插入内柱身，可以说厅堂化程度已相当深入。佛光寺文殊殿及岩山寺文殊殿均为典型大额式厅堂，室内移柱，内额制作精细且构件咬合紧密，这与晋东南、豫西北地区同期实例在心间缝内柱与山面柱间设置粗巨之原木以充内额，从而省去次间缝内柱的手法存在显著差别。繁峙三圣寺大殿、盂县大王庙后殿及五台延庆寺正殿均用通栿（三圣寺大殿三间四椽，前后檐逐间单补间用斜栱，山面仅中进施单补间，朵当与椽长相等；盂县大王庙后殿与晋祠献殿做

1　殿身2—4分椽、内外柱等高，与雨花宫类似。见史国亮. 阳泉关王庙大殿［J］. 古建园林技术，2003（06）：40-44。

2　关于定襄关王庙的建造年代，新中国成立之初认为是元构见：陈明达，祁英涛，杜仙洲. 两年来山西新发现的古建筑［J］. 文物，1954（11）；李有成据殿内金泰和八年（公元1208年）《新创关王庙记》认为是金构，见李有成. 定襄县关王庙构造浅谈［J］. 古建园林技术，1995（04）：4-8；王子奇因前引碑记只记述新装神像事而未提及重修庙宇，在考校《新修昭惠灵显王庙记》（载《山右石刻丛编》及《定襄金石考》）后认为建于宋宣和五年（公元1123年）见：王子奇. 山西定襄关王庙考察札记［J］. 山西大同大学学报：社会科学版，2009，23（4）. 摘录《新修昭惠显灵王庙记》如下："昭惠显灵王神通广大……因殿基之北最就高峙先构紫微大帝殿……然后挟以侧堂东塑十一曜西列天地水三官及寿星十二元辰之像后二年而兹殿雄成……宣和五年四月初六日"，关王庙正殿坐西朝东，即所谓西侧堂，最先泥塑三官君之属，故有泰和八年代以关王塑像之事——《新创关王庙记》"……襄人银匠胡汝辑年七十五性好施特输己财立塑像于县北灵显王庙西庑之别室……时泰和八年岁在戊辰重九日丙午将仕郎赵申记"，故此前檐之改动当发生在元至正六年（公元1346年）大修时——《重建昭惠灵显王庙记》"至正乙酉秋……遂量事期计徒庸虑材用……神门翼室洎三灵侯祠悉为一新……至正丙戌冬十月望日立石"。另按国家文物局资料，此构断为宋宣和间物。

3　李有成依据现存金天会十年（公元1132年）刊刻《五台山洪福寺下院赐紫僧惠广修经幢记》与乾隆《崞县志》相关记录将其创建年代断在宋政和末至宣和七年（公元1125年）间。殿内三椽栿下于崇祯重修时加设随梁枋两根（东侧底书"时大明崇祯拾贰年季春吉日"、西侧底书"诰封夫人朱氏施梁壹根崇祯拾贰年叁月壹日记"），该构梁架与《营造法式》"六架椽屋前后乳栿劄牵用四柱"厅堂图样几乎完全一致，而在实例中并不多见，或许正是受《营造法式》颁行影响所致。见：李有成. 山西定襄洪福寺［J］. 文物季刊，1993（01）：22-26。

法相近，四椽通栿压在外檐铺作之上，出头作衬方头；五台延庆寺大殿心间两缝梁架，东侧一缝经过改动，以五椽栿对劄牵插入后内柱身，斜直式双丁栿斜置于五椽栿背上并穿插承平梁的驼峰身，西侧一缝使用六椽通栿，据此推测内柱为后加），且外檐铺作兜圈，表现出重视外观等级、构造较晋中地区更为规整的趋势。

与周边地区相比，晋东北木构的发展脉络清晰，演变规律明显，从北宋中后期残存分槽意向的回字形简化殿堂（金洞寺转角殿）、前廊开敞型简化殿堂（阳泉关王庙正殿），到北宋末出现符合《营造法式》图样的厅堂（定襄关王庙正殿及洪福寺三圣殿），再到入金后与邻近的晋北（大同、朔州）地区同时风行大内额做法（岩山寺文殊殿及佛光寺文殊殿），构造技术演进及区域间技术交融的趋势一目了然。

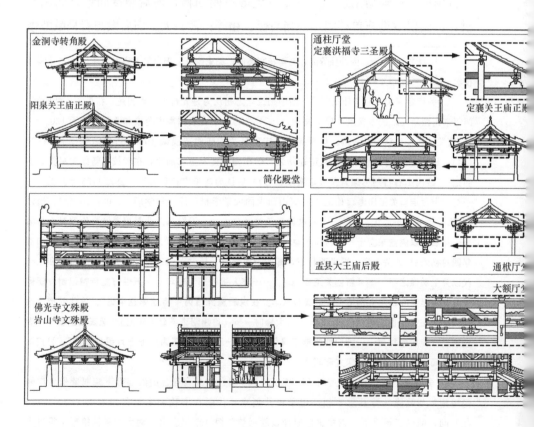

图 3-11 晋东北地区宋、金遗构类型

3）对称式用通柱传统及晋西南地区的厅堂特征

晋西南地区（临汾、运城及下辖县市）现存 7 个早期遗构中，北宋 3 例（芮城城隍庙正殿、乡宁寿圣寺正殿、夏县余庆禅院正殿），建造年代均在

《营造法式》成书之前，且简化殿堂和厅堂做法并存；[1] 金中期3例（绛县太阴寺大殿、曲沃大悲院献殿、新绛白台寺释迦殿）均为厅堂且类型各不相同；[2] 万荣稷王庙正殿实际建造年代诸说不一，近来常被视作北宋遗构，[3] 若然，则是一个早期庑殿顶 2-2-2 分椽的珍贵实例。同样是以六架椽规模构成现存遗构的整体，晋西南地区的一个显著特点在于使用通高的双内柱（余庆禅院正殿、稷王庙正殿）或分心中柱（曲沃大悲院献殿），对称性也因此凸显（图3-12）。

4）逐层接插梁栿传统及豫西北地区厅堂特征

豫西北地区（含洛阳、焦作两市下辖济源、偃师、汝州、孟州、温县、博爱等县市）现存4个宋、金案例（济渎庙寝宫、济渎庙龙亭、奉仙观三清殿、风穴寺中佛殿），其中仅济渎庙寝宫为北宋早期构，其余几例皆建于金中晚期。

济渎庙寝宫仅四架椽规模并于柱缝上施有檐栿，因屋顶坡度较缓，四椽栿与平梁间高差较小，无从容纳中段梁栿，但仍自檐栿下出劄牵插入承上平槫的蜀柱，这与前节总结的逐槫下用栿模式C相近，即通过加强相邻上下平槫（本构是平槫与檐槫）间的联系，来弥补两下平槫间无法以中段梁栿直

---

1 晋西南地区的北宋遗构中，芮城城隍庙正殿五间六架九脊殿，殿内用后内柱一列，上道四椽栿身后叠梁节点后继续延伸半架长逐间单补间，耍头里转长及一架以承托下平槫，自然弯材型丁栿斜搭在上下两道四椽栿间。该构内柱较檐柱升高两足材，压在长短栿节点下，仍属简化殿堂做法。乡宁寿圣寺正殿三间四架不厦两头造，次间单补间、心间双补间，殿身两缝梁架 3-1 分椽，劄牵过后内柱缝后前伸半椽长并作蝉肚出峰，三椽栿上以矮驼峰托平槫；山面两缝 1-2-1 分椽，前后劄牵插入柱身。夏县余庆禅院正殿一说金代重建，五间六架不厦两头造，前廊开敞，当中四缝 1-4-1 分椽，四椽栿直接压在内柱头栌斗内，其上驼峰托平梁，山面两缝 2-2-2 分椽，乳栿上立蜀柱、劄牵穿内柱身。

2 绛县太阴寺大殿通檐无内柱，五间六架不厦两头造，前檐逐间单补间（心间除外以安放牌额）六铺作单杪双昂（柱头用双假昂，补间下道假昂、上道真昂，并出上昂托真昂后尾，外用撩檐枋擎檐），后檐四铺作单杪（里转出耍头并不用普拍枋）；梁架以六椽通栿上托四椽栿、平梁，逐层间以驼峰隔承，各缝于后下平槫分位靠内位置后加内柱一根支顶六椽栿。曲沃大悲院献殿为分心厅堂，三间六架厦两头造，逐间单补间；中柱直顶平梁，前后三椽栿、两椽栿分别穿插中柱身，形成组合式六椽栿与四椽栿，其上立高驼峰承槫；山面用四柱，丁栿后尾架于前后两根三椽栿上并与上平槫对缝，丁栿背上立蜀柱托系头栿并与下平槫交圈，槫下遍用顺身串。新绛白台寺释迦殿三间四架厦两头造，心间用单补间（令栱两端侧出并外撇作假琴面昂头，类似光孝寺大殿），3-1 分椽并以驼峰托平梁。

3 万荣稷王庙正殿按国家文物局档案记为金构，北京大学考古文博学院通过深入测绘得出其建于北宋的结论。见徐怡涛，任毅敏. 仅存的北宋庑殿顶建筑——山西万荣稷王庙大殿 [N]. 中国文物报，2011-7-15。

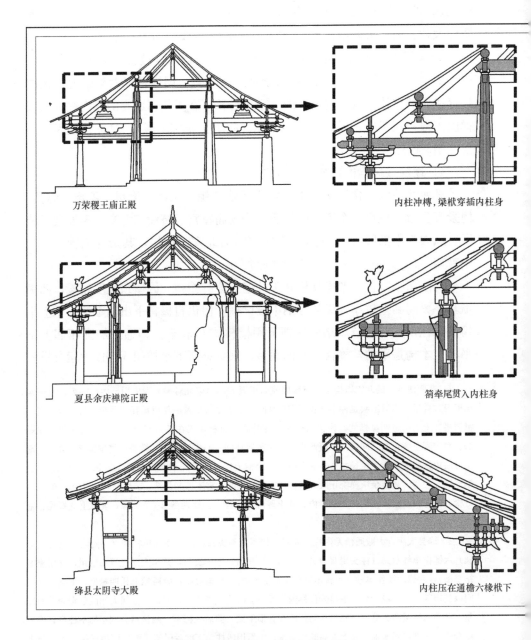

万荣稷王庙正殿

内柱冲槫，梁栿穿插内柱身

夏县余庆禅院正殿

箭牵尾贯入内柱身

绛县太阴寺大殿

内柱压在通檐六椽栿下

图 3-12　晋西南地区宋、金遗构构架类型

接拉通的缺憾，从水平分布的情况来看，可视作逐槫下用栿做法中，对中层梁栿的局部省略。

　　至于奉仙观三清殿与风穴寺中殿两例，皆以后内柱直抵上平槫，而逐层用梁栿、四椽栿对乳栿和三椽栿对劄牵分别插入内柱身的做法与初祖庵大殿一脉相承（尤其奉仙观三清殿四椽栿压下道三椽栿、劄牵对上道三椽栿的处理手法与初祖庵大殿下段叠梁、中段对梁的传统保持一致），唯接柱已全面演化为通柱。内柱冲槫的厅堂构本可省略下平槫间的中段梁栿，豫西北地区保留该构件，或许仍是受到诸如初祖庵大殿之类折中型遗构中殿堂思维的遗风影响所致（图 3-13）。

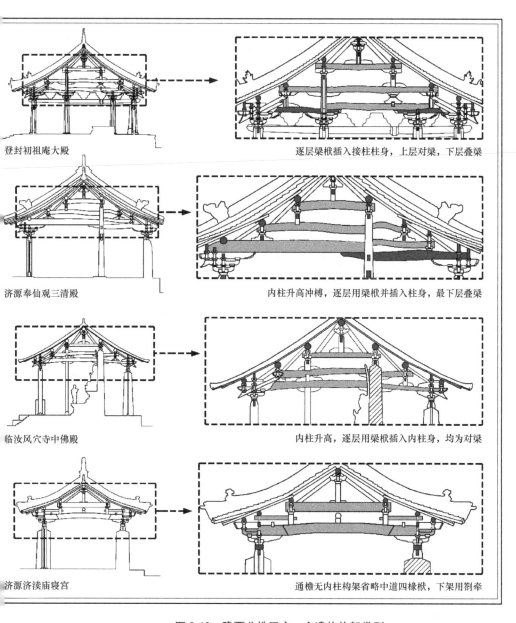

图 3-13　豫西北地区宋、金遗构构架类型

3.4 铺作做法及其分类

晋东南地区五代、宋、金木构建筑的铺作做法，既有受《营造法式》与外来技术影响而随时代演变不断进化的一面，也有固守地域传统特征的一面，本节整理其类型如下。

3.4.1 铺作分类的考察指标及案例统计情况

首先考察现存遗构中铺作的整体配置情况，内容包括补间铺作的朵数、形态，殿身内斗栱（内柱头、襻间等）施用方式，外檐铺作跳数、用栱昂情况等基本信息，以此制成附表 C-1，并据其数据统计补间铺作和内柱头铺作的使用规律，得到附表 C-2 和附表 C-3。

按统计情况可知，本区遗构中的补间铺作配置大致以逐间用单补间和不用补间（包括仅在柱头枋上隐刻栱形的情况）两类为主，前者自北宋初延续至金末，实例遗存主要分布在北宋末到金中后期；后者的时空分布则非常平均。舍此之外，尚有仅心间用单补间、次间不用的做法，配合补间斜栱共同使用，以夸饰心间，年代跨度亦最大。至于双补间配置，基本集中在金皇统、大定间，且均只用于心间，而无逐间双补间的例子。补间铺作样式方面，枋上隐栱置斗的占绝对多数，其次为与柱头铺作同型或用斜栱，采用较柱头铺作减跳形式的仅崇明寺中殿一例。

内柱头与檐柱头铺作层数的关系反映了梁架的叠合方式，内外柱头铺作层数相同的做法分属于两个时期：宋熙宁以前因采用对梁作而令得两者趋同；金皇统以后，则为追求前廊开敞型殿宇檐柱壁与内柱照壁的构件对应呈现而规定内外柱等高，两者动因不同。内柱头铺作较檐柱上减少一层或更多的做法同样多见，且时间跨度更大。另一种常见的处理方式是直接将素枋、合沓等构件置入内柱头栌斗中，而不在其上隐出栱形，该简化做法集中于北宋末到金中期遗构中。少量厅堂实例因内柱冲槫，平梁端头直接咬入栌斗内而不再另加栱件支垫。

附表 D-1 针对铺作自身的特性（如单重栱造、偷心计心、真昂假昂之类）进行分类考察，据之统计得附表 D-2，并得到以下结论：

铺作绞梁栿出头的（类似明栿做法）和托梁栿的（类似草栿做法）案例基本相当，分别占 46% 和 54%。

里外出跳数以相等的为主（67%），其次为里跳减跳（23%）和增跳（10%）。

虽然遗存案例的数量以北宋末到金晚期为主，但其中单栱造仍占据半数以上（52%），剩下重栱造（27%）和单重栱间杂做法（21%）差相仿佛。

跳头施用横栱的习惯，以外跳计心、里跳偷心为主（61%），纯计心造（28%）集中分布于金构中。

用昂方面，柱头假昂案例数（62%）为真昂（31%）的一倍，剩余（7%）为插昂；同时有33.5%的补间铺作选择使用假昂。

双昂的关系以平行为主（86%），斜交的较少（14%）。由于大量使用假昂，华头子做法也相应的以隐刻为主（51.5%），其次分别为单瓣华头子（23.5%）、两瓣华头子（15.5%）及不出华头子（9.5%）。

扶壁栱配置中，单栱托素枋壁占据绝对多数（75%），重栱配素枋壁（17%）和其他变异做法（8%）不构成主流，这一点与入金后跳头重栱造普及的趋势相悖。

斜栱则以逐跳计心造作为主（75%），但里跳部分一般皆相应简化，或减跳（33%），或只用直华栱（42%），里外跳对称使用斜栱的仅占1/4（25%）。

关于铺作构件形态的分类情况详见附表E-1，就其内容统计得附表E-2，其中：

斗㪺按《营造法式》规定做卷杀内凹的超过半数（55.5%），剩余的是上曲下撇出锋（24.5%）和斜直做法（20%）。

横栱长的相互关系中，以令栱充长栱（令栱＞泥道栱）的为主（60.5%），反之泥道栱较长者甚少（6.5%），两者等长（33%）的也占据相当比重。

横栱端头大多抹斜（55%），其次为保持平直（35%），另有10%混用（多是令栱抹斜、瓜子栱及慢栱平直）；相应的出跳栱方面，角华栱端头平直者（15.5%）也远少于起棱出峰者（46%），剩余部分案例（38.5%）角缝仅施角昂。

要头形态以昂形最多（46%），其次为蚂蚱头形（38.5%），剩余少许切几头形（9.5%）和斜杀内凹形（6%）。昂形要头中，平出者（49%）与斜出者（51%）数量相若；昂嘴则皆以尖嘴起棱为主（94%），仅极少数（6%）用扁嘴弧面。

3.4.2 晋东南遗构的铺作做法与周边地区传统做法及《营造法式》制度的比较

关于晋东南与周边地区铺作做法的异同，徐怡涛先生在其博士论文中曾总结为：五代至北宋中期，在等开间的前提下，晋中地区遗构用材尺度与铺作数较高，两地此一时段内均以偷心结合计心重栱为主，且构件细部相似。北宋中晚期到金代，晋中、河北地区多单栱计心造，外转跳头用翼形令栱，而晋东南以重栱计心为主，翼形栱尚属少见（青莲寺释迦殿、法兴寺圆觉殿里转），用在外跳跳头则是金中期以后的事（北吉祥寺前殿），这一点或是受晋中影响。北宋时期晋中地区少见斗㭼出峰、横栱抹斜做法，河北虽有所见但为数不多，晋东南则自熙宁至宣和间，流行抹斜栱和出峰斗㭼，这两种样式金以后方始在晋中出现，或是受到晋东南地区的影响。两地在宋金之交同时出现铺作的法式化倾向，而自宋末到金中期，晋中地区趋于保留古制，如使用昂状耍头、批竹昂、单瓣华头子、直材丁栿等，而晋东南地区则出现更多新的装饰性要素，如斜栱、圜栌斗、瓜棱斗等。

结合具体案例，本节从类型学角度考察相关各区域内的主流铺作做法及其与晋东南地区的技术交流情况。

首先考察晋中地区遗构（图3-14），其铺作组织大致可分作四型：

A型是唐、五代、北宋以来的官式做法，可在敦煌壁画等间接资料中找到其祖型。其中最为典型的实例当属镇国寺万佛殿，而相较简单的则有永寿寺雨花宫和万安寺大殿以及金构文水则天庙正殿。其中万佛殿补间自柱头枋起出跳双杪、转角瓜子栱连栱交隐并慢栱列小栱头在外等特征，都与佛光寺东大殿相类；万安寺大殿与雨花宫均取五铺作单杪单昂和昂形耍头的固定配合，但前者将梁栿位置上提到草栿高度以压跳昂后尾；则天庙正殿以其批竹昂形耍头和特异的扶壁配置（单栱双素方上接单栱替木承素方）而显现出超越实际建造年代的特质。

B型是体现北宋前中期地方特色的简略做法，一般限于四铺作或以下，以梁栿直接出头作卷头或平出假昂擎檐。实例如兴梵寺大殿、安禅寺藏经殿[1]、寿圣寺山门、狐突庙后殿、宣承院正殿[2]、离相寺大殿等。耍头样式的驳杂（如兴梵寺与安禅寺的斜杀内凹式耍头、狐突庙的倒置沓头形耍头、离相寺的卷云及批竹昂形耍头）和撩风槫下用通替木的传统构成该类型的主要特征。

C型是受《营造法式》影响的折中式地方做法，主要体现为昂形耍头、平出假昂、斜栱、通替木等传统样式的保留，以及逐间用补间、重栱造、令栱加长等官式因素的渗透，该型做法自北宋末至金中期大量存在，实例如晋祠圣母殿[3]

1　太谷安禅寺藏经殿柱头铺作令栱短于泥道栱，而补间铺作栌斗特大，使泥道栱更长于素方上所隐令栱，推测应系后世改加，原状补间当仅作隐刻。

2　榆次宣承院正殿外檐经过后世扰动，现状以梁栿伸出作平出假昂，类似把头绞项做法，直接在泥道令栱上施通替木托檐槫。

3　太原晋祠圣母殿上檐六铺作双杪单昂施昂形耍头，下檐五铺作平出双假昂。前者成为北方宋金构用真昂六铺作之绝唱，而后者开晋中一带木构平出双假昂做法之先声，这一上下檐铺作样式的差别或许正体现了官式做法与民间技术的并立。晋祠献殿五铺作平出双假昂做法与圣母殿下檐基本相同。

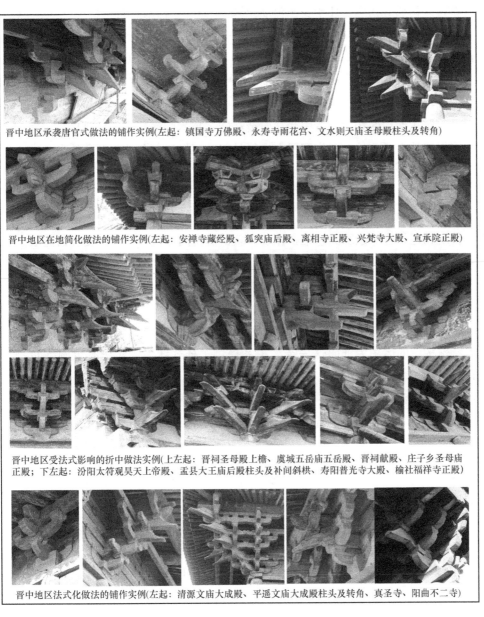

晋中地区承袭唐官式做法的铺作实例(左起：镇国寺万佛殿、永寿寺雨花宫、文水则天庙圣母殿柱头及转角)

晋中地区在地简化做法的铺作实例(左起：安禅寺藏经殿、狐突庙后殿、离相寺正殿、兴梵寺大殿、宣承院正殿)

晋中地区受法式影响的折中做法实例(上左起：晋祠圣母殿上檐、虞城五岳庙五岳殿、晋祠献殿、庄子乡圣母庙正殿；下左起：汾阳太符观昊天上帝殿、盂县大王庙后殿柱头及补间斜栱、寿阳普光寺大殿、榆社福祥寺正殿)

晋中地区法式化做法的铺作实例(左起：清源文庙大成殿、平遥文庙大成殿柱头及转角、真圣寺、阳曲不二寺)

图 3-14　晋中地区五代、宋、金遗构铺作类型

及献殿、普光寺正殿[1]、慈相寺大殿、盂县大王庙后殿[2]、太符观昊天上帝殿、

　　1　寿阳普光寺正殿四铺作平出假昂，劄牵伸过柱缝作卷云形耍头，衬方头则斫作平出批竹昂形。

　　2　盂县大王庙后殿心间补间用斜栱，三缝皆平出双假昂，其余各柱头、补间用五铺作单杪单平出假昂，以及平出假昂形耍头，扶壁列单栱四素方、跳头重栱计心且仅瓜子栱端抹斜。

虞城村五岳庙五岳殿、庄子乡圣母庙正殿[1]、福祥寺正殿[2]等。

D型是基本符合《营造法式》规定的宋金官式做法，除部分保留翼形栱、抹斜栱等地方样式外，从铺作配置到斗、栱尺度关系已与《营造法式》相差无几。实例如北宋的真圣寺大殿及金代的不二寺大殿、平遥文庙大成殿[3]、清徐文庙大成殿[4]、香岩寺大殿[5]。

与晋东南地区相比，晋中受《营造法式》技术刺激的程度相对较轻，除始终保留地方样式外，铺作配置上也鲜见双补间做法。此外斗型亦较少，未采用李诚采录的三小斗体系，没有出现分化于散斗、交互斗外的固定规格齐心斗。

晋东北地区接近辽宋边境，与正定、大同等地的木构技术交流密切，匠作传统相近，这一亲缘关系集中体现在斜栱的使用方式上。按照受《营造法式》影响程度的不同，将本区案例分作三种铺作类型（图3-15）：

A型是中唐以降的北方官式做法，实例如佛光寺东大殿，兹不赘述。

B型是受晋中、晋南地区技术辐射的北宋前中期做法，假昂、昂形要头等特殊构件的运用为证明这一亲缘关系提供了样式线索，实例有金洞寺转角殿[6]。

C型是受辽统区及宋辽边境沿线技术影响的晋北、冀中北做法，典型特征是补间用斜栱及令栱在通枋上作连续隐刻（如隆兴寺摩尼殿），实例有阳

1　榆次庄子乡圣母庙正殿五铺作单杪单假昂重栱计心造，心间补间用平出琴面昂，其余用下折式假昂。

2　榆社福祥寺正殿五铺作单杪单昂加琴面昂形要头，扶壁重栱两素方，由于室内添有大内额，故未用梁栿压跳，柱头、补间铺作里转皆连出三杪托真昂尾。

3　平遥文庙大成殿七铺作双杪双昂，扶壁重栱四素方，使用琴面昂、爵头形要头和昂形衬方头。

4　清徐文庙大成殿逐间双补间，四铺作单杪、里转双杪，补间与柱头分别用爵头和卷云形要头，扶壁重栱单素方。

5　柳林香严寺大殿逐间单补间，五铺作单杪单昂重栱计心造，扶壁重栱三素方，爵头形要头，除跳头横栱抹斜及绞角普拍枋、阑额断面较厚外，基本符合法式规定。

6　忻州金洞寺转角殿补间隐刻。柱头五铺作里转双杪偷心——前檐单杪单平出假昂配斜下式批竹昂形要头，第一跳令栱上提至平出假昂身上（相当于慢栱高度）却未用重栱造，显得较为怪异；两山及后檐出双杪托令栱绞平出批竹昂形要头，衬方头不出头。后转角铺作三缝出双杪，令栱鸳鸯交首，上托平出批竹昂形要头及爵头形衬方；前转角铺作则三缝皆出单杪单平出假昂，正身缝假昂上令栱列小栱头分首后前伸，打断角缝上交角令栱与正缝跳头令栱，使之不能交首连作。扶壁单栱四素方，阑额至角皆不出头。

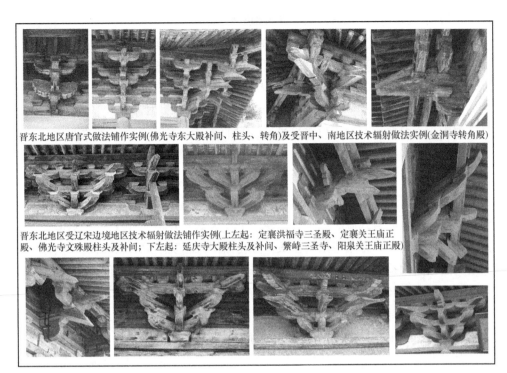

晋东北地区唐官式做法铺作实例(佛光寺东大殿补间、柱头、转角)及受晋中、南地区技术辐射做法实例(金洞寺转角殿)

晋东北地区受辽宋边境地区技术辐射做法铺作实例(上左起：定襄洪福寺三圣殿、定襄关王庙正殿、佛光寺文殊殿柱头及补间；下左起：延庆寺大殿柱头及补间、繁峙三圣寺、阳泉关王庙正殿)

图 3-15　晋东北地区宋、金遗构辅作类型

泉关王庙正殿[1]、定襄关王庙正殿[2]、洪福寺三圣殿[3]、佛光寺文殊殿[4]、岩山

1　阳泉关王庙正殿柱头用斜栱，补间用昝头形耍头，柱头斜缝用批竹昂形耍头，正缝则以梁头伸出作卷云形。

2　定襄关王庙正殿明季经过改建，后加前檐柱两根——其柱头铺作（现为心间三补间中居于两侧者）于栌斗口内直接出华头子承批竹昂，其上令栱抹斜绞平出批竹昂形耍头，里转双杪托算桯枋并以梁栿压跳；前檐心间补间（现为心间三补间当中者）用五铺作双杪计心斜栱，里转四杪托靴楔；前檐次间补间（现为前檐柱头铺作）与之类似，惟正缝跳头上不另加斜华栱，里、外皆出正、斜三缝双杪，并不用令栱；转角三缝做法与柱头相同，华头子上出单昂并托昂形耍头，扶壁用单栱三素方。

3　定襄洪福寺三圣殿柱头五铺作单杪单批竹昂重栱计心造，上插昂形耍头，梁头伸出作翼形衬方头，里转三杪，头杪偷心、二杪托瓜子栱承平棊枋、三杪端用交栿斗托梁栿；跳头横栱抹斜，扶壁用栱四素方；逐间用单补间斜栱，五铺作出双杪，其上令栱分作三条并相互鸳鸯交首。

4　五台佛光寺文殊殿各朵补间斜栱做法不一：用在前檐心间与次间者自栌斗口内出正、斜华栱三缝，自正身缝第一跳头再出第二杪正斜共三缝并交异形栱，正缝第二跳头上令栱连栱交隐；用在前檐梢间与后檐心间者基本同前，但外跳第二杪头仅正出华栱，不出斜栱，里外跳对称布置；后檐次间与梢间五铺作双杪不用斜栱。柱头全部五铺作单杪单下昂，里转双杪，耍头伸出作批竹昂形，里出作卷头形，乳栿则伸出作云头形衬方头；其令栱系在通长木枋上隐出，扶壁用单栱四素方。

137

寺文殊殿[1]、三圣寺大雄殿[2]、延庆寺大殿[3] 等。

不同于晋东南地区，晋东北木构的斜栱主要用在补间而非柱头位置，因此往往体量更大，且里转部分与外跳对称布置（晋东南地区里转多作简化处理，甚至只出直华栱），在整个木构架中颇为醒目。

晋西南木构建筑同时受晋中与关陇地区技术辐射，其祖源构成相对复杂，但在宋金时段内，基本以通过汾河流域自晋中间接引入汴梁技术为主，结合地方传统，形成下述几点特质：

（1）遍用补间。相对于晋东南、晋中地区三间小殿经常性省略补间铺作的传统，晋西南地区遗构自北宋前中期起已形成遍用补间的习惯，这或许是受唐以来关陇地区官式做法影响、重视檐下形象的整齐均一所致。实例如宋构芮城城隍庙正殿、万荣稷王庙正殿，金构曲沃大悲院献殿、新绛白台寺释迦殿及法藏阁均是逐间设单补间，而乡宁寿圣寺正殿心间用双补间，绛县太阴寺大殿除后檐及前檐心间（因与匾额相犯）外亦逐间用单补间，不用补间者仅夏县余庆禅院正殿一例而已。

（2）以昂代栱。只出假昂不出卷头的做法，金中期以后逐渐在晋东南普及，在南方出现年代更迟（如轩辕宫正殿），而在晋西南地区则出现年代甚早，如芮城城隍庙正殿山面及后檐五铺作双插昂、万荣稷王庙正殿五铺作双昂（补间下道平出假昂、上道折下式真昂，柱头双假昂）、乡宁寿圣寺正殿四铺作单假昂、曲沃大悲院献殿五铺作双假昂、白台寺法藏阁及释迦殿四铺作单假昂等，可说运用地圆熟且广泛。

（3）扶壁栱做法的多样性。晋西南地区扶壁重栱造做法成熟年代较早，在宋构芮城城隍庙正殿（重栱两素方）、寿圣寺正殿（扶壁重栱单素方）上已可得见，然而入金后反倒采取扶壁单栱做法，如大悲院献殿（扶壁单栱两素方）；扶壁栱封至椽底与否则无定式（如芮城城隍庙正殿和大悲院献殿虚悬，而太阴寺大殿、白台寺法藏阁升至椽下，而太阴寺大殿以扶壁重栱三素方直托檐槫）。

（4）单栱计心造的普遍使用。与晋东南地区单栱偷心、重栱计心的组合

---

1 繁峙岩山寺文殊殿四铺作单假昂，用爵头形耍头与云头形衬方头，令栱增长并作抹斜；补间里转单杪托令栱（不另抹斜）绞里耍头托算桯枋，柱头铺作里转以令栱骑栿，算桯枋穿半驼峰（外出作衬方头），扶壁重栱两素方。

2 繁峙三圣寺大殿柱头五铺作单杪单插昂重栱计心造并用爵头形耍头，补间除正缝外另出45°斜缝栱、昂，横栱反向抹斜，长令栱上隐刻三栱鸳鸯交首，用云头形耍头，扶壁重栱三素方。

3 五台延庆寺大殿心间补间用斜栱，五铺作双杪，头跳偷心，二跳头三缝令栱鸳鸯交首并作抹斜；次间补间五铺作双杪，下跳偷心并用爵头形耍头；柱头五铺作单杪单昂并用批竹昂形耍头。

模式不同，晋西南遗构中存在较多过渡性的单栱计心做法（如芮城城隍庙正殿、曲沃大悲院献殿）。

（5）斜杀内凹式耍头较为常见（如芮城城隍庙正殿、余庆禅院正殿等）。

此外，插昂实例大多集中在北宋末金初的有限时段内，而芮城城隍庙正殿建于大中祥符年间，是北方已知最早的用插昂遗构——其前檐柱头及补间铺作单杪单插昂、两山及后檐则改作双插昂、转角外跳部分三缝上更是遍用插昂（令栱列华头子分首之上亦插昂一只）。太阴寺大殿前檐柱头用六铺作单杪双假昂（折下式）及撩檐枋，补间里转部分于真昂昂身之下施用上昂一道（同样用上昂的还有白台寺释迦殿）。这些都是典型的《营造法式》要素。

稷王庙正殿昂头上卷（类似平凉武康王庙），或是受陕西地区做法辐射所致，而平出假昂与真昂之下均出单瓣华头子，则与《营造法式》所载制度不同。芮城城隍庙正殿耍头足材并向内伸出一架长，以里转双杪承托，转角铺作角缝里转第二杪极长，呈递角栿状，承托相邻补间铺作耍头里转交点，其上托大角梁后尾及下平槫交点。余庆禅院正殿柱头用海棠栌斗，跳头令栱尚不及泥道栱长，而普拍枋用燕尾榫亦不常见。这些则是特异的地域做法。

总的来说，晋西南木构铺作做法的祖源构成较为混杂，现存遗构中晚期案例不如早期的规整、高级，除局部样式的相似外，在构造关系上与晋东南地区的技术传统颇不一致，两者是否存在确实的亲缘关系尚有讨论余地（图3-16）。

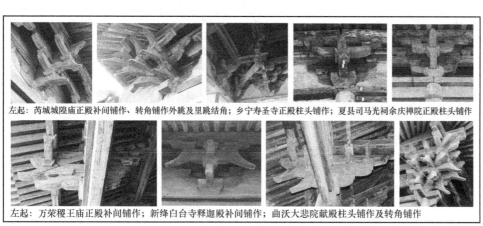

左起：芮城城隍庙正殿补间铺作、转角铺作外跳及里跳结角；乡宁寿圣寺正殿柱头铺作；夏县司马光祠余庆禅院正殿柱头铺作

左起：万荣稷王庙正殿补间铺作；新绛白台寺释迦殿补间铺作；曲沃大悲院献殿柱头铺作及转角铺作

图 3-16 晋西南地区宋、金遗构铺作类型

豫西北地区与晋东南长治、晋城比邻，经王屋、太行山道相连，往来交通便利，两地民系相近，语言、习俗、信仰等颇相类同。汴梁技术主要途经该地区北传晋东南，区内早期遗构中也保留较多的《营造法式》因素。

铺作配置方面，济源济渎庙寝宫、龙亭、奉仙观三清殿均为逐间单补间（龙亭大檐额上横列铺作五朵，原型可视为三间四架用单补间），风穴寺中殿更进一步，心间用双补间；四个案例中，四铺作单昂两例（龙亭及风穴寺中殿）、五铺作双杪（济渎庙寝宫）及单杪单昂（奉仙观三清殿）各一例。早期扶壁栱上部虚悬（济渎庙寝宫扶壁单栱两素方，其上封泥），入金后改为封至椽底（济渎庙龙亭重栱单素方抵椽，奉仙观三清殿用重栱单素方让过昂背后再坐单栱素方一组托檐槫；风穴寺中殿重栱单素方上隐栱置斗以托承椽枋）。耍头则率以蚂蚱头形为主（仅龙亭里转改用斜杀内凹式）。

该区案例虽少，但时代愈后愈倾向于以昂头代替卷头、扶壁栱由上部虚悬改为直抵椽下、耍头形态以《营造法式》所录的为本，这几个趋势都与晋东南的情况相似，两地的演变方向相同，步调也基本一致（图3-17）。

豫西北济源地区宋、金遗构铺作类型(上左起)济渎庙寝宫补间、柱头、转角铺作；(下左起)奉仙观三清殿柱头、补间铺作；济渎庙龙亭柱头铺作

图3-17　豫西北地区宋、金遗构铺作类型

3.5　本章小结

通过分项定量统计（详见附表）及与周边地区实例的比较，本章得以勾勒出晋东南地区五代、宋、金时段内木构遗存的典型"形制"与区系特征。从信奉对象到空间组合均高度定型化的宗教建筑中，大量构造节点也呈现出成熟、稳固和持久的特质，从诸如柱高关系、梁栿组合、丁栿形态、转角构造、铺作配置等方面入手，可将现有案例分为若干个相对独立的类别，提炼出的各类"典型"构架均拥有较为明确的适用界限（时空范围、建筑性质、规模等第），其中各相关构造节点程式化的搭配规律，同样表现出强烈的连带性和唯一性特质。以方三间六架椽佛殿为例，即可被归纳为**"柱头斗栱五**

铺作，无补间铺作，仅隐刻栱；外跳计心，里跳偷心。梁架四椽栿对乳栿用三柱，四椽栿与乳栿压接关系，丁栿做法，减柱位置弯曲丁栿或斜直丁栿，前端与山面柱头铺作结合，尾端搭四椽栿上；内柱缝上丁栿前端与山面柱头铺作结合，尾端搭内柱柱头铺作上与梁栿插接。丁栿上立蜀柱或驼峰，架系头栿，系头栿上与丁栿对应位置立蜀柱，托大斗，架平梁与上平槫交点。角梁后尾承系头栿与下平槫交点，施或不施抹角栿"的系列固定搭配的集合。[1] 同样长五间悬山顶佛殿、三间四架佛殿、三间六架前廊开敞型道教祠观等，也拥有各自成套的构造组合及形式语言。总体而言，因构架形式的相对单一，晋东南地区遗构的构造节点表现虽然丰富，细类繁多，但与周边地区相比仍较纯粹和正规，也没有明显游离于主流做法之外的变体，且各种构造做法延续时期长、递变过程清晰，除回龙寺正殿等通柱厅堂的产生较为突兀外，基本不存在跳跃式出现的新技术样式，整个木构体系的发展脉络连绵贯通，鲜少断档。

1 孟超，刘妍. 晋东南歇山建筑的梁架做法综述与统计分析——晋东南地区唐至金歇山建筑研究之一［J］. 古建园林技术，2008（02）：3-9。

第 4 章　晋东南地区五代、宋、金建筑的构件样式

4.1　本章引言

4.1.1　以样式研究作为《营造法式》传播线索的适切性

样式分析作为技术史研究的重要组成部分，旨在针对最为直观的建筑外形要素逐项分类，以某一特定做法在不同匠作区系内的出现及消亡时序为线索，讨论相应技术因子（建构思维、施工工艺、工具选择、材料审美等）的祖源构成及传播次第问题。这一手段因古代社会相应缺乏流动性，工匠对样式的选择具有长期性，构件组合具有共动性等原因而得以成立。但同样存在着明显缺陷：其一是在针对个案进行样式筛选的过程中需排除后世改动部分的影响，而这一工作的成果并不总能确保可靠；其二是实例在时空分布上的不均导致无法给出具体样式的确凿起止时间与流播边界，模糊多解的研究结果与定量分析的研究方法间存在本质矛盾。因此样式分析方法注定受限于资料的全面度，所得的阶段性成果需经过持续积累与修订，才能逐步构筑出相对完整可信的样式谱系，而其间的缺环部分往往最终证明无法填补，使研究者不得不接受证据链条断裂的现实。

即或如此，样式分析仍旧是实例研究中无法取代的部分，是对纷繁建筑现象的归纳总结，包括地域做法的提炼、时代特征的排列、技术源流的追索、匠作体系的分类等工作，均以建筑样式的观察、描述为基础。针对同一建筑细部，罗列不同时期实例，以期就其发展趋势得到直观印象，这一工作方法自梁思成先生著录《中国建筑史》以来一直延续至今（图 4-1）。

除构件形态外，样式研究的对象尚包括构架和构造层面，其中构架涉及的是整个系统的选择性问题，构造则与设计体系和施工技术密切相关，这两者因为牵涉到实际建造过程而受到各种客观条件的制约，具有极大的复杂性和特殊性，转换关系晦涩而间接，反观构件样式的选择则相对自由，更能体现工匠的主观意识，从而在不同实例间架构起相对清晰的内在联系。也正因难易有别，构架、构造层面的类似，在证实不同遗构的亲缘关系时较之构件

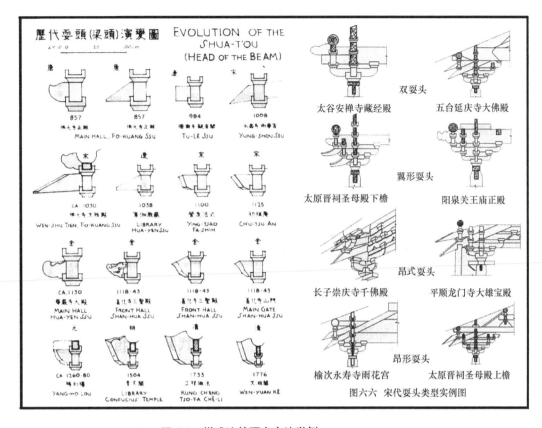

图六六 宋代耍头类型实例图

图 4-1 样式比较研究方法举例

来源：（左）梁思成．中国建筑史［M］．天津：百花文艺出版社，1998；（右）贺大龙．
长治五代建筑新考［M］．北京：文物出版社，2008

的雷同更具说服力。

　　需要指出的是，此类研究中的构件样式（微观）与构造做法（中观）虽居于不同的逻辑层次，但两者并非相互割裂的独立整体，结构理性主义传统之下的构件样式选择是与构造做法紧密联系的，甚至进一步反映在构架体系中（如《营造法式》月梁造厅堂配用丁头栱、直梁厅堂则选用沓头之类）。

　　因此本章所涉及的几个样式专题，也均介乎于构件与构造层次之间，并非纯粹的细部形态研究，而这是由本书的写作目的决定的——样式研究的途径，特别是结合《营造法式》的比对工作，大致可分为两类：其一是就构件形态进行谱系划分，并提炼出若干通用样式标尺，作为界定区期边界的客观依据，投射到文本研究上即是"法式与实物的直观互证"工作；其二是针对样式现象的诠释工作，即"法式与实物的技术背景排比"，旨在以《营造法式》文本为参照，在多元认识的前提下解释特定技术现象的产生、消亡原因及其谱系归属。徐怡涛、贺大龙、李会智等先生的先行研究极大地提升了我们对晋东南地区五代、宋、金木构建筑的认识水平，为避免工作内容的重复，本书在写作时着重关注《营造法式》相关制度对本区实例的影响情况，而不再进行样式标尺的择取及相关谱系的排列。简言之，在学界前贤的工作基础之上，本书试图解决"为什么"而非"是什么"的问题。

4.1.2 晋东南地区木构建筑构件样式问题的研究综述

徐怡涛先生在其博士学位论文[1] 第二章"长治、晋城地区五代、宋、金寺庙建筑单体形制分期"第五节中，专门从梁架与斗栱形制出发，对晋东南地区早期木构的分期问题进行了详尽讨论。其中，针对斗栱形制，从斗欹曲线、横栱及替木端头抹斜、要头形态、昂面形状、铺作组合五个方面进行归纳；而针对构架形制，则从补间铺作配置、对接梁栿底皮关系、叉手上段位置变化等三个角度加以考察。最后经由以上八个切入点的共同交集，得出了晋东南地区木构建筑发生过三次根本性的形制转折（以五代至熙宁元年即公元1068年前后为第一期，熙宁元年至宣和元年即公元1119年为第二期，宣和元年至金代为第三期）的结论。

徐怡涛先生从样式史角度出发，以构件加工方式的转变作为线索，把握了大量遗构纷繁复杂的外在表现背后的时代性规律，并且给出的系列样式标尺对于无明确纪年的木构建筑的年代判定，具有极其重要的指导意义。

同文第四章"长治、晋城地区五代、宋、金建筑与周边地区同时期建筑形制的比较"则分三节分别与晋中、太原、河北、河南、晋西南、陕西地区现存同期木构，以及《营造法式》相应规定比较，得出结论："**五代至北宋中前期是长治、晋城地区与周边地区间同大于异的时期，而北宋中后期——即神宗熙宁年间前后至徽宗宣和元年以前，则是长治、晋城与周边地区差异最显著的时期，宋末至金中前期，《营造法式》的颁布和流传在一定程度上削弱了地区差异，各地区之间又呈现出互相影响的交融趋势**"。总体而言，徐怡涛先生将比较视野集中在构件样式的层面，得出了非常具体和直观的结论，是迄今关于晋东南地区早期木构遗存分期分区问题最为全面和深入的学术成果。

贺大龙先生在《长治五代建筑新考》、《潞城原起寺大雄宝殿年代新考》等专著及论文中，从构件样式谱系的视角出发，在详细排查了包括晋东南及周边地区木构实例、石仿木构（窟檐、石塔等）、敦煌壁画图像资料及日本

1　徐怡涛. 长治、晋城地区的五代、宋、金寺庙建筑［D］. 北京：北京大学考古文博学院，2003。

奈良时期遗构中的代表性细部做法后，就昂嘴、耍头、华头子、皿板、栱瓣形态，阑额、扶壁栱配置、翼角椽排列等多个要素的发展情况进行排序后，得出小张村碧云寺正殿、布村玉皇庙正殿、潞城原起寺大雄殿等遗构建于五代时期的结论，以个案研究为切入点，总结归纳了晋东南地区唐末五代的一些通行构造做法和构件样式特征，大幅拓展了相关研究的视野。

4.2　耍头拟昂问题

首先整理《营造法式》中与耍头相关的条目如下：

卷第一"总释上·爵头"条记其音义："《释名》：上入曰爵头，形似爵头也今俗谓之耍头，又谓之猢狲头；朔方人谓之勒纵头。"

卷第四"大木作制度一·爵头"条记其形制："造耍头之制，用足材自斗心出，长二十五分°，自上棱斜杀向下六分°，自头上量五分°，斜杀向下二分°谓之鹊台。两面留心，各斜抹五分°，下随尖各斜杀向上二分°，长五分°。下大棱上，两面开龙牙口，广半分°，斜梢向尖又谓之锥眼。开口与华栱同，与令拱相交，安于齐心斗上。若累铺作数多，皆随所出之跳加长若角内用，则以斜长加之。于里外令栱两出安之。如上下有碍昂势处，即随昂势斜杀，放过昂身。或有不出耍头者，皆于里外令栱之内，安到心股卯只用单材。"

卷第十七"大木作功限一"记其规格尺寸与施用位置，如"斗栱等造作功"条记："出跳上名件：爵头一只、华头子一只，右各一分功"，"殿阁外檐补间铺作用栱斗等数"条记："自八铺作至四铺作各通用……两出耍头一只并随昂身上下斜势，分作两只，内四铺作不分"，"殿阁身槽内补间铺作用栱斗等数"条记："自七铺作至四铺作各通用……两出耍头一只七铺作长八跳、六铺作长六跳、五铺作长四跳、四铺作长两跳"，"楼阁平座补间铺作用栱枓等数"条记："自七铺作至四铺作各通用……耍头，一只七铺作身长二百七十分°、六铺作身长二百四十分°、五铺作身长二百一十分°、四铺作身长一百八十分°"，此外规定"把头绞项作每缝用栱斗等数"内含耍头一只；又卷第十八"大木作功限二"中"殿阁外檐转角铺作用栱斗等数"条记："自八铺作至四铺作各通用……角内耍头一只八铺作至六铺作身长一百一十七分°，五铺作、四铺作身长八十四分°……自八铺作至五铺作各通用……足材耍头二只八铺作、七铺作身长九十分°，六铺作、五铺作身长六十五分°……四铺作独用……耍头列慢栱二只身长三十分°"，"殿阁身内转角铺作用栱斗等数"条记："自七铺作至四铺作各通用……角内两出耍头一只七铺作身长二百八十八分°、六铺作身长一百四十七分°、五铺作身长七十七分°、四铺作身长六十四分°……四铺作独用……耍头列慢栱二只身长三十分°"、"楼阁平座转角铺作用栱斗等数"条记："自七铺作至四铺作各通用……角内足材

耍头一只七铺作身长二百一十分°、六铺作身长一百六十八分°、五铺作身长一百二十六分°、四铺作身长八十四分°；**耍头列慢栱分首二只**七铺作身长一百五十二分°、六铺作身长一百二十二分°、五铺作身长九十二分°、四铺作身长六十二分°；**入柱耍头二只**长同上；**耍头列令栱分首二只**长同上……**七铺作、六铺作、五铺作各用：耍头列方桁二只**七铺作身长一百五十二分°、六铺作身长一百二十二分°、五铺作身长九十一分°……**七铺作、六铺作各用：交角耍头：七铺作四只**二只身长一百五十二分°、二只身长一百二十二分°；**六铺作二只**身长一百二十二分°。"

显然，《营造法式》载录之标准耍头形态盖以蚂蚱头为准，当中起棱、上留鹊台。若卷头造，则耍头两出；若下昂造或上昂造，则耍头为昂身阻断不能贯通，身内另出里耍头一只。

4.2.1 耍头斜出拟昂的构造意义

依《营造法式》定义，耍头"**用足材自斗心出……开口与华栱同，与令栱相交，安于齐心斗上**"，可知需同时满足四个条件：①平置；②足材；③绞令栱；④位于齐心斗上。实例中所见的情况远较文本之规定为丰富，笼统而论，或可将所有自正心缝上伸出、绞令栱出头、起牵拉功用的构件都归为耍头。

耍头之形象出现较晚。真正意义上的耍头，最早见于盛唐以后的敦煌壁画建筑形象中，如莫高 172 窟、85 窟等（图 4-2）。而考之汉魏陶屋与石阙，皆无耍头之设（图 4-3）；北朝石窟的建筑形象本身即鲜有作出跳栱者，偶有例外如南响堂第 1、2 窟的北齐窟檐，偷心双杪上亦仅用掐瓣令栱一只以承檐枋；此外诸如西安市博所藏北魏造像塔、寿阳北齐厍狄回洛墓木椁、隋代洛阳陶屋、初唐雁塔门楣石刻佛殿图像、懿德太子墓壁画城楼、武周阿斯塔纳张怀寂墓出土木台等各类实物或图像资料上均不见耍头出头。

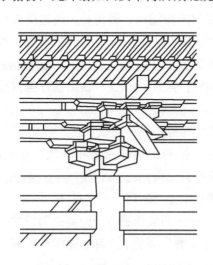

图 4-2 敦煌 85 窟耍头形象

来源：萧默. 敦煌建筑研究［M］.

北京：机械工业出版社，2003

中晚唐以后，耍头在部分北方木构实例中出现（如南禅寺正殿、佛光寺东大殿，而芮城广仁王庙正殿、平顺天台庵大殿和正定开元寺钟楼仍然不用，日本和样建筑继承唐前中期样式，同样不用耍头），此外尚有类似唐永泰公主墓壁画及敦煌宋初窟檐中所见的以卷头绞令栱出头、最外跳不用令栱而以交互斗直接承替木擎檐的折中做法。至五代宋初，北方遗构除龙

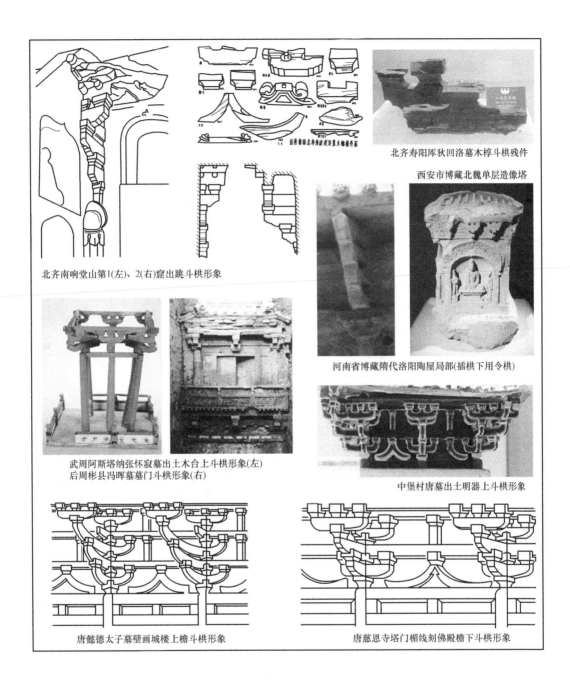

北齐寿阳厍狄回洛墓木樽斗栱残件

西安市博藏北魏单层造像塔

北齐南响堂山第1(左)、2(右)窟出跳斗栱形象

河南省博藏隋代洛阳陶屋局部(插栱下用令栱)

武周阿斯塔纳张怀寂墓出土木台上斗栱形象(左)
后周彬县冯晖墓墓门斗栱形象(右)

中堡村唐墓出土明器上斗栱形象

唐懿德太子墓壁画城楼上檐斗栱形象

唐慈恩寺塔门楣线刻佛殿檐下斗栱形象

图 4-3　早期铺作不用耍头形象

来源：懿德太子墓壁画及雁塔门楣刻线引自萧默．敦煌建筑研究［M］．北京：机械工业
出版社，2003；南响堂山第1、2窟出跳栱引自傅熹年．中国古代建筑史（第二卷）
［M］．北京：中国建筑工业出版社，2003；照片自摄

门寺西配殿（用斗口跳）外已普遍使用要头，而江南地区则将不用要头的传统传续至北宋中叶以后，如闸口白塔、灵隐双塔及灵峰探梅石塔上所见，传世宋画《杰阁婴春》《朝回环珮》《寒林楼观》等图中亦无要头的表现，应是对同期江南技术传统的真实写仿（图 4-4）。华南地区的华林寺大殿则使用斜出昂式要头。

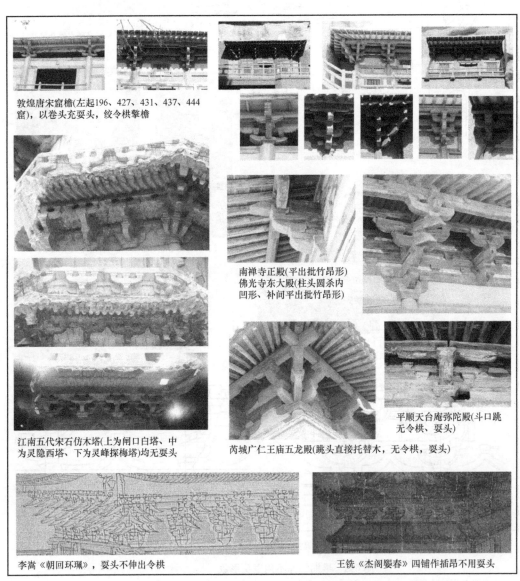

敦煌唐宋窟檐(左起196、427、431、437、444
窟)，以卷头充要头，绞令栱擎檐

南禅寺正殿(平出批竹昂形)
佛光寺东大殿(柱头圆杀内
凹形、补间平出批竹昂形)

平顺天台庵弥陀殿(斗口跳
无令栱、要头)

江南五代宋石仿木塔(上为闸口白塔、中
为灵隐西塔、下为灵峰探梅塔)均无要头

芮城广仁王庙五龙殿(跳头直接托替木，无令栱，要头)

李嵩《朝回环珮》，要头不伸出令栱

王铣《杰阁婴春》四铺作插昂不用要头

图 4-4　唐、五代、北宋时期要头使用情况
来源：宋画引自秦孝仪. 宫室楼阁之美——界画特展［Z］.
台北：国立故宫博物院，2000；照片自摄

相较而言，用耍头绞擎檐横料应当是中唐以后的正规官式做法（图 4-5），且最初的耍头直接采用斜出下昂形象，与下昂造铺作搭配使用时可弥补外观上用昂数目的不足（如敦煌莫高 172 窟南壁建筑形象中，转角七铺作双杪双昂重栱计心，昂头令栱素平，无耍头绞出，而补间五铺作双杪单栱偷心，跳头交互斗口内出批竹昂状耍头一道绞令栱，头部尖斜向下，与转角铺作正身缝用昂形态一致。同窟北壁建筑画虽与南壁基本类同，却无耍头之表现。敦煌壁画图像中，除双杪加昂状耍头外，尚有单杪单昂加昂状耍头等多种配置方式，且这些图像中的耍头无一例外地嘴部向下伸出，与地面呈倾斜夹角）。

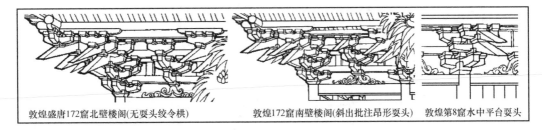

敦煌盛唐172窟北壁楼阁(无耍头绞令栱)　　　敦煌172窟南壁楼阁(斜出批注昂形耍头)　　　敦煌第8窟水中平台耍头

图 4-5　中唐敦煌壁画耍头形象

来源：萧默．敦煌建筑研究［M］．北京：机械工业出版社，2003

需要指出的是，在耍头形态的选择上，同时期的木构实物与传世图像之间并无真实对应的关系——现存早期遗构中的耍头，泰半采用短促的平出批竹昂形状，[1] 间或也采用翼形耍头，[2] 辽构有不作雕饰、直接将耍头斫成方头的传统，或制成平出批竹昂状。[3]

至于斜出下昂状耍头，在晋东南地区于北宋初开始广泛运用。[4] 北宋中期以后，其昂嘴形态发生改变，一方面随着琴面昂取代批竹昂，耍头也改用琴面昂形；另一方面，批竹昂本身也经历了由昂身平直不起棱到中间起棱、

1　使用平出批竹昂形耍头的早期实例包括南禅寺正殿、镇国寺万佛殿、大云院弥陀殿，以及较晚的北宋沁县大云院正殿、离相寺正殿及狐突庙后殿，而原起寺大殿平出批竹昂状耍头的昂嘴部分特长，是这一做法的特例；砖仿木构中运用该要素的实例则有汾阳金墓 M5 墓门等。

2　实用翼形耍头的早期实例有佛光寺东大殿、晋祠圣母殿下檐、阳泉关王庙正殿、安禅寺藏经殿等。

3　辽构中较早期的实例多采用将耍头直接斫成方头的手法，如独乐寺观音阁上檐、奉国寺大殿等；而建造年代稍晚的案例则多采用平出批竹昂形耍头，如独乐寺山门及观音阁下檐、广济寺三大士殿、开善寺大殿、华严寺大雄殿与薄伽教藏殿等，到辽金之交建造善化寺大雄殿、普贤阁时尚沿袭成法，而三圣殿已因铺作用昂而放弃这一传统形式。

4　晋东南地区现存北宋遗构大多使用斜出下昂状耍头，如龙门寺大雄殿、崇庆寺千佛殿、游仙寺毗卢殿、青莲寺释迦殿、开化寺大雄殿等皆然。北宋中叶后，耍头形态亦由批竹昂形进化为琴面昂形，如南村二仙庙正殿、正觉寺后殿等。

嘴部出尖的变化历程。前述斜出下昂状要头的诸构，无论要头或其下真昂，皆将昂嘴抹尖并当中出峰（仅长子法兴寺十二圆觉殿例外，拟昂要头的嘴部扁平无棱）；而更早期的平出批竹昂状要头则保持昂嘴扁平、昂身不出峰的原始状态。在晋中、晋北地区，批竹昂形态一直延续至金中叶，并产生了一批采用斜出批竹昂状要头的金构，如五台佛光寺文殊殿、五台延庆寺正殿、朔州崇福寺弥陀殿、榆社福祥寺正殿等（图 4-6）。

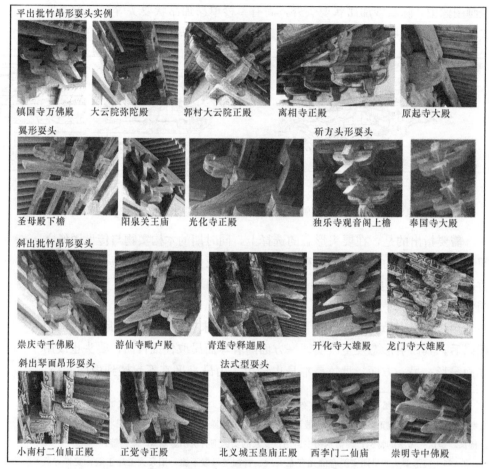

图 4-6　五代北宋遗构要头样式

晋东南地区直到《营造法式》成书之前，斜出下昂式要头一直在实例分布中占据主导地位；自北宋末叶开始，《营造法式》所载之蚂蚱头形要头方日趋常见；[1] 入金后这两种要头形式并存，同时出现了梁栿出作要头的新趋

　　1　晋东南地区用爵头型要头的实例年代基本皆在《营造法式》成书之后，如泽州崇寿寺释迦殿、北义城镇玉皇庙正殿、西李门村二仙庙正殿、北社村九天圣母庙正殿等。

势，这就使得耍头断面尺寸激增，此外斜栱的增多也使得一攒铺作中出现多缝耍头，且与华栱一样作抹斜处理（如襄垣太平村灵泽王庙正殿）。

元构中的耍头形态更趋多样，如元大德十年（公元 1306 年）所建潞城郭家庄禹王庙正殿补间四缝斜栱上，蚂蚱头、龙头形耍头相间使用；又如元至正十年（公元 1350 年）建襄垣五龙庙正殿补间斜栱在正身缝两侧各出四缝云形耍头，正、斜九缝耍头并列，蔚为壮观。明清以降，耍头装饰性愈强，象头、凤头、如意头、三浮云、麻叶头等不一而足，而其用材趋于简小，结构功能随着铺作整体的衰微而弱化。

针对晋东南地区唐五代时期的耍头形态，贺大龙先生在《长治五代建筑新考》一书中将之分作四种类型："Ⅰ型为昂形单耍头，Ⅱ型为昂式双耍头，Ⅲ型为批竹形耍头，Ⅳ型为翼形耍头。Ⅰ、Ⅱ型为斜置式，Ⅲ、Ⅳ型为平置式。Ⅰ型……具有承挑作用的是斜置受压杆件。Ⅱ型……具有昂的部分功能，应为负有功能的'昂式耍头'。Ⅲ型……自南禅寺大殿以后，此形耍头成为五代至北宋中期以前的普遍做法……Ⅳ型……与宋《营造法式》七铺作双杪双下昂做法类似……"

显然，同样的斜出下昂形耍头，因后尾构造不同可进一部分作"昂式耍头"与"昂形耍头"——斜出下昂状耍头后尾一直向上延伸过柱缝者，具有与真昂一样的杠杆功能，该类做法可归为"昂式耍头"；而后尾短促，不过柱缝即被压在梁栿之下的，则是"昂形耍头"。前者反映了早期耍头与昂在形态与功用上的同质性，或许意味着两者根源相同，代表其未经分化的原始状态；后者实质上只是搭压在昂身之上、与其同形，但功用不同，它代表着耍头与昂之间产生概念分化的初级阶段——工匠对两种构件的功能区别已有充分认识，但基于惯性思维，仍将耍头处理成符合其本源的斜出下昂形式。一言以蔽之，就与昂的关系上，前者（昂式耍头）真得其式，而后者（昂形耍头）徒具其形。

4.2.2 耍头的拟昂化与六铺作的缺失

昂状耍头的盛行，或许与北方木构中六铺作斗栱长期缺失的现象密切相关。

六铺作外形富于变化、结角构造简繁得当，其栱昂配置宜于形成定式，如日本和样建筑用双杪单昂、禅宗样建筑用单杪双昂，这也被视为我国北、南技术差别的反映（《营造法式》卷第四"大木作制度一·总铺作次序"所记即第二种情况"**出三跳谓之六铺作**下出一卷头，上施两昂**……自四铺作至八铺作，皆于上跳之上，横施令栱与耍头相交，以承撩檐枋……**"）。

然而我国早期遗构中六铺作实例极少见，晋东南地区尤其一例无存。较早的实例中，大同善化寺三圣殿及广州光孝寺大殿为单杪双插昂，太原晋祠圣母殿上檐为双杪单昂，单杪双昂的六铺作仅在宋画《焚香祝圣》、《水殿招凉》等图像资料中有所表现。实物中栱、昂配合完善的六铺作，直至元代方才大量见用于南方，如元构延福寺大殿、天宁寺大殿等（图4-7）。

考察现存五代、宋、辽、金建筑，以五铺作最为常见，而铺作等级与建筑规模间并无直接的对应关系（如巨构华严寺大雄殿、隆兴寺摩尼殿、善化寺大雄殿等皆只用五铺作）。五铺作之上，则跳过六铺作，直接用至七铺作双杪双昂。这或许是因为七铺作双杪双昂在构成逻辑上是五铺作单杪单昂的倍加，其栱昂配置同样分组明确、上下均衡，层次分明且感染力强，而无须像六铺作一般在栱、昂分配的侧重上有所取舍。

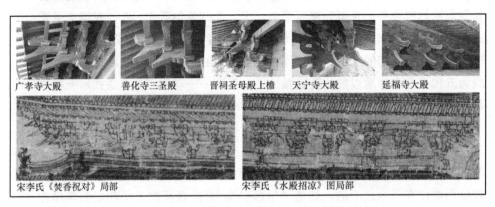

广孝寺大殿　　　善化寺三圣殿　　　晋祠圣母殿上檐　　天宁寺大殿　　　延福寺大殿

宋李氏《焚香祝对》局部　　　　　　宋李氏《水殿招凉》图局部

图4-7　中国古代建筑用六铺作形象实例
来源：秦孝仪. 宫室楼阁之美——界画特展［Z］. 台北：国立故宫博物院，2000；照片自摄

从技术角度解读六铺作之缺失，或许与影栱配置传统有关。

影栱，按《营造法式》卷第四"大木作制度一·总铺作次序"称："**凡铺作当柱头壁，谓之影栱**又谓之扶壁栱。**如铺作重栱全计心造，则于泥道重栱上施素枋**枋上斜安遮椽板。**五铺作一杪一昂，若下一杪偷心，则泥道重栱上施素枋，枋上又施令栱，栱上施承椽枋。单栱七铺作两杪两昂及六铺作一杪两昂或两杪一昂，若下一杪偷心，则于栌斗之上施两令栱两素枋**枋上平铺遮椽板。**或只于泥道重栱上施素枋。单栱八铺作两杪三昂，若下两杪偷心，则泥道栱上施素枋，枋上又施重栱、素枋**枋上平铺遮椽板。**"**

梁思成先生注解《营造法式》时已注意到柱头壁上不同的栱枋配置导致遮椽板放置方式的差异。若逐跳计心造，则自五铺作以上，遮椽板呈 V 字形排布——当下昂造时，里跳算桯枋位置较外跳罗汉枋为高，而层数较少；当上昂造时，里外跳诸栱枋高度一致，而里跳层数较多；当卷头造时，里外跳对称式布置。扶壁栱当计心造时，若里外均出卷头，用重栱上叠素枋的配置方式；若下昂造，依跳数不等，重栱上叠素枋一至三层，最上施以压槽枋；若上昂造，五铺作扶壁用重栱两素枋、六铺作及七铺作用重栱素枋接单栱素枋、八铺作则用重栱素枋两组。

显然，实例中扶壁栱配置的情况千差万别，远较《营造法式》举例为复杂，就晋东南地区最为常见的五铺作而言，无论外跳采用的是双杪、双昂或单杪单昂搭配，也无论耍头作斜出下昂形或《营造法式》蚂蚱头形，都未能使其"单栱三素枋"的扶壁栱基本组合模式发生改变。这一组合仅在柱头缝上施用重栱造时，相应地变作扶壁重栱两素枋（如北社村九天圣母庙正殿、西李门村二仙庙正殿、东邑村龙王庙正殿、平顺龙门寺山门）或重栱单素枋（如长子崔府君庙正殿）。

五铺作与单栱三素枋的固定组合在晋东南地区宋、金遗构中占据压倒性的优势地位，少有的几个例外在建造年代上且居于这一时段的两端[1]，使得其分布具有显著的集中性与普遍性。单栱两素枋作为四铺作扶壁部分的基本做法同样具有普遍性，与五铺作单栱三素枋不同的是，这一组合的例外情况多体现为扶壁上栱、枋叠放顺序的错动，而非叠枋数量的不同（如小张村碧云寺正殿四铺作栱昂并出一跳，扶壁自下而上按"枋→栱→枋→枋"的顺序构成，类似的还有原起寺大雄殿四铺作单杪、回龙寺正殿四铺作单昂，扶壁上皆按先枋后栱次序垒叠）。

这两种常见组合所用的栱、枋数，无疑与习惯的隐栱配置方式紧密相关：

五铺作第一跳头承瓜栱、慢栱及罗汉枋，第二跳头施令栱、替木，相应地，扶壁部分的单栱三素枋也分作两组，下一组为泥道栱、泥道慢栱，上一组为泥道令栱、柱头素枋（其中仅泥道栱为真栱，其余两栱系在三素枋的下两道上隐刻）。这一配置顺序可以保证隐刻补间铺作最简形式的实现：下道柱头枋上隐刻翼形栱或梭形栱，以代表补间铺作之泥道栱；第二道柱头枋上隐刻泥道令栱，与柱头铺作分位之隐刻泥道令栱保持一致，同时较其下翼形或梭形泥道栱略长，保持了上下层横栱间正常的长短关系；上道柱头枋素平，作为隐刻长短栱组合的收束，并与柱头分位的情况相呼应。四铺作第一跳头承令栱、替木擎檐，柱头壁上单栱两素枋，下道枋上隐刻泥道慢栱，与真泥道栱组成扶壁重栱意向，补间分位则在下道枋上隐出翼形或梭形短栱，

1　扶壁组合特异的例子多集中在五代与金晚期，如平顺大云院弥陀殿在单栱三素枋之上再叠实拍栱一只，其上坐散斗承素枋一条，形成单栱三素枋＋单材垫块素枋的组合；布村玉皇庙正殿因栱昂叠于梁栿之上，扶壁栱加至单栱四素枋；崇庆寺千佛殿单栱四素枋，扶壁直叠至橡下；会仙观三清殿则是扶壁三重栱上叠两素枋到橡底。

上置散斗承托柱头枋。

显然，晋东南地区典型的四铺作、五铺作影栱配置，皆以补间铺作与第一跳头横栱保持相同的单、重栱造关系为基本准则，并同时确保柱头铺作在视觉上呈现扶壁重栱意向。

基于这一匠作意识，考察被早期遗构弃用的六铺作，可知：

若六铺作两杪一昂重栱计心造，则扶壁部分仍取三素枋配置（因前述"补间影栱与跳头需保持单、重栱做法一致"原则，至少需要三素枋，而若按《营造法式》之规定用重栱单素枋，则无法通过隐栱置斗的途径表达补间意向），此时遮椽板之安置方式为第一跳与柱缝间平置、第二跳与第一跳间斜置，这一安搭次序与《营造法式》卷三十"下昂上昂出跳分数第三"图中所示"逐跳斜置遮椽板或柱缝与第一跳间斜置、一二跳间平置"的情况颇为不同。若六铺作一杪两昂重栱计心造，扶壁的单栱三素枋（理由同前，不用单栱造之单栱素枋两重）同样会导致遮椽板安装次序的颠倒（由柱缝而外，先平后斜）。

因此或可认为，五铺作配合单栱三素枋的地方传统，最能保证遮椽版的顺利安装。若铺作层数增加而扶壁栱层次保持不变，则出跳构件尾端的铰接问题无法解决，而若大幅增加扶壁栱枋层次，则有可能导致遮椽板的倒置（最上层柱头枋背高于出跳缝上素枋背一足材，使得遮椽板先由柱头缝折向下，到达第一跳中缝后再折向上以抵第二跳中缝），而这也是不允许的。

试设想六铺作扶壁栱在（五铺作）单栱三素枋基础上增加一层的情况，总计五道栱枋共有三种分配方式：重栱素枋叠单栱素枋、单栱叠四素枋、重栱叠三素枋。

当采用重栱素枋叠单栱素枋时，柱头铺作扶壁栱自下而上为：泥道栱（真栱）→泥道慢栱（真栱）→泥道令栱（隐刻）→泥道慢栱（真栱）→柱头枋；对应补间分位的影栱为：充泥道栱的翼形或梭形短栱（隐刻）→泥道令栱（真栱）→柱头枋。显然，这将导致在补间位置出现了"枋→栱→枋"的异化配置，该做法虽见用于少数早期案例中（如回龙寺正殿、原起寺正殿、布村玉皇庙正殿及碧云寺正殿），但都用在最简单的四铺作上，体现为自栌斗口内先出一枋，与六铺作的情况不可同日而语。

单栱叠四素枋则更为尴尬——此时柱头铺作影栱配置为泥道栱（真栱）→泥道慢栱（隐刻）→泥道令栱（隐刻）→泥道慢栱（隐刻）→柱头枋，而补间铺作的配置为充泥道栱之翼形或梭形短栱（隐刻）→泥道令栱（隐刻）→泥道慢栱（隐刻）→柱头枋。考察现存实例，柱头铺作与补间铺作之影栱间存在一套相互配合的成熟手法：三种栱长（作为短栱的翼形或梭形栱、作为标准长度的泥道令栱和泥道栱，以及作为长栱的泥道慢栱）的隐刻栱中，中等长度的泥道令栱对称使用，而长栱与短栱在同一高度的柱头与补间分位配合出现，这样可以保证栱长规律既简明一致又富于变化，最重要的是隐刻栱间距适宜，不致相犯。当单栱叠四素枋时，由于第三道枋上同时于柱头与补

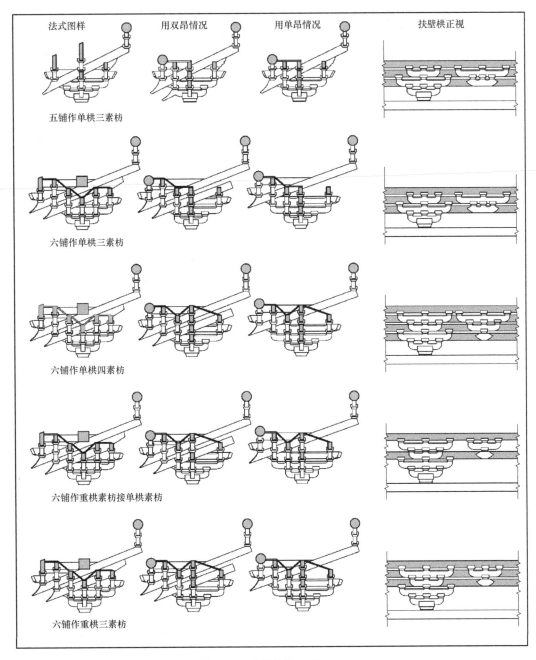

图 4-8　六铺作配置导致的栱枋矛盾示意

间位置隐刻泥道慢栱，不可避免地会出现长栱相对现象，即或不致相犯，仍足以造成视觉上的不适。

相较而言，重栱叠三素枋的情况略好（下道素枋上的柱头铺作泥道令栱对补间铺作翼形或梭形栱，第二道素枋上的柱头铺作泥道慢栱对补间铺作泥道令栱，空间上足敷展开），但中长栱对短栱、长栱对中长栱的组合显得较为杂乱，且同样无法避免柱头缝与第一跳缝上遮椽板的倒置问题。

因此，无论单栱三素枋、单栱四素枋、重栱叠三素枋或重栱素枋叠单栱素枋，外观都不能与六铺作计心造适配良好（图 4-8）。

而若从纯粹的视觉角度解释六铺作的弃用，或许更能反映实际的工匠意识与营造选择，从而更为贴近历史的真实。

无论后尾的受力状态如何，斜出昂形/昂式要头在外观上具有与真昂一样的效果，因此单下昂与斜出昂状要头的组合，实际带来双昂的观感。要头与斜昂外观的趋同无疑在视觉上将整组铺作提高了一个层级——四铺作单昂配以昂状要头即可带来五铺作双昂的第一印象，而五铺作单杪单昂配上昂状要头，便可产生与六铺作单杪双昂基本相同的效果。

考察晋东南地区五代、宋、金时期用昂（或昂状要头）的木构实例，分析其实际栱昂配置与意图达到的视觉效果间的关系，制成表 4-1。

晋东南地区五代、宋、金木构建筑实际栱昂配置与外观效果对照情况

表 4-1

实际配置			视觉意向	现存元以前实例
铺作配置	栱	昂	要头		
四铺作单昂	/	单	蚂蚱头形	四铺作单昂	高平嘉祥寺转佛殿（宋）、泽州周村东岳庙正殿、襄垣昭泽王庙正殿（金）、泽州川底村佛堂（金）、高平开化寺观音殿（金）、长子王郭村三嵕庙（金）、平顺淳化寺大殿（金）、平顺回龙寺正殿（金）、武乡监漳村应感庙五龙殿（金）、襄垣昭泽王庙正殿（金）、陵川玉泉村东岳庙正殿（金）
四铺作单杪	单	/	平出下昂形	五铺作单杪单昂	潞城原起寺大殿（宋）、沁县郭村大云寺正殿（宋）、长子文庙大成殿（明？）
四铺作单昂	/	单	斜出下昂形	五铺作双昂	泽州府城村玉皇庙玉皇殿（宋）、小张村碧云寺大殿（宋）、高平清化寺如来殿（宋）、陵川寺润村三教堂（金）、泽州西顿村济渎庙（金元）、高平王报村二郎庙戏台（金）、高都东岳庙天齐殿（金）、高都玉皇庙东朵殿（金）、陵川西溪二仙庙梳妆楼（金）、陵川石掌村玉皇庙正殿（金）、陵川郊底村白玉宫正殿（金）
五铺作双昂	/	双	蚂蚱头形	五铺作双昂	平顺佛头寺正殿（宋）、陵川北吉祥寺中佛殿（宋）、高都景德寺后殿（宋）、高平西李门村二仙庙正殿（金）、襄垣灵泽王庙正殿（金）、长子府君庙正殿（金）、平顺龙门寺山门（金）、泽州冶底村岱庙天齐殿（金）、襄垣灵泽王庙正殿（金）、泽州湖婢村二仙庙正殿（金元）、泽州显庆寺毗卢殿（金元）、长子崇瓦张村三嵕庙正殿（金元）

铺作配置	栱	昂	耍头	视觉意向	现存元以前实例
五铺作单杪单昂	单	单	蚂蚱头形	五铺作单杪单昂	平顺九天圣母庙大殿(宋)、泽州崇寿寺释迦殿(宋)、武乡大云寺三佛殿(金)、武乡东良侯村洪济院(金)、陵川龙岩寺中佛殿(金)、长子西上坊村成汤庙正殿(金)、长子韩坊尧王庙正殿(金)、长子天王寺大殿(金)、高平中坪村二仙宫正殿(金)、壶关南阳护村三嵕庙正殿(金)、沁县开村普照寺大殿(金)、武乡大云寺三佛殿(金)、武乡东良侯村洪济院正殿(金)
五铺作双杪	双	/	斜出下昂形	六铺作双杪单昂	长子布村玉皇庙正殿(五代宋)
五铺作单杪单昂	单	单	斜出下昂形	六铺作单杪双昂	长子崇庆寺中佛殿(宋)、平顺龙门寺大雄殿(宋)、泽州青莲寺释迦殿(宋)、泽州小南村二仙庙(宋)、陵川南吉祥寺中殿(宋)、陵川小会岭二仙庙正殿(宋)、长子正觉寺后殿(宋)、高平游仙寺毗卢殿(宋)、高平大周纂村资圣寺正殿(宋)、长治长春村玉皇观正殿(宋)、陵川北吉祥寺前殿(宋金)、泽州河底村汤王庙正殿(宋金)、泽州尹西村东岳庙天齐殿(金)、陵川崔府君庙山门(金)、高都景德寺前殿(金)、陵川南神头二仙庙正殿(金)、长子布村玉皇庙后殿(金)、潞城东邑村龙王庙正殿(金)、阳城开福寺中殿(金)、武乡监漳村会仙观三清殿(金)、沁县南涅水村洪教院正殿(金元)
五铺作双昂	/	双	斜出下昂形	六铺作三昂	长治故驿村崇教寺正殿(元)、长治南宋村玉皇观五凤楼(元)、高平下台村古中庙正殿(元)、泽州湖婶村二仙庙献亭(元)
六铺作双杪单昂	双	单	蚂蚱头形	六铺作双杪单昂	无
六铺作单杪双昂	单	双	蚂蚱头形	六铺作单杪双昂	长子下霍村灵贶王庙(金元)
六铺作三昂	/	三	蚂蚱头形	六铺作三昂	阳城屯城村东岳庙正殿(金)、长治北宋村玉皇庙正殿(元)
六铺作双杪单昂	双	单	斜出下昂形	七铺作双杪双昂	无
六铺作单杪双昂	单	双	斜出下昂形	七铺作单杪三昂	襄垣文庙大成殿(元)
六铺作三昂	/	三	斜出下昂形	七铺作四昂	无
七铺作双杪双昂	双	双	蚂蚱头形	七铺作双杪双昂	高平崇明寺中佛殿(宋)
七铺作单杪三昂	单	三	蚂蚱头形	七铺作单杪三昂	泽州府城村玉皇庙成汤殿神厨(元)
七铺作单杪三昂	单	三	斜出下昂形	八铺作单杪四昂	陵川北马村玉皇庙正殿(金)
七铺作双杪双昂	双	双	斜出下昂形	八铺作双杪三昂	长子法兴寺十二圆觉殿(仿宋)
九铺作单杪五昂	单	五	蚂蚱头形	九铺作单杪五昂	长治南宋村玉皇观灵霄殿(元明)

由上表不难看出：

（1）摒除昂状耍头因素，在最简单的四铺作配置中，对昂头形式的偏爱导致插昂、假昂做法盛行，实例中四铺作单昂明显多于四铺作单杪。

（2）五铺作双昂的形式兼具外观纯粹性与构造简便性，因此在宋、金遗构中得到最大量的运用，而其实现途径分作两种：五铺作双昂＋蚂蚱头形耍头，或四铺作单昂＋斜出下昂形耍头。

（3）五铺作单杪单昂与蚂蚱头形耍头的组合，从宋末金初起成为主流，采用该样式的诸构在梁架关系、铺作配置等方面也体现出更为深入的受《营造法式》影响的倾向。

（4）在吸纳"正规"五铺作单杪单昂配置的同时，工匠结合昂状耍头传统，创造出一套以五铺作栱昂配置表现六铺作双昂意向的经典做法，涵盖了本区几乎全部大型宋、金寺观中的主要殿宇。因此或可认为，这一基于五铺作与昂状耍头组合得来的六铺作单杪双昂外观，反映了一种类似官方认可的审美标准。

（5）与一般的认知情况相反，六铺作双杪单昂作为典型的北式栱昂配置模式，在晋东南地区并未占据主导地位。无论其实现途径是六铺作双杪单昂＋蚂蚱头形耍头，抑或五铺作双杪＋昂状耍头，这一组合带来的经典形式在本地区几无实例可循（唯一勉强类似的是布村玉皇庙正殿，其类昂构件实为昂式耍头与昂式衬方头的组合，为本区孤例）。

（6）一般认为源自南方的六铺作单杪双下昂做法，自金后期开始少量出现。

（7）金元以降，出现了六铺作三昂的极端表现形式（部分由五铺作双昂＋昂状耍头得到，部分直接用三假昂），但七铺作中不存在这一极端纯粹的样式，而是至少保留头跳出卷头。

（8）七铺作双杪双昂作为成熟的构造形式，不假借昂状耍头的介入即可获得。与六铺作、五铺作的栱昂配置需通过掺杂昂状耍头因素得到多样化的样式表达不同，七铺作双杪双昂在构造上具有稳定性，因此其实现途径唯一，仅通过真实的栱、昂组合得来。

（9）七铺作以上，概以昂构件的叠加为构成原则，即按照"单栱N昂"的方式递变，栱、昂个数的变化缺乏多样性（长子法兴寺十二圆觉殿为唯一例外）。

由此可见，昂状耍头的存在为铺作组合平添了不少变数，借助昂状耍头与下昂间类似的外观，较低级的铺作亦可获得较高级的视觉效果。单杪双昂的意向既然可以通过五铺作单杪单昂与昂状耍头的结合得到，自然无须用到真正的六铺作，而铺作高度的降低既有利于工料的俭省，也是构架向厅堂方向演化的必然要求。

从某种意义上说，在昂状耍头传统拥有强盛生命力的背景下，正是对六铺作意向的刻意追求，间接导致了本地区六铺作做法的普遍缺失。

4.2.3　梁栿构造的改变与耍头拟昂化的推进

由于昂状耍头模拟下昂形象，两者功能相近做法相似，且常搭配使用，故考察昂状耍头在整体构架中的表现，需首先了解下昂与梁栿的交接关系对其造成的影响。

关于下昂，一般认为源自原始的斜栿，钟晓青先生指出早期的屋架构成中曾存在明栿、斜枋的三角组合，以及明、草栿的层叠组合这两条并行线索，其后斜栿退化，融入纵架铺作层后形成下昂[1]，但其融合方式及退化程度南北有别：南方梁头位于昂下，昂尾上托平槫，仍然保持其固有的杠杆形式；北方则演化为梁头叠压在昂上、昂尾短促，仅依靠上部荷载保持稳定的全新关系，即所谓压跳做法（图 4-9）。

柱头铺作中，梁栿与昂构件的交接关系，按《营造法式》可分为四种：①下昂后尾**"如当柱头，即以草栿或丁栿压之"**；②**"若昂身于屋内上出皆至下平槫"**，一般用于副阶补间；③**"若屋内彻上明造，即用挑斡，或挑一斗，或挑一材两栔"**；④**"如用平棊，自槫安蜀柱，以插昂尾"**。

南方厅堂姑置不论，北方自唐五代宋辽以来，殿堂均使用双栿——以草栿压跳昂尾，而以明栿伸出作卷头承托昂身外侧支点，下昂夹在明、草栿间成为杠杆。这一传统在五代、北宋的小型通檐殿堂上首先发生变异：镇国寺万佛殿最上一层扶壁栱承托六椽衬梁（相当于草六椽栿），出柱缝后即行截割并压在衬方头上，下昂后尾压跳于该衬梁下，但明六椽栿出头后作第三杪（不出华头子）而非第二杪，故虽同样上托下昂，却已不是昂身最外端之支点（同样的情况尚见于佛宫寺释迦塔、奉国寺七佛殿）。北宋简化殿堂（如

1　钟晓青. 斗栱、铺作与铺作层［M］//王贵祥主编. 中国建筑史论汇刊（第 1 辑），北京：清华大学出版社，2009：3-26。关于下昂的起源，学界尚有不同意见，王鲁民认为昂按原意应专指上昂，下昂是上昂穿过柱缝后的变异产物。见：王鲁民. 说"昂"［J］.《古建园林技术》，1996（4）：37-40。文中举何晏《景福殿赋》**"欂栌各落以相承，栾栱夭蟜而交结"**句，引《礼记·丧大记》疏**"欂，柱也"**，《集韵》**"欂，柳也"**，《说文解字》**"柳，马柱也"**等注疏，指出汉魏时期的柳是短柱一类的构件，而《营造法式》**"昂"、"柳"**通用；此外，《景福殿赋》有**"飞柳鸟踊，双辕是荷。赴险凌虚，猎捷相加"**句，可见柳有"昂扬"之意，辅之以渠县无名阙、沈府君阙角部斜撑式上昂形象，不难得出上昂是昂的原生形态这一结论。该文并推测，当卷头造出跳多时，在里跳率先施用上昂，压在草栿之下，以保障出跳栱不致外翻，此后上昂穿过柱头枋壁向外斜伸形成杠杆，即发展为后世习见之下昂。

崇明寺中佛殿和碧云寺正殿）中，两栿间距缩短，下道明栿不再绞铺作出头，转而垫塞里跳昂下空间，昂的前后两个支点都转入柱缝以内，杠杆作用亦随之减弱。随着双栿体系崩解，下道明栿后尾简化为卷头，改以单栿压跳。总结实例情况，压跳做法可粗分作四类：

（1）双栿Ⅰ型。用于典型殿堂构架，上道草栿压跳昂尾、下道明栿绞铺

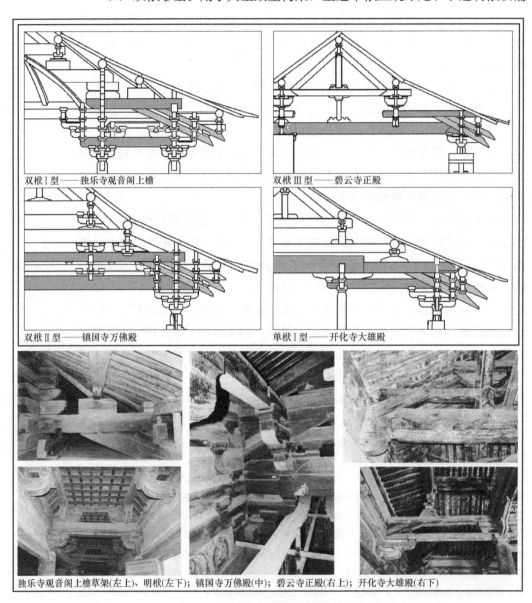

双栿Ⅰ型——独乐寺观音阁上檐

双栿Ⅲ型——碧云寺正殿

双栿Ⅱ型——镇国寺万佛殿

单栿Ⅰ型——开化寺大雄殿

独乐寺观音阁上檐草架(左上)、明栿(左下)；镇国寺万佛殿(中)；碧云寺正殿(右上)；开化寺大雄殿(右下)

图 4-9　昂尾压跳做法分类

来源：观音阁草架照片引自杨新．中国古代建筑蓟县独乐寺［M］．

北京：文物出版社，2007；其余自摄

160

作出头作华栱（实例如佛光寺东大殿、独乐寺观音阁上层）。

（2）双栿Ⅱ型。用于异化或简化殿堂，室内不作平棊天花，明草栿仅存在细部的外观差别，上道栿压跳昂尾、下道栿绞铺作出头作华头子（实例如镇国寺万佛殿、奉国寺七佛殿、佛宫寺释迦塔一二层、永寿寺雨花宫等）。

（3）双栿Ⅲ型。用于小型简化殿堂，室内不作平棊天花，上道栿压跳昂尾，下道栿不出柱缝，插于铺作里跳栱上昂下的三角空间（实例如碧云寺正殿、崇明寺中佛殿等）。

（4）单栿Ⅰ型。用于厅式殿堂构架，其本质是殿堂构架厅堂化的过程中对下道明栿的省略，但明栿的具体处理方式各有不同：诸如龙门寺大雄殿的明栿简化为里要头，插在柱缝内并压于昂下，是对双栿Ⅲ型的简化；而晋祠圣母殿上檐则将明栿简化为里转第三杪，外出作华头子，是对双栿Ⅱ型的简化。该型做法在晋东南地区北宋遗构中颇为常见（实例如开化寺大雄殿、龙门寺大雄殿等）。

就构造关系而言，前三型以位置较高的草栿压跳昂尾，为昂身过柱缝后继续上升提供了充裕的空间，此时若使用昂状要头，其后尾部分可以随真昂一道上挑草栿，形成具备真昂结构功能的杠杆，而在单栿Ⅰ型中，由于明栿取消、铺作简化及草栿位置下降，使得昂状要头甫过柱缝即被截断，在部分铺作跳数较多、单栿外伸距离较长的案例中，甚至未过柱缝即被压在栿下（如晋祠圣母殿上檐、北马村玉皇庙正殿前檐）。考察晋东南地区柱头位置昂状要头的构造做法与昂栿关系，制成表4-2。

晋东南地区五代、宋、金木构建筑昂状要头构造做法举例　　表4-2

铺作配置	施用位置	类型	昂尾处理	要头后尾位置	要头形态	补间铺作	典型实例
四铺作单杪	柱头	/	/	作乳栿	平出批竹昂，短促	隐刻	辛安村原起寺大殿
				平置于栿背	平出批竹昂，狭长	隐刻	郭村大云寺正殿
四铺作单昂	柱头	真昂	压跳在劄牵下，丁栿上	过柱缝与真昂同压在劄牵下	批竹昂形	隐刻	小张村碧云寺大殿
	补间	真昂	挑昂式要头	上挑平槫	琴面昂形	两朵	王报村二郎庙戏台
	柱头	假昂	作卷头	作杏头压在栿下	琴面昂形	隐刻	西溪二仙庙梳妆楼
	补间	假昂	作卷头	上挑平槫	琴面昂形	单朵	高都玉皇庙东朵殿
五铺作双杪	柱头	/	/	前檐平柱头上挑平梁；山面柱头过柱头扶壁截断	批竹昂形	隐刻	布村玉皇庙正殿
五铺作单杪单昂	柱头	真昂	压跳在草栿下、明栿上	过柱缝与真昂同压在丁栿下	批竹昂形	隐刻	崇庆寺千佛殿
	补间	真昂	挑昂式要头	上挑平槫	琴面昂形	单朵	南神头村二仙庙正殿

铺作配置	施用位置	类型	昂尾处理	耍头后尾位置	耍头形态	补间铺作	典型实例
五铺作单杪单昂	柱头	假昂	作卷头	作沓头压在四椽栿下	琴面昂形	隐刻	北吉祥寺前殿
	补间	假昂	作卷头	穿插垂柱身，垂柱上挑平槫	琴面昂形	单朵	东邑村龙王庙正殿
五铺作双昂	转角	假昂	不过柱缝	不过柱缝	琴面昂形	单朵	车当村佛头寺大殿
	柱头	假昂	作卷头	作沓头压在栿下	卷鼻昂形	隐刻	故驿村崇教寺正殿
	补间	假昂	作卷头	作里耍头	琴面昂形	三朵	南宋村玉皇观五凤楼
六铺作单杪双昂	转角	假昂	作卷头及沓头	压在乳栿上，过柱缝扎入蜀柱身后上挑平槫	琴面昂形	隐刻	襄垣文庙大成殿
	柱头		作卷头	过柱缝压跳栿下	琴面昂形		
七铺作单杪三昂	柱头	真昂	压跳在六椽栿下	不过柱缝，压跳在外伸的六椽栿首之下	琴面昂形	隐刻	北马村玉皇庙正殿

据之可知：

（1）晋东南地区的昂式耍头过柱缝后斜伸作杠杆现象，在金以前仅见布村玉皇庙正殿一例；入金后广泛出现于补间铺作上。

（2）自金中晚期起，出现了利用昂状耍头穿插垂柱身，再以垂柱上挑平槫的组合式做法，应是《营造法式》所记**"如用平棊，即自槫安蜀柱以插昂尾"**的变体。

（3）用于柱头铺作的斜出式昂形耍头，除布村玉皇庙正殿外，皆压跳于梁栿之下。

（4）平出式昂形耍头或后延作梁栿，或平置于梁栿背上，并不参与挑托平槫。

（5）柱头铺作如用假昂，昂形耍头亦用平直料假作，后尾相应出作沓头。

（6）补间铺作用昂状耍头上挑平槫者，如配合真昂使用，则真昂后尾挑托昂状耍头，两者间略作夹角，呈斜交关系；如配合假昂使用，则两者昂头部分保持平行。

4.2.4 昂状耍头在补间铺作上挑平槫节点中的构造表现

昂式耍头最早运用于柱头铺作位置，其后尾构造经历了从过柱缝挑托草栿到草栿下降后压于柱缝下的"身尾逐渐缩短、位置逐渐外移"的发展历程。宋金之交，或许是受《营造法式》的影响，晋东南地区补间铺作的应用趋于普遍，而昂式耍头与蚂蚱头形耍头并存，此时在运用昂式耍头的补间铺作上，率先出现了耍头身尾上挑平槫的做法。

无疑，补间铺作用昂并"**于屋内上出至下平槫**"，从早期实例的分布来看具有明显的江南地域倾向，而北地原生的用昂习惯，无论典型殿堂或已初步厅堂化的简化殿堂，均以用在柱头并压跳于栿下为主。换言之，这一补间用昂做法的出现，当是《营造法式》采编江南传统技法后北传上党地区所致，这一点尚可通过相关的构造做法及样式特征加以佐证。

本区实例中，利用斜昂形构件挑托屋架的，大致有四类做法：

（1）昂式耍头上挑平槫。典型实例如高都玉皇庙东朵殿（四铺作单假昂，柱头铺作乳栿伸出作蚂蚱头形耍头，补间铺作用昂式耍头上挑下平槫，并使平槫与前内柱错缝）、阳城开福寺中佛殿（补间五铺作单杪单假昂，后尾双杪托里耍头、靴楔，昂式耍头后尾挑平槫及系头栿），东邑村龙王庙正殿则在柱头及补间铺作位置皆用昂式耍头上挑平槫（柱头单杪单假昂、昂式耍头，假昂里跳平出作㖞头，昂式耍头上挑下平槫，劄牵绞里跳头令栱压跳昂式耍头后尾，其斜度与用在补间分位者保持一致。补间铺作昂式耍头斜伸后穿插垂柱身，垂柱头上插入合㭼、替木后上托平槫）。

（2）昂式耍头上挑平梁。实例如布村玉皇庙正殿柱头铺作（以昂式耍头及昂式衬方头组合上挑平梁，本质上仍是明栿压跳做法，但因挑托的是平梁而非下层明栿，导致后尾延展甚长，直至平槫分位之下，而将杠杆形态体现得尤其彻底）。

（3）补间铺作真昂上抵平槫。平顺九天圣母庙正殿、陵川龙岩寺中佛殿、长子崔府君庙正殿、西溪二仙庙正殿均未用昂式耍头，而以补间铺作昂尾上抵平槫。其中，陵川龙岩寺中殿、西溪二仙庙正殿心间用到双补间，九天圣母庙正殿则用到闇栌斗，皆是典型的《营造法式》样式语汇。

（4）挑斡上挑平槫。晋东南地区金构中，有于补间铺作里跳出挑斡承挑平槫的（实例如高都玉皇庙昊天上帝殿、泽州冶底村岱庙天齐殿、陵川玉泉村东岳庙东朵殿[1]及郊底村白玉宫正殿[2]等）。

由此可知，本地区在补间铺作普及后，产生了以下昂、昂式耍头、挑斡等不同构件上挑平槫的构造做法，并与铺作外跳的真昂、假昂、昂形耍头形成多种组合模式，大体可归为两种：其一为真昂或昂式耍头上挑平槫，外观

1　玉泉村东岳庙东朵殿四铺作单杪，用爵头形耍头，里跳自柱缝起出上昂托令栱替木承平槫，上昂与里转卷头间垫蝉肚靴楔。

2　郊底村白玉宫正殿补间四铺作单假昂与昂形耍头过柱缝后即截断，出上昂一条（上施交互斗一只）直接承替木托平槫，上昂之下连出两杪一耍头，第一杪头横放翼形栱，第二杪头承顺身串（绞乳栿上衬梁）。

形象真实地表现结构方式；其二为假昂或昂形耍头结合挑斡斜挑平槫，人为地将外跳拟昂尖的样式部分和里跳斜撑的结构部分组织在一起，从外观上将这一斜撑短柱性质的挑斡构件装饰成杠杆斜梁性质的下昂形象。

挑斡与上昂间往往存在概念的混淆。按《营造法式》文意，上昂用于身槽内铺作里跳和平坐铺作外跳，自正缝向上斜出至里跳跳头上，承托令栱或压在梁下。昂身下之跳头斗口内施以刻作三卷瓣的靴楔，昂头自上跳之交互斗底向外留出六分°，即后世"六分头"原形（而用双杪及以上的则在上道跳头施"连珠斗"上下相叠）。

上昂造可在较小的出跳范围内有效增加铺作挑高范围，与下昂造在保持铺作出跳深度的同时降低其总高的功用正相反，由于力学性质类似斜撑，故需保持陡立，即一定挑高下的出跳距离应当较小，故此一般用于殿堂内部及平坐，以提高平棊或楼面板的水平高度。

按《营造法式》所列事项，里跳用上昂者外跳必用卷头，上下昂绝不并用，但实例的情况正与之相反：甪直保圣寺大殿与金华天宁寺大殿以下昂支托上昂，外观上形成斜交双昂组合；苏州玄妙观三清殿则于上檐身内补间里外跳上对称使用上昂。一般认为北方地区上昂之使用不如江南频繁，其著称者仅应县净土寺大殿藻井等少数几例。

相较上昂，挑斡做法在实例中运用更为广泛。关于挑斡，《营造法式》记："**若屋内彻上明造，即用挑斡，或只挑一斗，或挑一材两栔**谓一栱上下皆有斗也。若不出昂而用挑斡者，即骑束阑枋下昂桯。**如用平棊，即自槫安蜀柱以插昂尾；如当柱头，即以草栿或丁栿压之**。"梁思成先生认为"挑斡"一词系指下昂后尾；朱光亚先生认为该词仅指构造做法，而未必特指上昂或下昂构件[1]；张十庆先生认为挑斡为下昂之特例即不出昂尖者，其前端咬铺作里跳，后尾斜上挑槫，杠杆式受弯以平衡铺作里外跳荷载，而上昂组合于铺作身内，不直接挑托平槫，依靠铺作内构件相互插压求得平衡，类似斜撑[2]；贾洪波先生则主张抛开受力因素，单以施用位置作为区分标准，将不出昂尖、从铺作里跳斜上承挑下平槫以平衡铺作与上部梁架的斜置构件一律视作挑斡，而将组合于铺作里跳以简化出跳、上部不达下平槫的斜置构件视作上昂[3]。

两者合用时，挑斡在上，斜挑平槫，而上昂在下，支撑挑斡（实例如上

1　朱光亚. 探索明代江南大木做法的演进［J］. 南京工学院学报，1983（02）：100-117。

2　张十庆. 南方上昂与挑斡做法探析 M//. 张复合主编. 建筑史论文集（第16辑）. 北京：清华大学出版社，2002：31-45。

3　贾洪波. 关于宋式建筑几个大木构件问题的探讨［J］. 故宫博物院院刊，2010（03）：91-109。

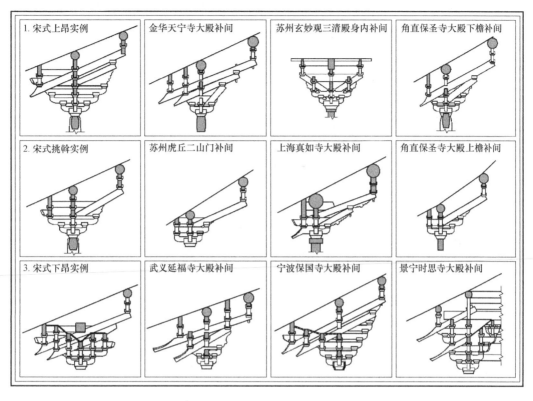

1. 宋式上昂实例	金华天宁寺大殿补间	苏州玄妙观三清殿身内补间	甪直保圣寺大殿下檐补间
2. 宋式挑斡实例	苏州虎丘二山门补间	上海真如寺大殿补间	甪直保圣寺大殿上檐补间
3. 宋式下昂实例	武义延福寺大殿补间	宁波保国寺大殿补间	景宁时思寺大殿补间

图 4-10 南方及《营造法式》上昂、下昂、挑斡做法举例

来源：张十庆. 南方上昂与挑斡做法探析［M］//张复合主编. 建筑史论文集（第16辑），

北京：清华大学出版社，2002：31-45

海真如寺大殿补间铺作）。当然，上昂的支撑功用本身即可由靴楔代替（如绛州大堂补间所见）；也可利用双下昂斜交的方式，以上道下昂后尾挑斡平榑，而以下道下昂后尾斜撑上道昂身，再于下道昂下垫托靴楔（如武义延福寺大殿补间）；或者以上昂代替大靴楔（如金华天宁寺大殿补间），具体做法如图 4-10 所示。

晋东南地区上举诸金构中，斜向杆件皆上挑托榑且不过柱缝，当属挑斡无疑，其下与里要头构成的三角空挡，也往往采用靴楔填补。这一外跳假昂（或昂形要头）与里跳挑斡结合的方式，在形式上满足了模仿下昂造的需要，而在构造上由于挑斡不过柱缝，不与铺作外跳部分相互影响，从而获得了更大的设计简便性与施工灵活性（图 4-11）。

该做法此后在元官式中得到继承，产生了一种程式化的新变体：五铺作双昂，下道假昂里转出为卷头，上道真昂挑托平榑，上道昂下的华头子向里出作上昂，紧贴上道下昂身，尾端作菊叶头（或斫作切几头）而不置斗，里转卷头之上、上昂之下则用大靴楔一只垫托。这一固定组合广泛运用于诸如曲阳北岳庙德宁殿下檐、曲阜颜庙杞国公殿、定兴慈云阁上檐等元构的补间铺作上。

此外，尚有少数特例与昂形耍头反其道而行，即利用弯料，将其后尾部分制成昂式耍头上挑平槫，而令头部平出砍成爵头（如榆次庄子乡圣母庙正殿前檐补间），这是对平出昂形耍头的背反，但因恰当其分的弯料难求，导致实际操作不便而未曾广泛流传。

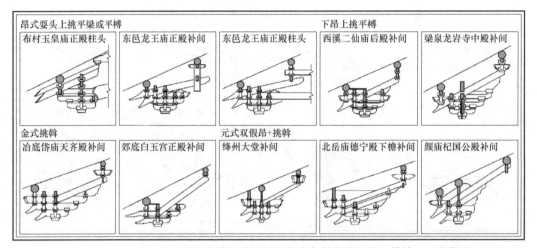

图 4-11　晋东南地区遗构及元官式实例中的上昂、挑斡、下昂做法

4.2.5　昂状耍头的演化方向——昂形耍头、假昂与插昂

昂状耍头一词，系针对其昂嘴部分模拟真昂的形态而言，依后尾部分是否与真昂一样承担杠杆功用，又可将之分作昂式耍头与昂形耍头两类。现存实例中，除昂形耍头外，尚存在两个与下昂造相关的变体，即插昂和假昂。这三者的共同点在于均沿用了下昂造中昂嘴部分的样式语汇，而其差别则是全方位的，从构件属性，到与铺作、梁栿的构造关系，乃至受力状态皆然。但三者又是紧密相关的，它们在出现和流行的时间分布上呈现前后相续的关系，因此或许存在内在的衍替逻辑。本节的讨论即围绕这三者的递相更迭加以展开。

1）梁栿位置的变化与耍头后尾外移——从昂式耍头到昂形耍头

如前节所述，斜出下昂形状的耍头绞令拱出头，在晋东南地区五代、宋、金遗构中甚为常见，这一构件又因后尾交止位置的不同而产生受力状态的异化：

在本区北宋早期实例中，明、草栿体系虽已趋于瓦解，但明栿仍以卷头向里侧延伸作联系枋的形态得以变相保存，此时梁栿（明栿）斜插在柱头铺

166

作后尾的栱、昂之间，这使得斜昂式要头得以在通过柱缝后随昂身一道继续向后上挑，从而作为杠杆共同受力（典型实例如碧云寺正殿、崇庆寺千佛殿、开化寺大雄殿等均遵循梁栿在昂下的位置顺序）。此类做法中，柱头铺作的真昂与昂式要头后尾皆穿过柱缝向上斜伸，最后共同压跳在劄牵等上道梁栿之下，本质上与佛光寺东大殿之类殿堂构造的双栿体系中，双下昂越过绞铺作层的明栿后压在草栿之下的做法并无差别。显然，此类昂式要头与下昂的受力性质相同，并与之作为一个整体工作，除不出跳外，尚完整保有斜昂构件的全部原始功能。

与之相应，北宋中期以后，随着明栿消失导致的梁栿与铺作位置关系的倒转，围绕斜出下昂形要头的组织方式出现了新的模式——由于明、草栿分类的最终瓦解和绞铺作明栿的彻底取消，梁栿不再插接在铺作里跳的栱、昂之间，而是上升到原草栿位置，压在铺作栱、昂之上。此时，由于昂身斜度设计的关系，下昂往往过柱缝不远即被梁栿截断，它虽仍然发挥一定的杠杆功用，但与江南厅堂中昂尾直接叉蜀柱挑斡平槫的做法不同，这组杠杆需要经由梁栿的转换方能完成内外端头荷载的平衡。相应的，位于下昂上方的昂式要头，伸过柱缝的后尾部分所余长度更为有限，这也直接导致其受力状态发生质变——该构件从辅助平衡屋架与檐部荷载的斜杆，转变成填塞昂与梁栿间三角空间的垫块，且随着后尾的逐渐外移（最终退至柱缝之外），不唯丧失了昂构件斜向挑斡的功用，甚至要头构件牵拉令栱的基本功能也遭到破坏，最终退化成一个附丽于梁栿与铺作之间、徒具形式意味的非结构构件（图 4-12）。

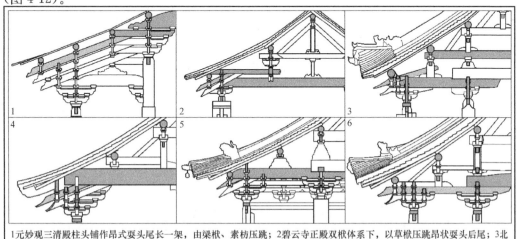

1元妙观三清殿柱头铺作昂式要头尾长一架，由梁栿、素枋压跳；2碧云寺正殿双栿体系下，以草栿压跳昂状要头后尾；3北吉祥寺中佛殿引入昂式要头插蜀柱的中间形态；4青莲寺释迦殿已取消双栿，承重梁位置下移，昂形要头过柱缝不远即行截断；5游仙寺毗卢殿更进一步，要头后尾压在柱缝之外；至宋末金初已普遍出现假昂式昂形要头，如6南神头二仙庙正殿

图 4-12　从昂式要头到昂形要头发展过程中的梁栿位置变化情况

一言以括之，柱头铺作上的昂式耍头与昂形耍头现象并非同时发生的两条平行线索，而是前后衍替的同一线索的首尾两端，推动这一变化的内因则是梁头相对位置下降的事实（图4-13）。

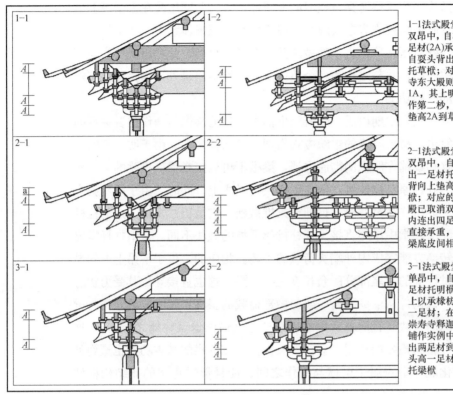

1-1法式殿堂七铺作双杪双昂，自栌斗口内出两足材(2A)承托月梁明栿，自耍头背出一足材(1A)承托草栿；对应的1-2佛光寺东大殿则自栌斗口内出1A，其上明乳栿绞柱缝出作第二杪，而自耍头背上垫高2A到草栿底。

2-1法式殿堂六铺作单杪双昂中，自栌斗口内向上出一足材托明栿，自耍头背向上垫高两材一栔托草栿；对应的2-2晋祠圣母殿已取消双栿，自栌斗口内连出四足材托直梁明栿，直接承重，昂形耍头与直梁底皮间相距约一足材。

3-1法式殿堂五铺作单杪单昂中，自栌斗口内出一足材托明栿月梁，耍头背上以承椽枋托草栿，高约一足材；在如3-2崇寿寺释迦殿的法式型五铺作实例中，自栌斗口内出两足材到耍头高度，耍头高一足材，里出作杪头托梁栿

图4-13　《营造法式》与实例中五至七铺作的梁栿高度关系比较

梁栿位置的下降是一个持续且不可逆的过程。比较现存北方晚唐至宋末遗构（尤以《营造法式》铺作图样为代表），不难发现梁栿高度普遍下降了一至两足材[1]——当其下皮位于衬方头上皮时，斜出下昂形耍头后尾过柱缝后得以继续延伸，仍保有一定的杠杆性质，即所谓昂式耍头；当它下降一足材到与衬方头同等高度时，斜出下昂形耍头后尾在柱缝处被截断，从昂式耍头退化为昂形耍头；而当它再进一步由初始位置下降两足材到达耍头高度时，

---

[1] 姜铮.《营造法式》与唐宋厅堂构架技术的关联性研究——以铺作构造的演变为视角 [D]. 南京：东南大学建筑研究所，2012。文中评述梁栿高度下降与插昂产生之间的关系："昂形耍头是最早出现退化的下昂形式构件，这一现象的出现一方面直观地显示了梁头相对位置高度不断下降的现实，同时也为插昂做法的随后产生给出了合理的解释……具体而言，梁栿相对位置高度可以看作分两次下降，每次均下降一材一栔。第一次……昂形耍头……由'昂'退化为'耍头'。而后至北宋末叶，梁头相对高度进一步降低……即全部退化为插昂。"

168

梁栿自身绞铺作出头作耍头。此时仅凭构件叠压已无法维持附加昂形构件的稳定，为阻止其滑落，必须在其尾部设计榫卯以与华栱接作整体，并咬合横栱，这便已进化到插昂的阶段。

2）梁栿的进一步下移与出作耍头——从昂形耍头到插昂

《营造法式》卷第四"大木作制度一·飞昂"条记录有所谓"插昂"做法："**若昂身于屋内上出，即皆至下平槫。若四铺作用插昂，即其长斜随跳头**。插昂又谓之挣昂，亦谓之矮昂"，此外卷十七"大木作功限一"中记四铺作插昂"**身长四十分**"，而据卷三十"大木作图样上"则可直接考察插昂形象（"铺作转角正样第九"之"殿阁亭榭等转角正样四铺作壁内重栱插下昂"及"下昂上昂出跳分数第三"之"四铺作外插昂"两幅）。

插昂作为下昂被截去身尾的昂嘴部分，不具备杠杆功用，其后尾不过柱缝，这些特点与昂形耍头相似；但它的水平高度位于耍头之下，自身插接于层叠华栱之间且外出一跳，因此又具备下昂在铺作整体构成中的组织关系。

总体来看，插昂体现的是形式而非构造上的意义，它保留了下昂造中斜向构件与水平构件交错的相互关系，但背离了两者相犯时"**让过昂身**"，即打断水平构件以确保斜向构件完整的原则，转而通过截断斜料来优先保障水平构件的整体性，这显然符合我国木构建筑体系中水平秩序不断强化的发展趋势，同时也开启了下昂退化的先声。

关于插昂自身的性质，学界意见不一。有学者以其"**比用栱杪时低下一定距离，而具备下昂保证挑出深度的同时又适当调整屋檐高度**"的功能，认为当划归真昂；[1] 亦有学者因其"**在法式'凡昂上坐斗，四铺作、五铺作并归平'的制约下，里外跳高相等，插昂调整跳高的功能几乎不存在，也失去了真昂后尾可以调节减少里跳华栱层数的功能，且不能单独成为一跳，充其量不过是同层杪栱的跳头而已**"，而将其归为假昂之滥觞。[2]

就存世时段来看，（北方）插昂做法无疑远较其前后两端的昂式耍头和假昂做法为短暂，因此作为过渡性技术现象的意味尤其鲜明。插昂在北方大体集中出现于北宋末至金末，在南方则自五代延续至元（图4-14）。[3] 显然，

1　冯继仁. 中国古代木构建筑的考古学断代［J］. 文物，1995（10）：43-68。

2　贾洪波. 关于宋式建筑几个大木构件问题的探讨［J］. 故宫博物院院刊，2010（03）：91-109。

3　已知北方插昂实例有芮城城隍庙正殿、平顺九天圣母庙正殿、登封初祖庵大殿、广饶关帝庙正殿、武乡应感庙五龙殿、大同善化寺山门及三圣殿、繁峙岩山寺文殊殿、应县净土寺大雄殿、曲沃大悲院献殿、陵川玉泉村东岳庙正殿、高平三王村三嶕庙正殿等；此外不少金元木构，如泽州湖婢村二仙庙正殿、长治北宋村玉皇庙正殿、太谷白城村光化寺后殿、长子义和村三教堂正殿上均疑似使用了该型构件；表现这一做法的砖仿木线索则有稷山金墓舞亭等。南方插昂实例计有福州华林寺大殿、肇庆梅庵大殿、罗源陈太尉宫正殿、甪直保圣寺天王殿等。

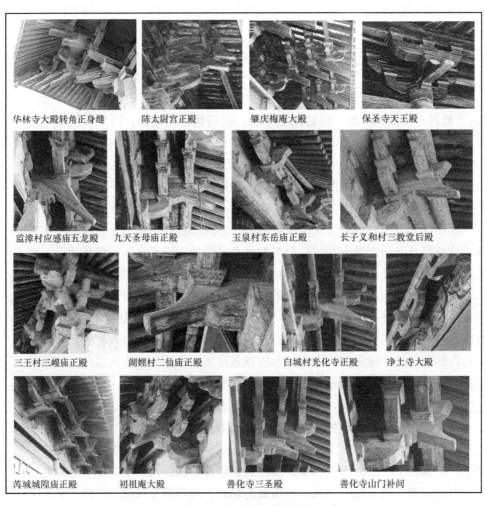

华林寺大殿转角正身缝　　陈太尉宫正殿　　　　肇庆梅庵大殿　　　　保圣寺天王殿

监漳村应感庙五龙殿　　九天圣母庙正殿　　玉泉村东岳庙正殿　　长子义和村三教堂后殿

三王村三嵕庙正殿　　湖婢村二仙庙正殿　　白城村光化寺正殿　　净土寺大殿

芮城城隍庙正殿　　　初祖庵大殿　　　　善化寺三圣殿　　　善化寺山门补间

图 4-14　中国古代建筑用插昂实例

插昂现象在南方的起始时间较早，延续时段亦较长，但南北方插昂产生的动因有所不同。

南方插昂的产生并不以下昂造的衰微为前提，与之相反，华林寺大殿与肇庆梅庵大殿之所以用到插昂，反而与铺作用昂的发达密切相关。

以华林寺大殿为例，该构转角铺作正身缝上，柱头枋绞角出头，三道昂身（下昂两道及昂式耍头一道）后尾遭其截断，昂嘴部分压于各层扶壁栱通枋之下，形成了插昂的构造事实。考察晚唐五代以来的北方遗构，无论佛光寺东大殿、镇国寺万佛殿、独乐寺观音阁，在转角相列问题上都更加强调昂身的构造整体性，而有意识地对井干壁绞角做法加以调整和弱化，因此能够保障昂身完整上挑，避免插昂的出现。华林寺大殿则体现了与北地相反的演化策略，这或可归因于该类构架严重依赖柱头井干壁出头铰接所带来的稳定性（因自重较轻且缺乏草栿层），而与下昂造本身的兴衰缺乏关联。实际上，华林寺大殿插昂构造也仅仅出现在转角正身缝上，其他柱头铺作上之昂皆挑斡平槫，起到切实的结构作用，尤其山面柱头铺作昂身长达两架，素来被认为是反映早期斜梁意向的佳例。因此可以认为，此处的插昂仅仅是南方准殿堂构架强调井干壁构造带来的一个偶然结果，并非斜昂类构件自身由盛转衰发展历程的阶段性体现。

与之类似的还有肇庆梅庵大殿：该构七铺作同样用至三昂，下道为插昂，一般将其看作双杪双昂的变体。三昂之上，当要头位置出丁字栱一只绞令栱出头，其上衬方头绞撩檐枋出头作要头形，衬方头背上再出方木一道，绞二、三跳头罗汉枋出头，可说是通过在上道昂头附加丁字栱，人为地将要头、衬方头各抬高一足材，因此也有认为该构所用为八铺作的。就用昂情况而言，昂尾斜伸两椽并挑斡平槫，意味着该构正处于下昂造做法最为圆熟的阶段，因此插昂的出现是工匠对下昂形式不懈追求、将卷头位置的构件加以昂头装饰化的结果，而非下昂造趋于衰微的征兆（图 4-15）。

北方插昂的产生则是一个构造现象，其背后的支撑因素已不仅仅是纯形式意义上的审美追求。考察现存北方插昂实例，不难发现一个共通的连带现象：梁栿出头作要头。

梁栿外伸作要头的方法在辽构中已普遍存在，独乐寺山门、上华严寺大殿及薄伽教藏殿、应县木塔（三至五层）及稍后的金构善化寺大雄殿和普贤阁，皆以梁栿伸出作平出批竹昂形（阁院寺文殊殿则出为云头形）要头，但该做法与插昂相联系，则主要出现在宋统区遗构中，且在时间序列上与崇宁法式之撰成大致同步。再联系《营造法式》18 幅厅堂侧样中，有 17 幅用四铺作且梁栿伸出作要头的事实，不难在两者间建立起某种因果联系。

梁头出作要头所带来的梁栿、铺作整体化倾向，厅堂构架下柱梁交接关系的直接化趋势，以及四铺作这一最简的斗栱形式，共同构成了该时期北方木构架体系持续趋简的技术背景，并在《营造法式》文本中得到关联和定型。插昂构造现象与厅堂化构架方向之间的联系即是这一趋势的具体体现，可归纳为三点：

（1）形式简明化。梁栿高度下降并出作要头往往与铺作跳数的减少相伴发生，这是因为出作要头部分不宜过长，且压跳构件位置下移导致下昂造无法施展，而纯粹的卷头造用于檐下时，跳数过多将弊大于利。作为结果，柱头铺作往往得以大幅简化，直至《营造法式》图样中四铺作插昂的最简形式为止。铺作层数的简化及施用高度的降低则进一步增强了厅堂构架中柱梁关系的直关性，故而可以认为，铺作形式的简化与厅堂构架追求柱梁直交的本质属性契合良好，插昂则是在这一趋势下权衡新构造方式先进性与用昂传统的折中结果。

（2）施工高效化。下昂做法因涉及斜向设计，必然导致计算与下料的繁难，因此伴随其功能的退化，在保留昂嘴形式的前提下，针对其构件加工方法予以改良是必然之选。插昂避免了斜向构件对水平结构层次的打断，使得主要部材均可按照栱枋层叠的逻辑关系加以制备，而剩余的昂嘴尖斜部分，同样可以照旧法在规格材中下得——唯需截断其后的身尾部分即可。斜向因素的摒除带来的是设计与施工效率的提升，这无疑符合厅堂化背景下工匠对提升营造效率的诉求。

（3）构造合理化。增加承檐构造的稳定性始终是我国木构建筑着力追求的目标所在：铺作外跳令栱参与负担纵向荷载，但令栱本身存在外翻失稳的倾向，这一问题在下昂造中尤其明显。因此工匠围绕拉接令栱这一命题作出了不懈的尝试，从早期的任其虚垂于昂头，到其后的利用斜向的昂式耍头、昂形耍头牵拉，再到利用平直的耍头勾结柱缝扶壁栱，继而到加设衬方头，无非是针对拉接构件的层层补强。而当梁头直接出作耍头时，两者由分离归于统合，这一构造问题得以一劳永逸地解决，而这或可看作后世桃尖梁头出挑承檐的滥觞。此外，梁头高度下降至耍头位置，使得该节点同时具备明、草栿的构造优势（梁头位于铺作最上层，使栿身截面不受铺作材栔制约，不致遭到削弱，即是草栿的优势；同时梁身又能直接牵拉令栱，与铺作绞为整体，即是明栿的优势）。

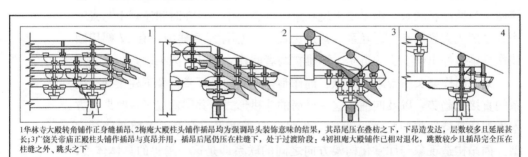

1华林寺大殿转角铺作正身缝插昂，2梅庵大殿柱头铺作插昂均为强调昂头装饰意味的结果，其昂尾压在叠枋之下，下昂造发达，层数较多且延展其长；3广饶关帝庙正殿柱头铺作插昂与真昂并用，插昂后尾仍压在柱缝下，处于过渡阶段；4初祖庵大殿铺作已相对退化，跳数较少且插昂完全压在柱缝之外、跳头之下

图4-15 南北方插昂用法差异及其各自的演化趋势

3）平出假昂与下折假昂的不同源流

相较于插昂作为过渡手段的昙花一现，假昂做法在处理斜向构件退化导致的昂的样式与构造矛盾方面，无疑更为彻底且影响深远，持续时间亦更长。前引贾洪波先生文中称"一般言昂，于宋式即是指下昂，于清式即是指

假昂"，这一认识概括了昂构件的大致发展历程，但假昂之起源甚早，在北方金元时期已成主流，清官式之假昂做法必然其来有自，考察北方尤其是晋东南地区宋、金以来昂与类昂构件的发展脉络，或可一窥全豹。

宋金以降，随着铺作简化趋势的日渐明朗，下昂造的构造意义持续淡化，而昂头相对卷头所具有的等级优越性则受到不断强调，导致昂的形式意味膨胀，在四铺作、五铺作等简单组合中也频繁运用，出现了诸如四铺作单昂、五铺作双昂等脱离构造实际的样式表现。

此时，一方面梁栿与柱头间新的高度关系决定了完备的下昂造做法难以实现；另一方面，在经过大幅简化的厅堂或厅式殿堂中，下昂造在结构上的适宜性相较于其自身制备方面的繁难，也已显得得不偿失。基于对经济性和效率值的追求，技术形式不断向简单直接的方向发展，假昂取代真昂必然是大势所趋。功能与效率之间的矛盾，是推动构造演化的原动力，而针对特定样式等级意味的强调，则构成了下昂造退化过程中插昂、假昂做法出现的直接外因。从昂到昂式耍头，再经昂形耍头、插昂直到假昂的演化进程，正是建筑史中技术现象受非技术因素影响，最终转变为样式现象的一个典型实例。

假昂的产生概有两条线索，其一为下折式假昂，其二为平出式假昂。两者的源头、做法、影响所及各不相同。

平出式假昂的已知最早木构实例是敦煌三危山老君堂慈氏塔（按萧默先生推断，建于北宋太平兴国五年即公元 980 年至天圣六年即公元 1028 年间），这一样式自北宋中叶以后在晋中及周边地区广泛流传，[1] 并在诸如榆次西见子宣承院正殿（宋）及武都福津广严院前殿（宋淳熙十五年即公元 1188 年）等采用类似斗口跳做法的遗构上出现（所出的一杪均处理成平出假昂形，并反划出华头子刻线）。此外，南方的苏州玄妙观三清殿上檐（宋淳熙六年即公元 1179 年，七铺作四杪中的上两杪作平出琴面昂形）、砖仿木的禹县白沙宋墓 1 号墓上也有这一要素的反映。上举实例覆盖范围由甘陇而至江南，由宋初而至元末，足见该做法流传地域之广、持续时间之长（图 4-16）。[2]

下折式假昂则似乎直接来自插昂做法的进一步发展。

与插昂一样，下折式假昂的昂嘴部分与真昂保持样式及角度的高度统

---

[1] 晋中用平出式假昂的宋金遗构有晋祠圣母殿下檐柱头与上檐补间、晋祠献殿、普光寺正殿、庄子村圣母庙正殿等。平出假昂尚见用于晋东的金洞寺转角殿、盂县大王庙后殿，晋西南的万荣稷王庙正殿，晋东南的佛头寺大殿、沁水龙岩寺正殿等构上。

[2] 此外，朝鲜王朝《华城城役仪轨》中记有"山弥"构件，相当于我国假昂。韩国多包系建筑实例中的"山弥"有所谓"仰舌形"（平出）、"牛舌形"（下折）、"云工形"（卷云）之分。平出假昂在朝鲜半岛得以流传至明清时期，似较国内持续时间更长也更流行。

敦煌老君堂慈氏塔	万荣稷王庙正殿	玄妙观三清殿	西见子宣承院正殿
晋祠圣母殿下檐柱头	晋祠圣母殿上檐补间	金洞寺转角殿	佛头寺大殿
寿阳普光寺大殿	晋祠献殿柱头	沁水龙岩寺正殿	盂县大王庙后殿	庄子乡圣母庙正殿

图 4-16 平出假昂实例

来源：老君堂慈氏塔照片引自 http：//andong laowang. blog. 163. com/blog/
static/84487532201481332530816/；其余自摄

一，在北方地区金代补间铺作臻于发达的背景下，这一下折式做法可以最大程度地保持柱头假昂与补间真昂在外观上的一致，因此迅速普及，自金初出现后一直流行至清末（图 4-17）。现存已知较早的下折式假昂实例基本都是金构（如沁县普照寺大殿、西溪二仙宫后殿、阳曲不二寺正殿、长子崔府君庙正殿、涉县成汤庙山门、高平伞盖张村三嵕庙正殿、文水则天庙正殿、庄子乡圣母庙正殿等）。值得注意的是，南宋的石仿木及小木作实例中亦已出现此种做法，如湖州飞英塔（宋端平间即公元 1234～1236 年）及云岩寺飞天藏（宋淳熙七年即公元 1180 年）。

总的来说，平出式假昂的出现年代较下折式假昂为早，分布时段相对集中，且自金晚期起逐渐消失。其演化过程自肇生之初便与斜昂构件缺乏呼应，始终在纯卷头造的构造语境下独立发展。换言之，与下折式假昂不同，平出式假昂做法的出发点，并非为了在保留斜昂形式和简化斜昂构造之间寻

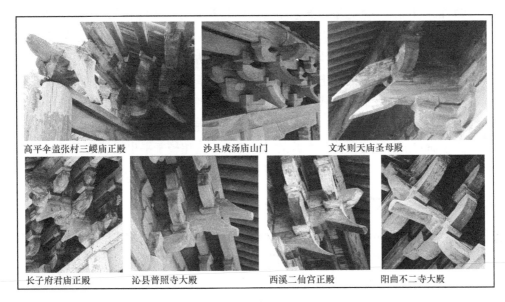

高平伞盖张村三嵕庙正殿　　　沙县成汤庙山门　　　文水则天庙圣母殿

长子府君庙正殿　　沁县普照寺大殿　　西溪二仙宫正殿　　阳曲不二寺大殿

图 4-17　下折式假昂实例

来源：伞盖张村三嵕庙及涉县成汤庙引自 http：//blog. sina. com. cn/s/blog-4a. 877
d4d0102dzk7. html，http：//blog. sina. com. cn/s/blog-4a877d4d0102e2wq. html，其余自摄

求平衡，而是基于昂头较之卷头更具装饰性这一审美认知，对栱只进行艺术加工所致。它的产生、发展与消亡，游离于铺作中斜昂构件的演变规律之外，自然也不在"昂→昂式耍头→昂形耍头→插昂→假昂"的演变序列之上。实际上，与平出批竹昂状耍头一样，铺作中但凡用到平出式假昂的元素，便同时排除了斜昂做法。[1]

平出式假昂的本质，是对水平构件端部的拟昂加工，因此就其生成逻辑而言，似乎更为接近平出批竹昂形耍头。而这一做法在使用补间铺作时，存在一个难以回避的弊端，即补间用真昂导致的两者昂嘴斜度的不统一，这一点在晋祠圣母殿下檐部分表现得最为充分，虽然柱头平出假昂与补间斜向真昂的间杂使用带来独特的韵律感，但对于统一形式的追求无疑在我国古代建筑审美的心理传统中占据着更为主导的地位，因此不难解释这一做法在补间铺作普及后的迅速衰微。

下折式假昂则最终在保留下昂形式与简化构造关系的双重需要下给出了一个最佳解决方案：这一做法在化解梁栿下移与用昂间矛盾，以区别化的方式满足补间与柱头铺作的构造需要的同时，也保证了两者在外观上的高度一

---

[1]　平出批竹昂状耍头配合下昂造的实例甚少，典型者如华严寺薄伽教藏殿壁藏北壁七铺作双杪双昂斗栱。

致性。与插昂一样，下折式假昂可以满足补间与柱头铺作昂嘴斜度的统一，但作为一个整体，无疑较插昂在构造上更为牢固可靠，制作也更加简便。下折式假昂与插昂一样，均是柱头铺作刻意参仿补间铺作外观、以寻求相互呼应的结果，从发展时序上看，两者间存在继承关系；从构造的简便性和可靠性来看，下折式假昂取代插昂是最为自然合理的结果。其缺点则体现在制材的复杂：由于昂嘴下折，导致必须从比栱身规格料更大的原料上下得，此时为了简省工料，必须附加套裁的设计环节，这相较于平出式假昂可通过"交斜角造"制作，无疑更加复杂和费料。

4.3　照壁构成的类型及关联构件的样式变迁

本章所谓照壁系指前/后内柱列沿顺身方向，下自阑额上迄平槫，包括丁栿、劄牵、柱头枋在内的整面纵向木构架。

"照壁"一词，《营造法式》中屡有所见，如卷第六"隔截横钤立旌"条，**"凡隔截所用横钤、立旌，施之于照壁、门、窗或墙之上"**；又卷第七"殿阁照壁版"条，**"……凡殿阁照壁版，施之于殿阁槽内，及照壁门窗之上者皆用之"**；"廊屋照壁版"条，**"……凡廊屋照壁版，施之于殿廊由额之内"**；又卷第八"斗八藻井"条，**"凡藻井，施之于殿内照壁屏风之前"**；卷十三旋作制度有"照壁版宝妆上名件"；卷二十小木作功限一有"照壁屏风骨"条，卷二十一小木作功限二有"殿内照壁版"、"廊屋照壁版"条目；诸作等第将"照壁版，合版造"归为中等……与照壁版相应的，有所谓"后壁版"（如卷二十三，小木作功限三"佛道帐"条）。以是观之，照壁位置不在檐柱列下，而只能解释为内柱列之柱壁，之所以能够壁立者，因其上额、枋、梁栿层层垒叠之故，而其中涵括构件的多样，也使之有别于内柱头扶壁栱之类概念；至于其关注焦点，则是丁栿、劄牵、内额等构件与内柱头铺作扶壁栱及平槫下襻间的组织关系。

4.3.1　前廊开敞传统与前照壁处理方式的时代和地域性展开

前廊开敞在我国的早期宗教建筑中属于常见手法，与这一现象对应的即是照壁的装饰化。

转角造殿宇的照壁组合分为两个方面，其一是平柱间柱头壁的构成，其二是梢间丁栿架的组合方式。

照壁填充了自门额以上到平槫以下的高大空间，对于典型殿堂而言，因平棊的分隔使其有效高度（露明部分）受限，在形塑空间的过程中居于相对次要的地位；但对于厅堂或厅式殿而言，因屋架部分彻上露明，围绕照壁的设计必须特别富于匠心，以使其与外檐柱壁和内部梁架有机融合成一个整体。

以下分别以佛光寺东大殿、永寿寺雨花宫和晋祠圣母殿、保国寺大殿和华林寺大殿、天宁寺大殿、北义城玉皇庙正殿和南神头二仙庙正殿为代表，讨论典型殿堂、异化殿堂、殿阁装饰化厅堂、厅堂、厅式殿在照壁设计上的异同及其内在联系。

1）叠枋传统与典型殿堂的照壁组成

佛光寺东大殿始建时是否即将版门、直棂窗装于檐柱缝，迄今尚无定论，但其平柱下宝装莲柱础及内柱间栱眼壁彩画等线索，却向我们揭示了该构曾经前廊开敞的可能性。无论如何，该殿前内柱列上照壁的构成均间接体现了殿堂构架回字形双筒平面和明草栿纵向分层的特点。

众所周知，东大殿内外槽间以同质的两椽栿单元联系：明乳栿绞入内外柱头铺作作第二杪、其上以半驼峰承素枋绞令栱、再上为平棊枋（绞内柱头第五道柱头枋）托平闇，草架内则用草乳栿压跳外檐柱头铺作昂后尾及内柱头铺作井干壁。这一组合体现了显著的叠枋逻辑：虽然采用了月梁、半驼峰等特异形式，但此类构件高度均符合整数材栔，并与内外柱头铺作格线对位，因此梢间照壁仍可看作一个四材三栔的叠枋组合。与之相应，当中五间的照壁组成则自柱头泥道栱以上，连叠三材两栔，下道枋子对应丁栿、上道枋子对应半驼峰，其上直接以梢间的素枋为平棊枋以斜搭遮椽板，心间与次间照壁的空间高度较梢间降低一足材。

与前照壁相比，后照壁面对信众的一侧在内柱头泥道栱上显露出整齐的五材四栔，井干叠壁的意味更为明显，作为整铺佛像的背屏显得庄重而富于韵律感。

总体而言，东大殿的照壁形式，可谓完美体现了殿堂水平层叠构造方式独具的节奏美——如果将梢间的丁乳栿和半驼峰换作通枋并隐栱置斗，则其利用单一规格材组合形成不同构造节点的特征将完全彰显。

2）内柱升高与异化殿堂的照壁组成

永寿寺雨花宫与晋祠圣母殿作为北宋异化殿堂的代表例，均取前廊开敞形式，其照壁设计因之颇具典型性。

雨花宫三间六架、内外柱等高，前乳栿对四椽檐栿，其上驼峰支垫上道四椽栿、平梁。前照壁以上道四椽栿为界，分作上下两段，下段为五道素枋叠立，上段则为上平槫下的两材襻间，当中以上道四椽栿与下平槫分隔。前照壁上，无论心间、梢间，皆以叠枋的形式构成看架，且叠枋转过前内柱列后，与檐柱缝上铺作井干壁里四道柱头枋拉通（唯第三道素枋在梢间被打断，改为驼峰形式），可见雨花宫的照壁设计，体现了较佛光寺东大殿更为纯粹的规格材堆叠意图。但另一方面，受制于身内单槽的平面形制，其照壁无法如东大殿一样在殿身内兜转，而势必出现前、后差异：对应前照壁位置，雨花宫后侧上平槫下，于两次间使用广一足材的平置丁栿，搭压在四椽栿与檐柱头铺作里跳第二秒上，并于其上安置驼峰、栌斗、翼形栱支垫昂后尾，再于四椽栿背上平置劄牵承托山面下平槫，这组构件自丁栿底至劄牵上皮，正对应前照壁上五道叠枋的高度，两者可对调互换，"**在心间的五层柱头枋只是联络材……在次间的最下两层柱头枋除联络之外，并负担与'丁栿'同样的任务，在承托'山面下平槫'。但在这两枋之上应用'劄牵'的位置上，又重叠着三层枋。这些枋在'内转角铺作'上面与心间的相值，于是产生既不相称又不必需的混乱，不得已的使用'翼形栱'来区隔，使人不能同时看到不对称的两面**"[1]。无疑，该构前照壁上以叠枋组合取代丁栿劄牵架，令心间与次间的外观构成一致的手法，较之佛光寺东大殿更进一步，是规格化设计臻于极致的表现。此后随着宋末金初以来构架体系的整体简化趋势，以及不同构件在模数化成熟阶段的分型，这一利用叠枋组成照壁的手法被迅速舍弃。

晋祠圣母殿作为另一个典型的单槽平面异化殿堂实例，其前照壁设计同样体现出强烈的时代与地域特征：该构前内柱列次间于扶壁重栱之上连出柱头枋三道，压跳山面柱头铺作昂后尾，柱头枋上承托六椽栿对乳栿节点，并与丁栿咬接，其上再立垫块、栌斗、替木以承托上道六椽栿、四椽栿，直至绞单材襻间后承中平槫；相应的，心间于柱头铺作泥道栱上叠素枋两道（下道出半栱在外即次间之扶壁慢栱，上道素平即次间之下道柱头枋），次间第二道柱头枋出半栱在外，在心间作成扶壁令栱，次间上道柱头枋则延过柱缝，在心间亦作柱头枋。如是则内柱头栌斗内所出五道枋子在照壁上形成隔间上下相闪，出半栱在外、半栱连身对隐的类似襻间的情状。门额之上、由额之下，以及上道柱头枋之上、中平槫襻间之下的大片空白，则抹灰后绘制壁画。较之雨花宫规整的层层叠枋形式，圣母殿在垒叠过程中似乎更加注意栱、枋交错带来的韵律感，借鉴了两材襻间隔间上下相闪的做法，取得了良好的艺术效果。而究其本质，仍是利用栱枋交叠获得照壁组合，斜置丁栿既非照壁构成的主体，在组织上亦被排除在相互交织的格线关系之外，显得较为独立，这也为之后的照壁设计以梁栿的实际安装需要为优先出发点，从而摒除叠枋传统埋下了伏笔。

3）丁栿架内外侧双面异型与殿阁装饰化厅堂的照壁组成

---

1 莫宗江. 山西榆次永寿寺雨花宫［M］//中国营造学社编. 中国营造学社汇刊（第七卷 第二册）. 北京：知识产权出版社，2008。

与我们在北方遗构上看到的趋势一致，江南早期木构建筑的照壁构成同样经历了从逐层叠枋到分段用梁栿的发展历程，并且遗存了一个难得的过渡期实例：在丁栿架的正反两面分别表现叠枋优先与梁栿为主做法的保国寺大殿。

先看早期叠枋阶段的实例，南方现存唯一五代木构华林寺大殿仍具有相当的殿堂特质，其前廊部分开敞，上置平闇，前后内柱皆于柱头栌斗上连叠单栱素枋三组，直达中平槫下；但内柱头之下、穿串内柱身的构件则前后有别——后内柱间仅用阑额一条联系，内柱身插丁头栱两跳与山面柱头铺作里跳相对，共同承托月梁丁栿，复于丁栿背上置异形驼峰以支垫山面柱头铺作昂后尾及内柱头素枋（第二、四道通长，第一、三道向心间出半栱在内，该组扶壁栱绞四椽栿后，以十字栱一组上托中平槫）；而前内柱间先于门额之上用顺身串一条，两端出作第一层丁头栱，其上再出丁头栱一只，与前内柱头铺作里跳双杪相对，上叠素枋两道，正对后内柱上的丁栿高度，其余部分（素枋上异形驼峰、内柱头阑额、内柱头铺作上三组单栱素枋等）则与后照壁相同。前照壁因门额、窗楣、顺身串的存在，在内容上较后照壁略为丰富，同时，前者完全依靠叠枋组成，后者则已引入了月梁，两者虽构成要素迥异，总体高度却仍保持一致，可以视作工匠试图统合照壁中叠枋与梁栿部分的一种尝试。

到了保国寺大殿中，这一异质性被进一步集中于同一缝构件的正反两面，使得二分思维的复杂性达到极致（图 4-18）。由于前三椽空间和后五椽空间分别带有典型的殿堂和厅堂色彩，为求得形式上的对应感，该构在前照壁的次间缝梁架（前丁栿架）上作了双面异形的艺术处理——平闇以下，自下而上，朝向前檐的依次为内额、泥道栱、素枋、令栱、素枋，朝向后檐的则是内额、丁头栱两重、月梁。按这一组合次序，构件若直接两面拼叠，虚实关系将无法相互吻合，故工匠使用同一根整料，将本应空出的部分剔凿至一半深度，余下一半厚度则作为另一侧的构件呈现：包括在内侧月梁底皮反面留出上道素枋、在外侧下道素枋背面剔出丁头栱形状、栱只朝向外侧作半截泥道栱而朝内作丁头栱（两者长度不一因此形成正反两面错位的异形构件）。

这一改变带来显而易见的好处：视觉上，朝向外侧的叠枋与前廊内交圈的扶壁栱配合，达成形式上的统一；朝向内侧的月梁组合，则与后丁栿相互呼应，反映了井字构架中八椽辅架的同质性。两分做法针对前廊求取完整空间界面的要求，以及构造逻辑上的单一性得到了完美统合，叠枋与梁栿两种思路的折中与并存，正是保国寺大殿过渡性的集中体现。舍此之外，心间前照壁上材栔格线关系的丧失亦表明叠枋做法的瓦解趋势——大殿两前内柱间自下而上分布有单栱素枋→单栱素枋→重栱素枋→重栱素枋→单栱素枋→单栱素枋共计六组基本扶壁栱组合单元，若分作"单→单→重"与"重→单→单"的上下两组，不难发现其内在的对称逻辑，且在下位的"两单栱素枋叠一重栱素枋"组合正与外檐柱头铺作扶壁栱对应。然而不同于前述依赖叠枋构成照壁的诸构，这一层叠组合中的各道素枋（内额）尺度不一，照壁中的栱枋各具规格，并普遍较外檐铺作用材为大，因此照壁本身并不具备稳定的材栔构成关系，叠枋在此仅具备形式意义，而欠缺构造施工上的必备性。就本质而言，保国寺大殿或已进入照壁设计以梁栿为主，打破枋材水平控制的阶段，这也与其厅堂属性正相适配。

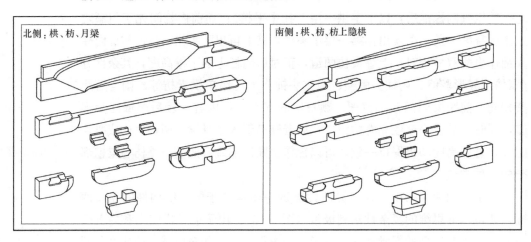

图4-18 保国寺大殿前照壁双面异形做法

来源：唐聪.两宋时期的木造现象及其工匠意识探析［D］.南京：东南大学建筑研究所，2012

4）梁栿蜀柱对材栔格线的打破与典型厅堂的照壁构成

江南与华南的宋、元时期厅堂在照壁构成上，首先存在着地域差异——宋代江南地区已抛弃叠枋做法而采用梁栿控制式照壁，如甪直保圣寺大殿[1]；华南地区则仍保留叠枋式做法，如莆田元妙观三清殿[2]。其次，随着厅堂本身的发展，元代南方的井字式构架中，一方面照壁中梁栿单元的主体地位确

---

1 保圣寺大殿前照壁自下而上列有月梁形阑额—栌斗—重栱素枋—单栱素枋—平槫，后照壁则在心间用重栱托槫、次间用顺栿串—月梁形丁栿—月梁形劄牵组合，其中的主要构件已全部月梁化，高度设计亦不再受铺作材栔控制。

2 元妙观三清殿前照壁自下而上为月梁形由额—单栱素枋（阑额）—单栱素枋—单栱素枋—平槫，后照壁则简化为阑额—单栱素枋—单栱素枋—替木—平槫，阑额、素枋皆以单材充任，实际仍在铺作材栔控制之下。

立，不再借助叠枋或双面异形的手法处理丁栿，另一方面横跨整个平槫下的纵向大照壁逐渐消解，分化为次间丁栿组和心间阑额上类襻间两个相对独立的部分。以天宁寺大殿[1]为例，已不见贯通心间与次间的整面照壁，同样的情况也见于延福寺大殿、真如寺大殿，乃至华南光孝寺大殿[2]中——可见元代以后，随着南方厅堂外接副阶传统的确立，前廊开敞形式随之消失，内柱间不再设置门窗，相应的门额与内柱头阑额间的空间填塞亦不复成其为问题。与此同时，封闭式副阶对殿内采光造成较大影响，因此工匠需尽可能地裁撤内柱间联系构件以利光线的引入，这或许正是艺术效果良好的照壁做法最终被抛弃的一个重要原因。

5）简化殿堂的照壁组成

晋东南地区五代、宋、金建筑多属于这一范畴，即吸收了若干厅堂构成原则、从而简化了构架层次的非典型殿堂。

这类厅式殿堂照壁构成的特点在于，与内柱—长短栿节点—蜀柱—平梁节点的分段设置相吻合，照壁间纵向构件呈现出与横架结构相对应的分组趋势，而这些分组构件之间则缺乏直接的联系。简言之，厅式殿的照壁不受材栔格线控制，仅仅是不同类别构件的逐层加合。

举北义城镇玉皇庙正殿为例，该构前平槫位于内柱缝之外，由角梁后尾挑起蜀柱栌斗支撑，并于蜀柱间顺身串上向平槫背斜搭遮椽板以障蔽平梁底皮到椽底皮的空当，照壁总体高度也因之缩减甚多。横架三椽栿压劄牵，在三椽栿背上立蜀柱、栌斗托平梁，平梁出头后，与角梁后尾共同承托平槫；前内柱柱头栌斗泥道栱上安放平置丁栿一道，其下皮与三椽栿下缘齐平，丁栿背上叉立蜀柱、栌斗承托系头栿，与平梁并立。整个照壁的相关构件简化为两段：在下段的是梢间丁栿与心间柱头枋、在上段的则是心间顺身串（承平梁的两蜀柱头间）。此时前丁栿被处理成广一材的平置杆件，与前廊柱头枋兜接，并与其下的柱头铺作泥道栱形成栱枋交叠的整体，断面过小导致的荷载力缺失则由丁栿背上加设的合㭼加以补足；蜀柱间的顺身串同样广一材，并与后平槫下顺身串相对。虽然层次极简，此构的照壁仍由标准枋材组成，但与前述典型及异化殿堂的叠枋式照壁不同，这些分段的枋材之间并无固定的材栔格线存在，平槫和柱头之间的高度实际由蜀柱调节，枋料仅是充

1 天宁寺大殿在前内柱间插屋内额一条，其上施重栱素枋及单材襻间托前上平槫；后内柱间则在屋内额上施单栱素枋接单材襻间托后下平槫，屋内额出柱身作丁头栱承托次间劄牵，而与其下的丁栿、顺栿串无关；槫下构件按心间与次间分别配置。

2 光孝寺大殿自内柱头到山面檐柱头的竖直空间内（丁栿架顺栿串之上到内柱头阑额之下）空畅无物，丁栿组架（丁栿、劄牵、顺栿串）与内柱间的顺身构件间并无关联。

填材料，本身并不参与整体高度设计。

与北义城玉皇庙正殿不同，在诸如北社村九天圣母庙正殿的较正规而大型的殿宇中，由于铺作里跳计心、山面柱头斜出内转角铺作，前廊内算桯枋层层兜圈、上道四椽栿叠压在乳栿之上，前廊自身的装饰性已居于主导地位，照壁不再是视觉重点（即或如此，工匠仍将心间柱头枋雕斫成月梁形以资装饰），涉及的构件数量也大幅减少。

在后期的厅式殿中，照壁的处理方式逐渐定型化。

以金构南神头二仙庙正殿为例，该殿内外柱同高，柱壁重栱造，泥道慢栱上托广两材一栔的平置丁栿；与之对应，心间在泥道慢栱上出柱头枋两跳，并隐刻云形栱。四椽栿端头伸出前照壁，背上立蜀柱承托平梁、上平槫，劄牵（广一材）后尾即劄入该蜀柱脚，照壁上于此位置另用素枋一道与劄牵交圈，并压跳山面柱头铺作昂后尾；此外又于承平梁的蜀柱头间安置广一材的顺身串一道，以对应后平槫下顺身串。如此，则照壁自下而上总计设有扶壁重栱一组、素枋两道/平置丁栿、柱脚枋/劄牵、顺身串、捧节令栱及替木等多种构件。梢间与心间的照壁组合相互对齐，呼应良好，体现了匠人整体经营的意图，但与以永寿寺雨花宫为代表的叠枋做法形似的背后，是完全不同的设计思路——照壁的高度是在点草架的阶段依举折制度确定的，而非自下而上垒叠枋木的结果，蜀柱的运用使得各构件的施用高度可以灵活调节，这实际上已是厅堂构架的结构逻辑（图 4-19）。

以建构的观点看来，照壁处理方式的变迁实际体现的是殿堂层叠思维向厅堂梁柱插接思维的转变，在丁栿组件不可省略的情况下，经历了一个利用叠枋取代丁栿（或以材栔关系规范丁栿组竖向构成）的阶段，进而通过双面异形做法将这一折中倾向推至最高潮。其后随着厅堂思维在工匠意识中的普及深入，而走向同一趋势的反面，即不再强调檐栿/丁栿与扶壁栱在形式及构造上的呼应。而两者分离的结果导致了整面照壁的瓦解，最终在厅堂构架体系下将其分解为梢间的丁栿组合及心间的随槫襻间/类襻间组合，从而回归到其本源的分化状态。

可以说，照壁的从无到有，由盛转衰，是和铺作层的发展、消亡，以及工匠意识中殿堂、厅堂的交融取舍相伴发生的；照壁形式的确立，与前廊开敞、甚或平面分槽方式紧密相关，随着殿堂构架方式的衰落、铺作层的解体、纵架结构意义的淡化，这一局部处理模式最终退出历史舞台也是必然的。当然，作为一种古制的遗存，照壁做法在样式滞后地区，如闽南、闽东一带，仍得以通过牌楼面的形式延续与发展，但其本质已发生改变——与其将之归为纵架体系的孑遗，毋宁说是穿斗体系装饰化的一种表现更为贴切。

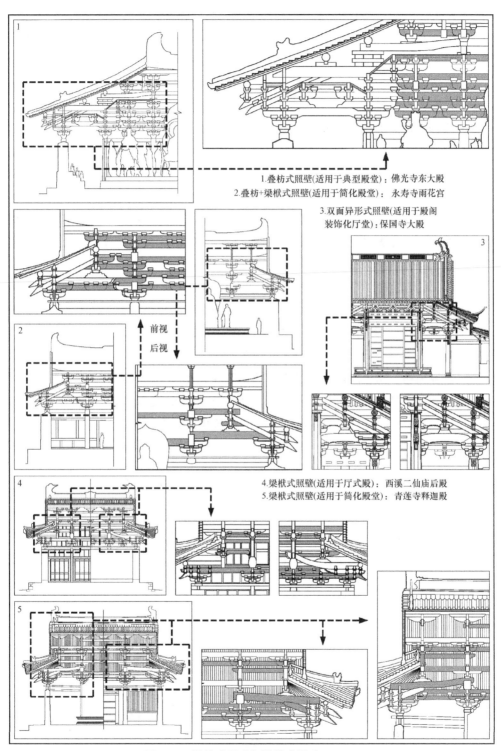

1.叠枋式照壁(适用于典型殿堂)：佛光寺东大殿

2.叠枋+梁栿式照壁(适用于简化殿堂)：永寿寺雨花宫

3.双面异形式照壁(适用于殿阁装饰化厅堂)：保国寺大殿

前视

后视

4.梁栿式照壁(适用于厅式殿)：西溪二仙庙后殿

5.梁栿式照壁(适用于简化殿堂)：青莲寺释迦殿

图 4-19　叠枋式照壁与梁栿式照壁

4.3.2 晋东南地区遗构中照壁相关构件的典型样式及其变迁情况

1）普拍枋的施用情况

普拍枋在《营造法式》大木作部分仅见于卷四"平坐"条及卷十九"殿堂梁柱等事件功限"条。相应的，《营造法式》图样中单檐殿身相关诸图（卷三十"举折屋舍分数第四"中的亭榭斗尖用筒瓦或板瓦举折等三幅、"铺作转角正样第九"中的殿阁亭榭等转角正样五幅、"襻间槫缝第八"一幅，卷三十一殿堂侧样四幅及厅堂侧样十八幅）中皆无此构件之表现，而在楼阁平坐诸图（卷三十"铺作转角正样第九"中的楼阁平坐转角正样三幅）中均可见到，并有绞角出头的细部刻画。故此一般认为，《营造法式》大木作制度中的普拍枋仅施之于平坐之上，这一线索与南方的实例遗存相互吻合，而在北方存在大量反例，因此成为李诫汇编《营造法式》过程中大量采纳南方技术样式的一个有力旁证。

《营造法式》小木作制度中，普拍枋的应用远较大木作为广泛——有用于单檐殿宇外檐者，如卷八"井亭子"条"……**普拍枋长广同上，厚一分五厘**"，卷十"九脊小帐"条"**帐头自普拍枋至脊共高三尺……普拍枋长随深广**绞头在外"，"**牙脚帐**"条"**普拍枋长随间广**"，"**壁帐**"条"**……其帐柱之上安普拍枋，枋上施隔斗及五铺作下昂重栱，出角入角造**"；有用于重檐殿阁檐下及平坐者，如卷九"佛道帐"条"**普拍枋长随四周之广，其广一寸八分，厚六分**绞头在外**……平坐……普拍枋长随间之广**合角在外"、卷十一"壁藏"条"**坐……普拍枋长随枓槽之深广，方三分四厘……腰檐……普拍枋长随间广**绞头在外**，广二寸，厚八分……平坐……普拍枋长随间之深广，合角在外**"；有用于殿宇身槽内者，如卷十一"转轮经藏"条"**里槽坐……普拍枋长同上**绞头在外**，方三分**"；亦有用在斗八藻井内者，如卷八"小斗八藻井"条"**造小藻井之制……八角并抹角勒算桯枋作八瓣，于算桯枋之上用普拍枋，枋上施五铺作卷头重栱……凡小藻井施之于殿宇副阶之内**"。杜启明先生据此认为，小木作制度中普拍枋运用之灵活，应当同样适用于宋代的大木营造实践，即普拍枋之使用不当局限于平坐层中。[1]

沈聿之先生则将普拍枋的出现与铺作层的成熟（即补间铺作和柱头铺作的趋同）联系起来，并进一步指出普拍枋的普及是辽、金时期斜栱发达的技术前提，[2] 这一推断虽然在逻辑上成立，实例中却存在两个悖论：其一是北方

1　杜启明. 宋《营造法式》今误十正 [J]. 中原文物，1992（01）：51-57。

2　称："斜栱的产生是其装饰性和建筑大开间要求补间铺作承挑屋檐所致，构造上普拍枋的采用为其提供了必备条件，三者缺一不可。"见：沈聿之. 斜栱演变及普拍枋的作用 [J]. 自然科学史研究，1995（02）：176-183。

早期木构使用普拍枋而补间铺作体积较小、仍自柱头枋出跳，如永寿寺雨花宫，其二是南方早期木构不用普拍枋而采用形式完备的双补间，如华林寺大殿、保国寺大殿。对此沈聿之的解释是："是事物转变过程中必然出现的过渡形式，前者未认识到普拍枋的作用，而后者则是大胆的尝试，方法是将阑额断面做得较大，《营造法式》已认识到阑额与补间铺作的关系，指出'（阑额）如不用补间铺作即厚取广之半'。实物证明采用普拍枋而无须改变阑额可达到承托补间铺作的目的，可谓事成功半。"

《营造法式》成书之时已值北宋后期，普拍枋在北地早已普及，晋祠圣母殿、隆兴寺摩尼殿等构上均可见到，而若干不用补间铺作的方三间佛殿，如龙门寺大雄殿、崇庆寺千佛殿，同样采用这一构件；同时，南方形成了不用普拍枋的营造传统，这也丝毫未能影响补间铺作的成熟。由是观之，普拍枋的引入对于补间铺作的安置虽有明显好处，但尚非不可或缺，两者亦不连带发生，相互之间并无必然联系。

普拍枋至角，分绞角出头与合角不出头两种情况，而实例中以后者年代较早（平顺大云院弥陀殿普拍枋合角不出头，独乐寺观音阁只用在内槽，同样取合角造做法）。普拍枋绞角出头最早的实例，以前认为是薄伽教藏殿及其内天宫壁藏挟屋，此后开封佑国寺铁塔（建于公元 1041 年）和应县木塔（建于公元 1056 年）上也相继出现。萧默先生指出敦煌壁画中绞角普拍枋形象最早出现在 13 世纪西夏晚期诸窟中，而实物遗存则见于老君堂慈氏塔（建于公元 980～1028 年），若其断代无误，则这同时也是国内现存最早的绞角普拍枋实例。

至于其断面尺寸，按《营造法式》卷四"平坐"条记为"凡平坐铺作下用普拍枋，厚随材广，或更加一栔；其广尽所用方木。若缠柱造，即于普拍枋里用柱脚枋，广三材，厚二材，上坐柱脚卯"，可知方厚 15～21 分°，广尽所用方木，按卷二十六诸作料例一"大木作"条，六种基本方木和就全条料剪截解割的八种小型方材中，均无明确指定充作普拍枋者，又按卷十九大木作功限三"殿堂梁柱等事件功限"条，普拍枋每长一丈四尺、由额每长一丈六尺各记一功，若按加工表面积相等者记功相同的原则，则由额广 27 分°（减阑额三分°），厚 18 分°（阑额厚减广三分之一，由额准阑额），此处一功合由额一丈六尺×27 分°×18 分°，等于普拍枋一丈四尺×广×21 分°或一丈四尺×广×15 分°，推知对应普拍枋广约合 27 分°或 36 分°，即一材两栔或两材一栔。因普拍枋实际放置时须转过 90°，以广为厚、以厚为广，故截面为一材一栔×一材两栔或一材×两材一栔。按实例所见，普拍枋基本保持与栌斗底边约略等宽，以便于安置，不致外倾失稳，又栌斗尺寸按《营造法式》卷四"枓"条，柱头铺作栌斗底部 24 分°×24 分°，转角铺作为 28 分°×28 分°，一材两㭍较 28 分°少 1 分°，较 24 分°多 3 分°，吻合度最为良好，两材一㭍则有过宽之嫌。综上，广一足材、厚一材两㭍，或许即是《营造法式》体系下的标准普拍枋截面尺寸。

实例中的普拍枋非止用于外檐柱列，辽构中已有在殿身内用普拍枋的传统，如奉国寺大殿，在（前上平槫分位）前内柱列、（下中平槫分位）前屋内额和后内柱列下均用阑额、普拍枋承托柱头井干壁，殿内普拍枋随阑额兜圈，显然是对外檐柱列的模仿，至于槫下叠枋数量较少处（如前坡下平槫、上中槫，后坡上平槫、上中槫）则区别对待，不另用普拍枋。普拍枋与殿身内井干壁连用，采用这一做法的还有上华严寺大雄殿、善化寺大雄殿等晋北巨构，到善化寺山门及三圣殿时，殿内普拍枋已遍用于逐槫下蜀柱、驼峰之上，主要功能也已转为安置逐间两朵的襻间斗栱，而与槫下是否存在高大的井干壁无关。崇福寺弥陀殿等晋北金构虽规模庞大，殿内叠枋层次甚多，但并不用普拍枋；平顺大云院弥陀殿同样仅由铺作里跳直接承托殿内井干壁，未将外檐的普拍枋样式引入殿内。这一传统在晋东南地区得以维系至金末，但在晋中地区的宋、金构中，殿内用普拍枋的案例却十分常见，如永寿寺雨花宫、万安寺大殿、太符观昊天上帝殿、不二寺大殿等；豫西北地区的几座元构中同样存在殿内普拍枋因素，但与晋中地区按内柱列使用普拍枋的做法不同，诸如襄城乾明寺中佛殿、轵城大明寺正殿等，都是仅在内柱间用普拍枋，内柱与山面柱间则不用，普拍枋仅用于在四内柱间兜圈，起到了强调核心方筒的作用（图 4-20）。

汾阳太符观昊天上帝殿 济源大明寺中佛殿　　　　　　　　　　　襄城乾明寺中佛殿

图 4-20　殿内用普拍枋实例

统计晋东南地区遗构用普拍枋情况，得表 4-3，按心间是否使用补间铺作，普拍枋在外檐及内柱列的施用情况，与之搭配的阑额形态等项逐一记录。[1]

晋东南地区五代、宋、金木构普拍枋施用情况　　　　　　　　　　　　表 4-3

样本序号	建筑名	补间铺作	外檐普拍枋情况		阑额出头情况		内柱用普拍枋情况		备注
			出头	接缝	檐柱	内柱	前内柱	后内柱	
A3	平顺大云院弥陀殿	单	J	G	B	B	/	B	/
A5	北吉祥寺前殿	无	J	T	A2	B	/	B	/
A7	游仙寺毗卢殿	单	H	T	B	未明	/	未明	佛屏封墙
A8	崇庆寺千佛殿	无	H	T	B	B	/	A	/
A9	南吉祥寺中殿	单	J	T	B	/	/	/	补间斜栱
A10	小会岭二仙庙	单	J	T	未明	/	/	/	普拍枋跨间
A11	正觉寺后殿	无	A	T	A2	逐间用	/	B	内柱阑额至山面柱内侧
A12	开化寺大雄殿	无	J	T	A4	B	/	B	/
A15	周村东岳庙正殿	无	J	T	未明	未明	/	未明	砖墙封护
A16	高都景德寺后殿	无	A	T	未明	逐间用	/	A	内柱间用月梁形阑额
A18	龙门寺大雄殿	无	J	T	A2	B	/	B	窄阑额
A19	九天圣母庙正殿	单	J	T	A3	逐间用	B	/	内柱阑额上皮与檐柱普拍枋上皮平
A20	青莲寺罗汉堂	无	J	T	A1	逐间用	B	/	阑普窄瘦
A21	青莲寺释迦殿	无	J	T	B	B	/	B	内柱头栌斗下用一垫板
A24	北义城镇玉皇庙	无	J	T	B	逐间用	A	/	/
A25	小南村二仙庙	无	J	T	B	A4	B	/	/
A26	崇寿寺释迦殿	无	H	T	B	未明	未明	未明	/
A27	龙岩寺中殿	双	J	T	A2	B	/	B	/
A28	开化寺观音阁	无	A	T	无	/	/	/	大檐额及绰幕方不出角柱身
A29	西溪二仙庙后殿	双	J	T	A2	逐间用	A	/	前檐用厚普拍枋、月梁形阑额,山面普拍枋上皮与前檐平
A30	西上坊村成汤庙	无	J	T	脱落	B	B	B	前内柱间用重楣
A31	西李门村二仙庙	单	J	T	A3	逐间用	未明	/	前内柱封墙
A32	淳化寺正殿	无	J	T	B	/	/	/	窄普拍枋
A35	南阳护村三崚庙	无	A	T	A2	逐间用	B	/	悬山,阑额较厚,出头卷杀较圆和
A36	沁县大云寺正殿	无	A	T	B	逐间用	B	/	内柱间用单材阑额
A37	王报村二郎庙戏台	双	J	通料	A1	/	/	/	厚普拍枋,并以绰幕方充阑额
A40	冶底村岱庙天齐殿	双	J	T	B	逐间用	B	/	前内柱较前檐柱高一足材,导致普拍枋未在前廊兜圈
A41	襄垣沼泽王庙	无	A	T	未明	逐间用	A	/	尺寸细小

样本序号	建筑名	补间铺作	外檐普拍枋情况		阑额出头情况		内柱用普拍枋情况		备注
			出头	接缝	檐柱	内柱	前内柱	后内柱	
A42	尹西村东岳庙	无	A	T	B	逐间用	A	/	/
A43	湖婢村二仙庙	无	A	T	B	未明	B	/	前内柱封护
A47	襄垣灵泽王庙	无	A	T	A3	逐间用	B	/	/
A49	郊底村白玉宫	单	J	T	B	逐间用	A	/	前廊普拍枋兜圈
A50	会仙观三清殿前檐	无	A	通料	A1	间用	B	/	厚普拍枋＋绰幕方
	会仙观三清殿山面		J	T	A2				正常阑、普

注：外檐普拍枋出头绞角造记作 J，合角造为 H；悬山顶普拍枋出角柱外记作 A，不出记作 B；接缝用螳螂头口为 T，勾头搭掌为 G；外檐阑额出头部分直切为方头的记作 A1，三折爵头为 A2，两折蚕头为 A3，斜切一道 A4，不出头为 B；内柱头用普拍枋情况，前廊开敞并于前内柱上使用普拍枋、与外檐柱上的兜圈者记作 A，不用的为 B；后内柱上用普拍枋者记 A，不用记作 B，通栿无内柱者记作/。本表涵括 A 类样本 37 例，未列入统计者中，A1 天台庵正殿、A2 龙门寺西配殿、A4 崇明寺中佛殿、A17 原起寺大殿外檐不用普拍枋；A38 陵川崔府君庙山门、A39 高都镇东岳庙天齐殿在脊蜀柱上加有一道普拍枋；A33 南涅水村洪教院、A34 中坪村二仙宫、A46 屯成东岳庙正殿前檐用普拍枋而前内柱缝不用；A45 高都东岳庙东朵殿外檐包砖情况未明；A6 崇教寺正殿、A13 府城村玉皇庙玉皇殿、A14 崇庆寺三大士殿、A22 米山镇玉皇庙正殿、A23 河底村汤王庙正殿、A44 府城村玉皇庙成汤殿未列入统计。

据上表可知，晋东南地区五代、宋、金木构建筑中普拍枋的使用存在如下规律：

（1）普拍枋的使用与补间铺作无关，33 个用普拍枋案例中，无补间铺作者占到 66.7% 的多数；但不用普拍枋者，必定也不安放补间铺作（崇明寺中佛殿补间铺作自柱头枋上出跳，已与阑额、普拍枋无关）。不以阑额直接承托补间，这是与华林寺大殿、保国寺大殿、少林寺初祖庵等南方木构的差别所在。

（2）合角造做法仅零星出现且时代较早，绞角造或不厦两头造中普拍枋伸过角柱头始终是主流。接缝方式上，勾头搭掌仅见于最早出现的实例平顺大云院弥陀殿上，剩余案例存在两种倾向：厚普拍枋多采用通料，类似檐额；薄普拍枋则采用螳螂头口。显然，无论燕尾或螳螂头，在搭配栌斗底竖栓使用时，雌雄榫交口处均会成为构造薄弱点，而勾头搭掌不存在这一问题，但使用勾头搭掌的前提是普拍枋本身具备相当的厚度，否则咬合部分过少，效果适得其反。从遗存的建造年代看，晋东南及晋中地区勾头搭掌做法较螳螂头口要略早（用勾头搭掌的案例有清徐狐突庙后殿、忻州金洞寺转角殿等）。

（3）外檐阑额至角不出头的计有 14 例，未明的 4 例。从西上坊成汤庙的情况看，某些案例的阑额出头部分是单独制作后插入角柱外侧卯口的，普拍枋绞角出头和阑额至角出头间没有对应关系，阑额不出头的古制一直保留到金代。在相邻的晋中、晋东地区，阑额不出头的倾向更为明显，太谷安禅寺藏经殿、忻州金洞寺转角殿、阳泉关王庙正殿、盂县大王庙正殿、清徐狐突庙后殿、白城光化寺正殿等构皆然，而确定阑额出头的仅祁县兴梵寺正殿、太谷真圣寺大殿等少数几例。而在王屋山南端的豫西北地区，与晋东南一带情况相似，阑额出头与否与普拍枋间缺乏关联：济源济渎庙寝宫（普拍枋绞角出头）、济源奉仙观三清殿（不用普拍枋）阑额不出头，临汝风穴寺大殿、轵城大明寺中殿则绞角出头。

（4）内柱头用普拍枋情况：施前内柱者，不用普拍枋的 10 例，用的 5 例；施后内柱者，不用普拍枋的 8 例，用的 2 例。总的趋势，一是内柱头不用普拍枋者居多，二是用普拍枋的案例多集中在后期。

2）栌斗样式的分化

北宋中后期开始，晋东南地区大量前廊开敞的殿宇呈现出补间铺作发达和富装饰化的倾向，相应铺作的栌斗在样式上也产生了分化，栌斗样式及其上铺作形态的多元为本区宋、金木构带来了丰富的表现力。另一方面，照壁上对应外檐位置补间铺作的减少或取消，使得铺作圈层的概念即便在前槽空间内也无法实现，这与以保国寺大殿为代表的江南中世木构完全不同，或许正是简化殿堂向厅堂构架过渡的一种在地化的表现。

按《营造法式》制度，栌斗因位置不同分为方斗、圜斗、讹角斗等不同形态：**"如柱头用圜斗，即补间铺作用讹角斗"**，实例中除上述三种常用形态外，尚大量使用瓜棱斗、海棠斗等（图 4-21），整理晋东南地区宋金木构中异形栌斗情况见表 4-4。

晋东南地区五代、宋、金木构中异形栌斗的施用情况　　表 4-4

样本序号	建筑名称	栌斗位置	栌斗形态	阑普情况	是否斜栱	对应位置铺作	备注
A10	小会岭二仙庙	前檐心间补间	平盘方斗	普拍枋出头，阑额被山墙遮挡	是	后檐补间不用斜栱	殿内通栿，不用内柱
A19	九天圣母庙	前檐心间补间	圆斗	阑普出头	否	前照壁上无	次间无补间，柱头方栌斗，前廊开敞歇山
A28	开化寺观音殿	后内柱头	圆斗	用单材阑额，无普拍枋	否	较前檐柱头四铺作高一足材	无补间，前廊开敞大额悬山
A31	西李门二仙庙	前檐心间补间	瓜棱斗	阑普出头，两折切几头形阑额	否	前照壁上无	次间无补间，柱头方栌斗，前廊开敞歇山
		前内柱头	圆斗	封在砖墙内	否	较前檐柱头五铺作高一足材	同列山面前柱用方栌斗
A40	冶底岱庙天齐殿	前檐心间补间	瓜棱斗	普拍枋出头，阑额不出头	否	前照壁上无	丁栿月梁造，心间双补间，前廊开敞歇山
A45	高都玉皇庙东朵殿	前檐心间补间	瓜棱斗八瓣	阑普出头，直研作方头	否	前照壁上无	角柱用方斗，乳栿月梁造，前廊开敞悬山
		前檐次间补间	瓜棱斗十二瓣		否	前照壁上无	
		前檐平柱头	讹角斗		否	内柱头铺作埋入砖墙	

189

样本序号	建筑名称	栌斗位置	栌斗形态	阑普情况	是否斜栱	对应位置铺作	备注
A50	会仙观三清殿	前檐角柱	圜斗	大檐额,绰幕方顺身出角柱头	否	后檐对应位置无角柱	平柱头用斜栱及方栌斗,前廊开敞歇山
B19	三王村三嵕庙	前檐心间补间	圜斗	厚普拍枋窄阑额,绞角出头	否	前照壁上无	逐间单补间,柱头方栌斗,前廊开敞歇山
B20	玉泉东岳庙	前檐补间	海棠斗	无普拍枋,阑额截面方形,出头作两卷切几头形	否	前照壁上无	前檐逐间单补间前廊开敞歇山
B20	玉泉东岳庙	山面前进补间	海棠斗		否	与乳栿上蜀柱大斗错缝	
B20	玉泉东岳庙	前檐柱头	抹角方斗		否	前内柱头用方栌斗	
B24	石掌玉皇庙	前檐心间补间	瓜棱斗	厚普拍枋,现状无阑额,普拍枋与由额间加花盘	是	前照壁上无	逐间单补间,柱头方栌斗,前廊开敞歇山
B28	东邑龙王庙	前檐补间	瓜棱斗	阑普出头	是	前照壁上无	逐间单补间,柱头方栌斗,前廊开敞悬山
B43	高都东岳庙昊天上帝殿	前檐心间补间	瓜棱斗	普拍枋出头,阑额出头作三卷瓣	是	前照壁上无	逐间单补间,前照壁丁栿及阑额、抹角栱月梁造,柱头方栌斗,前廊开敞歇山
B43	高都东岳庙昊天上帝殿	前檐次间补间	瓜棱斗		否	前照壁上无	
B43	高都东岳庙昊天上帝殿	山面前进补间	讹角斗		否	与乳栿上蜀柱大斗错缝	
B46	西顿济渎庙	前檐心间补间	瓜棱斗	普拍枋出头,阑额不出头	是	前照壁上无	心间单补间,前廊开敞悬山

小会岭二仙庙补间平盘方斗　西李门二仙庙瓜棱斗　冶底岱庙瓜棱斗　高都玉皇庙东朵殿瓜棱斗　高都东岳庙昊天殿瓜棱斗

九天圣母庙圜斗　开化寺观音殿圜斗　西李门二仙庙圜斗　石掌玉皇庙瓜棱斗　高都东岳庙昊天殿山面补间讹角斗

西顿济渎庙瓜棱斗　玉泉东岳庙抹角斗　高都玉皇庙东朵殿瓜棱斗　玉泉东岳庙海棠斗　东邑龙王庙瓜棱斗　会仙观后殿圜斗

图 4-21　晋东南地区宋、金遗构中所用异形栌斗实例

3）月梁及月梁形阑额

月梁在唐代曾通行于全国，北宋以前称作虹梁，即班固《西都赋》中所谓**"抗应龙之虹梁，列棼橑以布翼"**（吕延济注曰**"举应龙之象，梁曲如虹，故言虹梁"**）者。

五代、辽、宋以来北方直梁盛行，南方则普遍保留月梁传统，使之由时代特征转为地域表征。北宋末随《营造法式》刊行，月梁做法又逐渐有向北方渗透的趋势，晋东南地区少数金构上可见卷杀梁背、收杀两颊的典型法式型月梁，完全不同于本地区五代至北宋中期以来在直梁两端剜刻折线以模拟月梁明栿意向的变通做法，即是明证。

不同于南方厅堂全面采用月梁梁栿，晋东南地区的木构建筑对月梁形象要素的使用更为严格和具选择性，大抵限于前廊开敞部分，更确切地说，即是仅用于乳栿及其转过 90°后充任的平置丁栿上（隐刻月梁做法则大多集中在长檐栿上）。

本区现存实例中，在直梁端头隐刻月梁梁背折线的有龙门寺西配殿、大云院弥陀殿、崇明寺中佛殿（下层梁栿）、游仙寺毗卢殿（丁栿）、崇庆寺千佛殿、南吉祥寺中殿、原起寺大雄殿、九天圣母庙正殿、南阳护村三嵕庙正殿（乳栿）、碧云寺正殿、布村玉皇庙正殿、青莲寺藏经阁等。相邻地区的镇国寺万佛殿、济渎庙寝宫、宣承院正殿、离相寺正殿等也采用类似做法，崇福寺弥陀殿则仅在栿端砍出斜项，但不上折；稍晚实例中甚至有在檐栿之外的构件上隐刻月梁梁背折线的，如大明寺中佛殿的丁栿、乾明寺中佛殿的抹角栿等。

本区使用典型月梁的遗构有高都玉皇庙东朵殿（乳栿用月梁，两端砍出斜项以纳入交互斗口）、冶底岱庙天齐殿（前内柱与山面前柱间的柱头铺作泥道栱上，向心间出柱头枋两道、向次间出月梁形丁栿一条）。使用月梁形阑额的则有高都景德寺后殿（后内柱间用月梁形阑额，两侧则使用屋内额，其下为沓头，过内柱身后做成丁头栱以对应月梁形阑额）、高都东岳庙昊天上帝殿（两前内柱间用月梁形阑额，同样的泥道栱向直梁丁栿一侧出作沓头，而向月梁形阑额一侧出作单卷头，并于角梁下使用长一架的月梁形抹角栿）。无疑，在金代泽州工匠的意识中，月梁形阑额与丁头栱是一组成对出现的概念，这与《营造法式》的记载完全相符。

月梁做法的前提是栿首减作足材、绞入铺作，因此直梁身上隐刻月梁折线的做法集中在五代至北宋前中期，这是因为在通栿或对梁作中，栿首自然收杀，与月梁作的要求吻合；而入金后叠梁做法成为主流，长栿不再直接绞入铺作，端头亦不作处理，直接压在短栿身上收止，此时若模仿月梁反而无法结尾，故泰半采用自然材，稍加砍斫使其大致方正而已。

至于月梁形阑额，乃是刻意将方截面的阑额改成变截面，以模仿月梁加强装饰。月梁形阑额做法在江南地区出现年代较早（实例如南唐宝应木屋、华林寺大殿、保国寺大殿、保圣寺大殿）等，但带来构造上的问题（阑额上皮高出檐柱柱头），此时为保证柱头铺作与补间铺作高度取齐，常在补间铺作栌斗底部开槽以令其骑坐在月梁形阑额背上，斗底咬入阑额上皮虽削减了栌斗的受压部分厚度，但也大幅增强了其抗倾侧的能力，未始不是一种进步。江浙地区的砖石仿木构上同样常可见到这一做法，如南唐二陵墓门、罗汉院双塔、灵峰探梅石塔等。《营造法式》文本中并未直接提到阑额月梁造的手法，

保国寺大殿月梁形阑额　　保圣寺大殿月梁形阑额　　华林寺大殿月梁形阑额　　游仙寺毗卢殿月梁造后丁栿

大云院弥陀殿月梁造丁栿　　　　大云院弥陀殿月梁造劄牵　　　坪上村圣王庙月梁形阑额及瓜子丁头栱

高都东岳庙上帝殿月梁造抹角栱及平置前丁栿　　冶底岱庙天齐殿月梁造丁栿　高都玉皇庙东朵殿月梁造乳栿

善化寺山门月梁形阑额及月梁两椽栿　　　　　　高都景德寺后殿内柱间月梁形阑额

图 4-22　晋东南及南方地区早期代表性月梁类构件实例

但一般认为其梁额榫卯图样中的梁柱对卯做法表现的即是月梁形阑额与檐柱的交接节点。实际上，双月梁藕批搭掌入柱并萧眼穿串的构造，同样可能在分心用三柱或分心乳栿用五柱的厅堂月梁造八架椽屋冲脊柱处出现，表现的不一定是月梁形阑额的榫卯节点。反倒是卷十九"常行散屋功限"条称"**额每一条九厘功**"，小字注称"**侧向额同**"，按额构件随槫安于柱间，在平面布置上无所谓正、侧，则"侧向"之所指，要么是就额身横置而言，即晋中地区宋、金木构中常见的顺脊串横插入蜀柱身以模拟普拍枋做法；要么即是榫头侧开，即《营造法式》梁柱对卯图样中的藕批搭掌做法，若是后者，则可反证图样表现的确实是阑额月梁造现象。

北方最为著名的月梁形阑额实例当属善化寺山门后檐心间。晋东南地区则在元、明以后频繁使用（如长治赵村观音殿、长子文庙大成殿后内柱间屋内额、长子紫云山护国灵贶王庙正殿、陵川南召村文庙大成殿、沁水坪上村圣王庙正殿等）。总括而言，《营造法式》之月梁及月梁形阑额自金中期起在本区内零星出现（图4-22），这应被视为受南方技术影响的中原系工匠一度活跃的结果，但从大趋势来看，月梁做法始终未能融为本地营造传统中的有机组成部分，则可见匠作谱系的本质差异最终制约了学习先进技术系统下相关样式的努力。

4.4　扶壁栱组合的变化规律

4.4.1　晋东南五代、宋、金扶壁栱演变的一般规律及其历史定位

关于中世遗构中扶壁栱的类型，徐怡涛先生在专文中[1]曾结合《营造法式》规定，将其概括为Ⅰ泥道重栱＋素枋、Ⅱ泥道单栱＋素枋、Ⅲ泥道重栱＋素枋＋单栱、Ⅳ令栱素枋交叠四种情况（图4-23）。从实例的区期分布来看，北方大致分作三期，第一期为初唐至盛唐（公元7世纪前期至8世纪中期），以Ⅳ令栱素枋交叠为主流，兼有少数Ⅱ泥道单栱叠素枋的做法；第二期为中唐至北宋中后期（公元8世纪中期至11世纪末期），以Ⅱ泥道单栱叠素枋为主，Ⅳ令栱素枋交叠在晚唐尚有个别实例，入五代后消失废用；第三期为北宋末至元（公元12世纪前期至14世纪中期），Ⅰ泥道重栱叠素枋的法式化全计
心做法逐步遍及整个华北区域。南方则不存在明显的分期表现，多种做法长期并存（一方面泥道重栱叠素枋的实例在《营造法式》刊行以前已在浙江、

1　徐怡涛. 公元七至十四世纪中国扶壁形制流变研究［J］. 故宫博物院院刊，2005（05）：86-101，368-369。

四川出现，另一方面令栱交叠素枋做法也一直延续到了元代)，内部的地域性差异成为南方扶壁栱使用的主要特征，大致江浙环太湖流域与中原的关联性最为紧密，扶壁栱做法因应北方的分期而有所变革，唯滞后现象明显，而浙南、闽粤则更为普遍且长久地保留了唐以来的古制。

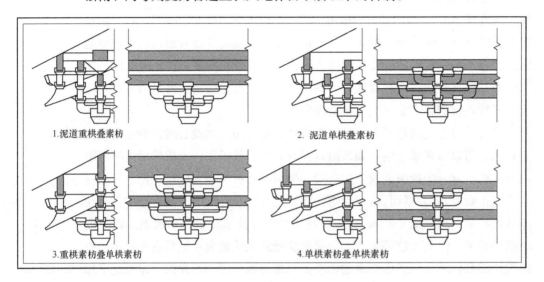

图 4-23　《营造法式》四种基本扶壁栱类型

本书在过往研究的基础上，适当调整选例范围，具体内容详见附录 F，据之可知：

大抵以北宋中后期为限，北方遗构中的扶壁单栱叠素枋做法逐渐为重栱叠素枋取代，该趋势在河北、山东、河南的辽。宋构中体现得尤其明显，而在山西境内则表现为宋金鼎革之后扶壁单栱造与重栱造做法的长期共存。

南方的区域性差异则体现在：江南环太湖流域与华北地区拥有共同的大趋势，五代、北宋时期扶壁栱中单、重栱造共存，南迁后则全面采用重栱造做法；闽浙地区基本保留了单栱素枋相叠的古制，自五代宋初至元中后期延续不辍；广府地区早期遗构甚少，但都采用了最为少见的重栱素枋叠单栱做法。

在单栱素枋与重栱素枋组合使用的情况下，浙南闽北（两浙东路及福建路）一带多将单栱单元置于下方（如莆田元妙观三清殿，单栱素枋两组＋重栱素枋一组），而环太湖流域（两浙西路）的通行做法与之相反，优先使用重栱素枋单元，再视情况决定加装单栱素枋单元或直接叠素枋若干（如苏州轩辕宫正殿、玄妙观三清殿，重栱素枋＋单栱素枋）。

将焦点转移到晋东南地区现存遗构上，相较其他区系的扶壁用栱枋规律，大致存在如下几点特性（图 4-24）：

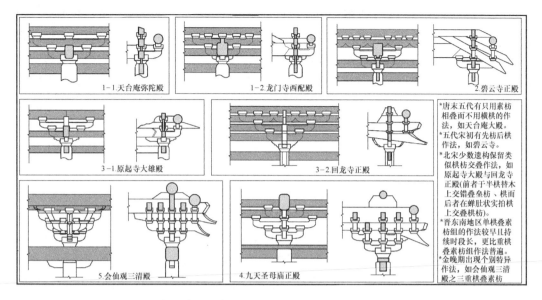

图4-24　晋东南地区早期遗构中的特殊扶壁栱构成现象

（1）五代至北宋初遗构中普遍存在柱头不用横栱、只用素枋相叠，并于其上隐刻泥道栱、泥道慢栱之重栱造形象的倾向（如天台庵弥陀殿、龙门寺西配殿均为栌斗口内直接出素枋三道，下两道隐出重栱形）。

（2）早期样式的诸遗构中，存在一种特异的先枋后栱做法。与一般的单栱或重栱上叠素枋不同，本区五代样式的碧云寺正殿，扶壁栱先自栌斗口出素枋一条，其上再加单栱叠两素枋，总高虽仍是四足材，但"枋—栱—枋—枋"的排列顺序却迥异于常。

（3）早期样式的遗构中，保留有类似单栱素枋交叠的做法，但大都似是而非，实质上或许是先枋后栱做法的变形。以原起寺大殿和回龙寺正殿为例，以往认为其实物建造年代在北宋末到金初间，但两构样式年代颇早，与同期的其他遗构差距明显。这两构扶壁栱配置不同于最为常见的单栱叠素枋或重栱叠素枋组合，而采用了唐代建筑图像中常用的单栱素枋交叠做法，但又各有变化。

原起寺大殿栌斗口内先出半栱替木一只，其上顺次叠素枋（隐出栱形）、单栱、素枋，若将半栱替木视为泥道栱的简化，则其本质仍是"单栱—素枋—单栱—素枋"重叠，惟下道素枋上隐出栱形，具有明确的重栱意向（这也是该构实物建造年代较晚的一个旁证）；而若将半栱替木视为一种非设计的临时措施即类似实拍栱垫块，则此构扶壁构成实际是先枋后栱，与碧云寺正殿相差仿佛。无论如何，该构所用单栱为慢栱而非令栱，这是与典型栱枋交叠做法不同之处。

至于回龙寺正殿，同样先自栌斗口内出蝉肚状实拍栱一组，其上叠素枋并隐泥道栱、单栱（慢栱）、素枋（隐鸳鸯栱三交首）、素枋，由于实拍栱长度与下道素枋上的隐刻泥道栱配合欠佳，这组实拍栱是否属于建造之初的原物颇当置疑——原状前檐柱若较现状高出一材，则此构扶壁栱构成为先枋后栱，与前述碧云寺正殿一致；而若将实拍栱视作第一层横栱，则形成"栱→枋→栱→枋→枋"的配置。本构时代性驳杂的一面则体现在第二道素枋上隐刻的三交首鸳鸯栱上，这一做法在晋东南区内一般见于金代木构（如东邑村龙王庙正殿），在这道素枋上隐栱置斗，也导致最上道素枋直抵椽腹成为承椽枋，这在本区也是较为少见且晚期的做法（又或许栌斗口内垫托蝉肚实拍栱的目的，正在于将最上道素枋托抵到椽下以封合室内空间）。

（4）扶壁单栱叠素枋，是本区北宋前中期的基本做法，重栱叠素枋的最早案例是高都景德寺后殿（施柱题记为元祐二年）和九天圣母庙正殿（建中靖国元年），入金后单栱叠素枋及重栱叠素枋的做法并存，数量上仍以单栱素枋为主。

（5）金晚期出现了个别特异做法，如会仙观三清殿的三重栱叠隐刻素枋＋素枋。

4.4.2 半栱替木及先枋后栱现象

所谓半栱式替木（实拍栱），最早由梁思成先生在论及华严寺海会殿特征时提到："**配殿规模很小……值得注意的是，在栌斗中用了一根替木，作为华栱下面的一个附加的半栱。这种特别的做法只见于极少数的辽代建筑，以后即不再见。**"随着探明遗构数量的增多，"半栱替木"现象的波及范围也相应增大，晋东南地区的五代及五代样式木构（如龙门寺西配殿、原起寺大雄殿、回龙寺正殿、长子文庙大成殿等）和辽构（如海会殿、易县开元寺观音殿、佛宫寺释迦塔五层外檐）中皆存在相应实例。

该组十字状替木垫平栌斗槽口，使铺作自栌斗上皮高度起方始出跳，改变了整组铺作的高度计算方式，在构造上固然部分地减小了第一跳华栱、泥道栱的跨距，但出跳栱与栌斗间的卡接关系不复存在，对铺作整体的稳定性终究弊大于利，则这一调整的目的，显然不在单组铺作的内部，而是为了服务于更高层次的目标，即平衡梁栿绞铺作出头的构造关系与梁栿断面不受削弱的结构需要之间的矛盾。

例如，原起寺大雄殿三椽栿出头作斗口跳，因半栱替木的使用，使其出头部分不需按照斗口宽度缩窄，从而得以保持栿身的正常宽度，梁栿在殿身内的部分也因此保持足够厚度，同时以隐刻折线模仿月梁；又如龙门寺西配殿，其半栱替木除保证隐刻月梁厚度外，尚有效减小了斗口跳的跳距，增大了出跳栱的截面广，从而对结构有所补强。

因此半栱替木与平盘斗一样，拥有使其上部承托的梁栿构件保持原有厚度的功能，且前者在将栌斗变成平盘斗的同时，维系了栌斗固有的高度，使得铺作立面上下不致轻重失调，并且为出跳数少的铺作增加了层次性。

在素枋上隐刻泥道栱而扶壁栱纯以素枋叠斗组成的做法，在天台庵弥陀殿、龙门寺西配殿、长子法兴寺大历八年（公元 773 年）燃灯塔顶层檐下以及太原天龙山唐代窟檐中皆可见到，应是唐代遗制。这一做法直至晚期亦时有体现，如河底村汤王庙山门（栌斗口内先出半栱替木，再托素枋三道并隐栱置斗）、长子文庙大成殿（用半栱替木托两素枋，且使用平出批竹昂形耍头绞替木托槫）等，而在碧云寺正殿中，则将第二道素枋改作泥道慢栱，从而实现了扶壁部分栱、枋高下关系的倒置。

先枋后栱现象的背后，实际上传达的是工匠意识中栱、枋配置的逻辑问题，其本质与扶壁栱的原始形态相关联——扶壁栱的原型，究竟是栱材上垒叠素枋壁体，还是令栱素枋交叠的重复组合？由于图像证据支持后者（如敦煌壁画、雁塔门楣石刻等），而实物证据指向前者（如法隆寺建筑），导致围绕这一问题的解释在实证环节上陷入循环，相关讨论基本停留在逻辑层面的推导上：[1] 在承认井干壁叠枋作为一切扶壁栱形式最初源头的前提下，考察单栱/重栱叠素枋和单栱素枋交叠两种基本模式，按照构造发展的一般逻辑（随时代衍变，结构性渐弱、装饰性渐强），单/重栱叠素枋的出现年代应当较单栱素枋交叠为早，因前者更接近井干壁的原型，而后者装饰性更强；但若按照工匠思维随时代发展由简入繁的逻辑，则两者均含有一组基本单元（单栱＋素枋），单栱素枋交叠的做法体现了单元重复性，而单/重栱叠素枋的做法包含了分类及重复这两重思维，属于复杂逻辑，这样看来自然应以单栱素枋交叠的出现年代为早（图 4-25）。

若以地域差异的视角看待该问题，则单栱素枋交叠的做法比较难以制作栱眼壁版，[2] 实例所见，江南的此类扶壁栱多有露空以利通风的，而单/重栱叠素枋的做法仅需在栱单元间安装壁板，其上的叠枋单元类似井干壁体，密封性能良好，则前者适宜于南方潮热气候，后者利于北方干冷气候，两者体

---

1 李开然. 春别江右，月落中原——10 世纪后之中国建筑南北比较 [D]. 南京：东南大学建筑学院，2000。

2 《营造法式》卷二十一"栱眼壁版"条称其"造作，一功九分五厘"，小字旁注"若单栱内用，于三分中减一分功"。《营造法式》默认的标准做法为重栱造，由重栱改为单栱时计功可减至原初的 2/3，其削减幅度在大、小木功限诸条中都属于较剧的，可见按照栱端卷杀形状制作相应的壁版颇费工时，则显然单栱素枋交叠或重栱素枋叠单栱素枋时，在壁版上花费的功料远甚于素枋壁做法。

原起寺大殿以半栱替木垫托素枋(隐泥道栱)，直梁仿月梁

小张碧云寺正殿补间分位扶壁栱配置及转角列栱

法兴寺唐大历八年燃灯塔直接于素枋上隐出泥道栱

河底村汤王庙山门于扶壁素枋上隐刻泥道栱

龙门寺西配殿半栱替木上托直梁(仿月梁出肩)

图 4-25　晋东南地区早期遗构中的扶壁栱"先枋后栱"现象及其原因

现的未必是时代性，而更可能是地域性的差异。

　　不同于单栱素枋交叠或单/重栱造上叠素枋壁，先枋后栱做法不同于任何一种习见的扶壁栱配置形式，可以说是"反逻辑"的，但这违背常情的背后却又不乏实际的构造因素支撑：

　　碧云寺正殿栱/昂合出一跳，与柱头枋十字相绞，其上单栱托一素枋、一承椽枋。因柱头下道素枋上已隐出泥道栱形，故单栱取慢栱长，上道素枋上的多道令栱亦相互交首连作（柱头铺作分位的素枋上三令栱鸳鸯交首、横置七斗）。该构转角部分华头子列柱头枋、泥道慢栱列耍头，由于栱、昂合并出作一跳，第二层构件实际无法穿过角缝昂身，不能绞角，加之阑额合角造，此时起到强拉结作用的，是铺作的第一和第三层构件，或许为此才将这两层处理为通间的枋材，造成了先枋后栱的局面。

原起寺大雄殿丁栿平置且位置较高，绞泥道令栱出头作平出昂形耍头，其下为足材华栱。由于自下而上垒叠的半栱替木、足材华栱和丁栿宽度相若，即或栽有暗销，这个板状结构本身还是很容易发生扭转偏闪，此时将绞接华栱的泥道栱处理成通枋，无疑加强了足材华栱的防扭闪能力，从而间接强化了整个构架的稳定性。

作为栱、枋反置的结果，这两构都使用了承椽枋，与本地区扶壁栱上部虚悬的传统颇不相符。贺大龙先生在《长治五代建筑新考》中将这两构归结为单栱素枋交叠做法的变形，本书则认为这一做法是单栱叠素枋做法的特例。两者相比，单栱素枋交叠做法适用于扶壁部分高度充足的情况，而单栱叠素枋做法的适用性更为广泛，自四铺作至八铺作皆可运用，上述两构的扶壁部分中并未出现第二条单栱，称之为单栱素枋交叠似有不妥。

4.4.3　扶壁栱上部虚悬的构造解释及牛脊槫的可能施用位置

如前所述，晋东南地区五代、宋、金木构建筑中扶壁栱不升至椽底是一种普遍现象，较之相邻区域实例及《营造法式》制度，承椽枋的缺失具有特殊性，并由此产生了几个相关问题。

关于檐柱缝上用槫的称谓及相应制度，历来存在两种观点，一种认为《营造法式》未曾明言，或许柱缝上本来即不用槫，另一种则认为牛脊槫即柱缝上之檐槫，争论的焦点围绕《营造法式》关于牛脊槫的文本释读展开。

按《营造法式》卷第五大木作制度二"栋"条称"**凡下昂作，第一跳心之上用槫承椽**以代承椽枋**，谓之牛脊槫；安于草栿之上，至角即抱角梁；下用矮柱敦㭼。如七铺作以上，其牛脊槫于前跳内更加一缝**"。关于牛脊槫的施用位置，学界存在四种观点：其一认为是铺作第一跳头分位，[1] 其二认为是外跳最上一道下昂分位，[2] 其三认为是外跳最下一道下昂分位，[3] 其四认为是在檐柱缝分位（图 4-26）。[4]

1　梁思成. 营造法式注释 [M]. 北京：中国建筑工业出版社，1983。梁思成先生在书中注文作此理解，并以《营造法式》图样中牛脊槫画在柱头枋心，而疑其图文相左，未知孰是。

2　徐伯安、郭黛姮.《营造法式》术语汇释——壕寨、石作、大木作部分 [M] //清华大学建筑系编. 建筑史论文集（第 6 辑），1984：1-79。

3　罗哲文. 中国古代建筑 [M]. 上海：上海古籍出版社，2001：615。

4　陈明达. 认为《营造法式》牛脊槫"在第一跳心之上"的记载为"在柱头缝上"之误，见："陈明达. 营造法式大木作研究 [M]. 北京：文物出版社，1981：123. 潘谷西在图示中将柱缝上槫子标注为牛脊槫，见潘谷西、何建中. 营造法式解读 [M]. 南京：东南大学出版社，2005：93. 贾洪波认为"第一跳心"为铺作"里外第一跳心"之省略，即柱缝正心，见：贾洪波. 关于宋式建筑几个大木构件问题的探讨 [J]. 故宫博物院院刊，2010（03）：91-109。

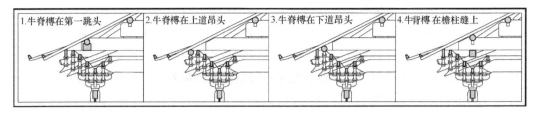

图 4-26　牛脊槫施用位置的不同观点

　　四种观点中，第二种无法满足**"如七铺作以上，其牛脊槫于前跳内更加一缝"**的要求；第三种在七铺作双杪双下昂时，下道昂与上道昂紧邻，若前者是牛脊槫施用分位，则后者依例需同样加牛脊槫一道，但后者实际上已是最外一跳，其上有撩风槫或撩檐枋，无法再加槫子一缝，而在八铺作双杪三下昂时，如按文意用槫，则三道昂头上皆用槫一缝，未免过于臃肿糜费，甚且导致铺作失稳外翻；第一种观点则必须与重栱全计心造配合使用，因《营造法式》下昂作最低为五铺作（若四铺作用插昂），在此极限情况下，会出现牛脊槫与撩风槫/撩檐枋连续施用于两跳之上的情况，此时跳距 30 分°、按槫径一材一栔至两材（21～30 分°）、撩檐枋厚 10 分°计算，牛脊槫与撩檐枋间距仅 10～14.5 分°，相当拥塞且无必要，因此同样可疑。

　　需要注意的是，原文中小字加注**"以代承椽枋"**，承椽枋为柱头壁最上一道方木（卷第四"总铺作次序"条记五铺作偷心造扶壁栱时曾述及："**泥道重栱上施素枋，枋上又施令栱，栱上施承椽枋**"），紧贴椽子底皮，以牛脊槫代替承椽枋，意味着两者功能相近、位置相同，因此牛脊槫也应当在柱心缝上。

　　另一方面，牛脊槫既**"安于草栿之上"**，自然是适用于殿堂构架的，考察《营造法式》殿堂图样，五铺作单槽及六铺作分心槽侧样上，皆在柱心缝上用槫一只与撩檐枋相对，其间别无他槫；而七铺作双槽、八铺作双槽侧样上，除了柱心缝上的槫子外，尚在外跳上加有槫子一只（七铺作在第二杪心、八铺作在道昂心）。若按观点三，将跳头上槫子视作牛脊槫，则五铺作、六铺作殿堂无牛脊槫，未免文图相悖；按观点四，将柱缝槫子视作牛脊槫，则与文句中**"如七铺作以上，其牛脊槫于前跳内更加一缝"**的规定相合，惟需注意"前跳"所指，并非柱缝之外的第一跳，而是外跳中的任意一跳（大致皆在接近铺作外跳正中位置）。与《营造法式》所记制度最为接近或直接受其影响的几个实例（如保国寺大殿、初祖庵大殿、玄妙观三清殿）皆在柱缝上直接用槫，或可视为牛脊槫的典型案例。

　　相应的，《营造法式》厅堂图样中除了"八架椽屋乳栿对六椽栿用三柱"

一例因铺作等第特异（六铺作单杪双昂重栱计心造）而在檐柱缝上用槫外，其余各例皆用承椽枋。无论承椽构件的具体断面形态如何，《营造法式》体系下柱缝扶壁栱直抵椽腹是肯定无疑的。

晋东南地区五代、宋、金遗构中，扶壁栱上抵椽身者大抵占到全部案例的 1/4 强，其中用槫的有九天圣母庙正殿、开化寺观音阁、府城村玉皇庙成汤殿等少数几例，均在《营造法式》成书后的百年间；其余的则使用大致与柱头枋等高的承椽枋，计有 21 例（天台庵弥陀殿、龙门寺西配殿、大云院弥陀殿、碧云寺正殿、崇庆寺中佛殿、原起寺大雄殿、龙门寺大雄殿、青莲寺罗汉阁、清化寺如来殿、佛头寺正殿、回龙寺正殿、应感庙五龙殿、湖㵲村二仙庙正殿、高都玉皇庙东朵殿、屯成东岳庙正殿、会仙观三清殿、三王村三嶕庙正殿、南神头二仙庙正殿、天王寺前殿、南鲍村汤王庙正殿、高都东岳庙昊天上帝殿）。

扶壁栱枋不封抵椽下时，或虚悬开敞，或在最上道柱头枋上封以泥壁，或以遮椽版平搭于撩风槫与柱头枋上（如北吉祥寺前殿、正觉寺后殿、开化寺大雄殿、北义城镇玉皇庙正殿、西上坊成汤庙正殿、郊底白玉宫正殿、龙门寺山门等）。

扶壁栱上部虚悬占据现存遗构的绝对多数，但以时代性而论，本区早期案例中的扶壁栱大多上至椽底，因此这一简化做法并非区内的固有传统，而是入宋后的创新。究其原因，大概与转角配置有关：由于本区木构结角做法以隐角梁法为主，大角梁后尾压在交圈下平槫之下，其身尾部分由角缝铺作里跳栱、昂支托，因此大角梁身穿过角柱心缝位置时，其水平高度较低，加之上有隐角梁，导致这一高度以上的素方无法交圈，起不到箍接加固的作用，不如略去以节省材木（反观扶壁栱至顶的案例中，使用隐角梁法的仅九天圣母庙正殿、清化寺如来殿、佛头寺大殿、南神头二仙庙正殿、天王寺前殿等少数几例，其余均使用大角梁法或混合式，而扶壁栱上部虚悬诸例，凡转角造者几乎皆用隐角梁法，详见下文）。

4.4.4 扶壁栱的隐刻规律及常用栱形

《营造法式》卷第四"总铺作次序"条记扶壁栱配置事项："**凡铺作当柱头壁栱，谓之影栱**又谓之扶壁栱。**如铺作重栱全计心造，则于泥道重栱上施素方**方上斜安遮椽板。**五铺作一杪一昂，若下一杪偷心，则泥道重栱上施素方，方上又施令栱，栱上施承椽枋。单栱七铺作两杪两昂及六铺作一杪两昂或两杪一昂，若下一杪偷心，则于栌斗之上施两令栱两素方**方上平铺遮椽板，**或只于泥道重栱上施素方。单栱八铺作两杪三昂，若下两杪偷心，则泥道栱上施素方，方上又施重栱、素方**方上平铺遮椽板。**"

这段记录最能体现李诫兼收并蓄的编纂特点，我们知道影栱配置带有明显的时代性或地域性特征，同一区期内的木构，无论铺作数多寡，其扶壁配置大体保持稳定，绝不存在诸如《营造法式》列举的"五铺作单杪单昂/泥道重栱素方叠单栱素方、六铺作单杪双昂/扶壁令栱素方交叠、六铺作双杪单昂/泥道重栱叠素方、七铺作双杪双昂/扶壁令栱素方交叠、八铺作双杪三昂/扶壁单栱素方叠重栱素方"等配置策略完全不同的栱枋组合方式。有趣的是，按照《营造法式》文本制图，可知上举五种做法中仅第一种（五铺作单杪单昂/重栱素方叠单栱承橼枋）扶壁部分上彻橼底，其余几种均为上部虚悬，而对策就是铺设遮橼版。遮橼版有平铺，有斜铺，大抵令栱素方交叠者适宜平铺，而单栱/重栱上叠素方的可以斜铺。

相较而言，李诫列举的几种做法都拥有较为明显的单元组合性——或是令栱素方单元的重复，或是单栱素方与重栱素方单元的组合，而北方实例中最为常见的单栱/重栱叠素方多重做法，则体现了在单栱或重栱造基础之上，素方重复垒叠的简单重复性，这比《营造法式》强调的组合方式更为牢固和便利，但予人视觉上的艺术感染力稍逊。

与之矛盾的是，《营造法式》厅堂图样中，所有铺作扶壁栱上均设承橼枋一只；同时铺作正样转角第九"殿阁亭榭等转角正样七铺作重栱出双杪双下昂逐跳计心"及"楼阁平座转角正样七铺作重栱出卷头并计心"等图中，似乎也暗示了扶壁用重栱托素方多道的意向，这都更接近北方实例所见情况，而不同于大木作制度文中关于扶壁栱的记述。

晋东南地区常见的单栱/重栱叠素方多道做法，虽然在素方重叠的部分与井干壁体颇相类似，但两者间并无线性传续的关系。据法隆寺建筑及唐代壁画图像可知，隋唐时期，我国北方普遍存在过令栱素方交叠的扶壁栱处理方式，这一做法到底是出于视觉因素考虑而对井干壁的加工改良，抑或是另有源头，现今已不得而知，但它曾作为主流形式支配过我国北方木构营造中的扶壁栱设计环节，并在华南地区传承延续至今，则是不争的事实。

山西地区自唐晚期以来，逐步以扶壁单栱叠素方多道的做法取代了单栱素方交叠做法，对施工的便利及构架整体的稳定均是一种促进。与此同时，多道素方上隐刻栱形，是对上一时期令栱素方交叠传统在形式上的模仿；而隐刻栱分出长、短两种栱型，配合补间铺作交替使用，则是对下一历史时期重栱造做法的变相表现。

在本区现存最早的遗构天台庵弥陀殿中，影栱中已出现长、短栱的分化（柱头铺作下两道素方上分别隐出泥道栱与泥道慢栱），而单栱素方重叠的做法又不见用于本区其他实例，因此针对扶壁栱隐刻栱形的考查重点集中在补间铺作的表达方式及相应的异形栱使用规律上。

如前文总结的，本区五代、宋、金遗构中在补间分位使用出跳斗栱者居于少数，泰半实例仅在素方上隐出栱形，以表达补间铺作意向。由于在素方上隐栱，无法安置相应的栌斗及泥道单/重栱，此类隐刻补间较正常做法的起始位置提高了一至两足材。在下道素方上隐刻泥道栱，此时对应的柱头铺作分位上，素方上隐刻泥道令栱（其下重栱造）或泥道慢栱（其下单栱造），而补间铺作分作两种情况：扶壁用单栱三素方时，补间在下两道素方上分别隐出异形泥道栱（更较泥道栱为短）和泥道令栱，或完全不用异形泥道栱，直接在下道素方上置斗，在中道素方上隐泥道令栱；扶壁用重栱两素方时，仅在补间分位下道素方上隐出一个异形栱，之上垫小斗一个以象征交互斗，上道素方则不作隐刻，这应该是补间隐栱置斗的最简形式（实例如韩坊尧王庙正殿）。实际上，本区扶壁重栱造的金代遗构中鲜少有补间隐刻的，扶壁重栱与补间铺作用出跳栱甚至双补间，同样是《营造法式》面世后的特征。而补间用隐刻栱，更多地还是与扶壁单栱造伴随发生。

隐刻泥道栱大而言之可分为"梭形栱"与"云形栱"两类，这也是本区遗构中翼形栱的两种基本形态：梭形栱折线无内凹时，即成为所谓菱形栱，而云形栱曲线外出尖时，即变成所谓翼形栱，但总体上，仍是一尖一圆两个大类。这两种异形隐刻栱，除了柱头缝扶壁外，也经常用在襻间枋上，且两者在大多数情况下相间使用，若心间用云形栱，次间便用梭形栱，这一规律在实例中屡见不鲜（如正觉寺后殿、崔府君庙山门等），带来简洁而生动的视觉变化。

4.5 本章小结

与传统的样式研究套路不同，本章并未以构件的细部装饰要素作为切入点进行谱系边界的切割，而是将焦点集中在与构造问题直接关联的样式选择上，透过构件样式的现象折射构造逻辑的本质。

因此，本章通过对"耍头拟昂的动因、类型及发展趋势"，"照壁类型与构架进化的互动关系及其牵涉构件的富装饰化进程"，"扶壁栱配置的规范化与特殊性"等三个专题的探讨，从侧面勾勒了晋东南五代、宋、金木构建筑经历的简化和规范化历程，而这几个特有的构造现象，也反过来决定了本地区一系列的构件样式选择。

首先，耍头拟昂现象及其带来的"昂→昂式耍头→昂形耍头→插昂→假昂"进化序列，与双栿体系的瓦解及梁栿高度的变化密切相关。在对昂嘴形象持续追求的过程中，因相关制约因子的消长而导致拟昂做法的线性演进，这一现象的背后是工匠力图依赖最少构件获得最佳视觉效果的设计原则。这既符合构架体系简化和构造节点定型化的木构技术发展趋势，又与本地区简化殿堂的技术传统完全吻合，因而作为区系内的典型样式线索得以彰显。

其次，前廊开敞传统带来的照壁富装饰化倾向具有明确的流行时间边界，并与特定的构架类型紧密关联。晋东南地区遗构高度程式化的事实为我们提供了一个优质的观测对象：自宋至金前廊开敞的方三间殿宇中，照壁的构成模式经历了从更接近叠枋式到完全采用梁栿式的完整演进历程，并可观测到相关装饰性构件随着叠枋意识的瓦解而大量涌现的事实，以此为契机，可以深入认识厅堂思维带给木构建筑的全方位自由——富于装饰性的异形构件往往在厅堂体系内能得到更为妥善的运用，而殿堂属性越浓厚，相应的制约要素越多，对于构件规格化、规范化的需求就更加旺盛，异形装饰构件的使用就愈受限制。

最后，通过对扶壁栱构成的两面性（少数遗构的高度特异化和大量遗构的高度规范化）的释读，探讨了横栱（含隐刻栱）配合、遮椽板安放避忌、牛脊槫位置、结角列栱需要等因素对于特定扶壁栱形态的制约和决定作用，探究了貌似随宜的样式选择背后潜藏的结构理性主义考量，从而点明了本章的主旨：决定构件样式的因素，既背负有匠人纯粹的审美观照，同样也不乏切实的构造需要方面考虑。

第5章 与《营造法式》相关的几个专题

5.1 本章引言

因本书以五代、宋、金时期晋东南地区建筑的整体特征作为研究对象，使得结合《营造法式》文本和实物例证的比较研究方法成为不言自明的选择。诚然，对于《营造法式》性质的判定决定了其制度章节所含内容具有一定的选择性和架空性，又由于其来源的驳杂而使得任何直接的举证工作均需承担相应风险，但在建筑技术史的领域，关于其文本的争议与释读仍是一个漫无止境却又难以绕过的环节。

无疑，《营造法式》的颁行曾在晋东南地区宋、金之交的木构技术嬗变进程中扮演过重要角色。同样无疑的是，它的影响并非是强制性的、全面的和不可逆的，而是选择性的、渐进的甚至间接的，唯有适用于本地现实生产条件的部分才在一定程度上获得工匠的接受，且其中与构造因素无关的纯样式部分（如月梁形阑额、丁头栱、心间双补间等）大多很快地经历了衰退和淘汰的命运，在金大定年间后归于平寂，因此这部分内容或许只能归因于京畿工匠北掠导致的暂时性影响，是历史进程中的偶发性因素，在技术变革上并不具备决定意义。反而是符合《营造法式》厅堂精神的木构简化趋势得到了切实的受容和传承，故此，本章选取与"简化"主题直接相关的三个构造现象作为切入点与文本对照讨论，以图描摹这一趋势的细节表现。

5.2 串的普及与襻间的退化

5.2.1 《营造法式》体系下的顺身构件及其层次性

1) 顺身构件的类型划分

"顺身"与"顺栿"是一对成组概念，方形平面木构的顺身构件必垂直于梁栿（如撩檐枋垂直于檐栿，山面撩檐枋垂直于丁栿），主要起到联系纵向柱列、承托屋面椽子，以及维持各间缝梁架相互平行的作用。简言之，顺身构件的特质在间缝用梁柱的厅堂构架中有着更为突出的体现，而殿堂纵架本身的结构意义通过铺作层彰显，额串等构件的必要性反而较为隐晦。

顺身构件可分作四类：

（1）槫。槫的作用，其一是承托椽子，传递屋面荷载；其二是联系各槏缝梁架。其截面较大、刚度较高，可有效阻止水平荷载下的柱、梁扭闪变形，尤其交圈时能起到类似圈梁的作用。逐间施用时，槫子首尾交缝多用燕尾榫，《营造法式》卷第七"栋"条有关于其接头时大小头方位次序的规定："**凡正屋用槫，若心间及西间者，头东而尾西；如东间者，头西而尾东。其廊屋面东西者皆头南而尾北。**"廊屋多位于主殿之前两侧，头南尾北用槫，是使槫子大头朝向主殿之意；至于正屋西间头东尾西、东间头西尾东，则有构造上的考虑——梢间槫子出际，悬挑于外，承托正脊及鸱吻，竖向受剪，虽可加支夹际柱子，但相较内端仍更易发生破坏，故安放时令槫子尾部（大头）朝外以增加其结构强度，而使头部（小头）向内侧架在系头栿缝上。跨间用通长槫子时不必有此顾虑，但北地方三间殿中用通长槫子的案例并不多见。

（2）组织于铺作之中的枋材。素枋将各朵铺作织成整体，使其成为连续的承重纵架。舍此之外，各槫下所用襻间枋加强了接缝处的联系，使其不易歪扭走闪，同时也间接增大了槫截面，提高了其受压能力，为抵抗间缝槫子水平变形起到了良好的辅助作用。虽然形态类似，截面规格相仿，但铺作用枋与襻间枋所处位置不同：前者是铺作层中必不可少的组成部分，后者则仅仅是槫下辅助构件，因此必要性亦不尽相同。

（3）串。从断面规模来看，串构件的高度往往小于或等于一足材，仅与枋料类似，但不同于枋料在铺作中的集束使用，串构件单独用在槫下或栿下，从防水平变形的角度考察，细小的截面无法提供足够的抗拔脱机制，但支顶在两缝横架（或前后内柱）之间，却可以有效阻止柱身向内倾塌的趋势，这是木材顺纹受压强度大于斜纹受剪强度的特性决定的。因此，串的作用或许并不在于为建成后的木构提供长久的抗水平变形机制，而是与"瞬时性"的立架过程相关——立架时为保证各缝架上的蜀柱、驼峰等构件安勘准确，而以细小方木穿插其间，以作为施工过程中的临时稳固措施，其最初的有效使用期限仅被限定在从柱梁竖立到槫子归位的极短时间内，此后出现了保留这一辅助结构，施工结束后不再予以拆除的做法，使之逐渐成为一种定制，与侏儒柱、驼峰等架间隔承构件组合使用，并因此产生了样式上的追求，出现了模仿襻间出头作丁头栱及隔间相闪，或模仿普拍枋翻转横置的种种表现。此外，串构件穿蜀柱或驼峰出头以用直榫居多，同样暗示了它的受力状态系以支顶撑持为主，而非抗拉防脱。

（4）额（绰幕方与檐额组合使用，是对檐额的补强，直接用于承托横架梁栿，与擎檐的撩檐枋等构件不在同一受力层次上，而更接近于额）。额在大木作制度二中单列条目，不同于串之附属于"侏儒柱"条下，重要性当更有过之，且因需要承托补间铺作，断面亦处理得相对较大，有时并加以装饰。总体来说额的功用较为复合，既纵向受压又横向受拉，与槫子类似，因此实例中两者的榫卯处理方式相近，北方以螳螂头口居多，南方则用燕尾榫或镊口鼓卯。

综上，从必要性的角度出发，大致可以作出槫＞额＞枋≥串的排序。槫是东亚木构建筑形成闭合屋顶的必要结构构件，额则是横架体系下维持纵向柱列稳定的必须辅助构件，枋在铺作中极为必要，而串作为结构补强构件重要性最低。

就与立柱的关系而言，槫子立于整个木构架的最上层，通过襻间替木组合与其下的蜀柱或内柱发生联系，叠压在柱上；枋一般也不与柱直接关联（绰幕方归入额类），仅在少数逐段接柱的特例中以柱脚枋形式穿插各段短柱以提高整体性（而此时其性质也更接近于串）；额一般与檐柱或内柱交接，除由额外，余者皆自柱头（或柱脚，如地栿）开卯口以纳榫头，因此可以使用各种含肩的榫卯形式，提供有效的抗拔脱机制；与额相反，串类（除顺栿串外）大多用在蜀柱或驼峰上且以直榫为主，开剜卯口的位置亦较随意。

就这几类顺身构件的关系而言，大致可以认为槫与额居于相对主要的地位，襻间组合从属于槫子，必须与其对缝；串构件不参与屋顶构造，只需位于蜀柱或驼峰心即可；枋类集中分布于柱头以上、屋架以下的槽状空间中；额构件用于联系柱身，必须位于柱中缝上。几类顺身构件大体自下而上分层排列，在各自的柱列上，额位置最低、枋次之、串较高、槫最高。

2）顺身构件在不同构架类型中的施用情况

上举几类顺身向构件在不同时空区域、不同构架类型的木构实例中，其应用各有侧重，大抵厅堂构架中的柱间联系构件（额、串）更为发达，而殿堂构架中的扶壁及槫下辅助构件（枋）更为繁复。

典型殿堂如佛光寺东大殿除阑额兜圈外，柱间未见其他构件，明栿与柱间无直接联系，亦无顺栿串、地栿之类牵拉，构架整体的稳定性主要依靠相互交织的柱头叠枋（及铺作里外跳上平棊枋、罗汉枋等）提供。槫下因草作而较为简略，仅脊槫与上平槫下用单材襻间，其余只用替木（露明部分则以平棊枋模拟襻间枋，详加雕饰）。《营造法式》卷三一殿堂图样中，因殿身柱甚高，于其中段设门楣，而在阑额下方另设屋内额，此外别无用串之表示。襻间处理简繁有别：脊槫下用两材襻间隔间相闪、上平槫下用单材襻间，而其余诸槫下只用捧节令栱。

南方殿堂如华林寺大殿，柱间联系构件发达，内外柱圈间皆围以阑额，前、后内柱间以额、串顺身连接（前内柱间有三道纵向构件，自上而下分别为阑额和顺身串两道，上道与次间柱头枋齐高、下道过柱作丁头栱，串身皆饰有与柱头枋相同的团窠图案，暗示了两者的同源性，后内柱间则只用屋内额一道），但前后内柱间无横向联系材；槫间更是简单（脊槫下不用、上平槫下用重栱捧节，以下逐槫皆用单栱捧通替木）。

殿堂装饰化厅堂如保国寺大殿中开始使用顺栿串、承椽串等构件，从而使得顺身构件的类别和层次都更趋复杂，而槫间仍使用单、重栱捧节替木托槫的形式，不用《营造法式》记载的单材或两材槫间。华南的厅堂实例中且存在以额代串的倾向，如莆田元妙观三清殿，柱间无论纵横方向的联系构件均上承驼峰、隔架斗栱之类物事，即全部内额化，且完全不用槫间。

南方尤其江南环太湖流域的典型厅堂（如角直保圣寺大殿）四内柱间于柱头位置使用阑额交圈，丁栿、后乳栿下用顺栿串，而槫下只用通长替木，在与梁栿交接处施以单栱或重栱，而绝不用**“出半栱在外、半栱连身对隐”**的单材槫间形式。柱间自下而上，以额/串构件及梁栿层层牵掣，枋材的层次和数目虽不如深受穿斗技术影响的华南地区繁多，但联系材断面较大、榫卯可靠性更高，因此更为整洁和高效。屋架部分的顺身联系料同样较为简省，可以说额、串的施用重点停留在柱身层面，而与屋架部分关系甚微。

北方的简化殿堂（如龙门寺大雄殿、开化寺大雄殿等）则呈现出与南方厅堂截然相反的趋势——其柱间联系构件全然不发达，外层柱框及两内柱之间虽分别施有阑额、柱头枋，但内、外柱间并无直接联系，仅依靠梁栿通过柱头铺作的中转加以稳固，而这显然不如在柱身上直接加额、串来得可靠。相应于柱间联系构件的匮乏，屋架部分的架间和缝间联系部件则极其发达，一般逐槫下用单材甚至两材槫间，且大量加有顺身串、顺脊串之类，加之蜀柱脚劄入下层梁栿背身，令整个屋架部分由多种构件相互纵横穿插，形成相当牢固的整体。可以说北地简化殿堂更为重视屋盖层、柱框层各自的整体性，并将大量额、串类加固措施运用于屋盖层上，这是与南方厅堂在侧重点上的迥异之处，也是厅堂与殿堂的本质属性决定的。

宋代额、枋、串的分型已经完成，但在中国建筑技术流风所及的朝鲜半岛与日本列岛，情况则或许有所不同——从构件称谓的角度考察，日韩匠人对于顺身向构件的类型划分并不具备与中国工匠同样的认识深度。

日本以“贯”，韩国以“昌枋”作为一切纵向柱间联系材的统称，并通过增加前置定语的方式加以详细划分——按施用位置将“贯”分为头贯、腰贯等；按位置特性加以引申，将"昌枋"分为"宗昌枋"、"浮昌枋"之类。韩国的昌枋构件断面规格大致均接近一材，未再作进一步的分化（阑额亦不离其数，这是柱心包建筑不用补间铺作之故）；贯构件的断面有扁作亦有圆作，但日本匠书对此在称谓上似乎也未特意加以区分。**"相对而言，日本列岛、朝鲜半岛的柱间联系构架的名物定义，未见如《营造法式》一般精密划分。"**[1] 试整理相关构件名称见表5-1。

中、日、韩若干大木作顺身向构件称谓情况　　　　表 5-1

国别\名物	中国	日本	韩国	国别\名物	中国	日本	韩国
额	阑额	头贯	昌枋	枋	襻间枋	—	浮长舌
	由额	内法贯	浮昌枋/别昌枋		柱头枋	通肘木	长欐/长舌
	檐额	—			承椽枋	侧桁	
	屋内额	引贯	—		撩檐枋	出桁	檐牙道里
	地栿	地覆/足固贯	下引枋		罗汉枋		
	门额	楣	心枋		算桯枋	支轮桁	
	绰幕方	—			平棊枋	天井桁	
	普拍枋	台轮	平枋		压槽枋		
	柱脚枋	柱盘	轵昌枋		铺板枋		童耳机/长耳机
栿	脊栿	箱桁—栋木	宗道里	串	替木	舟肘木	短舌
	上平栿	母屋桁	中上道里		顺脊串	—	宗昌枋/抹楼昌枋
	中平栿	母屋桁	中道里		顺栿串	飞贯/擎贯	栿方向昌枋
	下平栿	母屋桁	中下道里		顺身串	—	道里方向昌枋
	牛脊栿	侧桁	轩道里—柱心道里		承椽串		
	撩风栿	丸桁	外目道里		腰串	腰贯	中引枋

5.2.2　顺栿串在南北方的不同演化轨迹

串构件中，以顺栿串施用位置最低也最为醒目，构造作用突出，故而断面最大、外观处理最为精致，**"凡顺栿串，并出柱作丁头栱，其广一足材；或不及，即作沓头；厚如材。在牵梁或乳栿下"**。

按《营造法式》图样可知，四架至十架厅堂中，七种六架椽屋规模以下的均不用顺栿串，六种八架椽屋规模的有四种使用（乳栿对六椽用三柱及分心用三柱两种间缝不用顺栿串，其余四种的顺栿串皆用在内柱间檐栿下，而非檐柱与内柱间的牵梁或乳栿下），五种十架椽屋中有四种使用（仅分心用三柱的不用，且所有顺栿串皆用在内柱之间、檐栿之下）。

1　谢鸿权. 东亚视野之福建宋元建筑研究 [D]. 南京：东南大学，2010：63。

图样中厅堂顺栿串的出头样式，遵从直梁造对应沓头、月梁造对应丁头栱的规律，而与椽架数无关；至于其长度则仅有四椽与两椽两种，若用至六椽栿，则放弃配套使用顺栿串；安放高度均位于同一柱身所有交搭构件的最下方，并高于檐柱间阑额上皮，同时串上不直接承托任何其他构件，以保持受力状态的单一；梁栿过柱身处，必以丁头栱或沓头承托（顺栿串出头作丁头栱或沓头即是服务于这一目的），而顺栿串本身仅是过柱加销，其下并不再用其他构件垫托，这是其与串化梁栿、内额等其他柱间联系构件的基本区别所在。

此外，各版本《营造法式》图样中（图 5-1），八铺作双槽及七铺作双槽两幅殿堂草架侧样中的殿身四柱于腰间用方料串接，与尾端插入内柱身的副阶乳栿、丁栿，以及上檐柱上的由额等高。由于山面无门窗，表现的自然不可能是门额之类，而其作用在于牵拉殿身进深方向各柱，其下不用沓头、丁头栱支撑，其上不施铺作，最大跨距不超过四椽，这几点均与厅堂顺栿串的特质若合符节，则或许本质上也属于顺栿串[1]。实例所见殿堂的柱高一般较矮，

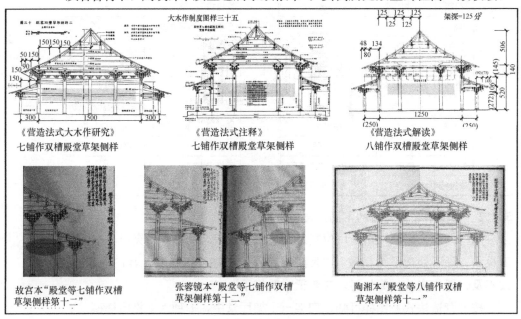

| 《营造法式大木作研究》 | 《营造法式注释》 | 《营造法式解读》 |
| 七铺作双槽殿堂草架侧样 | 七铺作双槽殿堂草架侧样 | 八铺作双槽殿堂草架侧样 |

| 故宫本"殿堂等七铺作双槽草架侧样第十二" | 张蓉镜本"殿堂等七铺作双槽草架侧样第十二" | 陶湘本"殿堂等八铺作双槽草架侧样第十一" |

图 5-1 《营造法式》双槽殿堂图样中的"顺栿串"构件

1 梁思成先生在《营造法式注释》所作殿堂侧样图中省略此构件；潘谷西先生"《营造法式》初探（三）"一文分别按 100 分°、125 分°、150 分°作为可能的标准架深值推敲空间比例，所绘得的三幅八铺作双槽殿堂草架侧样中同样未表达该构件；陈明达先生《营造法式大木作研究》一书图样则如实绘制了该构件，但未加旁注。

柱头有重楣固定，前后柱间施有双重梁栿，加之屋顶甚重，柱框层的倾覆歪倒隐忧甚小，故无须使用顺栿串，但《营造法式》图样所示带副阶殿堂的殿身柱高度并非一般单檐殿堂可比，柱身既过高，稳定性相对就差，顺栿串的必要性也随之彰显。既然串构件只是因应柱列对稳定性的需求而生，就与更为宏观的构架类型无关，无论厅堂、殿堂，只要柱身过高，存在中段加固的需要，即可借助顺栿串加以补强。

与《营造法式》规定不同，实例所见，早期的顺栿串皆透榫过柱少许即行截断，并不做成丁头栱或耍头之类，而使用位置亦较灵活（如保国寺大殿用在中三椽栿下，保圣寺大殿则四椽栿、后乳栿与丁栿下并用）。

稍后的江南元构中，顺栿串出现了两种分化倾向，其一是保留原始属性并逐栿下施用，其二是与梁栿混合形成串化梁栿。前者如金华天宁寺正殿（中三椽栿与后乳栿下用三拼料组成凹字形截面顺栿串）、上海真如寺大殿（用在中四椽栿与后乳栿下）、苏州轩辕宫正殿（四椽栿、丁栿、乳栿下遍用）；后者如武义延福寺大殿（顺栿串已非扁作，入柱处出有两肩，仅用在乳栿、丁栿下，中三椽栿则两端入内柱身，兼有顺栿串的牵拉功用）、景宁时思寺大殿（檐柱与内柱等高，约略相当于四椽栿与乳栿的两根圆料对作并两端插入柱身，其上承铺作构成殿内闿八藻井，兼有梁栿与顺栿串之特征）。

苏州地区另有一种倾向，即在顺栿串上加设隔架斗栱，如此一来，顺栿串与屋内额之间的界限即告模糊。典型实例有玄妙观三清殿（上檐柱与内柱间，以及下檐柱与上檐柱间皆有顺栿串，殿身内顺栿串上下两道，下道当乳栿高度，不承隔架，上道在劄牵之上高度，上承隔架托栿）及虎丘二山门（用在分心柱与檐柱间，各以隔架一组托两椽栿）。串化梁栿现象的实质是江南地区穿斗技术传统与官式抬梁做法的融合，在柱梁交接关系改变、使其转化为川枋的同时又保留了梁栿的外观，并遵循梁栿上架设铺作的传统。这一折中手法与月梁形阑额颇为相似，只不过前者试图将梁栿与串混成一体，而后者旨在赋予额类构件高度装饰化的外观。

不同于江南地区，华南遗构中存在顺身串出头作丁头栱的传统（如华林寺大殿内柱缝顺身串、甘露庵蜃阁顺脊串等），然而早期遗构中不用顺栿串（无论华林寺大殿、肇庆梅庵大殿、莆田元妙观三清殿或罗源陈太尉宫正殿皆然），这或许是由该区木构普遍使用角缝梁栿的传统决定的——角缝构件的支顶牵拉使檐柱圈得以从外部扶持四内柱筒体，令殿身核心部分保持稳定，不易产生扭转变形，这与顺栿串从内部牵拉、以保持江南厅堂四内柱核心方筒稳定的功用相似，故此无须同时使用这两种构造加固要素。

如《营造法式》图样所现，顺栿串也存在选择性使用的特点。这在深受江南技术影响的日本中世禅宗样木构上也有所体现，如《五山十刹图》所录"杭州径山寺法堂样二界"图样中，法堂二层的乳栿、檐栿之下皆用顺栿串，而在功山寺佛殿、善福寺释迦堂、正福寺地藏堂、圆觉寺舍利殿、延命寺地藏殿、定光寺佛殿等典型实例上则不用顺栿串，仅使檐栿一端绞入铺作、一端插入内柱身，兼起顺栿串的部分作用。朝鲜半岛晚期柱心包建筑中开始普遍使用顺栿串构件，如银海寺居祖庵灵山殿、江陵客舍门等，但早期木构用顺栿串者仅浮石寺无量寿殿一例，且应用位置在佛屏之后（该殿佛像坐西面东，居于殿内西首，与殿身横轴线垂直布列），其初衷或许与提高大木构架稳定性的意图无关，而仅在于护持围合佛像空间，类似佛屏版串。

至于顺栿串在我国北方的普及，学界一般认为是由明初江南工匠董建北京宫殿时传入的，现存最早的北方用顺栿串木构实例是洪武年间始建的西安鼓楼（二层四椽栿下顺栿串与劄牵相对、乳栿下顺栿串绞阑额出头，下层副阶亦用穿插枋）与钟楼（二层四椽栿下用顺栿串一根，出头作丁头栱托劄牵）。[1]

然而同样需要注意的是，隆兴寺转轮藏殿二层丁、乳栿下亦各自劄有串料一根，其广约一材，勘测报告[2]中并未提到该构件的实物年代，但二层有部分内柱经过墩接，乳栿、劄牵插入上段接柱柱身，脊头、顺栿串则插在下段柱身上，整体交织十分密切，若墩柱上下构件均为原物，则该构件在建造之初即已存在的可能性不容排除，若果如此，北方用顺栿串的历史即需提前两百余年。此外，摩尼殿殿身柱与第二圈檐柱（即南抱厦中缝柱）间同样穿有方材两道（下道一端劄入第二圈柱头、一端劄入内柱身，上道则尾端入内柱身、头端搁置在殿身第二圈柱头普拍枋上），一般仍将上道方料视为梁栿（唯省略前端所绞铺作），而将下道方料视作阑额之类，但考虑到《营造法式》规定之阑额需两端皆入柱头，则视之为顺栿串或许更为贴切（图5-2）。

总的来说，南方宋、元顺栿串实例与《营造法式》相比存在一个显著的差异，即施用高度不同。自保国寺大殿起，江南木构即采用顺栿串与屋内额同高的构造做法，以形成完整的殿内刚箍，在维持核心部分四内柱稳定的同时不致造成空间使用的局促和压抑，而《营造法式》记录之顺栿串均在乳栿之下，一般认为只能使用在连架式厅堂的边贴部位，否则将严重割裂殿内空间，破坏其完整性与通透性。北方早期的顺栿串多用于乳栿之下，与阑额齐高，两端插入内柱身者并不多见，更为接近《营造法式》的规定。

1　傅熹年.试论唐至明代官式建筑发展的脉络及其与地方传统的关系［M］//.傅熹年建筑史论文选.天津：百花文艺出版社，2009。

2　张秀生.正定隆兴寺［M］.北京：文物出版社，2000。

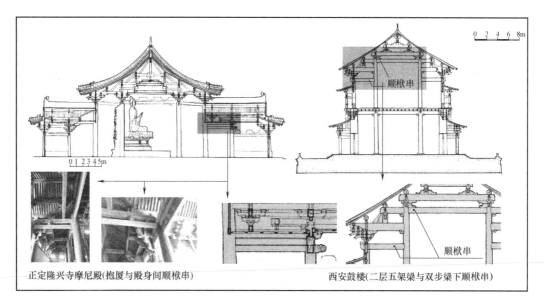

图 5-2　隆兴寺摩尼殿及西安鼓楼顺栿串

来源：傅熹年. 中国古代城市规划建筑群布局及建筑设计方法研究［M］. 北京：中国建筑工业出版社，2001；张秀生. 正定隆兴寺［M］. 北京：文物出版社，2000

5.2.3　隔承构件的演变与顺身串的普及

由于晋东南地区的早期木构以简化殿堂为主，仍存在较为明确的水平分层，串构件布于槫下各蜀柱、驼峰之上，故而受架间隔承构件形态的制约甚多。隔承构件的高矮、厚薄，均可直接影响串构件的施加与否，或限制其截面尺寸，这与厅堂构架中串构件自由穿插于内柱身的做法颇为不同。

顺脊串的从无到有，是隔承构件影响串构件使用的最典型例子。

众所周知，自五代以降始出现脊蜀柱（天台庵弥陀殿除外）捧托脊槫做法，使得屋脊部分从原本单纯依靠叉手斜撑的三角形结构转变为以蜀柱支顶的山字形平直结构，这在很大程度上解决了脊槫下塌的隐患，但蜀柱本身容易倒伏偏闪，为提高其可靠性，一方面利用丁华抹颏栱将蜀柱、叉手交点绞成整体（加强蜀柱头部可靠性）；另一方面以矮驼峰上开口的形式支垫蜀柱脚，实质上加大了蜀柱与平梁间的接触面积，并利用驼峰出瓣部分限制了柱脚顺栿方向的错动可能（加强蜀柱底部可靠性）；同时还产生了顺脊串这一构件，从柱身中段将各缝蜀柱穿成一列（加强蜀柱中部可靠性）。三项措施的并用，极大地提升了蜀柱在托举脊槫时的效率。

现存最早的顺脊串实例为平顺大云院弥陀殿（公元 940 年），该穿插于脊蜀柱中上段（平槫由高驼峰承托，穿插驼峰身的是截面远较顺脊串为大的屋内额，其上托隔架斗栱承襻间枋）；其余几个五代木构（龙门寺西配殿、镇国寺万佛殿）则只用襻间托槫。

《营造法式》卷五"侏儒柱"条规定顺脊串**"长随间，隔间用之"**，但实例所见仍以逐间使用（多按上下相闪处理）为主。《营造法式》之所以不令其逐间施用，大概一是因顺脊串穿蜀柱出头后作直榫而无法对作，二来槫下襻间与顺脊串均隔间使用时可互为补充（若次间用襻间则不用串，反之心间用串则不用襻间之类）。

晋东南地区自北宋初起，即有顺脊串与襻间并用的趋势，并一直延续至金后期，同时不用顺脊串的传统做法也时或有所反映（如小会岭二仙庙正殿、开化寺大雄殿、天王寺前殿等）。总的来说，这一时期内的襻间在这对组合关系中居于优先地位，除长治长春村玉皇观、襄垣沼泽王庙两例外，用顺脊串者必用襻间，反之用襻间者则不一定用顺脊串。此外，串的平置（图5-3）也是一个重要现象（即将串身扭转 90°，以横长姿态插入驼峰或蜀柱身，模仿殿内普拍枋），在晋中地区宋、金遗构上尤其流行（如清徐狐突庙正殿上平槫下顺身串、寿阳普光寺正殿心间顺脊串、太谷宣梵寺大殿下平槫下顺身串等），晋东南的陵川崔府君庙山门上也有类似做法。

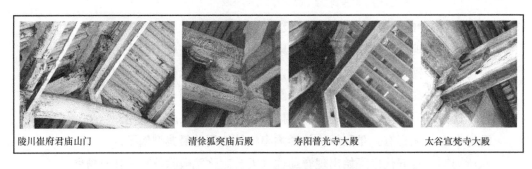

陵川崔府君庙山门　　　　清徐狐突庙后殿　　　　寿阳普光寺大殿　　　　太谷宣梵寺大殿

图 5-3　顺身串横置模仿殿内普拍枋现象的实例

顺身串的逐渐普及，可能与叉手头端的上抬有所关联（图5-4）。

李会智先生曾归纳叉手、托脚的端头位置变化情况，指出叉手头端上抬、托脚支点外移是普遍的时代性规律。[1] 而《营造法式》卷五"侏儒柱"条提到**"（蜀柱）两面各顺平栿，随举势斜安叉手……凡中下平槫缝，并于梁首向里斜安托脚，其广随材，厚三分之一，从上梁角过抱槫，出卯以托向上槫缝"**，可见托脚支顶梁首伸出部分是宋代的革新。

显然，排除平梁端头外移、叉压托脚的因素后，单就水平高度而言，叉

1　李会智. 山西现存早期木结构建筑区域特征浅探（上）［J］. 文物世界，2004（02）：22-29。

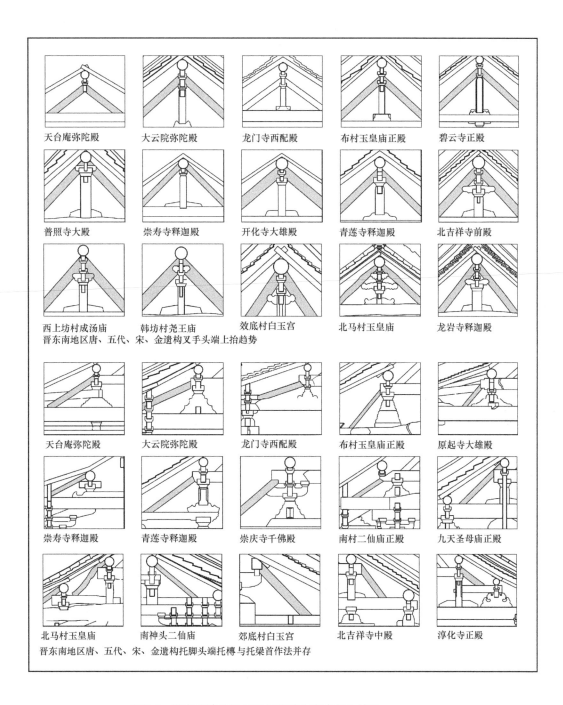

图 5-4　晋东南遗构叉手及托脚端头高度变化情况

手、托脚头端位置的逐渐上移是一个单向的历时性过程。托脚自唐、五代时期的支顶梁栿端头，到辽、宋时期的斜撑平槫、替木外侧，再到入金后头端

215

下皮几乎顶在替木以上，位置愈后愈高，其间并无反复；叉手同样经历了从支撑捧节令栱到顶托脊槫的位置上移过程。这两个构件，最终从通过顶托梁栿、襻间以间接捧槫，变成了直接支顶槫身，虽然仍是受压，但唐、辽时期主要是承托屋面通过槫子传递的竖向荷载，辽、宋以后则转向阻止槫子的翻滚错位为主，从而由斜柱变为斜撑，断面随之缩小，重要性亦有所降低。

叉手、托脚头端位置的变化直接导致一个结果，即上下层梁栿间保持轴向平行更加困难。由于实例中逐间用槫的比例远大于跨间用通槫者，而逐间槫子头尾相接时，只要有一根发生歪闪，即会带动相邻逐槫子随之变形，承槫的梁栿亦极易受其干扰，产生偏移扭转，本来对缝严密的上下层梁栿之间发生错位，产生夹角，从而影响屋面荷载的正常传递，危及构架整体。

唐、五代时期，托脚下端插入下层梁栿背上、上端插入上层梁栿端头，将上下层梁栿固结为一个梯形的竖向片状结构，可以有效抵御前述扭闪变形的危险，但五代、辽、宋以降，随着工匠对槫子走闪问题的日益重视，通过上提叉手、托脚位置来阻止槫子的跌落，此时即需要新的加固机制来保证上下层梁栿间的平行对缝关系。一方面蜀柱逐步取代驼峰，其柱脚、柱头对上下层梁栿端部的双重固定作用远较用驼峰时有效，使得同一间缝的上下层梁栿得以保持对位；另一方面，逐槫下用顺身串支顶相邻间缝梁栿的头尾两端，可保证不同间缝的梁架不产生相对变形。尤其顺身串与内柱上柱头枋、阑额甚至蜀柱下端柱脚枋等一起施用，形成槫下的纵向构件组时，可以化线为面，以极小的构件用材，极大地提高构架的整体刚性。

由是观之，上下层梁栿间距的增大、隔承构件类型的转变、叉手托脚首尾端位置的移动、顺身方向串构件种类与数量的增加，上述几个因素互为因果，实是一个联动变化的整体。

5.2.4　襻间与串的共存与消长

襻间自唐末五代出现，迅速成为北方通行的随槫做法，由于模仿斗栱形态，富于装饰性，而成为变化最为繁复、与等级概念挂钩最为紧密的一类顺身向辅助构件。其肇生、演化及衰退的全部历程，同样反映了木构架构成方式不断趋简的历史倾向。

《营造法式》中提及襻间的主要有三处。卷五大木作制度二"侏儒柱"条记其形制："凡屋如彻上明造，即于蜀柱之上安斗。若叉手上角内安栱，两面出耍头者，谓之丁华抹颏栱。斗上安随间襻间，或一材，或两材；襻间广厚并如材，长随间广，出半栱在外，半栱连身对隐。若两材造，即每间各用一材，隔间上下相闪，令慢栱在上，瓜子栱在下。若一材造，只用令栱，隔间一材。如屋内遍用襻间一材或两材，并与梁头相交。或于两际随槫作沓头以乘替木。凡襻间如在平棊上者，谓之草襻间，并用全条方"；卷十九大木作功限三"殿堂梁、柱等事件功限"条记其计功原则："襻间、脊串、顺身串，并同材"；卷三十大木作制度图样上"槫缝襻间第八"则图示注解其各种类型在构架中的施用情况，除单材、两材襻间外，并补充了实拍襻间、捧节令栱两种常见形式。

各种襻间中以一材造隔间使用和两材造上下相闪最为正规，其名称本身即附有明确的构造意味，而实拍襻间专指构件外形的有栱无斗、不作隐刻，草襻间则指其施用位置而言，几个概念的逻辑层次不同，至于捧节令栱，更是不用通枋、只受压不受拉，不能完全归入襻间之属。

此外，辽统区与宋辽边境地区遗构中常见跨间（逐间施用，以与隔间相闪的概念对应）叠枋式襻间，自蜀柱或驼峰上栌斗口内出通枋，上置散斗托替木承槫，这一做法不见载于《营造法式》，但就其构成逻辑而言，当与隔间使用的单材襻间同属一对基本做法，李诫《营造法式》对此不予记载，存其表而去其里，或许是为了使单材与两材襻间在形式上都能遵循"出半栱在外、半栱连身对隐"的艺术原则，以保持视觉上的韵律变化。

关于襻间的定义，陈明达先生在《营造法式辞解》中指出，该类构件包含两方面的结构意义，一是拉结各榀屋架，二是加强槫子的承载能力。字面上看，襻间一词侧重于"拉结间缝"的意味，但实例中却更多地用于辅助槫子承托屋面，这一点可从襻间枋常于补间分位隐栱置斗、以额外支点促使槫枋形成整体的传统中一窥究竟。

前已述及，四种顺身向构件中，以襻间与扶壁栱（柱头枋）在构成与形态上最相类似，但扶壁栱直接隶属于纵架，主要用于牵拉构架中、下层部分及承托屋架重量，其分布受柱头位置约束；而襻间随槫，位于屋架上部，辅助承托屋盖重量，其本身即属于扶壁栱承托的屋架荷载之一部分。殿堂构架槫、柱错缝，两者各自有所依附，施用位置同样高下有别，一者承托梁栿，一者由梁栿承托，实属同源异流。

关于《营造法式》所录型襻间的原型，姜铮《唐宋木构中襻间的形制与构成思维研究》一文认为是捧节令栱——其本身虽只起到增大槫间缝与下部支垫构件间接触面积的作用，但相邻槫缝下的两条捧节令栱一旦连栱交隐，即可提供基本的牵拉功能，这一"横栱连列形成通枋"的思维在北方早期遗构中随处可见，而以枋桁代替交首栱行使架间联系作用时仍可藉由"隐出栱头"的手法保持捧节令栱形象的完整，即襻间枋上隐栱置斗的做法并非源自通枋的仿栱装饰化，而是捧节令栱传统的自然延续。[1] 该文并认为辽构中常见的叠枋襻间与《营造法式》两材襻间做法同源，皆以捧节令栱为演化起点，经由单材襻间的阶段，受追求襻间的逐间施用这一共同目标驱使而生，唯前者受重栱造影响较少，得以保持连续通枋的朴质外形，后者则是捧节重栱与单材襻间结合的产物，更富装饰性。至于诸如奉国寺大殿平槫下的柱头枋壁，则被认为是襻间枋的另一个次要起源，即内柱升高导致水平铺作层瓦解，但并未直接抵槫，因而内柱头井干壁得以保留，同时取消跳部分，殿身内铺作与柱网轴线的对位关系消失，改与槫缝形成直接关联，从而使得随柱的柱头枋壁变成随槫的襻间枋壁。这一过程被归纳为：**"内柱升高与平面柱轴网的剧烈变动，可能导致柱头纵架逐渐独立，并转变为随槫构造，这一变化趋势有可能在襻间形制的发展过程中成为次源性的影响因素"**。[2] 按照这一逻辑，襻间枋成为柱头枋壁位置变化的被动产物，似乎颇有悖于其本义，实例中此类做法也甚罕见，流行时段亦复短暂，则此类井干壁究竟属于有意识的襻间枋变体，还是柱头枋错位至槫下造成的巧合，尚有讨论余地。

抛除辽构中殿内井干壁的特例情况，习见的襻间大致肇始于唐末、五代，盛行于辽、北宋，入金后逐渐衰退。其兴盛表现为分型的完善，衰退则表现为两个方面——在北地体现为与串构件的此消彼长，在南方则体现为与额、串发生混融，产生复合性的类襻间做法。

唐构中南禅寺大殿和天台庵大殿最先使用单材襻间，佛光寺东大殿仅在脊槫下以捧节令栱交首，广仁王庙大殿中则无此构件。进入五代以后，襻间迅速在北方普及，但在南方一直未见施用——自元构金华天宁寺大殿开始，江南地区才出现了模拟襻间的变通做法，具体形式是：内柱身上段插屋内额一条，其上托重栱（入内柱处为瓜子丁头栱与丁头慢栱）、素方（两端入前内柱头，当阑额高度，保持一材造），枋上施耙头栱与其下重栱相对并托替木承槫。这一组构造形式与保国寺大殿后内柱头壁栱相似，仅将阑额位置降低，插入柱身成为内额，从而体现了更为浓烈的厅堂特质。前引文认为南方此种"类襻间"做法并非自然产生，而是经由模仿北方襻间做法后，对在地化的串传统加以改良而致。串在被赋予竖向承载能力（表现为上贴耙头栱）后，性质发生了改变，从而最终发展为明官式中的所谓襻间斗栱做法。

内柱间扶壁栱在南方一直是装饰重点，形式上与类襻间做法相近（以内

1　姜铮. 唐宋木构中襻间的形制与构成思维研究［M］//贾珺主编. 建筑史（第28辑）. 北京：清华大学出版社，2012：83-93.

2　姜铮.《营造法式》与唐宋厅堂构架技术的关联性研究——以铺作构造的演变为视角［D］. 南京：东南大学建筑研究所，2012.

额承耙头栱），元构真如寺大殿、天宁寺大殿中，这一装饰性的栱枋组合终于脱离内柱的限定而拓展至脊榑之下，从而嬗变为随榑组合。就基本形态而论，类襻间采用的仍是柱头壁栱枋交叠的基本形式，这与典型襻间的枋上隐刻、出半栱在外做法存在显著差别，施用位置虽同，相应构造关系及样式特征则迥异（图5-5）。

实际上，所谓类襻间做法本质上与前述串化梁栿现象反映了同一个宋元以降的大趋势，即构件分型传统的崩塌，类型界限趋于模糊，混用、复合成为营造实践中的主流。这一点还可以从小木作中串与额的区别进一步模糊、规格趋同的事实看出（如《营造法式》卷第八小木作制度三"井亭子"条称**"额，长随柱内，其广四分五厘，厚二分。串，长与广厚并同上）**。

如果说南方出现类似襻间的做法，是对《营造法式》中北方因素的逆向模仿，那么北方金以后串构件的加速发达，同样也是对法式中南方技术的直接学习。

襻间主要针对屋架部分，受力具有含混性，其目标在于维持构架上部稳定，再通过各水平层间的叠压求得构架整体的稳定；串的思路则与之相反，主要针对构架的中下部，在内柱冲榑的前提下，一旦将柱梁间缝串成整体，上部屋架也自然随之稳定。

从这个意义上看，襻间适用于水平分层的殿堂构架，而串则适宜于竖直分槽的厅堂构架，襻间与串从并存到相互影响以至混成整体，实质上体现了南北技术传统相互交流与构架分型逐渐模糊的过程。

串与襻间的这种互动包含两个部分的内容，其一是形式上的相互借鉴（如《营造法式》中顺脊串同样借鉴了襻间隔间上下相闪的表现形式），其二是主导性的此消彼长。

晋东南地区唐至金木构实例中，襻间与串并用者居多，但侧重有所不同，其各自的发展规律如下：

早期遗构中的串构件相对欠发达，其应用随时代推进而趋普遍。唐、五代（含五代样式）遗构中，天台庵弥陀殿、龙门寺西配殿完全不用串，大云院弥陀殿后侧平榑下不用顺身串，碧云寺正殿及原起寺大殿无顺脊串，仅布村玉皇庙正殿逐榑下用串。

北宋遗构用串情况比较复杂，既有逐榑下使用的（如北吉祥寺前殿、高都景德寺后殿、九天圣母庙正殿、佛头寺大殿），也有全然不用的（如小会岭二仙庙正殿、开化寺大雄殿）；既有仅加顺脊串的（如游仙寺毗卢殿、崇庆寺千佛殿、龙门寺大雄殿、青莲寺释迦殿），也有除脊榑外逐榑下用顺身串的（如北义城镇玉皇庙正殿、小南村二仙庙正殿）；此外还有前后平榑下

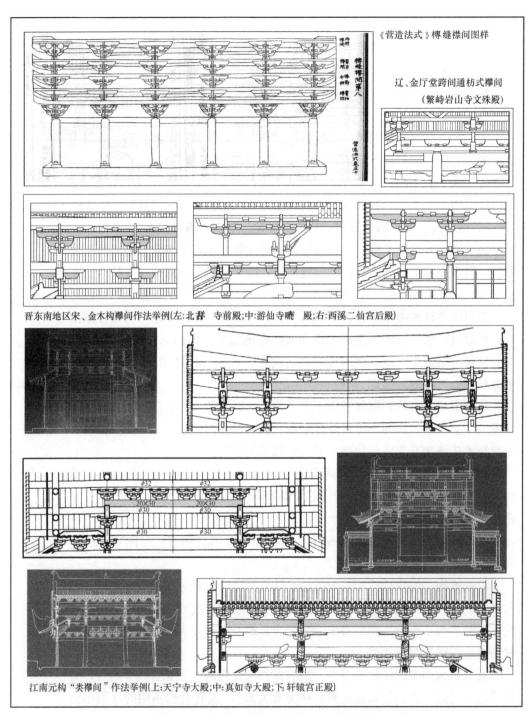

图 5-5　晋东南地区遗构与《营造法式》襻间、通枋襻间及江南厅堂类襻间做法比较

非对称使用的（如崇明寺中佛殿、正觉寺后殿），或仅下平槫不用的（如南

吉祥寺中殿、清化寺如来殿）。凡此种种不一而足，但总的趋势是时代越晚，串的使用越频繁和全面。

金构中，用串方式简化为两种：其一是逐槫下均用串（如西上坊成汤庙正殿、淳化寺正殿、南阳护三峻庙正殿、沁县大云寺正殿等），其二是除下平槫外皆用串（如龙岩寺中佛殿、开化寺观音阁、西里门二仙庙等）。这两种做法占了实例的十之八九，剩余少许例外鲜见于西溪二仙庙后殿（仅上平槫下用串）、回龙寺正殿（仅前平槫下无串）等构中，且几乎均为孤例。由此可知金代匠人关于串的运用思路已高度成熟和统一：以逐槫下用串为基本原则，而酌情省略下平槫分位之串，这或许与避让铺作里跳华栱有关。

襻间的使用，则存在富装饰化和施用位置特殊化的两种倾向。

本区唐、五代时期的襻间形式较为简单，以单材襻间和捧节令栱做法为主，两材襻间仅偶尔于某一局部出现（如大云院弥陀殿和碧云寺正殿的下平槫下、原起寺大殿脊槫下）。

入宋后情况有所变化，一是逐槫下用襻间且形式日趋多样（除开化寺大雄殿、龙门寺大雄殿只用单材襻间，佛头寺大殿只用捧节令栱外，其余案例各槫下襻间形式均不一样，或一材或两材，间杂使用绝不重复）；二是省略下平槫下襻间（如游仙寺毗卢殿、崇庆寺千佛殿、景德寺后殿、龙门寺大雄殿等），甚至于将上平槫下襻间一并撤除，仅保留脊槫下者（如南吉祥寺中殿、小会岭二仙庙正殿）。

金构与宋构表现的趋势正好相反，一方面各槫下襻间形式趋于统一（如南阳护三峻庙正殿、沁县大云寺正殿、襄垣灵泽王庙正殿、郊底白玉宫正殿、玉泉村东岳庙东朵殿等，皆只取一种襻间形式）；另一方面省略两侧下平槫下襻间的例子迅速减少（已知仅淳化寺正殿、武乡大云寺三佛殿、龙门寺山门、南神头二仙庙正殿、天王寺前殿及后殿、南鲍汤王庙正殿等少数几例）。

此外，就最富装饰性的两材襻间而言，其使用位置也发生了变化——北宋时，两材襻间的使用位置较为随意，既有用在脊槫下的（如正觉寺后殿），也有用在下平槫下（如青莲寺释迦殿）或上平槫下（如崇庆寺千佛殿）的，即两材襻间尚未与特定的使用位置相互关联。入金后，所有两材襻间几乎均使用在脊槫之下（如陵川龙岩寺中殿、西上坊成汤庙正殿、石掌玉皇庙正殿等），而未见例外情况，可知两材襻间在工匠意识中已被作为一种特别富于装饰性的存在，而与位置最为特殊的脊槫挂钩。

概括而言，襻间经历了一个从随宜施用到有意识地与槫子配套施用的过程，从一个纯粹的结构构件逐步演变为具有等级规格意义的半装饰性构件。

关于这一点，还可以从最大量性使用的襻间形式中见其端倪：排除位置限制，单从数量上看，宋构中单材襻间最为常见，而金构中以捧节令栱为绝对主流。由单材、两材襻间而转回到捧节令栱形式，不可不谓是结构功能的巨大退步和原始意象的顽固保存，此时襻间作为缝间联系构件的功用已所余无几，与此同时，捧节令栱托替木组合则最大程度地保留了其栱枋交叠的原始意象，这应当被视为象征着襻间退化的一个重要信号。

串的逐渐发达与襻间结构功能的退化是一个此消彼长的过程。

串构件的功能单一，旨在牵拉支顶各间缝梁架，用串数量的增多、断面的加大、榫卯节点的强化，都直观地显示着其重要性的上升；而襻间自产生之初便较为含混，这一含混性体现为两个层次，其一是结构意义与形制意义并存产生的定位含混，其二是牵拉功能与辅助承槫功能共存产生的受力状态含混。自宋入金，襻间总体而言经历了结构意义减弱、装饰意义增强的进程，这是因串构件很大程度上取代了襻间的原始功能所造成的，可以说正是由于串的发达，才给予了襻间向纯形式方面转化的自由。

南、北方遗构中，串的进化速率虽不同步，但其重要性愈后愈甚的发展趋势却并无差别；相应的，襻间构件首先在北方表现出结构退化和富装饰化的倾向，继而在单纯的形式层面影响南方匠系，出现了以额、串模仿襻间外观的所谓"类襻间"做法。

串的强化与襻间的退化，映射着顺身方向构件承重功能的持续削减和牵拉功能的逐渐增强，这是宋、金以来木构架厅堂化程度不断提高、纵架受力状态及结构功用发生变化、厅堂式的柱梁直交思维不断强化的自然结果，期间的种种表现皆本于此。

5.3 角梁平置与结角做法的归一

角翘的形成机制及缓峻程度的不同，是我国木构建筑时代和地域性特征最为显著的部分，诸如"唐辽建筑出檐深远、翼角舒展"之类的认识早已根植于每个建筑史爱好者的意识深处。就技术史的视角而言，转角构造无疑与铺作组织、屋架围合一样，是我们进行建筑个案研究时无法规避的重点所在，而早期结角方式的多样，同样为实例区期分析及谱系划分提供了重要的参考依据。

若取转角做法为线索，探讨木构架的发展规律，则其间最需注意的一个现象，莫过于北方遗构自宋中叶以来，结角方式由多样趋于统一的事实。这一构造现象需放在殿堂构架厅堂化的背景下加以解读，且《营造法式》文本对其有所暗示，下文将对此详加梳理。

早期转角造木构中，角梁亦无非是位置特殊的一根角椽，断面高度与其他扇面椽无异（如高颐阙），其后随着制瓦技术趋于发达，屋面荷载总体上日趋轻薄，但脊部重量反而加大，使得正身椽子与角椽的受力状况发生分化，截面相应于角椽有所减小；加之平行椽做法普及，诸从角椽后尾均需插入角缝椽身，促使其加大断面以担负角部荷载（如义慈惠石柱）。

以上诸因素汇集，最终导致角椽从椽子中异化出来，成为承椽的类槫构件。此时带来两个问题：其一，角梁断面大过檐椽甚多，而两者下端支垫构件相同，导致前者上皮高过后者；其二，为保证檐角荷载内外平衡，角梁后尾往往压在下平槫交点之下以防外翻，此时角梁与角椽倾斜角度不同。这两点因素导致角梁前端背部标高超过相邻角椽甚多，为使两者持平，必须加垫生头木，使从角椽位置依次升高，直至与角梁同，从而产生了角翘。

按《营造法式》卷第一"总释上·阳马"条引何晏《景德殿赋》"**承以阳马**"句，小字注称"**阳马，屋四角引出以承短椽者**"，短椽即近角诸椽，阳马承短椽，即是角梁最为根本的构造意义——使椽子转过 45°缝（或平行插于角梁身，或呈辐射状收于其两侧）以闭合屋面。

关于角梁，《营造法式》卷第五"大木作制度下·阳马"条记其异名（"**其名有五：一曰觚棱，二曰阳马，三曰阙角，四曰角梁，五曰梁抹**"）及断面尺度（"**造角梁之制：大角梁，其广二十八分°至加材一倍，厚十八分°至二十分°。头下斜杀长三分之二**或于斜面上留二分，外余直，卷为三瓣。**子角梁广十八分°至二十分°，厚减大角梁三分°，头杀四分°，上折深七分°。隐角梁上下广十四分°至十六分°，厚同大角梁，或减二分°。上两面隐广各三分°，深各一椽分**余随逐架接续，隐法皆仿此"）[1]、起止位置（"**凡角梁之长，大角梁自下平槫至下架檐头；子角梁随飞檐头外至小连檐下，斜至柱心**安于大角梁内。**隐角梁随架之广，自下平槫至子角梁尾**安于大角梁中，**皆以斜长加之**"）、用在殿阁时之增出制度（"**凡造四阿殿阁，若四椽、六椽五间及八椽七间，或十椽九间以下，其角梁相续，直至脊槫，各以逐架斜长加之。如八椽五间至十椽七间，并两头增出脊槫各三尺**随所加脊槫尽处，别施角梁一重。俗谓之吴殿，亦曰五脊殿"）或用在厅堂亭榭时之后尾长度（"**凡厅堂若厦两头造，则两梢间用角梁转过两椽**亭榭之类转一椽。今亦用此制为殿阁者，俗谓之曹殿，又曰汉殿，亦曰九脊殿。按唐《六典》及《营缮令》云：王公以下居第并听厦两头者，此制也"）。

角梁部分所包含的构件，按功用不同可进一步细分为大角梁、子角梁、续角梁、隐角梁、簇角梁、递角梁和抹角梁。其中簇角梁用于阁尖亭榭不

1　按法式规定隐角梁广小于厚，呈扁平状，广取大角梁一半，而厚与之同，同时子角梁广等于大角梁厚，故这三者均可组合套裁下料。

论；续角梁用在庑殿或攒尖顶上，将角梁延续至脊槫端点，以界分各坡屋面；递角梁与抹角梁用在大角梁下，是对大角梁的支垫补强，本身并不直接参与承托屋檐；隐角梁则压在大角梁背上，用于解决大角梁平置（或微斜）于下平槫下时导致的角部椽子上皮高过大角梁上皮的问题，其实际作用与生头木相似，在清式做法中仔角梁穿过角柱心缝继续上升至下平槫交点，相当于宋式子角梁与隐角梁的统合。[1]

上述名件中，大角梁及子角梁所指殆无疑义，抹角梁与递角梁亦不难理解，而簇角梁又可细分为上、中、下折，[2] 惟隐角梁与续角梁的定义颇有问题——《营造法式》制度部分仅提及隐角梁而不说续角梁，功限部分则与之相反，故此有学者认为二者乃同物异名，[3] 隐角梁安于大角梁背以接子角梁，相当于续子角梁，至于所谓**"余随逐架接续，隐法皆仿此"**的"隐法"，则是承前述隐角梁**"上两面隐广各三分°，深各一椽分"**而言，指隐刻去角梁上端两侧，使其断面呈现"凸"字形，以便安搭椽尾，由是则子角梁后的所有角梁皆可目为续角梁，而就其断面处理工艺来说又都可以称之为隐角梁。此外尚有认为隐角梁是大角梁与续角梁背折线交点上所加木条，[4] 或认为是大角梁与子角梁交接处下凹折面内的填充材[5] 的观点。与之相应，陈明达先生仍视隐角梁与续角梁为两类构件，差别体现在施用位置上：**"隐角梁，于大角梁上，前接子角梁，后接续角梁"**，**"续角梁，四阿屋盖隐角梁后，逐架接续至脊，均为'续角梁'"**。

实例中的角梁做法呈现出极大的多样性和复杂性，并在不同区期中有着相互交杂施用的表现。针对北方地区唐至金的重要实例，述其梗概如下。

5.3.1 大角梁法、隐角梁法及隐衬角栿法各自的时代与地域性展开

关于子角梁与大角梁的首尾交接关系，《营造法式》并未明言。按实例所见，子角梁尾的处理方式大致可分为三种（图5-6）：

（1）《营造法式》型，实例如晋祠圣母殿，子角梁伏在大角梁背上，后尾到角柱心止，其后续以隐角梁。

（2）合抱续角梁头型，实例如隆兴寺摩尼殿上、下檐，子角梁与大角梁

1　张十庆. 略论山西地区角翘之做法及其特点［J］. 古建园林技术，1992（04）：47-50。

2　陈明达. 营造法式辞解［M］. 天津：天津大学出版社，2010。

3　贾洪波. 关于宋式建筑几个大木构件问题的探讨［J］. 故宫博物院院刊，2010（03）：91-109。

4　郭黛姮. 中国古代建筑史（第三卷）［M］. 北京：中国建筑工业出版社，2003：660。

5　徐伯安，郭黛姮. 《营造法式》术语汇释——壕寨、石作、大木作部分［M］//清华大学建筑系编. 建筑史论文集（第6辑），1984：1-79。

后尾同长，共同延至下平槫上，合抱续角梁头。

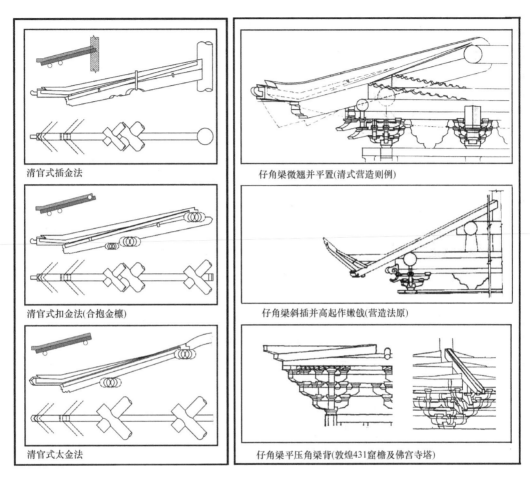

清官式插金法

仔角梁微翘并平置(清式营造则例)

清官式扣金法(合抱金檩)

仔角梁斜插并高起作嫩戗(营造法原)

清官式太金法

仔角梁平压角梁背(敦煌431窟檐及佛宫寺塔)

图5-6 角梁首尾端头做法差异示例
来源：马炳坚. 中国古建筑木作营造技术［M］. 北京：科学出版社，2003

（3）插接型，实例如宁波横省及庙沟后石牌坊、福州鼓山涌泉寺陶塔、杭州灵峰探梅塔等宋代南方砖石仿木遗构中所见，子角梁后尾未及柱心，直接插接在大角梁背靠近端头处，以形成高企的翼角，类似后世的嫩戗发戗做法。

子角梁一般较大角梁上举，从而使子角梁背与大角梁背形成一条折线，但五代、辽、宋遗构中也有两者平行搭接、子角梁头不上翘的实例，如佛宫寺释迦塔一层、镇国寺万佛殿、隆兴寺摩尼殿等。

至于大角梁后尾的处理方式则更为繁复多样，依据与下平槫的位置关系，可大致分为清官式所谓压金（老角梁后尾压在金檩上）、扣金（老角梁后尾与仔角梁合抱金槫）、插金（角梁后尾直接插进金柱或童柱身）三种基本做法，追述其源头，则分别来自宋式大角梁法、隐角梁法和隐衬角栿法。

以往学者多认为上述三种角梁做法间存在线性的技术演化关系，如潘谷西先生在《〈营造法式〉初探（二）》中提到，从角梁所负屋面荷载的分布情况来看，大角梁后尾移到下平槫之下后更为安全合理，有利于抵御地震、风雪等突发性破坏因素，因而是技术的进步，并且从《营造法式》文意推测该转变在北宋末已告完成。即宋、金以降隐角梁法迅速取代大角梁法，随后明清官式做法中隐角梁与子角梁合一，形成老、仔角梁合抱金槫法，均体现了结角技术由简单直率向合理高效方向的演进趋势，三者在流行时段上大体前后相续，但在特定地区具有滞后和共存现象。

考察现存实例，在大角梁、隐角梁与隐衬角栿法的大类之下，尚有多种变体，在时空分布上亦相当的错综复杂。实际上，角梁构造演进的过程中，影响因子是多元而非单一的，是经由承托构件的种类、平槫高度、施工次第、立面权衡等多种因素相互博弈、妥协的结果，有效承托檐角荷载只是工匠诸多考虑事项中的重要一环，却远非全部。至于各种结角做法的发展衍替过程更是多线索的、可逆的，而非单向的，否则难以解释上述做法在时空衔接上的驳杂错乱现象，因此针对这一问题，有必要在特定的构架体系下讨论相应角梁做法的适用性，而不宜局限于角梁后尾与平槫搭接节点之类的单一视角。

本节先就唐至金主要遗构的结角做法作一小结，分类依据则仍是大角梁、隐角梁、递角梁构件的相互组合关系，以及角梁后尾与下平槫的高度位置关系。

1）大角梁法的类型及流行时代

大角梁法，简言之即以单独一根斜向角梁构件完成整组转角椽的搭交与分界工作，其前端搭在撩风槫交点上，后端搭在平槫交点上，相当于角缝斜梁。以撩风槫缝为中点，角梁前、后段皆受到竖直向下的屋面荷载，为保持平衡防止倾覆，须令后段力矩大于前段，因此往往使角梁长达两架。子角梁尾安在角柱心上，外端伸出大角梁头，较之前者更易外翻，因此端头杀出折线，一方面可减轻头部重量，另一方面改变斜垂向下的视觉印象，给人以昂扬飞举之感。

无疑，大角梁法在构造上最为原始，但沿用时间也最长，自敦煌莫高盛唐445窟"拆屋图"中见用该法，直到元代江南地区尚广泛沿用。

依照角梁后尾与平槫的位置关系，大角梁法尚可作两个亚型。

（1）大角梁法Ⅰ型（图5-7）。

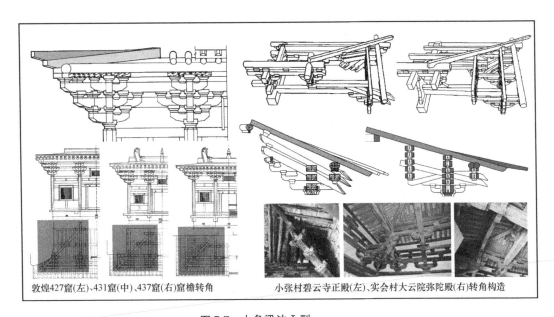

敦煌427窟(左)、431窟(中)、437窟(右)窟檐转角　　小张村碧云寺正殿(左)、实会村大云院弥陀殿(右)转角构造

图5-7　大角梁法Ⅰ型

来源：萧默．敦煌建筑研究［M］．北京：机械工业出版社，2003

尾端止于下平槫节点上。该法的原型将承托角梁后尾的下平槫交点安搭于丁
栿背身，但自五代、北宋以降，出现了平槫交圈节点不再假借丁栿、而以转
角铺作斜昂后尾直接承托的趋势，如此一来，角梁的头、尾两端通过撩风
槫、下平槫节点，最后都直接落在转角铺作上，檐角部分内外荷载通过铺作
获得平衡。该型做法最为原始，五代以后即甚少见用，实例除佛光寺东大殿
外，还有平顺大云院弥陀殿及碧云寺正殿、敦煌宋代窟檐等（碧云寺正殿各
道从角椽子直接插进大角梁身，至角柱心分位为止，以外者作平行布置，以
内者方呈扇面放射，故室内所见均为平行椽；敦煌427、431、437等窟檐的
大角梁与檐椽直径相若，将撩风槫背砍去少许后嵌入角梁，后者底皮标高较
檐椽为低，无须另用生头木已能保证与檐椽背取平，其后尾搭在平槫之上，
子角梁不起翘，檐端水平不上曲）。

（2）大角梁法Ⅱ型（图5-8）。

江南地区宋、元木构习惯上将大角梁后尾斜置并里转一间两椽，穿过下
平槫节点后继续上升，尾端插在中平槫身侧（或自下方穿过槫底出头），角
昂及近角补间昂后尾交于一点或作品字排列，以支托下平槫交点，压在大角
梁下。实例中宁波保国寺大殿、金华天宁寺大殿、上海真如寺大殿、武义延
福寺大殿、苏州轩辕宫正殿等皆属此类。

2）隐角梁法的类型及流行时代

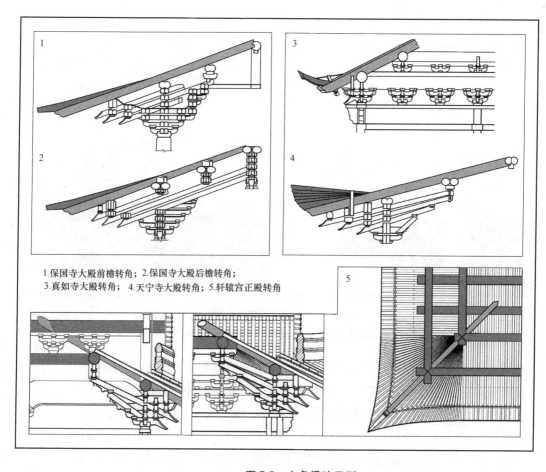

图 5-8　大角梁法Ⅱ型

1.保国寺大殿前檐转角；2.保国寺大殿后檐转角；
3.真如寺大殿转角； 4.天宁寺大殿转角；5.轩辕宫正殿转角

来源：郭黛姮. 东来第一山——保国寺［M］. 北京：文物出版社，2003；上海现代建
筑设计集团有限公司. 共同的遗产［M］. 北京：中国建筑工业出版社，2009；
诸葛净. 苏州东山轩辕宫正殿测绘图（国家文物局指南针计划专项课题）［Z］. 2010

　　如果说大角梁法是以单一构件完成结角工作，隐角梁法则需借助不同构件的组合达成同一目标——该做法可视作自角柱心位置起，以大角梁为底面直边、隐角梁为斜边，组成空间上安搭角椽所需的角缝三角骨架。

　　按照这一组合中大角梁后尾截止位置及其下支托构件的不同，隐角梁法亦可分作两型。

　　（1）隐角梁法Ⅰ型（图 5-9）。

　　大角梁平置，里转一或两椽伸到檐栿或丁栿上，角梁尾端上托交圈下平槫（或系头栿承搭下平槫）节点，再于大角梁背上，自角柱心位置起斜立隐角梁到下平槫上。该型做法散见于北宋末到金中期的晋东南遗构中，但所占

比例较小，原因是区内实例以四到六架椽屋规模为主，角梁能转过两椽并伸搭到檐栿之上者不多，[1] 而采用此种结角做法的，或者深达八架以令角梁里转一间达到次梢间缝梁架分位（如长子府君庙及西上坊成汤庙）；或者体量狭小以致角梁里转一椽即可触抵梁栿（如川底村佛堂）；又或用丁栿数多从而导致角梁尾部撞上丁栿（如佛头寺大殿）。

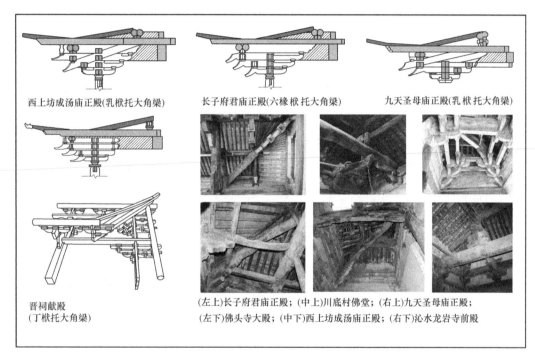

西上坊成汤庙正殿(乳栿托大角梁)　　长子府君庙正殿(六椽栿托大角梁)　　九天圣母庙正殿(乳栿托大角梁)

晋祠献殿
(丁栿托大角梁)

（左上)长子府君庙正殿；(中上)川底村佛堂；(右上)九天圣母庙正殿；
（左下)佛头寺大殿；(中下)西上坊成汤庙正殿；(右下)沁水龙岩寺前殿

图 5-9　隐角梁法Ⅰ型
来源：贺大龙. 长治五代建筑新考［M］. 北京：文物出版社，2008；照片自摄

1　九天圣母庙正殿大角梁平置，里转两椽后搭在乳栿上，前廊顺身串兜圈插入大角梁身，其上坐大斗承交圈下平槫，又于平槫交点上架隐角梁。佛头寺大殿用三丁栿，转角铺作角缝后尾骑跨在外侧丁栿上，承托长达两架的平置大角梁，又于檐栿上安搭蜀柱以承交圈下平槫，大角梁尾穿过蜀柱身，搁在檐栿之上，自角柱心竖隐角梁，搭到平槫交点上，由于使用了蜀柱，该构大角梁与隐角梁间夹角增大，同时大角梁插入蜀柱脚，更加稳固可靠。泽州川底村佛堂近角铺作后尾出沓头承托四椽通栿，大角梁转过一椽，其下仍由转角铺作角缝里跳构件支撑，后尾压在四椽栿背上并穿过栿上承平槫驼峰身。西上坊成汤庙正殿与长子崔府君庙正殿相似，均为晋东南地区的典型五间八架厅堂，其大角梁平置，里转两椽，压在乳栿、六椽栿节点上，于大角梁背中点处安置大斗托交圈下平槫，另自角柱心立隐角梁搭在下交圈平槫端点处。沁水上阁村龙岩寺前殿，在四椽通栿上立高驼峰承托交圈平槫，大角梁后尾平置并转过一椽后插入驼峰身，隐角梁搭到平槫交点上，两者相距甚远、夹角较大。晋祠献殿大角梁平置，里转一椽压在平置丁栿背上（丁栿压在四椽栿背上并穿驼峰），尾端置大斗，内出捧节令栱绞系头栿以托下平槫，隐角梁插于承椽串、系头栿背上，抵在下平槫身侧。

（2）隐角梁法Ⅱ型（图5-10）。

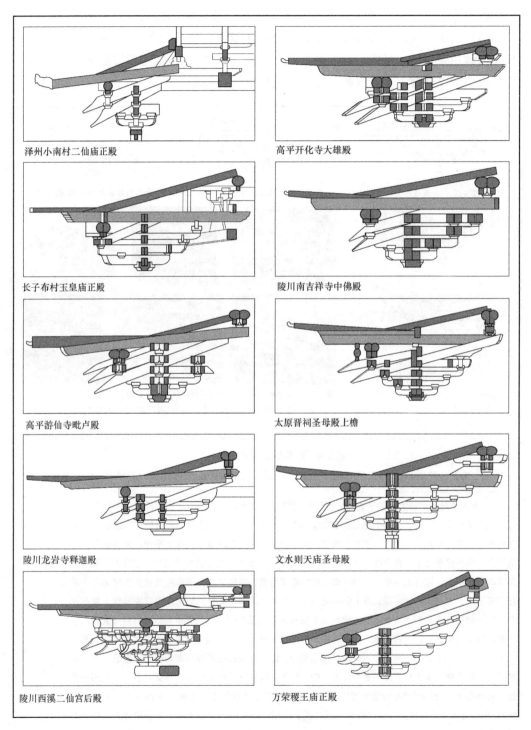

泽州小南村二仙庙正殿　　　　　　　　高平开化寺大雄殿

长子布村玉皇庙正殿　　　　　　　　　陵川南吉祥寺中佛殿

高平游仙寺毗卢殿　　　　　　　　　　太原晋祠圣母殿上檐

陵川龙岩寺释迦殿　　　　　　　　　　文水则天庙圣母殿

陵川西溪二仙宫后殿　　　　　　　　　万荣稷王庙正殿

图5-10　隐角梁法Ⅱ型

该型做法令大角梁平置或略微斜置，里转一椽，不与檐栿或丁栿相交，背上用隐角梁，而下部仅依靠角缝铺作后尾承托。晋东南地区北宋中期以后的实例基本全部采用此型，[1] 但隐角梁尾端节点的处理方式相对灵活，或插在顺身向平槫身侧，或搭于平槫交点之上，或开企口以搭扣在平槫交点内并使上缘与之齐平，具体情况视下平槫与系头栿搭交时的上下位置关系而定。在相邻的晋中、豫西北、晋西南地区，该型做法从北宋中期到金中期同样居于主流地位，金晚期以后，上述地区抹角栿法逐渐成为主流。

3）衬角栿法的类型及流行时代

《营造法式》大木作制度中并无"衬角栿"之名，而于卷十九"仓廒库屋功限"条下列有"角栿"一项，每条一功二分，更较大角梁之计功为高（大角梁一条一功一分），又文中记有抹角栿，为指称便利，姑且生造"衬角栿"一词，以概括类似清官式中递角梁的做法。

按《营造法式》大木作制度二"梁"条记有"隐衬角栿"一项：**"凡角梁之下，又施隐衬角栿，在明梁之上，外至撩檐枋，内至角后栿项；长以两椽材斜长加之。"**

隐衬角栿平置，前端绞入铺作抵撩风槫交点内侧、后端插入内柱身（"角后"意指角内，即殿身柱位置；"栿项"为栿项柱之略称，以柱身开卯，穿串梁栿端首，故名。考之大木作功限三"殿堂梁柱等事件功限"与"仓廒库屋功限"，同样长一丈五尺时，檐柱一条径一尺一寸，计一功，栿项柱一条径一尺二寸，计一功三分，栿项柱计功与直径皆较檐柱为大，可见柱身需开刻卯口，用料及加工都较以柱头铺作承梁栿的檐柱更为烦费），内柱与角柱相距一间，是以隐衬角栿长达两椽斜长，尾端栿项入柱，实际起的是牵拉角柱与内柱的作用，类似顺栿串，但其位置甚高，在草架内，是以加一"隐"字。而实例所见多是彻上露明造，去掉"隐"字或许更为贴切。

至于该构件规格，李诚未曾明言，但考虑到施用位置，其广似乎应从要头上皮计到撩檐枋上皮，约高两材。

---

1 晋城、长治地区采用此种结角做法的五代、宋、金遗构包括布村玉皇庙正殿、开化寺大雄殿、青莲寺释迦殿、西李门二仙庙正殿、南吉祥寺中殿、资圣寺大殿、清化寺如来殿、北吉祥寺中殿、龙岩寺释迦殿、淳化寺正殿、玉泉村东岳庙正殿、开福寺中殿、韩坊尧王庙正殿、长子天王寺大殿、三王村三嵕庙正殿（隐角梁尾搭在系头栿、平槫交圈节点上）；南村二仙庙正殿（系头栿、平槫合抱隐角梁尾）；小会岭二仙庙正殿、北义城玉皇庙正殿、游仙寺毗卢殿、西溪二仙宫后殿、南神头二仙庙正殿（隐角梁尾抵在平槫外侧，开启口咬合）；崔府君庙山门、郊底白玉宫正殿、冶底岱庙天齐殿（隐角梁搭在系头栿伸出端头之上，斜插入平槫身侧）。此外，晋中地区的晋祠圣母殿上檐、则天庙正殿，晋西南的万荣稷王庙正殿、曲沃大悲院献殿、新绛白台寺释迦殿，以及河南的济渎庙寝宫、初祖庵大殿、风穴寺中殿，山东的广饶关帝庙正殿等均采用此种做法。

与隐角梁法一样，该法结角需同时动用衬角栿（平置）与大角梁（斜置），以前者为底面直边、后者为斜边，组成安搭角椽所需的角缝三角骨架。按衬角栿后尾落脚方式的不同，亦可分作二型。

(1) 衬角栿法Ⅰ型（图 5-11）。

衬角栿长一到两架，尾端搭在檐栿之上，于衬角栿身上立驼峰或蜀柱承托下平槫交点，大角梁后尾斜搭在下平槫上。该型做法出现年代甚早[1]，衬角栿与铺作间的联系松散，整体性较弱，在设计过程中或许即未得到妥善的关注。这大概反映了衬角栿产生的源起——大角梁法在运用于通檐无内柱构架时，支搭其后尾的下平槫交点虚悬（因出际所需，不可能将平槫交点进一步内移到心间柱缝上，否则屋面过小将导致外观失调），为解决这一问题，需叠加一根斜栿作为过渡，因此即产生了衬角栿。

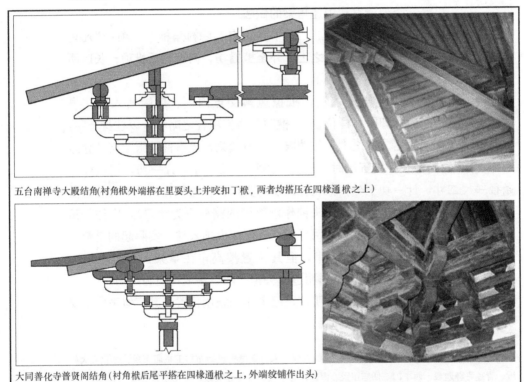

五台南禅寺大殿结角(衬角栿外端搭在里耍头上并咬扣丁栿，两者均搭压在四椽通栿之上)

大同善化寺普贤阁结角(衬角栿后尾平搭在四椽通栿之上，外端绞铺作出头)

图 5-11　衬角栿法Ⅰ型

来源：贺大龙. 长治五代建筑新考［M］. 北京：文物出版社，2008

1　南禅寺大殿为采用该做法的现存最早实例，其衬角栿头端仅压在转角铺作里转角耍头上，未抵柱缝。狐突庙后殿则与之相反，衬角栿平置但仅转过一椽，未能冲达檐栿身，而是在檐栿与山面柱头之上安搭抹角枋一根压扣衬角栿尾端，使之不致外翻。到善化寺普贤阁时，衬角栿已完全绞铺作出头，两者织为整体。

（2）衬角栿法Ⅱ型（图 5-12）。

北宋晋中地区木构大多前廊开敞，此时衬角栿一般长达两架，后尾直接插入内柱身或搭于内柱头铺作上，并于栿背中段位置架设平槫。[1] 相较Ⅰ型，Ⅱ型衬角栿与殿身梁架直接牵拉，大幅加强了角柱与内柱的联系，从而提高了转角部分的整体稳定性。在《营造法式》文本中，Ⅱ型应当是更为典型和本源的衬角栿做法——与隐衬角栿一样，尾端入栿项柱是这一做法的判定标准。

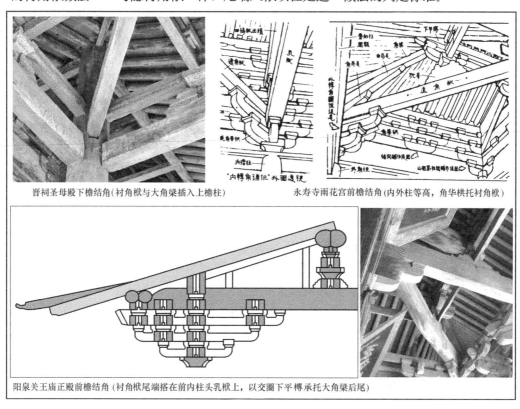

晋祠圣母殿下檐结角（衬角栿与大角梁插入上檐柱）　　　　　永寿寺雨花宫前檐结角（内外柱等高，角华栱托衬角栿）

阳泉关王庙正殿前檐结角（衬角栿尾端搭在前内柱头乳栿上，以交圈下平槫承托大角梁后尾）

图 5-12　衬角栿法Ⅱ型

来源：莫宗江．榆次永寿寺雨花宫［M］//中国营造学社编．
中国营造学社汇刊（第七卷　第二册）．北京：知识产权出版社，2006

4）抹角栿法的类型及流行年代

按《营造法式》大木作制度二"梁"条记载："**凡屋内若施平綦**平闇亦同，

1　晋祠圣母殿副阶置衬角栿与斜置大角梁的后尾均插入内柱身。永寿寺雨花宫内外柱等高，前内柱与角柱沿递角线向出角华栱两杪，上承衬角栿，栿上架高驼峰、大斗以承托交圈下平槫，大角梁后尾安搭在下平槫交点上，中段由大昂尾支托。阳泉关王庙正殿衬角栿里转两椽，用料粗巨，尾端插压在乳栿与劄牵间，栿背上立大斗托交圈下平槫，大角梁斜搭在平槫背上，与衬角栿间加支短柱一根。

在大梁之上。平棊之下又施草栿；乳栿之上亦施草栿，并在压槽方之上_{压槽方在柱头方之上}。其草栿长同下梁，直至撩檐方止。若在两面，则安丁栿。丁栿之上，别安抹角栿，与草栿相交。"

按《营造法式》文意，抹角栿不用于彻上明造厅堂，而用于殿堂之中，此时丁栿正当耍头高度，抹角栿在丁栿上，当衬方头高度，并骑跨近角补间铺作之算桯方，则衬角栿与抹角栿处在同一高度，难以并用。或许《营造法式》原意即将衬角栿用在厅堂或殿堂副阶、抹角栿则用在殿堂殿身部分的翼角。

实例中抹角栿多用在简化殿堂的大角梁下，顺角缝分角线布置，两端压入柱头壁。辽、宋时期的木构抹角栿多绞入近角补间铺作，长约 0.7 倍梢间广，以单材或足材栱、枋充任；金中期以后，抹角栿端点延扩至次、梢间缝柱头铺作上，长约 1.4 倍梢间广，断面增大突破单材规格限制，成为真正的梁栿。

无论大角梁法或隐角梁法，甚或衬角栿法，皆可附加抹角构件以资加固，因此严格来说抹角栿法与前三者并不处于同一层面，现单就抹角构件自身的情况，对其加以分类。

(1) 抹角栿法Ⅰ型（图 5-13）。

以抹角枋承铺作里跳衬方头，实际仍是以角缝铺作里跳部分承托交圈下平槫和大角梁后尾，抹角枋主要起牵拉联系作用，并阻止角梁尾发生水平方向的歪闪。此时大角梁或位于槫下（如正定文庙大成殿），或位于槫上（如定襄关王庙大殿），并无定法。

定襄到正定一带（滹沱河流域）宋、金建筑中多用斜栱，抹角枋/栱配合梢间补间铺作斜出栱，垫托角缝衬方头里转部分（略相当于衬角栿），上托大角梁后尾，此时的抹角构造显得尤其自然合理；[1] 而晋东南、晋中、晋北地区的抹角枋/栱则大多加得较为牵强，与铺作扶壁部分交接生硬，其中大多数甚至不能排除后世增补的可能。

晋东南地区现存早期遗构中使用抹角栱枋的，计有嘉祥寺转果殿、龙门寺大雄殿、九天圣母庙正殿（后檐）、普照寺大殿、石掌村玉皇庙正殿、王报村二郎庙戏台、显庆寺毗卢殿等，本质上均属隐角梁法，其中显庆寺毗卢殿、普照寺大殿的抹角做法明显属于后代改动造成，[2] 嘉祥寺转果殿、龙门

1　如正定文庙大成殿（衬方头后尾伸展承托大角梁尾，隐角梁与大角梁交扣下平槫，若将衬方头后尾视作衬角栿一类构件，则其原型类似混合式Ⅱ型）、隆兴寺摩尼殿上下檐（自梢间补间铺作里转第二层斜华栱向角内延展，勒出抹角枋托大角梁尾）、隆兴寺山门及转轮藏殿上层等。

2　显庆寺毗卢殿自下平槫交点向下引虚柱一根，大角梁后尾劄入虚柱身，近角补间昂后尾则搭在虚柱两侧，另引抹角枋一根垫托大角梁下角缝构件；普照寺大殿补间铺作仅施用于前后檐，山面未设，导致结角处仅两朵铺作尾端相交，抹角枋一端入铺作、一端直接插入柱头枋壁，均是较草率的做法。

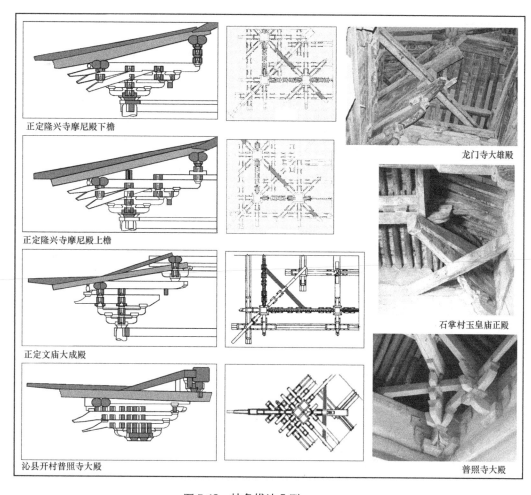

正定隆兴寺摩尼殿下檐

正定隆兴寺摩尼殿上檐

正定文庙大成殿

沁县开村普照寺大殿

龙门寺大雄殿

石掌村玉皇庙正殿

普照寺大殿

图 5-13 抹角栱法Ⅰ型

来源：郭黛姮. 中国古代建筑史（第三卷）[M]. 北京：中国建筑工业出版社，2003

寺大雄殿及九天圣母庙正殿后檐的抹角栱枋制作亦较为草率，不似原物。

（2）抹角栱法Ⅱ型（图 5-14）。

自金中晚期起，铺作用材已显著小型化，而开间绝对尺度增大。更为重要的是，随着朵当模数制的逐步确立，梢间与心间的比例发生变化，绝对方间以及逐间等间广的结构形式开始流行。金、元时期木构，尤其是门殿类建筑中，大角梁后尾多数仍保持里转一椽长，但抹角构件不再限于联系近角补间铺作，而是位置外移、斜跨一间，两端搭在次、梢间缝的柱头铺作上，在山面分心柱上相交，因此出现了抹角栱/枋跨度加长，断面增大，转而演变为抹角栿的普遍趋势。这同时也解除了山、檐面近角补间必须对称布置的约束，使得朵当分配不再受结角构造的限制，补间铺作从而可以自由定位。

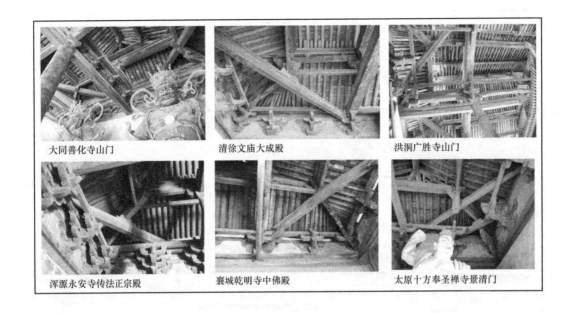

大同善化寺山门　　　　　清徐文庙大成殿　　　　　洪洞广胜寺山门

浑源永安寺传法正宗殿　　　襄城乾明寺中佛殿　　　太原十方奉圣禅寺景清门

图 5-14　抹角栿法Ⅱ型

5）混合式角梁法的类型及流行年代

（1）混合式Ⅰ型（图 5-15）。

该型基于隐角梁法，但令大角梁水平放置，且延伸其后尾，使之兼作衬角栿。这一做法当为大角梁平置之始，对应实例之建造年代亦较早。因用在小殿之中，角梁后尾一直延展至檐栿之上，其上承托整组平槫构件，并通过穿插驼峰等手段使角梁在承托翼角的初始功能之外，另被赋予了拉接角部与正身梁架的意义，而这原是衬角栿法较大角梁法的优越性所在。同时，典型衬角栿法中大角梁需斜置，易失稳外翻，混合式Ⅰ型规避了这一缺憾，从而撷取了上述两种做法的优点，在施工次序上便于逐层安搭，也保证了翼角高起，是非常适宜于小型简化殿堂构架的改良方式。[1]

（2）混合式Ⅱ型（图 5-16）。

该型做法同样基于隐角梁法，在保持斜置大角梁与隐角梁合扣下平槫的同时，又在大角梁下另用衬角栿一根。这一做法涉及构件较多，大角梁与隐

1　芮城广仁王庙五龙殿：大角梁平置以兼作衬角栿，后尾劄入檐栿上驼峰身，与丁栿、下平槫相交，自角柱心上斜搭隐角梁到下平槫背以交从角椽，属于隐角梁法与衬角栿法的混杂。平顺天台庵弥陀殿：大角梁微斜以兼作衬角栿，尾端插入通栿上蜀柱身内（按外跳高度本可平搭在四椽栿上，但为避让丁栿而人为抬高一跳，与之上下相错后分别劄进承下平槫的蜀柱身），自角柱心起于大角梁背上斜安隐角梁。

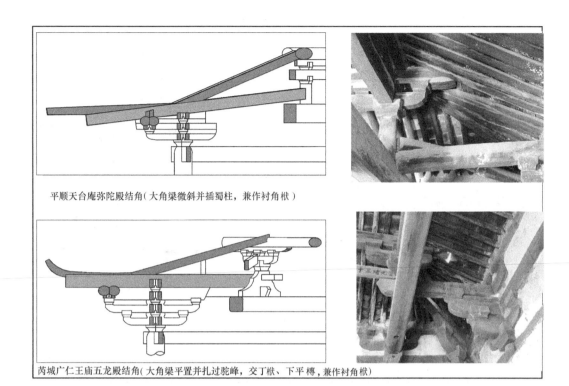

平顺天台庵弥陀殿结角（大角梁微斜并插蜀柱，兼作衬角栿）

芮城广仁王庙五龙殿结角（大角梁平置并扎过驼峰，交丁栿、下平槫，兼作衬角栿）

图 5-15　混合式 I 型

角梁保证了平槫节点的稳固，衬角栿则加强了转角部分与横架柱梁间的联系。该型做法对应的实例年代集中在五代北宋，适用于简化殿堂的构架类型。[1]

（3）混合式 III 型（图 5-17）。

该型与混合式 II 型类似，惟大角梁平置，与衬角栿上下并用，略类似于在承重梁栿下另加顺栿串一道的做法。对应实例分两类，其一是北宋前中期晋东南、晋北的简化殿堂，其二是金中期晋中、晋北的超大型厅堂。两者的共同点是规格较高、工艺繁复，梁栿呈现分层或局部分层特征，因此多道角

1　原起寺大殿的大角梁斜置并里转一椽，后端斜插在平梁端头，与绞平梁的捧节令栱齐平；隐角梁搭在承椽串与平槫的交圈节点上；转角铺作里转一杪以托与平置丁栿齐平的衬角栿，两者在四椽通栿上搭交并穿驼峰。镇国寺万佛殿的衬角栿长达两架并斜搁在檐栿背，上坐大斗承十字翼形栱，再上为襻间枋绞角栿山面四椽栿，栿背开抱槫口托下平槫；大角梁斜置并里转一椽后压在下平槫下，隐角梁则搭在下平槫上，两者交扣下平槫。离相寺正殿衬角栿略斜置，与丁栿一道搭在四椽栿背上，两者中段加驼峰大斗支垫下平槫下襻间枋，大角梁后尾即夹在襻间枋与下平槫间；自角柱心起支立隐角梁，与大角梁合扣下平槫。

237

缝梁栿转过内柱身后均有对应构件与之搭接，不致显得突兀。[1]

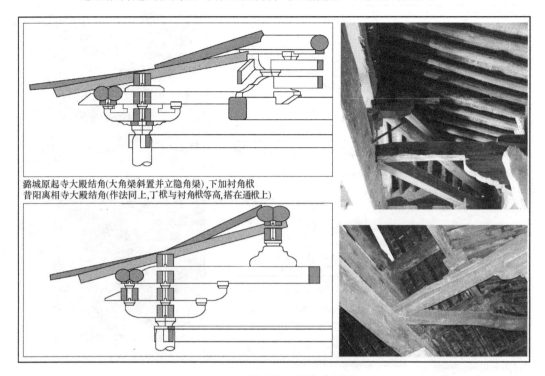

潞城原起寺大殿结角(大角梁斜置并立隐角梁),下加衬角栿
昔阳离相寺大殿结角(作法同上,丁栿与衬角栿等高,搭在通栿上)

图 5-16 混合式Ⅱ型

5.3.2 晋东南及周边地区木构角梁做法的类型统计

考察晋东南地区用四椽回转角屋面案例，按时代先后总结其角梁构造类别，见表 5-2 所列。

---

1 崇明寺中佛殿大角梁平置，后尾转过一椽并搭在铺作里转算桯枋交圈节点上，此时其外挑长度远超过殿身内部分，若虚悬则必致倾覆，但其高度与檐栿齐平，故无法延伸至栿背上安放（通栿断面较小，为保持承载力故无法开槽与之插接），因此于大角梁后尾上另叠衬角栿一只，长尽一间，后端压在心缝梁架中点分位，前后檐两根衬角栿尽端交首合扣，一同叠压在山面中丁栿背上，三者共交于通栿上所衬断梁接口之内；此外又于衬角栿背上立短柱一只以支托交圈下平槫，屋面荷载即通过短柱、衬角栿间接传递到大角梁尾，并继续沿铺作传递到檐柱上。该构使用衬角栿显然与样式选择无关，而是因平置角梁后尾高度固定导致其无法安搭在通栿之上的事实决定的，即先行的梁架设计决定了具体的角梁构造做法。金洞寺转角殿以转角铺作昂形耍头后尾延作衬角栿，插入内柱头所叠井干壁中，并于其背中段立蜀柱以承交圈下平槫、系头枋，以及其下襻间枋；大角梁平置，里转一椽并剟过蜀柱身，上立隐角梁。平遥文庙大成殿的衬角栿外抵撩风槫背，里端插进内柱身，并斜压在四椽栿背上，其上直接平置大角梁，并在尾端放置交角令栱承托下平槫交点。崇福寺弥陀殿同样以大角梁平压在衬角栿背上，令衬角栿尾端插入内柱身，金代大型厅堂角梁里转均超过一椽，并保留对应位置内柱，故可以作此布置。

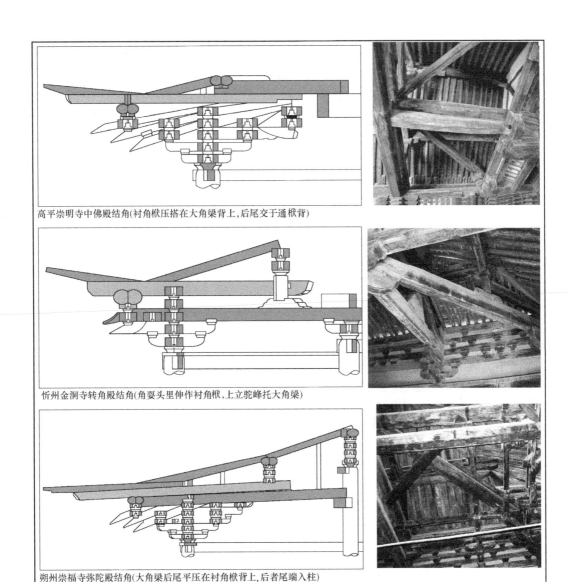

高平崇明寺中佛殿结角(衬角栿压搭在大角梁背上,后尾交于通栿背)

忻州金洞寺转角殿结角(角耍头里伸作衬角栿,上立驼峰托大角梁)

朔州崇福寺弥陀殿结角(大角梁后尾平压在衬角栿背上,后者尾端入柱)

图 5-17　混合式 III 型

来源：柴泽俊．中国古代建筑朔州崇福寺［M］．北京：文物出版社，1996

晋东南地区转角造殿宇的角梁施用情况　　　　　　　　　表 5-2

建造年代	编号及名称	分椽/角梁里转椽长数	大角梁法		隐角梁法		衬角栿法			抹角栿法		混合式		
			I	II	I	II	I	II	III	I	II	I	II	III
公元 907 年	A1 平顺天台庵大殿	4/1											✓	
公元 940 年	A3 平顺大云院大殿	4-2/2	✓											
五代/宋?	B1 小张碧云寺大殿	3-1/1	✓											
	B2 布村玉皇庙正殿	3-1/1				✓								

建造年代	编号及名称		分椽/角梁里转椽长数	大角梁法		隐角梁法		衬角栿法		抹角栿法		混合式		
				I	II	I	II	I	II	I	II	I	II	III
公元 978 年	A5 北吉祥寺前殿		4-2/1				√							
公元 971 年	A4 崇明寺中佛殿		4/2											√
公元 994 年	A7 游仙寺毗卢殿		4-2/1				√							
公元 1016 年	A8 崇庆寺千佛殿		4-2/1				√							
公元 1030 年	A9 南吉祥寺中殿		6/1				√							
公元 1063 年	A10 小会岭二仙庙		6/1				√							
公元 1073 年	A12 开化寺大雄殿		4-2/1				√							
公元 1087 年	A17 原起寺正殿		4/1									√		
/	B4 清化寺如来殿		4-2/1				√							
/	B5 嘉祥寺转果殿		4-2/1				○		√					
/	B6 资圣寺正殿		2-4/1				√							
/	B7 佛头寺大殿		3-1/2			√								
公元 1098 年	A18 龙门寺大雄殿		4-2/1				○		√					
公元 1101 年	A19 九天圣母庙	前檐	2-4/2			√								
		后檐	2-4/1				○		√					
公元 1102 年	A21 青莲寺释迦殿		4-2/1				√							
公元 1110 年	A24 北义城玉皇庙		1-3/1				√							
公元 1117 年	A25 小南村二仙庙		1-3/1				√							
公元 1131 年	A27 陵川龙岩寺		4-2/1				√							
公元 1142 年	A29 西溪二仙庙		2-4/1				√							
公元 1150 年	A30 西上坊成汤庙		2-6/2			√								
公元 1157 年	A31 西李门二仙庙		2-4/1				√							
公元 1169 年	A32 淳化寺正殿		6/1				√							
公元 1183 年	A37 王报二郎		4/1				○		√					
公元 1184 年	A38 崔府君庙山门		6/1				√							
公元 1187 年	A40 冶底岱庙正殿		2-4/1				√							
公元 1212 年	A49 郊底白玉宫	前檐	1-3/1			√								
		后檐	1-3/1				√							
公元 1229 年	A50 会仙观三清殿		2-4/1									√		
/	B9 沁水龙岩寺前殿		4/1			√								
/	B14 沁县普照寺		4-2/1				○		√					
/	B18 显庆寺毗卢殿		4-1/1				○		√					
/	B20 玉泉东岳庙		2-4/1				√							
/	B22 西溪二仙庙东西梳妆楼		4/1			√								
/	B23 北吉祥寺中殿		4-2/1				○		√					

建造年代	编号及名称	分椽/角梁里转椽长数	大角梁法		隐角梁法		衬角栿法		抹角栿法		混合式		
			Ⅰ	Ⅱ	Ⅰ	Ⅱ	Ⅰ	Ⅱ	Ⅰ	Ⅱ	Ⅰ	Ⅱ	Ⅲ
/	B24 石掌玉皇庙	2-4/1				○			√				
/	B25 南神头二仙庙	2-4/1				√							
/	B26 寺润三教堂	4/1				√							
/	B31 开福寺中殿	4-2/1				√							
/	B33 天王寺前殿	4-2/1				√							
/	B35 韩坊尧王庙	2-4/1				√							
/	B38 长子府君庙	2-6/2			√								
/	B39 王郭三嵕庙	2-4/1				√							
/	B40 川底佛堂	4/1			√								
/	B43 高都东岳庙昊天上帝殿	2-4/1				○			√				

上表所举 49 例（遗构 47 个）中，大角梁法Ⅰ型 2 例均为五代构，大角梁法Ⅱ型 0 例，隐角梁法Ⅰ型 8 例皆为宋晚期及金构，隐角梁法Ⅱ型 26 例绵延整个五代、宋、金时期，衬角栿法Ⅰ型、Ⅱ型 0 例，抹角栿法Ⅰ型 9 例（撤除补强的抹角栱/枋后，本质上都是隐角梁法Ⅱ型，同时都以金构为主），抹角栿法Ⅱ型 0 例，混合式Ⅰ型 2 例，Ⅱ型 1 例，Ⅲ型 1 例。隐角梁法Ⅱ型（纳入抹角栱/枋法后）总计 35 例，占全部样本数的 74.5%（隐角梁法两型共 43 例，占总样本数的 87.8%），应用年代亦自五代迄于金末，可说在本区内占据绝对主导地位。

晋中地区转角造殿宇的角梁施用情况　　　　表 5-3

建造年代	遗构名称	分椽模式/角梁里转椽长数	大角梁法		隐角梁法		衬角栿法		抹角栿法		混合式		
			Ⅰ	Ⅱ	Ⅰ	Ⅱ	Ⅰ	Ⅱ	Ⅰ	Ⅱ	Ⅰ	Ⅱ	Ⅲ
公元 963 年	平遥镇国寺万佛殿	6/2										√	
/	昔阳离相寺正殿	6/2										√	
公元 1001 年	太谷安禅寺藏经殿	4/1										√	
公元 1008 年	永寿寺雨花宫正殿	2-4/2					√						
公元 1025 年	平遥兴梵寺正殿	4-2/1				√							
公元 1031 年	太原晋祠圣母殿上檐	2-6/1				√							
	太原晋祠圣母殿副阶	2/2					√						
公元 1123 年	清徐狐突庙后殿	4/1				√		○					
公元 1145 年	文水则天庙正殿	5-1/1				√							
公元 1163 年	平遥文庙大成殿	4-4-2/2											√
公元 1168 年	太原晋祠献殿	4/1			√								
公元 1200 年	汾阳太符观正殿	2-4/1				√		○					
公元 1203 年	清徐文庙大成殿	2-4/1				√				○			

如表 5-3 所示，晋中地区 12 个（13 项）五代、宋、金转角造遗构中，角梁做法的分布较为散乱，规律相对不明显：大角梁法不见使用；隐角梁法 I 型 1 例、II 型 5 例，衬角栿法 I 型 1 例、II 型 2 例，抹角栿法 I 型 2 例（分别与衬角栿法 I 型、隐角梁法 II 型合用），II 型 1 例（与隐角梁法 II 型合用）；混合式 I 型 0 例、II 型 3 例、III 型 1 例。其中混合式 II 型集中出现在五代、北宋初，其后衬角栿法和隐角梁法逐渐增多，大角梁法则一例无存。

晋北地区转角造殿宇的角梁施用情况 　　　　　　表 5-4

建造年代	遗构名称	分椽模式/角梁里转椽长数	大角梁法		隐角梁法		衬角栿法		抹角栿法		混合式		
			I	II	I	II	I	II	I	II	I	II	III
公元 1038 年	华严寺薄迦教藏殿	2-4-2/?				√							
/	善化寺大雄殿	4-4-2/2				√							
公元 1124 年	净土寺大殿	5-1/1					√						
公元 1140 年	华严寺大雄殿	3-4-3/2	√										
公元 1143 年	崇福寺弥陀殿	2-4-2/2								○			√
公元 1143 年	善化寺山门	2-2/1							√				
公元 1143 年	善化寺三圣殿	6-2/2				√							
公元 1154 年	善化寺普贤阁	4/1						√					
/	荆庄大云寺大殿	4/1				√							
	崇福寺观音殿	4-2/1			√								

按表 5-4 统计数据，晋北地区现存 10 个早期转角造遗构，以隐角梁法（6 例）最为常用。

晋东、河北地区转角造殿宇的角梁施用情况 　　　　表 5-5

建造年代	遗构名称	分椽模式/角梁里转椽长数	大角梁法		隐角梁法		衬角栿法		抹角栿法		混合式		
			I	II	I	II	I	II	I	II	I	II	III
唐？	正定开元寺钟楼	4/1						√					
公元 782 年	五台南禅寺正殿	6/1					√						
公元 857 年	五台佛光寺大殿	2-4-2/2	√										
五代	正定文庙大成殿	1-4-1/1								○		√	
公元 984 年	蓟县独乐寺观音阁	2-4-2/2	√										
公元 984 年	蓟县独乐寺山门	2-2/1	√										
公元 1020 年	义县奉国寺大殿	4-4-2/2	√										
公元 1114 年	涞源阁院寺文殊殿	4-2/1				√							
公元 1123 年*	新城开善寺大雄殿	4-2/1	√										
公元 971 年	正定隆兴寺山门	3-3/1	√							○			
公元 1052 年	正定隆兴寺摩尼殿	2-4-2/1					√			○			

建造年代	遗构名称	分椽模式/角梁里转椽长数	大角梁法		隐角梁法		衬角栿法		抹角梁法		混合式		
			I	II	I	II	I	II	I	II	I	II	III
	隆兴寺摩尼殿下檐		√						○				
/	隆兴寺转轮藏殿	4-2/1				√			○				
/	正定隆兴寺慈氏阁	4-2/1						√					
公元 1093 年	忻州金洞寺转角殿	2-2-2/2											√
公元 1122 年	阳泉关王庙正殿	2-4/1						√					
公元 1123 年	定襄关王庙无梁殿	1-3/1				√			○				
公元 1158 年	繁峙岩山寺文殊殿	1-4-1/1	√										
/	繁峙三圣寺大雄殿	4/1		√									
/	五台延庆寺大殿	5-1/1				√				○			

* 新城开善寺大殿的建造年代存在争议，按嘉靖三十年《开善寺重修记》碑称"按旧碑寺创于宋重庆二年"，宋无重庆年号，刘敦桢先生疑为辽兴宗重熙之误，而祁英涛先生则认为建于辽圣宗统和至天祚帝保大年间（公元 1004～1123 年）。刘敦桢. 河北、河南、山东古建筑调查日记 [M] //. 刘敦桢文集（卷三）. 北京：中国建筑工业出版社，1982：88，祁英涛. 河北省新城县开善寺大殿 [J]. 文物参考资料，1957（10）。

晋东与河北地区自古道路相接，经济文化交流频繁，飞狐古道"**在秦汉至北宋时期，是河北平原与燕蓟、平城、太原间的交通要道……隘口在今蔚县南恒山口，是由于飞狐水（今北口沙河）切穿恒山山谷而形成的古道**"[1]。自北魏太和六年（公元 482 年）修灵丘道，使飞狐道西延以来，即可自真州、定州出发，向西北越井陉口，沿滹沱河谷道折而向南，行经代州、雁门，南抵太原。自蔚县、正定，至忻州、代州一线，恰当辽宋边境，这一区域的木构建筑兼有两者的特征，考察原平、忻府、五台、代县、繁峙、定襄一带的宋、金建筑，不难看出其中所蕴含的浓厚唐、辽风格，表 5-5 所列的该区转角做法同样如此：一方面大量附加抹角栱、栿，与近角补间铺作之斜栱配合使用，另一方面富于古风的大角梁法在本区极为常见，自北宋中期以后方逐渐被隐角梁法、衬角栿法取代。

晋西南地区转角造殿宇的角梁施用情况　　　　　　　　　　　　表 5-6

建造年代	遗构名称	分椽模式/角梁里转椽长数	大角梁法		隐角梁法		衬角栿法		抹角梁法		混合式		
			I	II	I	II	I	II	I	II	I	II	III
公元 832 年	芮城五龙庙正殿	4/1							√				
公元 1016 年	芮城城隍庙正殿	4-2/1				√							
/	万荣稷王庙正殿	2-2-2/1				√							
公元 1180 年	曲沃大悲院献殿	3-3/1				√							
/	新绛白台寺正殿	3-1/1				√							

1 王文楚. 飞狐道的历史变迁 [M] //. 古代交通地理丛考. 北京：中华书局，1996。

晋西南与晋中、太原地区同属汾河流域，木构体系具有较强的亲缘性，做法相似且流行时段大致相当，不存在样式延滞问题。与此同时，该地区还受到关中匠系的影响，这一流动的方向存在时代性差别：唐、五代、宋初时期关陇地区的木构技法经由晋西南影响晋中，金、元以降则韩城等地藉由豫西北、晋东南、晋中、晋西南的传播次序逐渐习得河洛地区的流行做法（如檐额转为厚普拍枋）。从表5-6可知，就转角构造技法而言，本区遗构中除芮城广仁王庙年代较早，采用混合式结角法外，其余诸构均用隐角梁法Ⅱ型，与同期的晋中、晋东南地区保持高度一致。

河南、山东地区转角造殿宇的角梁施用情况　　　　　　表 5-7

建造年代	遗构名称	分椽模式/角梁里转椽长数	大角梁法		隐角梁法		衬角栿法		抹角梁法		混合式		
			Ⅰ	Ⅱ	Ⅰ	Ⅱ	Ⅰ	Ⅱ	Ⅰ	Ⅱ	Ⅰ	Ⅱ	Ⅲ
公元973年	济源济渎庙寝宫	4/1				√							
公元1125年	登封初祖庵大殿	2-2.5-1.5/1				√							
公元1128年	广饶关帝庙正殿	2-4/1				√							
公元1188年	武都广严院正殿	4-2/1				√							
公元1195年	曲阜孔庙三号碑亭	4/1				√					○		
公元1195年	曲阜孔庙六号碑亭	4/1				√					○		
/	临汝风穴寺中佛殿	4-2/1				√							
/	济源济渎庙龙亭	4/1			√						○		

较之宋、辽边境线上河北、晋北等地，山东、河南一带与汴梁的联系更为密切，受京畿技术影响更为快捷和彻底，从表5-7可见，自北宋前期的济渎庙寝宫起，角梁做法即已统一，采取入宋后最为普遍的隐角梁法。现存遗构中仅济渎庙龙亭（规模过小、铺作里跳不足以承托角梁后尾，因此借助抹角栿与垂柱结角，同时解决角梁后尾与山面梁架的交接问题）一个例外，而入金后则在隐角梁法的基础上普遍增添了抹角栿构件，以加强结构安全性。

5.3.3　构造简化趋势及《营造法式》在隐角梁法盛行过程中扮演的角色

关于南北方转角构造做法的差异，过往的讨论大致集中在角翘的形成机制上，相关研究成果颇丰。

徐怡涛先生总结北方角翘做法的演进脉络，将其分成三个阶段：其一为两宋之前，通行大角梁斜置、子角梁平置法，总体而言翼角平缓，惟晋南实例略微上翘；其二为北宋初期，豫西北、晋东南地区率先出现大角梁平置做法，如济渎庙寝宫、崇庆寺千佛殿、开化寺大雄殿等，并因此出现了明显的角翘，而晋北辽构则秉承唐、五代以来角梁斜置、翼角水平的特征；其三为金代，大角梁平置做法在北方普及，晋祠献殿、善化寺三圣殿、崇福寺观音殿皆以下平槫承大角梁。[1] 金大定年间之后，晋东南、河南、山东小型建筑中出现了大角梁尾插入虚柱的做法，使其角度更为平缓，相应的子角梁上举角度更陡，角翘更趋明显。

与北方地区不同，南方子角梁上折的发生时间较早，福州地区北宋中期已有所见，宁波、泉州的南宋遗构上也可看到。总的来说，两宋时期福建地区流行昂形大角梁加长并伸出檐外、其上子角梁陡立的做法，而宁波史氏家族墓所见石屋则更接近传统意义上的嫩戗发戗法——大角梁在交圈撩檐枋上平直伸出，其上插立子角梁。

徐怡涛先生认为南方角翘做法缺乏逻辑性的发展脉络，直到明清时期尚未出现固定的大角梁平置法，仅依靠子角梁上折以求得翼角高耸，这或与南方屋面荷载较轻、不存在外翻之虞有关，但究其源头，角翘做法仍是产生于北方，并随着宋室南迁而在江南蔚然成风。其他边远地区亦不同程度受中原影响，如甘青地区的秦州、河州匠系，均以平置大角梁后尾插入虚柱或内柱身，角梁背上分别设置子角梁与隐角梁，是典型的隐角梁法余脉。比较南北方起翘技术，南方仅着眼于加大子角梁的折起角度，不涉及整体结构的改变，而北方做法牵涉大角梁后尾和平槫的构造关系，虽更为本质但受牵制的因素亦较多，故效果不若南方明显。

萧默先生在论及角翘与铺作的关系时指出，出檐既是铺作出跳与檐出（含飞子出）的总和，自然其中斗栱出跳的部分越多，檐出所占比例相应就少，反之亦然。[2] 宋、金以后，斗栱趋小，**"檐出加飞子出在总出檐中所占的比例和实际尺寸就越来越大，这个进程也正与角翘的由无到有、由缓而峻、由少而多以至于普及的过程可以吻合"**。文中归纳七铺作与五铺作实例中檐出加飞子出/总出檐的比例，得出五代末至南宋的二百余年间铺作出跳值在出檐中所占比例急剧减小、此后历元、明而清变化得相对缓慢的结论。与之相比，晋东南地区唐末迄金用五铺作的实例中，铺作出跳和檐飞出跳在总出檐中所占的比例相当稳定，几无变化，这也从一个侧面反映了本区匠作传统的泥古特性（图 5-18）。

另据高念华先生称，子角梁高起（即嫩戗发戗做法之前身）在北宋已见端倪，如元丰五年（公元 1082 年）烧造的福州鼓山涌泉寺千佛塔，大角梁、子角梁间夹角甚大，但子角梁端头尚未做成猢狲面之类形式，亦未用千斤销

---

1 岳青，赵晓梅，徐怡涛. 中国建筑翼角起翘形制源流考［J］. 中国历史文物，2009（01）：71-79。

2 萧默. 屋角起翘缘起及其流布［M］//中国建筑学会建筑历史学术委员会主编. 建筑历史与理论（第 2 辑）. 南京：江苏人民出版社，1981：17-32。

子之类构件。类似的尚有绍定元年（公元 1228 年）所筑泉州开元寺双塔、乐清真如寺宋代石塔、宁波天封塔地宫宋代银殿模型、吴县寂鉴寺元代石屋等。北方同样存在早期的子角梁高翘做法案例，如稷山马村金墓 M5 北壁、M4 北壁及墓门上砖雕殿宇翼角等。[1]

实际上，除上述诸家所谈到的身尾部分构造要素外，转角布椽方式亦与角翘关联紧密。早期平行椽与扇面椽并存，前者如云冈第 6、10、12 窟中殿式龛（北魏）、定兴义慈惠石柱（北齐）、麦积山石窟窟檐（北魏至北周）、炳灵寺第 3 窟唐塔、雁塔门楣刻线佛殿等，后者如雅安高颐阙、云冈第 2、5、51 窟石塔（北魏）等。随角翘的产生，平行布椽法逐渐走向消亡，这是因为角部平行椽须依次插入角梁身，不惟起不到结构作用，反而徒添负荷，且对角梁有所伤害。早期木构依靠粗巨之插栱或擎檐柱挑檐（或如日本木构使用草作的桔木），椽、飞所受荷载有限，用平行椽尚能无虞，但唐、五代以降，铺作变小，且屋角起翘，檐出、飞子出所占比例急剧加大，继续坚持平行列椽法已是不合时宜。与之相反，扇面列椽法中，从角椽子伸入角内，和檐椽一样起到杠杆的作用，与大角梁共同受力，使其负荷得以减轻，同时尾部紧贴角梁，不会对其造成损害，故而为工匠选中延续至今。

值得注意的是，平行与扇面列椽在五代、北宋时期曾存在过一个短暂的过渡期，表现形式有二：其一是自角柱心起，只于转角铺作两正身缝内作扇面列椽，而两角柱之间仍用平行椽，即扇面椽仅转过转角铺作身外 90°范围（如碧云寺正殿）；其二是至角部用重层椽子，即角梁自下平槫交点起甩过一架，但自近角补间中线到转角铺作正身缝上仍安搭平行椽子，扇面椽之一部分上端被平行椽遮盖，形成局部重椽（如保国寺大殿）。北宋中叶以后，以下平槫交点为界，交点内侧设平行椽、外侧设扇面椽的方法成为主流，但在若干北方大型殿宇及江南角梁转过两架的厅堂案例中，尚长期保留有扇面椽转到中平槫缝的例外做法。

除角翘形成机制外，南北方结角构造的另一个本质区别在于其尾端安搭方式：江南地区宋、元遗构基本采用隋、唐以来斜置大角梁的古老做法，而北方则在自五代至北宋末的时段内完成了从大角梁法到多种结角做法并存，最后归于统一的隐角梁法的历程（其后到金末，又经历了一次向抹角栿法的全面转型）。正与扶壁栱配置等其他多个构造节点的进化历程一样，南方的泥古和北方的剧变在此形成鲜明反差，两者间的地域差别也在一定程度上间接反映了技术传播滞后导致的时代特征。而从构架体系的变化出发考察结角类型

1　高念华. 对江南地区角翘问题的几点看法［J］. 古建园林技术，1987（02）：56-60。

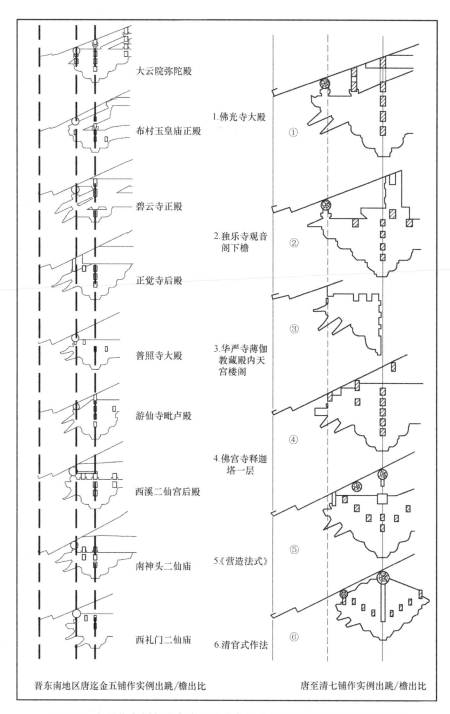

大云院弥陀殿

1.佛光寺大殿 ①

布村玉皇庙正殿

2.独乐寺观音
阁下檐 ②

碧云寺正殿

③

正觉寺后殿

3.华严寺薄伽
教藏殿内天
宫楼阁

普照寺大殿

④

游仙寺毗卢殿

4.佛宫寺释迦
塔一层

西溪二仙宫后殿

⑤

南神头二仙庙

5.《营造法式》

西礼门二仙庙

6.清官式作法 ⑥

晋东南地区唐迄金五铺作实例出跳/檐出比   唐至清七铺作实例出跳/檐出比

图5-18　七铺作实例与晋东南五铺作实例中椽飞与铺作出跳部分的比值

来源：萧默．屋角起翘缘起及其流布［M］//中国建筑学会建筑历史学术委员会主编．
建筑历史与理论（第2辑）．南京：江苏人民出版社，1981.

的演变脉络，或能更为直观地揭示北方隐角梁法脱颖而出的根本原因。

如前所述，几种基本结角方法中，隐角梁法在设计简易、结构可靠、施工便利等方面占有突出的优势——就构件组合情况而言，隐角梁法（尤其Ⅱ型）在大角梁以下再无其他构件，既无须考虑衬角栿的入柱榫卯问题，也不必顾及大角梁尾端与梁架的交接关系，是除大角梁法外牵涉构件最少的做法；就结构可靠性而言，隐角梁法中平置的大角梁杜绝了外闪滑落的隐患，易于实现檐角荷载的自体平衡，且利用角缝铺作承托角梁，传力线路简洁合理；就施工次第而言，隐角梁法在整个结角过程中基本保持独立，随外檐铺作一并架设，仅在吊装槫子时才与屋架部分连接成为整体，正缝梁架和角梁可以同时施工，而不像大角梁法（须先行完成平槫交圈）、衬角栿法或混合式那般具有明确的先后顺序，且平置的大角梁不至于打破屋架内部的水平层次，以铺作承托角梁也反映了分层施工的逻辑，这无疑与晋东南地区的简化殿堂构架最相适配，从而将施工门槛降至最低。

此外，隐角梁法Ⅱ型和晋东南定型化的宋、金简化殿堂间的适配性，尚且体现在角梁尾端里转长度上。由于本地区遗构以方三间小殿为主，鲜少有角梁后尾里转一间者（否则压角梁尾的系头栿位置过于靠内，导致正脊缩短，立面效果欠佳），而里转长度由一间缩短至一架直接导致角梁里外跳荷载失衡，此时必须将角梁尾部由平槫之上下移至平槫之下方能维持平衡，同时导致大角梁与正缝梁架及丁栿脱钩，设计和施工时均无需再考虑两者相犯的可能及应对措施，这无疑也是工匠乐于采纳该种做法的一大理由。

最后，平置角梁对于山面出际构造带来一个附加的优势，即系头栿支点的增加。斜置角梁或大角梁法中，角梁构件内端压在下平槫交点上，此时系头栿完全由丁栿支垫，两端的悬挑部分势必成为构造弱点，实际上很多实例刻意令槫、柱（丁栿）错缝，也正是为了缩减这一悬挑部分的净长，但这并不能从根本上解决问题。反观隐角梁法，角梁平置并下移的结果，是在角梁尾端搭立蜀柱或驼峰承托下平槫交点，从而将系头栿下支点增为四个（双丁栿的情况下），这样不仅可以彻底地将系头栿（或山面下平槫）两端的受力性质从悬臂梁改为简支梁，且可进一步将系头栿分解为逐段施用的细料，而无须再用通长原木，无疑用料的简省也标志着技术的进步。

视觉上，隐角梁法（尤其Ⅱ型）中的角梁类构件均位于铺作角缝正上方（大角梁尾端伸入较短且平置、隐角梁与子角梁自室内不易察觉），并不醒目，这很好地突出了外圈铺作的完整性，并保证了室内梁架的整洁。

关于隐角梁法的定性问题，学界一般认为属于北宋官式做法：

李会智先生按大角梁的放置形态，将山西境内早期遗构的角梁分成"斜置式"和"平直式"两种，斜置式为"民间做法"，后尾位于下平槫交点上，翼角升起较小，多见于五代、唐、辽建筑，平直式则为"官式做法"，令大角梁平放在转角铺作里跳上，再于其背部立续角梁（实为隐角梁）托下平槫，翼角升起程度较斜置式为大。[1]

李灿先生则从角梁后尾安放位置的视角出发，将现存实例统分为大角梁法与隐角梁法两种，并认为《营造法式》录用的正是后者——一方面大木作制度二"阳马"条记有"隐角梁"构件；另一方面同卷"栋"条称，**"凡下昂作，第一跳心之上用槫承椽**以代承椽枋，**谓之牛脊槫；安于草栿之上，至角即抱角梁；下用矮柱墩掭"**，此时若采用斜置大角梁，因其断面巨大，必将打断牛脊槫交点，如此则牛脊槫至角只能锯断以贴在大角梁两侧，也就无所谓"抱"了。而《营造法式》所谓**"抱角梁"**必然是基于大角梁平置基础上的隐角梁做法，所抱的是平置于大角梁背、截面更小的隐角梁。他举赵佶《瑞鹤图》为例，认为《营造法式》所记与宋末汴梁宫廷做法一致，都是隐角梁法。[2]

舍此之外，本书认为"阳马"条还暗示了厅堂、殿阁角梁做法的不同：按《营造法式》文本可知厅堂角梁转过两椽，殿阁角梁本当转过一椽，而至北宋末已有转过两椽者。转过椽数的不同，也意味着参与结角的构件种类存在差别——大角梁法一般须转过两椽，而隐角梁法大多仅转过一椽，这是因为厅堂构架强调不同缝架间的整体牵拉，是以通过转过两椽的隐衬角栿（或平置角梁）联系外檐柱列与内柱梁架；而殿堂构架强调层叠次序的清晰，故仅以铺作承托大角梁后尾，而又因铺作里跳无法突破一架斜长，从而限制了角梁身长，同时出际构件更加接近山面柱缝，也使得角梁、系头栿、山面平梁等构件布置紧凑，分层施工时便于安搭调整。从这个角度来看，《营造法式》中殿堂、厅堂角梁里转长度的差别，是与其各自的构架特征相联系的，并因此指向不同的结角构造方式（厅堂→牵拉→大角梁法→角梁里转两椽；殿堂→叠压→隐角梁法→角梁里转一椽）。

从对应构架类型来看，混合式构架和衬角栿法因同时涉及大角梁与衬角栿构件，而在形式上与双栿体系具备一定的相似性，实际上衬角栿构件也最常见用于五代、辽、宋早期殿堂或简化殿堂遗构中，随着宋、金木构厅堂化的进程加深，即便简化殿堂中也不再采用容易引起两套梁栿联想的衬角栿法及混合式结角做法。

最后，与衬角栿法或使用衬角栿构件的混合式做法不同，隐角梁法中大角梁里转长度和终点位置相当随意，以其内侧端点对应投形位置安置梢间补

1 李会智. 古建筑角梁构造与翼角生起略述 [J]. 文物季刊, 1999 (03): 48-51。

2 李灿.《营造法式》中的翼角构造初探 [J]. 古建园林技术, 2003 (02): 49-56。

间铺作时，铺作定位最为自由。因角间可扁可方，山面外侧的椽长和朵当设计可保有极大的灵活性。反观衬角栿法、抹角栿法等其他做法，则需考虑角间取方的问题，如此一来，结角方式就成为制约椽长分配的一个重要因素，若采用角间必需取方的角梁做法，无疑是为椽架设计平添一重制约因素，这对于工匠的设计施工显然是个桎梏，难以为水平较低的匠师队伍掌握，也不适宜在预算有限的村社小庙中采用，由此，隐角梁法也具有了更多优势。

明了以上几点，就不难理解隐角梁法自北宋中叶起迅速成为晋东南主流结角做法的内因：可以说正是高度规范化的方三间小型简化殿堂构架本身，构成了选用隐角梁法的根本理由。

5.4 槫、柱（丁栿）错缝现象及其调整方法

5.4.1 槫、柱（丁栿）错缝的本质及其伴生现象

槫、柱错缝，主要是指上平槫与山面柱/内柱列水平投形不在同一直线上、槫子位于内柱列内/外侧的现象。

转角造木构中，丁栿支立在山面柱列上，槫、柱错缝使得丁栿无法直接承托平槫，此时平槫或搭在角缝蜀柱上，或由内柱头铺作出跳承托，受力状态均不如对缝时直接传到丁栿上可靠；不厦两头造中，槫、柱错缝产生的不利影响甚微，尤其对于用通栿的构架更是如此。

槫、柱对缝实际是厅堂构架的固有特征。厅堂柱以举势定短长，可知是自槫子向下放出的。《营造法式》中虽未明言，但冲脊柱、夹际柱子等名件皆是直接上柱槫身，不假跳栱，内柱与槫的关系或亦如此。从《营造法式》图样上看，厅堂槫、柱全部对缝，而殿堂除牛脊槫对准檐柱、脊槫对准分心柱外，其余槫子全部与内柱错缝排列，这应当是在强调殿堂构架水平分层的特性，即多道梁栿相叠，早已打断了柱、槫间的联系，槫子可在檐栿上自由移位，正是殿堂构架的本质属性之一，当然这并不意味着殿堂构架槫柱一定错位，而是说如需错缝，绝无实施上的困难。

晋东南地区存在槫、柱错缝现象的遗构，转角造的计有：南吉祥寺中殿、小会岭村二仙庙正殿、龙门寺大雄殿、淳化寺正殿、郊底村白玉宫正殿（以上五例丁栿在平槫外侧）、北义城镇玉皇庙正殿、南村二仙庙正殿（以上两例丁栿在平槫内侧）；抱厦两头造的则有回龙寺正殿、北马村玉皇庙正殿、高都景德寺中殿三例。

实例所见与《营造法式》图样所表现的情况正好相反，北宋诸简化殿堂中柱、梁、槫子对位严谨，除龙门寺大殿外鲜有错缝者，反而是本区最为典型的厅堂构架回龙寺正殿，刻意将上平槫外移到内柱头铺作外跳之上，这大

概与橡架布置及空间需要相关。与之类似的是郊底村白玉宫、北义城镇玉皇庙和南村二仙庙几例，这三构同属 1-3 分橡的小型道教殿宇，除南村二仙庙外皆是前廊开敞（北义城玉皇庙正殿现状前檐封以门窗，但原状开敞）。由于规模狭小，架深又短，若一味令其槫、柱对缝，则前廊空间殊觉不足，平置角梁后尾的长度也受到削弱，的确不如现状合理。

几个六架橡例中，南吉祥寺中殿、小会岭二仙庙正殿和淳化寺正殿皆是通檐无内柱的，此时刻意使槫、柱错缝，在空间使用或设计上并无便利之处，但在构件加工和安勘上较对缝做法更为减省——因缺乏内柱，丁栿后尾只能直接搭在通栿之上，此时若欲保持槫、柱对缝，一来栿背所开卯口甚大，对其受力颇有不利；二来丁栿后尾需穿插蜀柱身，需要更加精密的榫卯设计和施工技术。而若使槫、柱（丁栿）约略错缝，则以上两点不足可迎刃而解，且对整体构架的稳定没有丝毫损害。当然这是就通檐无内柱的构架类型而言，存在内柱时，内柱、丁栿、长短栿节点相互咬接，对于整体稳定性有益无害，此时若仍令槫、柱错缝，就显得弊大于利了，内中必然更有尺度设计上的考虑在内。实际上，除龙门寺大雄殿外，其他此类简化殿堂一律槫、柱对缝，也可从反面予以证明。

至于北马玉皇庙、高都景德寺中殿的错缝现象则较为特异和偶然：前者是因前檐铺作等级过高、跳距过大，导致间橡分配紊乱，为调平前后坡高度必须大幅改变橡长所致；后者梁架粗率，应系后世更换，大概充四橡栿的大料长度略有不足，因此重新调配橡长，自脊槫起向前檐移动若干尺寸，如此一则就料，二则屋架重心相对前移，和前、后檐铺作的繁简情况正相适配，屋架传力也更为合理，或许正是基于这样的考虑，才刻意使得后内柱列与后上平槫错缝。

考察上举几个案例（图 5-19），发现存在一系列与槫、柱错缝伴随发生的现象，其中既有强关联项目，如扶壁栱不封顶；亦有弱关联项目，如前廊开敞。这些现象彼此环环相扣、相互依存。

扶壁栱上部虚悬时，由于不设承橡枋，支撑下架橡的仅有撩风槫与下平槫两个支点。为加大安全系数、防止外翻，晋东南地区木构的下架橡长一般都设计得远较《营造法式》规定为大，以此保证柱缝内荷载超过檐部荷载，形成静定结构。下架橡既被刻意加长，下平槫相较正常情况，其位置亦向屋身内移动不少，此时若仍要求槫、柱对缝，难免造成地面上前、后进过深，而中进反而较浅的局面，虽然对于某些前廊开敞的案例来说有利于增扩其礼拜空间，但对于那些室内陈设较多（如南村二仙庙正殿之小木作神龛及天宫）的遗构而言，未免造成使用上的困难。既然构造上不存在柱、槫严格对缝的限制，在必要的情况下灵活变动内柱缝位置，在屋架稳定和空间使用兼得其两全，也并无不可。

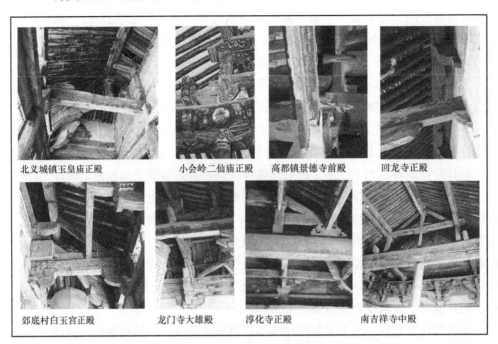

图 5-19 晋东南地区宋、金遗构中槫柱错缝实例

对梁或叠梁上搭立蜀柱、以之取代驼峰作为主要的架间隔承构件，以及相应的顺身串发达、襻间退化，构成了本区宋、金之交木构构件样式衍替的一组主要现象。《营造法式》厅堂图样中，除脊槫外，其他各槫都是由驼峰、襻间承托的，梁头过襻间相绞。这是一个层叠构造，无法容许大量构件穿过，只能顺槫中线顺次垒叠；而金构实例只要高度许可，基本都在槫下使用蜀柱，因蜀柱不具备方向性，故此无论梁栿或额串，穿插蜀柱都较穿串驼峰（或落在驼峰上大斗口内）更为简便易行，也更为牢固可靠，同时使得槫子及其下承槫构件更容易在梁栿上自由移动。《营造法式》的襻间—驼峰体系更为规整和富装饰性，也更接近垒木叠枋的原始意象，而金构实例的顺身串-蜀柱体系更为注重相互穿插带来的整体性，体现了部分穿斗技术特点，施工也更为便利。槫、柱错缝后，槫子一般仍需依靠蜀柱的支撑过渡，只有少数案例利用出跳栱承托（回龙寺正殿内柱头栌斗口内出一跳托槫、郊底白玉宫正殿在叠梁端头直接置栌斗并出跳栱托槫、南村二仙庙正殿以平梁出头托槫），驼峰则基本被排斥在外。

5.4.2 槫、柱错缝前提下的椽长调整方法

本区转角造木构架中，丁栿一般出头作山面柱头铺作要头，此时槫、柱

252

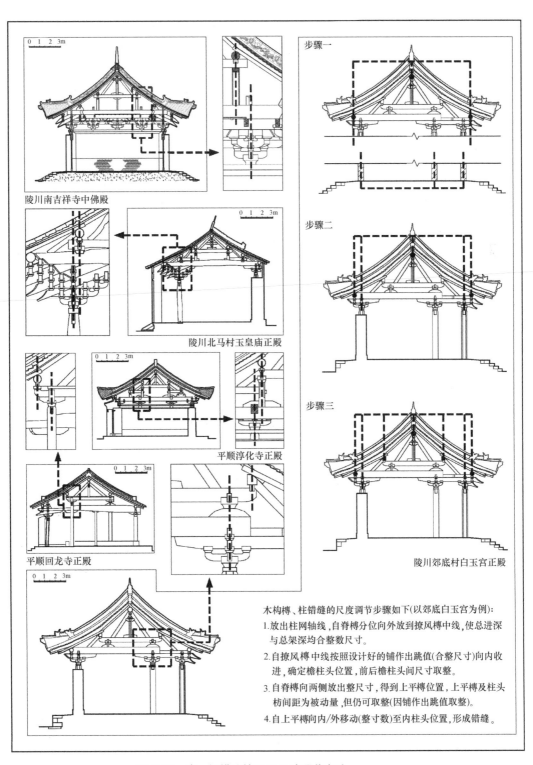

步骤一

步骤二

步骤三

陵川南吉祥寺中佛殿

陵川北马村玉皇庙正殿

平顺淳化寺正殿

平顺回龙寺正殿

陵川郊底村白玉宫正殿

木构槫、柱错缝的尺度调节步骤如下(以郊底白玉宫为例):

1. 放出柱网轴线,自脊槫分位向外放到撩风槫中线,使总进深与总架深均合整数尺寸。

2. 自撩风槫中线按照设计好的铺作出跳值(合整尺寸)向内收进,确定檐柱头位置,前后檐柱头间尺寸取整。

3. 自脊槫向两侧放出整尺寸,得到上平槫位置,上平槫与柱头枋间距为被动量,但仍可取整(因铺作出跳值取整)。

4. 自上平槫向内/外移动(整尺数)至内柱头位置,形成错缝。

图 5-20　槫、柱错缝情况及尺寸调节方法

错缝意味着丁栿与檐栿投形线所成网格，和平梁、平槫投形线网格之间发生错位，即上、下两个水平层的梁栿间产生错动。同时架道和柱网设计脱钩，间椽尺寸不再上下连贯。但与此同时，上、下两套平面丈尺均需合于整数尺寸，除下架椽柱缝内外部分均需取整外，槫、柱错缝的差值也应保持简单寸数，这显然对木构的丈尺设计环节提出了更高的要求。

当前、后檐铺作样式一致时，推测槫、柱错缝的间架调整模式如下：先定柱脚柱网，再以整尺自脊槫分位放出前后撩风槫及脊槫的地面投形线，从脊槫中线处按整尺数放出上平槫中线。继而自撩风槫线向内，按设计好的铺作出跳值放至檐柱中缝，此时撩风槫到檐柱缝的距离应当满足按分°值设计也能折算成一个整寸数；同时调节下架椽在柱缝以内的长度，使之既是一个整寸数，且加上铺作出跳值后，形成一个整尺数，即下架椽取整尺。由于架道总深、脊架和檐架都合整尺，剩下的中架椽平长虽然是一个被动量，但依然保持尾数取整。最后，按整尺寸数（一般是四分尺或半尺单位）调节上平槫位置，令其与山面平柱错缝，此时调整量是简洁可控的，毫不影响椽长取值的整齐与规律性。这一模式成立的关键在于铺作出跳取整数尺寸，在出跳按分°制计算的情况下，需要加以调整。考察实例数据，多数情况下铺作出跳部分按分°值折算后所得分°数较为凌乱，反而是折成尺数更整，甚至有以出跳值为基准长组合得到各个椽平长的情况（详见下章），可见本区遗构的铺作出跳取值并不完全依照《营造法式》分°制的规定，这或许也得益于本区遗构铺作规格普遍较低，且异形斗、栱及拟昂构件的大量使用打乱了铺作的出跳比例关系，使其计算无须过于精密和依赖分°制，同时里跳部分较为简单，又有昂头可资灵活调整，从而获得较大的转圜余地。

当前、后檐铺作跳数不一致时，推测架深设计次序如下：从脊槫中线起放出前后撩风槫线，使架道总长合整尺，之后依次放出平槫间的中架、檐架，三者皆为整尺。继之分别设定前、后檐下架柱缝内外的取值，由于没有交圈檐槫，前、后檐下架椽的内、外值即或不对称也不影响屋盖的搭建，仅需保证柱头枋壁高度以铺作较简、柱高较低的一面为准，即可实现扶壁栱交圈。最后分别按照出跳制度定下跳长，反推出前、后檐柱的位置，算定柱头壁高度的最大值，即可施工（图5-20）。

5.5　本章小结

如果需要选择一个关键词概括中国木构建筑自唐宋以来的总体发展趋势，"简化"大概会成为最无争议的备选答案，技术进步、经验积累导致的规范化程度上升则加速了这一进程。

简化的对象，大到构架体系，小至榫卯节点，无不被涵括在内，即或日趋装饰化的铺作部分，也因材栔比变更、假昂引入、大量使用足材栱和取消齐心斗等原因而变得更加易于设计和安勘。

就晋东南地区的遗构实例而言，"简化"的历程也在若干层面上同时铺开，本章选取的三个构造现象——"串的普及与襻间的退化"，"角梁的平置与结角做法的统一"，"槫、柱错缝与椽长设计的调整"，分别从木构架整体稳定性的实现途径、构架类型规范化的连锁反应、尺度设计和调整的基本原则三个方面，对关键词"简化"进行了诠释。这其中，串与襻间的此消彼长，意味着构架厅堂化程度的提高、整体性加强、构件层次减少；隐角梁法从多种结角做法中脱颖而出，成为宋中期以后北方唯一的主流结角方式，则反映了适配于最低限度施工要求的构造选择被定型为基本范式的事实；槫、柱错缝带来尺度设计的诸多不确定性，但据实例分析可知，即或在错缝的情况下各组相关平面数据（柱间距、椽平长、铺作里外出跳值等）仍保持着整数尺寸，这意味着尺度设计及其调整原则的单一和简洁。由此，可以看到简化的主题贯穿构造逻辑、施工工艺和尺度设计的不同层面，成为主导本地区木构营造实践的基本准则。

实际上，这一点在前几章中已经过了充分表达：晋东南简化殿堂取消双重梁栿与明草架分层，同时采用高度格式化的标准方三间做法，使同一套施工策略可用于不断复制、建造类似标的；要头拟昂模糊了两者的界限，并以较少的铺数获得更高等级的铺作外观印象；扶壁栱上不封顶并于枋上隐栱置斗的传统则在不损害样式丰富性的前提下减少了方桁的使用数量，较之早期井干壁做法更加节约简省……凡此种种，无不强调着"简化"在木构技术发展过程中的导向性作用，而这一直观印象，或许是我们无法通过释读《营造法式》文本直接获得的。

第6章　晋东南地区五代、宋、金建筑的尺度构成规律

6.1　本章引言

尺度研究的目的在于根据实测数据反推设计尺寸（或材分），以之揭示工匠进行大木营造时遵循的数理准则。其内涵包括设计尺寸复原和尺度构成规律分析，前者旨在从实测数据出发换算出可能的设计尺寸，后者则在此基础上进一步探讨尺度设计的具体意图与实现途径。

这一工作本身注定因复原营造尺取值的多解和不确定性而难逃质疑，但除具体的复原尺寸外，相关数据间的比例关系同样有助于揭示设计规律，且这部分的成果相对可靠，有效期亦更加持久。无论如何，通过分析淹没于无序数据中的原初设计意图，探寻纷乱尺度现象背后的设计规律，是我们推动木构技术史研究、深化对古代工匠营造过程中设计环节认识水平的必然要求。这一过程中获得的所有成果全部是阶段性的，将随着针对遗构实测数据的精度不断提升而被迅速地审视和裁汰。

因此或可认为，尺度研究中但凡涉及具体复原尺寸的成果，其重要性都相对较低——实测数据的不断出新必将推翻绝大多数的既有结论。真正带来意义的是这项工作中总结尺度构成规律的部分：平面、竖向数据的设计采用何种单位？其构成原则如何？存在哪些调整手段？重要的比例关系（如材的广厚比、柱高檐高比之类）遵循怎样的变化趋势？凡此种种，正是本章所谓"尺度构成规律"的主要内容和关切点所在。

本章选用样本数据的文献来源及相关内容见表 6-1。

晋东南地区五代、宋、金木构案例　　　　　　　　　表 6-1

时代	名称	推定尺长（mm）	数据构成					文献来源
			平面	间架	材分	斗栱	梁柱	
唐	A1 天台庵大殿	301	√	√	√	√	√	①古代建筑修整所，"晋东南潞安、平顺、高平和晋城四县的古建筑"，《文物参考资料》1958 年 3 期、4 期；②徐振江，"平顺天台庵正殿"，《古建园林技术》1989 年 3 期；③贺大龙，"潞城原起寺大雄宝殿年代新考"，《文物》2011 年 1 期

时代	名称	推定尺长(mm)	数据构成					文献来源
			平面	间架	材分	斗栱	梁柱	
五代	A2 龙门寺西配殿	303	√	✗	√	√	√	①冯冬青,"龙门寺保护规划",《古建园林技术》1994年1期;②徐怡涛,《长治、晋城地区的五代、宋、金寺庙建筑》,北京大学博士论文,2003
	A3 平顺大云院弥陀殿	302.6	√	√	√	✗	√	①柴泽俊,"山西古建筑概述"及"山西几处重要古建筑实例",《柴泽俊古建筑文集》,文物出版社,1999年
未定	B1 碧云寺正殿	311	√	√	√	√	√	①贺大龙,《长治五代建筑新考》,文物出版社,2008年
	B2 布村玉皇庙正殿	310	√	√	√	√	√	①贺大龙,《长治五代建筑新考》,文物出版社,2008年;②徐怡涛、苏林,"山西长子慈林镇布村玉皇庙",《文物》2009年6期
	A17 潞城原起寺正殿	300	√	√	√	√	√	①贺大龙,"潞城原起寺大雄宝殿年代新考",《文物》2011年1期
北宋前中期	A5 陵川北吉祥寺前殿	309.4	√	√	✗	✗	✗	①马吉宽,"陵川北吉祥寺前殿维修工程概述",《古建园林技术》2010年2期
	A7 游仙寺毗卢殿	未及	✗	✗	√	√	✗	①李会智、李德文,"高平游仙寺建筑现状及毗卢殿结构特征",《文物世界》2006年3期
	A9 陵川南吉祥寺中殿	310.7	√	√	√	√	√	①山西省古建筑保护研究所,"南吉祥寺修缮修复工程施工图",2004年
北宋中后期	A11 长子正觉寺后殿	310	√	√	√	✗	√	①古代建筑修整所,"晋东南潞安、平顺、高平和晋城四县的古建筑",《文物参考资料》1958年3期、4期;②贺大龙,"长治正觉寺修缮保护工程",《山西文物建筑保护五十年》,2006年
	A12 开化寺大雄殿	303.7	√	√	√	√	✗	①柴泽俊,"山西几处重要古建筑实例",《柴泽俊古建筑文集》,文物出版社,1999年
	A18 龙门寺大雄殿	314.4	√	√	√	✗	✗	①马吉宽,"平顺龙门寺大雄宝殿勘察报告",《文物季刊》1992年4期;②高天、段智钧,"平顺龙门寺大殿大木结构用尺与用材探讨",《中国建筑史论汇刊(第4辑)》,清华大学出版社,2011年
	A19 九天圣母庙正殿	313.4	√	√	√	√	✗	①《文物保护工程典型案例(第二辑·山西专辑)》,科学出版社,2009年
	A21 青莲寺释迦殿	307.2	√	√	✗	✗	✗	①马吉宽,"晋城青莲寺修缮保护工程",《山西文物建筑保护五十年》,2006年
	A25 南村二仙庙正殿	313.4	√	√	√	√		①山西古建筑保护研究所,晋城二仙庙修缮工程设计方案现状实测图,2005
	B3 青莲寺藏经阁上檐	302.2	✗	√	✗	✗	✗	①李会智,"山西现存元以前木结构建筑区期特征",《三晋文化研讨会论文集》,2010年
	B7 佛头寺大殿	314.6	√	√	√	✗	√	①山西古建筑保护研究所,平顺佛头寺保护修缮工程实测图,2007年

时代	名称	推定尺长（mm）	数据构成					文献来源
			平面	间架	材分	斗栱	梁柱	
金前中期	B11 平顺回龙寺正殿	308.5	√	×	√	×	×	①徐怡涛，"山西平顺回龙寺测绘调研报告"，《文物》2003年4期
	A27 陵川龙岩寺中殿	315.8	√	√	√	×	√	①张驭寰，"陵川龙岩寺金代建筑及金代文物"，《文物》2007年3期；②肖迎九、王春波、张藕莲，"陵川龙岩寺修缮设计方案"，《文物保护工程典型案例（第2辑）山西专辑》；③李会智，"山西现存元以前木结构建筑区期特征"《2010年三晋文化研讨会论文集》
	A29 西溪二仙庙正殿	313.8	√	√	√	×	√	①李会智，"山西陵川西溪真泽二仙庙"，《文物季刊》1998年2期；②刘畅、张荣、刘煜，"西溪二仙庙后殿建筑历史痕迹解析"，《建筑史》第23辑，清华大学出版社，2008年
金中后期	B14 沁县普照寺大殿	313	√	×	√	×	×	①滑辰龙，"沁县普照寺大殿勘察报告"，《文物季刊》1996年1期
	A32 淳化寺大殿	未及	×	√	×	×	×	①李会智，"山西现存元以前木结构区期特征"，《2010年三晋文化研讨会论文集》
	A40 冶底岱庙天齐殿	313.9	√	×	√	×	√	①李玉民、刘宝兰，"晋城冶底岱庙天齐殿建筑与艺术风格浅析"，《文物世界》2008年6期
	B27 北马玉皇庙正殿	306.4	√	√	√	×	×	①刘畅、刘芸、李倩怡，"山西陵川北马村玉皇庙大殿之七铺作斗栱"，《建筑史论汇刊（第四辑）》，清华大学出版社，2011年
	B25 南神头二仙庙正殿	未及	×	√	×	×	×	①李会智，"山西现存元以前木结构区期特征"，《2010年三晋文化研讨会论文集》
	A50 会仙观三清殿	314.1	√	×	√	√	√	①叶建华，"武乡会仙观三清殿修缮工程研究"，载《洛阳大学学报》2007年4期；②叶建华，《山西武乡会仙观建筑研究》，西安建筑科技大学硕士学位论文，2008年，导师侯卫东

6.2　尺度构成的基本单元及组合模式

在就晋东南地区五代、宋、金木构遗存可能的尺度构成规律进行探讨之前，首先需对过往研究成果作一大致的回顾，以明确本章所要论述的对象、采用的方法及验证的基本观点。

关于我国唐迄金元木构建筑设计的诸多问题，大而化之，都可着落在制度比较和尺度构成两个大类上，而关于尺度的构成规律，前辈学者的着眼点又基本聚焦在模数制和整尺制的异同及其前后因袭关系上。

由于《营造法式》开章明义称"**凡构屋之制，皆以材为祖；材有八等，度屋之大小，因而用之**"，故自梁思成先生以来，第一、二代建筑史学者在相关研究中大多强调材分°制的科学模数意义，并以之验证遗存实例，其中最为重要的成果当推陈明达先生的《营造法式大木作研究》系列。此后，针对正史中屋宇规模皆以丈尺计量、《营造法式》文本中却全无相关记载的问题，潘谷西先生在"《营造法式》初探"系列文章中提出了与陈明达先生相左的观点，强调《营造法式》作为"式"暨法规章程的意义，远甚于其辑录各种设计手段的一面；张十庆先生进而借鉴日本学者自法隆寺大讨论以来所惯用的营造尺复原思路，重新审核若干重要实例的公测数据，得到了唐宋建筑以整数尺柱间制为设计原则的结论。近二十年来，以分°制验核铺作组成、以复原营造尺推算间架柱网的做法，在学界已获广泛认同。

此外，刘畅先生结合匠人歌诀所揭示的传统数学思维和精密测量所得的大量数据推导传统大木营造中的算法、肖旻先生基于基准长概念整理唐宋木构建筑间橡关系的类型与演变趋势、段智钧先生借助数理分析方法汰选古建筑复原营造尺的尝试，均为大木作尺度构成的研究领域开创了新视野。

本节先就与整数尺制和模数制相关的几个基本问题作一概述。

6.2.1　整数尺制的适用对象及其内涵

尺制本源自人体，上古营造宫室城郭及制作车船器具等各项工事，皆以合于人体法度为准（如《史记》中："**禹 …… 声为律，身为度，称以出……**"），相应的计量单位均直接依照人体器官或活动范围度定。[1] 汉以后保留引、丈、尺、寸、分为常用长度单位，递相十进，合称五度。至《汉书·律历志》首录累黍之法，以黍米为标准单位，统一度、量、衡、律，此后历

1　寸：《公羊传·僖公三十一年》"肤寸而合"，何休注"**按指为寸、侧手为肤**"，即一指之宽为寸，四指之宽为一拳高，称之为肤；《说文·寸部》"**寸，十分也，人手去一寸动脉谓之寸口**"，即动脉到腕骨的宽度为一寸。尺：《大戴礼记·主言》"**布指知寸，布手知尺**"，可知一尺为手掌展开之长，故宫博物院藏安阳殷墟出土骨尺长 16.95 厘米，正当成人一拃。咫：《大戴礼记·主言》"**妇手为咫**"，《说文·尺部》释作"**咫，中妇人手长八寸谓之咫**"，咫尺并称，男子手长为尺、妇人手短为咫。寻：《大戴礼记·主言》"**舒肘知寻，十寻而索**"，《说文·寸部》释"**寻，度人之两臂长，八尺也**"，即一寻为两臂平伸之距离。仞：《仪礼·乡射礼》郑注"**七尺曰仞、八尺曰寻**"，仞同样为伸臂量物，但系上下直伸，以量取高度，如《论语·子张》"**夫子之墙数仞**"、《尚书·族獒》"**为山九仞**"，《方言》亦称"**度广曰寻、度深曰仞**"，是以寻略大于仞。丈：《说文·夫部》"**丈，丈夫也。周制八寸为尺，人长八尺，故曰丈夫**"，又《说文·十部》"**丈，十尺也**"，无论八尺、十尺，丈皆是指成年男子身高而言。跬、步：《小尔雅·广度》"**跬，一举足也，倍跬谓之步**"，《尔雅·释宫》疏引《白虎通》称"**人跬三尺……再举足步**"，人一跨为跬（三尺）、两跨为步（六尺）；《史记·索隐》亦称"**周秦汉而下均以六尺为步**"，用之测长量地。

朝叠相因循；而尺也一分作三：律尺用于调乐律、测天文，营造尺用于量地起屋、制作工器，量衣尺则用于裁定布料、以定绢税。

1）唐、五代、宋、金营造用尺的长度范围

历代用尺有其大致的长度区间，总的趋势是年代愈后、尺长愈长，且少数民族政权统治下的尺度讹长现象尤其明显，而继立的汉族政权往往以克己复礼的名义对其加以调整，使之重新合乎"古制"。

针对木构遗存进行营造尺复原时，不能脱离尺长适用年代的知识背景，但另一方面，不同时期尺长的分野也并非截然隔绝、单线因循的。从出土古尺实例来看，有三点需要注意：一是历代尺长间或存在叠合部分（如钜鹿宋尺长约 32cm，已相当于明清营造尺）；二是尺长变动幅度随其种类不同而缓急有差（如历代营造尺变化范围远小于量衣尺）；三是同一时期的官颁尺与民间尺尚存在差别（如宋代广泛存在浙尺、淮尺、乡尺等多种地方用尺）。这三个因素的存在导致营造尺复原过程中尺长边界的相对模糊，诸如"唐构尺长 29.4cm、北宋遗构尺长 30.4cm"之类的认知反而显得过于绝对和主观——显然，复原营造尺能够依据的仅仅是一个相对宽泛的取值区间，且在相邻历史时期间存在大量交集，这也导致遗构建造年代的先后与营造尺的短长之间缺乏线性的对照关系。

虽然实例中营造尺的长度千差万别，但仍有其大致的适用范围，简要回顾唐至金尺制如下。

唐代分行大、小尺，以小尺为乐尺（并测晷影及制冠冕），大尺为日常用尺（合小尺 1.2 倍）。国内出土唐尺（如西安郭家滩 6 号墓石尺、陕县会兴镇唐墓铜尺、长沙丝茅冲唐墓铁尺等）长 27.99～31.07cm 不等；藤田元春《尺度综考》录正仓院藏唐尺及仿唐尺 26 件，长度集中在 29.497～29.997cm 之间；曾武秀于"中国历代尺度概述"一文举间接资料 3 例，算得唐大尺及五代尺长，同样在这一范围。[1]

1　曾武秀.中国历代尺度概述［J］.历史研究，1964（03）：163-182。文中所引三例，其一为隋唐长安城周长（按《唐六典》记东西广十八里一百一十五步，南北长十五里一百七十五步，据《夏侯阳算经》引唐杂令知一步五尺，一里三百六十步，则城东西 32975 尺、南北 27875 尺，据中科院考古所唐城发掘队实测数据，遗址东西长 9721m，南北长 8652m，合得尺长 29.48～31.04cm）；其二是开元钱（《旧唐书·食货志》称"**武德四年七月，废五铢钱，行开元通宝，钱径八分**"，则平列十二点五枚开元钱即为一尺，按足利喜六之测算结果，开元间用尺与日本曲尺等长，合 30.3cm）；其三为前蜀王建墓随葬玉带（带上留有玉銙七块与铊尾一方，铊尾背面有铭，称"**永平五年乙亥孟冬下旬之七日，荧惑次尾宿，尾主后宫，是夜火作，翌日于烈焰中得所宝玉一团……制成大带，其胯方阔二寸，獭尾六寸有五分**"，七方銙长长短短不一，而铊尾长 19.5cm，逆推得一尺长 30cm 整，即是五代尺长）。

北宋重视考校大乐，自建隆至崇宁百余年间凡 6 次修改，为求合乎古制，一再降低律高、增长乐尺，李照、丁度、沈括、司马光、朱熹等皆曾考订其数据，蔡元定《律吕新书》、程大昌《演繁露》、王应麟《玉海》、方回《续古今考》、马端临《文献通考》中亦多有论及。近世王国维、吴承洛、杨宽、罗福颐等学者据《宋史》、《宋会要》、《续资治通鉴》、《续资治通鉴长编》等史籍资料与出土宋尺实物，对宋代尺长及其种类进行了深入研究。按丘光明等编著的《中国科学技术史（度量衡卷）》第十七章"宋代的度量衡"归纳常用官尺，分作太府尺（即三司尺、文思尺）、大晟新尺、曲尺三类，舍此之外尚有多种地方用尺（如淮尺、浙尺、京尺、乡尺等）。[1] 现存传世 18 支宋尺中，北宋九支（长度自 30.8cm～32.9cm 不等），南宋两支（分别长 27.0cm 和 28.3cm），其余具体年代未可遽定；三把木工尺长分别为 30.91cm、32.9cm 和 32.9cm，但经过水浸，长度或略有变化。依文中结论，北宋官尺长度在 31.2～31.6cm 间，省尺即营造官尺长 30.8～31.0cm；南渡后，各行业保有各自的官方用尺，营造尺则与旧文思尺大致持平，增至 31.6cm 左右。

金代尺长向无定论，早期学者大多认为沿用唐、宋尺系，杨宽《中国历代尺度考》解释其原因为："**魏晋以降，以绢布为调……官吏惧其短耗，又欲多取于民，故尺度代有增益，北朝尤甚。自金元以后，不课绢布，故八百年来尺度犹仍唐宋之旧。**"但也有持反对意见，认为辽、金尺系自成一体的。[2] 虽然

---

1 太府尺为官颁标准器，自宋初用至熙宁四年（公元 1071 年），其后改称三司尺。三司尺即布帛尺，大中祥符二年（公元 1009 年）起，三司行销度量衡器，尺以之得名，并于元丰初随三司撤销而一同废除。文思尺因由文思院制造而名，自熙宁四年行用至南宋末年，一共曾三变其长度：大观四年（公元 1109 年）之前与太府尺等长，约合 31.2～31.6cm，大观四年至政和五年（公元 1115 年）间按大晟新尺定长，约合 30.1cm，南迁后文思院按临安府尺样制成南宋官尺，长 27.4cm，实际已是浙尺体系。大晟新尺本用作乐尺，徽宗于大观四年诏令将其推广为全国通用的新尺，政和元年并令"**自今年七月一日为始，旧尺并毁弃**"，但靖康之难后似乎很快弃用。曲尺为营造用尺，《营造法式》看详"定平"条记"**凡定柱础取平，须更用真尺较之……其真尺尺身上平处与立表墨线两边，亦用曲尺较令方正**"，中国历史博物馆藏钜鹿宋尺即此类，长度大致在 30.91cm 上下。天文尺则更为繁杂，前后不下十余种，兹不赘述。

2 "宋遣辽使路振《乘轺录》，根据辽人的说法，证明当时辽中京大定府城周长 30 里，今发掘其遗址，实测得周长 15400 米计算，若以 15400 米为三十里，则一里长 513 米，辽行小里，一里 1500 尺，则一尺长 34.2 厘米。又如辽南京析津府，亦即金中都之内城，据《辽史·地理志》，其城周长三十六里。今实测其遗址周长为 18690 米，若以 18690 米为辽金三十六里，则一尺长 34.6 厘米，与中京推算结果相近……仅据以上推算尚不能确定辽金尺的长度，但说明有可能辽金尺度互相沿袭，而大于中原尺度。"见：曾武秀. 中国历代尺度概述 [J]. 历史研究，1964（03）：163-182.

缺乏出土实物，但可引作金尺间接资料的文物甚多。高青山、王晓斌《从金代的官印考察金代的尺度》一文中，引正隆间颁布官印制度[1]与89方正隆以后刻有确切纪年的出土官印比对，所有实例大致的中值在43cm，即认为是铸造金印时行用的尺长。[2]又杨平《从元代官印看元代的尺度》一文同样举十五方元代官印为例，推得尺长34.81cm，则朗瑛《七修类稿》中称"**元尺传闻至大**"，似乎也并未大过金代官印用尺，或许官印尺与日常行用尺间偏颇甚多，不足据之以为定论。[3]

尤其木构营造所用尺长，不太可能讹长至32cm以上（如林哲曾推算崇福寺弥陀殿用尺，利用VB程序求平均方差后算得31cm的尺长吻合度最为良好，[4]则或许雁北辽、金工匠所用营造尺与宋代尺长相近），即营造尺在各时期和各政区内保持相对稳定的单线渐变式发展，不受官尺变更的影响。关于这一点，尚可参考韩国实例：金尺曾流布海东，[5]但考察高丽时期传世木构，虽多为13世纪以后修造，却仍沿用北宋营造尺的长度区间，而与前述金、元官印尺的长度毫不相干。[6]

2）营造尺的相对稳定性及其取值区间

历代营造尺长保持相对稳定，不随朝代更迭导致的官尺变化而异动，这一观点久已有之，吴承洛《中国度量衡史》称："木工尺标准之变迁，自古以来只有一变。朱载堉曰：'夏尺一尺二寸五分，均作十寸，即商尺也。商尺

1　《金史·百官志》："三师、三公、亲王、尚书令并金印，方二寸；一字王印，方一寸七分半；诸郡王印，方一寸六分半；一品印，方一寸六分半；二品印，方一寸六分；三品印，方一寸五分半；四品印，方一寸五分；五品印，方一寸四分；六品印，一寸三分；七品印，一寸二分；八品印，一寸一分半；九品印，一寸一分；凡朱记，方一寸"。

2　高青山，王晓斌. 从金代的官印考察金代的尺度［J］. 辽宁大学学报，1986（04）：74-76。

3　杨平. 从元代官印看元代的尺度［J］. 考古，1997（08）：86-90。

4　林哲. 以管窥豹尤有一得——山西朔州崇福寺弥陀殿大木作营造尺及比例初探［J］. 古建园林技术，2002（03）。

5　《高丽史》卷八四"刑法一·名例·刑杖式"称："尺用金尺，脊杖长五尺，大头围九分，小头围七分。"

6　尹张燮复原凤停寺极乐殿尺长30.944cm，浮石寺祖师堂尺长30.977cm，修德寺大雄殿尺长30.79cm，江陵客舍门尺长31.027cm。见：（韩）尹张燮. 韩国的营造尺度［J］. 大韩建筑学会集，1975。朴彦坤，高永勋复原凤停寺极乐殿尺长30.95cm，浮石寺无量寿殿尺长30.60cm，祖师堂尺长30.767cm，修德寺大雄殿尺长30.13cm、江陵客舍门尺长31.066cm。见朴彦坤，高永勋. 高丽时代建筑部材单位尺数构造计划相关研究［C］//大韩建筑学会论文集，1991。金永弼转引朝鲜科学技术发展史编纂委员会研究成果，复原开城满月台尺长31.0cm，金刚山长安寺大雄殿尺长31.2cm，开城玄化寺七层石塔尺长31.1cm。见：金永弼. 韩国传统建筑的尺度研究［D］. 光州：朝鲜大学建筑工学部，2009。

者，即今木匠所用曲尺，盖自鲁班传到于唐，唐人谓之大尺。由唐至今，名曰今尺，又名营造尺。'韩苑洛《志乐》：今尺，惟木工之尺最准，万家不差毫厘，少不似则不利载，是孰使之然？古今相沿自然之度也。然今之尺，则古之尺尺二寸，所谓'尺二之轨，天下皆同。'昔鲁公欲高大其宫室，而畏王制，乃增时尺，召班授之。班知其意，乃增其尺，进于公曰：'臣家相传之尺，乃舜时同度之尺'，乃以其尺为之度。木工之尺本为舜时同度之尺，即夏横黍百枚，古黄钟律度之制。至周时鲁班增二寸以为尺，乃合商十二寸为尺之制，即合夏尺之一尺二寸五分，韩氏云：'尺二之轨'者，即合'商十二寸为尺'之旨，非谓一尺二寸。木工尺自是一变，相沿而下，从无变更。"据此观点，则春秋时期营造尺长 24.88cm，由鲁班改为 31.10cm 后基本延续至今。

考察现存唐至清木构建筑实例，大致的营造尺长变化范围的确有限，尤其北方地区基本保持在 30.0～32.0cm 间，由短及长，单向缓慢变动。

李浈先生指出南方民间所用木工尺长度特异，至清代仍不用 32.0cm 的官颁营造尺长，但官修殿宇则不然，如江南元代三构（武义延福寺大殿、金华天宁寺大殿、上海真如寺大殿）尺长皆为 31.1cm，既非地方遗传的浙尺（可能用于苏州玄妙观三清殿），也非元代可能的官尺，而显然仍是传续不辍的唐、宋营造尺。[1]

木工用尺大致又可分为法定尺和占筮尺两个系统[2]，前者如曲尺、车工尺、角尺、拐尺、营造尺等，一般采用十进制，其中曲尺亦可通过压白法兼有择吉功能；后者如门光尺，鲁班真尺、八字尺之类，一般用八进制，并与官尺呈 1.2 或 1.44 倍关系。[3]

至于营造尺与律尺、纵黍尺的换算关系则更为复杂。其中：黍尺为根本，以纵黍尺为营造尺，横黍尺为律尺，两者之比为 1：0.81；[4] 律尺则通过

1　李浈. 官尺、营造尺、鲁班尺，古代建筑实践中用尺制度初探［M］//杨鸿勋编. 建筑历史与理论（第 10 辑）. 北京：科学出版社，2009。

2　金其鑫. 中国古代建筑尺寸设计研究——论周易蓍尺制度［M］. 合肥：安徽科学技术出版社，1992。

3　（宋）陈元靓《事林广记》称："淮南子曰，鲁班即公输班……其尺也，以官尺一尺二寸为准，均分为八寸……"，天一阁本《鲁班营造正式》称："鲁般真尺……其尺以官尺一尺四寸四分为准，均分为八寸"，《扬州画舫录》之"门尺"，《阳宅十书》之"门光尺"，率皆其类。

4　因上党羊头山传为神农氏耕种百谷之处，历来以其地所产秬黍为度，纵垒百枚为一营造尺，横垒百枚为一律尺。《汉书·律历志》称："度者，分寸尺丈引也，所以度长短也，本起黄钟之长，以子谷秬黍中者，一黍之广，度之九十分黄钟之长。一为一分，十分为寸，十寸为尺，十尺为丈，十丈为引，而五度审矣。"康熙《律吕正义》亦称："圣祖躬亲累黍布算，得之结果，以为定法。纵累百黍为营造尺，横累百黍为律尺，营造尺八寸一分当律尺十寸，营造尺七寸二分九厘即律尺九寸，为黄钟之长。"

营造尺（纵黍尺）的转换与黄钟管长取得联系；[1] 九天玄女尺以营造尺九寸为一尺，用于计算门路短长、窗户位置，其五尺为一宫步，民间立屋度地均需按之计量，以求吉祥（如《鲁班经》所谓**"开门步数宜单不宜双……步宜初交，不宜尽步"**之类，即是针对玄女尺而言）。由于古律尺、律尺、黄钟管长均与纵黍尺（营造尺）间存有因九而生的关系，故按之换算最终可以得到八寸尺（0.81尺）：一尺为大尺，八寸为小尺。大、小尺法自周代或已产生，[2] 唐代明确行用，[3] 1.2的倍数关系再经推演，即出现1.44倍的门光尺。[4]

按照这一思路，基于物种属性的营造尺长度是历久不变的，出土古尺实物长短不一的事实则被解释为混淆量尺与度尺所致——按容量单位以量尺为准，取其立方即得标准容积，但量尺取值有其固有规律，陈梦家认为**"以律尺起量，而以营造尺起度"**；[5] 陈连洛、郝临山则认为大量出土古尺均为量尺。[6] 按照这一推想，存世周、秦、汉、魏诸尺几乎都是量尺，再不足以作为度尺长度的依据，更不能据之反推上古度地、营造尺长。

1　（明）朱载堉《律吕精义》内篇十记黄帝命伶伦造乐尺，以纵黍尺九分为一寸，九寸为一尺，即营造尺（纵黍尺）：古律尺＝1：0.9，而后黄钟管长又取古律尺九寸为准（见《史记·律书》"九九八十一为宫……黄钟长八寸十分一宫"及《后汉书·律历志》"黄钟之管长九寸"），即纵黍尺：黄钟管长＝1：0.81，后世又以黄钟长充新律尺，亦即横黍尺。（明）午荣《鲁班经》录有"排钱尺图"，分别以大泉十枚、开元十枚、货泉九枚平列为三种尺，文称**"营造尺去二寸，当大泉九枚，当开元十枚，当纵黍八十一，当横黍百，此乃真黄钟也"**。

2　《礼记·王制》称："古者以周尺八尺为步，今以周尺六尺四寸为步"（今指汉），《宋史·律历四》称："按《周礼》'璧羡度尺'……璧羡之制，长十寸、广八寸，同谓之度尺……又《王制》云……八尺者，八寸之尺也；六尺四寸者，十寸之尺也，同谓之周尺者，是周用八寸、十寸尺明矣。"

3　《旧唐书·职官志》"金部郎中"条称："凡度，以北方秬黍中者，一黍之广为分，十分为寸，十寸为尺，一尺二寸为大尺。"

4　门光尺即鲁班真尺，用于堪舆，度量吉凶。《鲁班经》称**"乃有曲尺一尺四寸四分，其尺间有八寸，一寸准曲尺一寸八分，内有财、病、离、义、官、劫、害、吉八字，凡人造门，用依尺法也"**，门光尺之一寸当营造尺一寸八分，虽经再乘大尺倍数，仍留有因九而生的比例关系。

5　陈梦家. 亩制与里制 [J]. 考古，1966（01）：36-45。

6　陈连洛，郝临山. 中国古代营造尺及相关古尺长度比较研究 [J]. 大同大学学报：自然科学版，2012（01）。文中所引出土古尺包括西汉牙尺（23.0cm）、后汉古尺（23.3cm）、晋荀勖尺（23.1cm）、梁法尺（23.27cm）、据商鞅方升所推秦尺（23.2cm）、满城汉墓错金铁尺（23.2cm）、据新莽嘉量所推莽尺（23.1cm）、雷家嘴汉墓铜尺（23.39cm）等。文章认为，按《汉书·律历志》称**"量者本起黄钟之龠，龠者，黄钟律之实也"**（即黄钟律管长九十分，内径三分，空围九分，积八百一十分，容黍一千二百粒为一龠，二龠为一合，十合为升，十升为斗，十斗为斛），量值既出自黄钟管，以黄钟管长作为量尺自然最为适合，而上举诸尺的长度范围均与黄钟管长（23.328cm）相近，故认为属于量尺而非度尺。

因此，本章在推定五代、宋、金晋东南地区遗构的尺度构成规律时，预设营造尺长皆在 30.0～32.01cm 之间，而不复考虑金尺讹长的可能。

6.2.2 材分°模数制的应用时段及判定标准

1）模数制发展的两个阶段

关于我国木构建筑平面的间广、进深构成模式，一般认为是由早期的柱间整尺制，在宋、金时期经由补间铺作这一中介形式，逐步过渡到朵当控制的阶段（在一定分°值区间内调节各组朵当的分°数以定间广）。明、清以降经进一步简化，产生了以斗口作为统一模数，以逐朵当等长为基本原则，积斗口为朵当，积朵当为间广的斗口模数制。

简言之，我国的木构模数体系，经历了一个从"整体决定局部"到"局部决定整体"的螺旋式发展历程，而朵当设计的从无到有，正是这一过程中至关重要的中间环节。落实到具体单位上，即是一个从尺寸到材分°再到斗口的历程，这一链条的首尾两端在文献和实物资料上均已坐实，唯有居于中段的材分°制度，是否确曾控制过屋宇的深广构成，抑或仅仅是用作结构构件的断面设计标准，则因《营造法式》文本的语焉不详而成为建筑史研究中聚讼纷纭的焦点所在。

从整数尺制发展到材分°模数制，无疑是一个由简入繁的过程。

变造用材的本义虽在于关防工料，杜绝靡费，但客观上也促进了构件加工和间架设计的精密化。工匠以《营造法式》所载材栔规格为纲，以分°数制度为目，自然纲举目张，大可快速准确地针对不同规模屋宇所需的材木进行估算，提高备料效率和设计精度，进而缩短工期。

之后由材分°模数进一步演化为斗口模数，则属删繁就简——这一简化具有双重内涵，其一是模数层次的简化（材模数进入完善阶段后具备材、栔、分°三级单位，材栔等比变化，均以分°数为归依，但足材广为材、栔之和，厚同单材，从而打破了层次间的固有递变层级；斗口制中足材广厚比 2∶1，口份之变化已可涵盖材的广、厚两个方面，故此变量中有宽无高，比之材分°制 3∶2 的断面比，在计算上也是大为减省），其二是模数本身变造规律的简化（《营造法式》所载材分°制变造规律中存在三组级差，一等二等材，二等三等材，六等七等材，七等八等材间以 0.75 寸×0.5 寸为率，三等四等材间以 0.3 寸×0.2 寸为率，四等五等材，五等六等材间以 0.6 寸×0.4 寸为率递相增减；而清式则例斗口制只使用 0.5 寸的单一级差，较之前者，计算远为简单明快）。

张十庆先生概括我国模数制发展的演化趋势，认为"**模数方法的变化与模数程度的变化是其两个主要方面，由此引出部分与整体关系的两层含义，**

其一是指模数设计方法上的主从关系及其变化，其二指模数程度上的部分模数化与整体模数化之间的演化关系"，而模数方法的本质即是所谓单元基准。[1] 他指出《营造法式》尺度计量上材分°与丈尺并用现象，是由其所处的模数演化阶段决定的，构件尺寸以材分°计、构件长度及屋宇规模以丈尺计，既吻合《营造法式》作为工料规范的性质，又契合其从构件模数化到单体模数化发展过程中间阶段的时代背景。

2) "基准长"概念的提出——整数尺制与材分°模数制间的比例衔接问题

张十庆先生在其博士论文《中日古代建筑大木技术的源流与变迁》中首先提出"基准长"概念，用以解释奈良时期古建筑的基准尺度构成现象，并进而将其应用于佛宫寺释迦塔的分析中去。基准长以整数尺寸表记，如3/4尺、1.5尺之类，同时初步具备模数单位的性质。

刘畅先生则认为营造尺既用于度量平面柱网，自然也应当用于度量斗栱材分°广厚，其间实在不需要另行寻找作为过渡的基准长单位，其产生是由于斗栱用材折合成营造尺后过于零碎、难以置信所致，而这归根结底仍是公测数据取值方式或营造尺复原区间的可信度问题。[2]

实际上，张十庆先生自己亦针对其博士论文曾经提及的法隆寺建筑"以材为祖"现象和整数尺柱间制的矛盾，重新推定了其可能的营造尺长，从而否定了材模数的可能，而将相关尺度现象重新解释为尺制比例关系。[3] 即承认"基准长"与材广的吻合，是因材广取1尺导致的被动比例现象，此时所谓的材模数表象具有欺骗性，究其本质仍是整数尺制，并进而认为"唐宋以前尺度构成上的一些所谓模数现象，有可能多是基于数字组合上的偶合关系"。

对此，杜启明先生提出"营造尺模数制"的观点，即以0.25尺为基本模数单位，以5尺（1步）为主要扩大模数，此时尺寸模数和材分°模数通过基本椽架深150分°（10材）形成互动联系。[4] 这一观点与陈明达先生以间椽关系为出发点的研究思路相似，但0.25尺的"基本模数单位"实质上仍

1 张十庆. 部分与整体——中国古代建筑模数制发展的两大阶段 [M] //贾珺主编. 建筑史（第21辑）. 北京：清华大学出版社，2005（07）：45-50。

2 刘畅. 中国古代大木结构尺度设计算法刍议 [M] //贾珺主编. 建筑史（第24辑），北京：清华大学出版社，2009：23-36。

3 张十庆. 是比例关系还是模数关系——关于法隆寺建筑尺度规律的再探讨 [J]. 建筑师，2005（05）：92-96。

4 杜启明. 宋《营造法式》大木作设计模数论 [J]. 古建园林技术，1999（04）：39-47。

是一种从属于整尺制下的基本常量，用作模数时并不具备普遍性。且 0.25 尺作为基准单位未免过小，几乎所有尺寸都可以被其完全除尽，而据之所得的分°数又过大，反而掩盖了可能存在的尺度比例规律，这一流弊和分°制单位过小带来的数据偶合性是非常相似的。

肖旻先生在其博士论文《唐宋古建筑尺度规律研究》中以"基本模数"取代"基准长"的概念，以强调该数值与材广间的同源关系，而反对将其还原成简单整数尺寸，以免混淆于"作为辅助手段从属于整数尺柱间制"的基准长。但由于材广本身取值多符合整寸数，在以材广定"基本模数"时自然会导致基本模数 M 取整，加之大量实例在用材的截面、寸法和等级划分方面并不符合《营造法式》记载，使得围绕 33 个实例给出的基本模数序列在数理逻辑的简明性和取用原则的透明性上仍存有模糊之处。[1] 此外，在折算实例椽长时往往出现 0.5 倍基准长单位，这也削弱了数理关系的自洽性，可说是美中不足之处。

3）基准长与组合模数

基准长的单位和取值准则取决于其上一层级的尺度构成方法，就合理性而言，基准长更多的应是脱胎自材模数，而非整数尺。

（1）整数尺制下的"基准长"现象。

早期遗构的间架丈尺中往往存在着以四分尺单位（尤其 3/4 尺、1.25 尺、1.5 尺之类）为约数的现象，那么在整数尺柱间制的前提下，以四分尺倍数而非一尺作为基本单元进行再组合的做法是否必要？

四分法在早期尺制构成中占据重要地位是毫无疑问的（如太宰府出土唐代木尺即将一寸均为四份，因等分法较十分法更为简便易行，故实例中 1/4、1/2、3/4 尺的尾数也较寸数出现得更早和频繁，甚至钜鹿宋尺上所见的最小刻度仍是半寸而非一分），屋宇营造在古代诸般工艺中属于规模较大者，相应的所需精度较粗放 1/4 尺大概已是日常行用的最小单位，用于柱网平面固然极易就之取得整倍数，即或以《营造法式》所录常用架深而言，无论折成五尺、六尺或十材广（150 分°），亦皆为 1/4 尺的整倍数（八等材广均为 0.25 寸的公倍数），则架深数据同样易于与 1/4 尺建立联系。

但必须指出，这些比例现象的出现并非主动施为，不可倒果为因。间架

1　关于序列中材高取值的不连续性，该文的解释是："《营造法式》八等材的规定，在统一了用材的高宽比为 3∶2 的同时，还引入了'份'的定义，在一定程度上造成了对材高取值的限制，以及材宽取值的主导地位上升，表现为材宽取值覆盖了 3 寸至 6 寸之间的整数寸，而材高在取值上反而缺少 5 寸、7 寸、8 寸等整数寸；《营造法式》对栔高的规范化也必然造成足材高度取值的零碎。"见：肖旻. 唐宋古建筑尺度规律研究［M］. 南京：东南大学出版社，2006。

尺寸能够被四分尺除尽，并不意味着是由四分尺倍乘得来，这完全可能是基准单位过小导致的数据耦合。关于模数基准长与整数尺间往往存在简洁比例、可以换算的问题，张十庆先生主张："**模数的方法无疑也是一种比例方法，其作用下的尺度构成也形成比例现象。但比例的方法与模数的方法终究有所不同。比例设计方法，在设计思想上为非模数的方法，指几个部分之间的简洁或特定的数字比例关系。而模数方法则是以一特定基准权衡和控制尺度构成的方法**"。[1] 换言之，因单位过小，"四分尺充任基准长"的问题或许无法从数值验算的角度加以证伪，而只能从逻辑上予以否定。

（2）材分°模数制下的基准长构成。

如果基准长的取值基于材广而非四分尺，则意味着平面即便取得整数丈尺，也是材分°模数设计体系下的偶然现象。

从《营造法式》颁行之前的实例用材情况来看，存在着明显的材广取整寸数倾向，这也是早期案例中材模数与整数尺容易混淆的原因之一。材广作为优先的基准长取值依据虽无疑问，但材本身即是一个复合概念，材模数的成立，取决于单材、栔高和足材的相互组合关系，单一的材广数据远非其全部内涵，因此以材模数度量间椽尺寸时，或许应当同时考虑与材广相关的诸数据间进行相互组合的可能性，即单足材、材广栔高，甚至材广厚作为组合模数，能否共同参与平面设计。下文在述及本区实例中的架道尺度构成时，即基于该种考量，尝试利用材相关数据的相互组合关系，解释其可能的内在设计规律。

6.2.3 扩大模数与屋宇基本比例

工匠关于扩大模数的意识或许萌芽于尺制下的倍尺常数。

所谓倍尺常数，即是以若干尺为固定单位，据之度量远近。文献中最广为人知者莫过于"周人明堂"的相关记录，其中一筵九尺、一寻八尺、一步五尺、一轨八尺，都是典型的倍尺常数，而尤以五尺（或六尺）之"步"最为重要。[2] 理解这一点，就可以对实例中繁杂多样的扩大模数现象的本质有所认识。

1）柱高扩大模数

以柱高定屋宇基本尺寸的做法，在《营造算例》中已有明确记载（如小式建筑明间定阔以 7/6 檐柱高为准，各次梢间再逐一递减 1/8 明间广）。该类做法虽始见于清末官书，但其肇始必然更早，实例所见，以檐柱高作扩大

---

1 张十庆.《营造法式》八棱模式与应县木塔的尺度设计［M］//贾珺主编.建筑史（第25辑）.北京：清华大学出版社，2009（10）：1-9。

2 《周礼·考工记》："周人明堂，度九尺之筵，东西九筵，南北七筵，堂崇一筵。五室，凡室二筵。室中度以几，堂上度以筵，宫中度以寻，野度以步，涂度以轨。"

模数的趋势，自唐、宋以来多数主要遗构中已隐然可见。

陈明达先生在《营造法式大木作研究》一书中总结下檐柱与铺作、举高之间比例关系，认为：①四架椽屋的下檐柱高约等于铺作高加举高；②六架椽屋的下檐柱高约等于举高；③八椽椽以上屋的下檐柱高加铺作高等于举高；④殿堂十架椽屋中，有副阶者下檐柱高加铺作高大于举高54分°，无副阶者小于举高81分°。

傅熹年先生提出，若以下檐柱高为扩大模数，则：①唐、宋殿堂构架中，中平槫（四椽屋则为脊槫）至下檐柱顶之距等于檐柱高；②宋代厅堂及元、明殿堂、厅堂构架，当总深大于六架椽时，上平槫（六椽屋则为脊槫）至下檐柱顶之距等于檐柱高；③唐至元历代建筑都存在通面阔（有时包括通进深）为下檐柱高整数倍的现象；④元以前重檐建筑中，上檐柱高等于下檐柱高2倍，并表现为正立面上的正方形模数网格；⑤楼阁式塔以一层檐柱高和中间层面阔为塔高模数、密檐塔只以中间层面阔为塔高模数。[1]

此外，柱高既合整尺，与檐高之间又常常存有7：10的关系，即是柱高、铺作高、檐口高形成一列组合，据王贵祥先生研究成果，心间广常与檐口高相等，这便将柱高与间广挂钩，柱高作为扩大模数，不唯控制竖向尺度的大致范围，亦可以参与平面间广设计。

2）椽架扩大模数

椽架与柱高尺度，就大致阈值看应当属于同一级别，从《思陵录》之类文献可知两宋的椽长仍取整数尺，自然也具备作为平面丈尺设计中重要因子的潜质。

架道之中，又有各道椽等长和长、短椽相间组合的分别，按陈明达先生所揭数据[2]，大概五代、辽、宋、金以降，皆以长短椽的组合为主，等椽长的做法反而少见。按肖旻先生博士论文之结论，短椽用在梢间的典型形式是3间6架，间桁对位时，长、短椽比例正合心间与梢间广之比；而当长椽用在梢间时，典型形式为3间4架或3间8架，此时若间桁对位，则心间与梢间的架数比为2：1，长椽用在梢间正好有利于改善这一过于悬殊的比例。

以宋、元江南厅堂月梁造八架椽屋的例子来看，椽长分配大致分两种模式：[3]

1　傅熹年. 中国古代建筑外观设计手法初探［J］. 文物，2001（1）：74-78。

2　陈明达. 唐宋木结构建筑实测数据表［M］//贺业矩编. 建筑历史研究. 北京：中国建筑工业出版社，1992：231-261。

3　保国寺大殿数据采自：张十庆，喻梦哲，姜铮，等. 宁波保国寺大殿勘测分析与基础研究［M］. 南京：东南大学出版社，2012；天宁寺大殿数据采自文物保护科技研究所1979年修缮工程图（李竹君主持）；延福寺大殿数据采自黄滋. 元代古刹延福寺及其大殿的维修对策［C］//中国文物保护技术协会. 中国文物保护技术协会第二届学术年会论文集. 2002：413-418。

其一为"A-A-A-B-B-A-A-A",即脊架用短椽，其余六架用长椽，实例如保国寺大殿[1]、延福寺大殿[2]。

其二为"A-B-B-A-A-B-B-A"，即短椽用于平榑之间步架，檐架与脊架则用长椽，实例如天宁寺大殿[3]。

而在时代稍晚的苏州轩辕宫正殿上已分出三种椽长，按照 A-B-C-C-C-C-B-A 分配（檐步平长 1630mm，下金步平长 1268mm，上金步及脊步平长 1380mm）。

在使用组合椽长的情况下，两种（或更多）椽长间往往具备简洁的比例关系，且相互组合以控制建筑的平面乃至竖向尺度构成。

仍以保国寺大殿为例，其两种基本椽长（5 尺和 7 尺）作为扩大模数参与了多项基本尺度的设计——柱网平面上，进深分间直接由椽架得来固不待论，面阔次间 10 尺＝短椽长 5 尺×2、心间 19 尺＝长椽长 7 尺×2＋短椽长 5 尺；高度方向上，檐柱高 14 尺＝长椽长 7 尺×2、前内柱（26.5 尺）与后内柱（21.5 尺）高差＝上平榑与中平榑背高之差＝短椽长 5 尺，铺作高＝长椽长 7 尺，檐榑底高 21 尺＝长椽长 7 尺×3，檐榑底到脊榑底（暨大致的屋架高）17 尺＝长椽长 7 尺＋短椽长 5 尺×2；檐柱高与心间广之差＝通面阔与通进深之差＝短椽长 5 尺；此外材广 7 寸＝0.1×长椽长 7 尺。由此可见，北宋初期的江南遗构中，存在着以椽长组合度定屋宇基本尺寸的营造传统，这应当不是孤立现象，北方厅堂直梁造六架椽屋中，组合关系更为简单直率，或许同样存在着以椽长为扩大模数的做法，下节将结合实例数据就此展开论述。

3）朵当扩大模数

明、清官式做法以斗口定攒当，等级不同的建筑虽材等不同、各间用攒数各异，但一攒当对应十一斗口的关系是固定不变的（即同一建筑中，铺作心距大致皆等），这是朵当模数成立的前提。晋东南五代、宋、金建筑中，使用补间铺作的固已不多，用双补间或以上的更是寥寥无几，即便用到双补

1　保国寺大殿八架椽自前而后分别为 1648-1375-1622-2162-2086-1564-1459-1538mm，修正后为 1520-1520-1520-2124-2124-1520-1520-1520mm，按推定营造尺长 30.57cm 计算，修正后的椽长合 (5-5-5)-(7-7-5)-(5-5) 尺。

2　延福寺大殿八架椽长 950-960-960-1300-1300-960-960-950mm，修正值为 957-957-957-1300-1300-957-957-957mm，按推定尺长 31.9cm 计算，修正后椽长为 (3-3-3)-(4-4-3)-(3-3) 尺。

3　天宁寺大殿八架椽长分别为 1620-1500-1530-1650-1650-1530-1500-1620mm，修正值为 1650-1500-1500-1650-1650-1500-1500-1650mm，按推定营造尺长 31.5cm 计算，修正后的椽长为 (5.25-4.75-4.75)-(5.25-5.25-4.75)-(4.75-5.25) 尺。

间的几座金构，各组朵当间亦是大小参差，甚或前后檐不相对应，则本书研究对象中不存在朵当模数，几可断言。

6.2.4 比例常数在大木作设计中的应用与层次性

木工口诀中的比例常数极多，其中最为基本的一组关系即是李诫在《营造法式》"取径围"看详中曾加以批评的方五斜七——**"今来诸工作已造之物及制度，以周径为则者，如点量大小，须于周内求径，或于径内求周，若用旧例，以'围三径一、方五斜七'为据，则疏略颇多。今谨按《九章算经》及约斜长等密率，修立下条"**，正因"围三径一、方五斜七"影响甚广，李诫才特别指出并试图修正，这也反证了北宋末以前的营造设计多限于疏率，精度并不很高。

关于现存实例中的比例常数现象，王贵祥先生率先提出撩檐枋上皮标高与檐柱头标高间存在$\sqrt{2}$倍的比例关系；[1] 其后经进一步总结得出铺作铺数与材等、开间无关，而是在材等和开间确立后，根据立面比例的需要，先行确定铺作高，进而根据材高定铺作数，并据实测数据提出铺作高和足材高存在线性相关关系的观点；[2] 之后又针对主要遗构平、立、剖面数据，总结了几种符合$\sqrt{2}$关系的规律，并在系列文章中持续讨论该问题[3]，给出了多个经验公式。[4]

$1:\sqrt{2}$的柱、檐高度比，在唐、宋遗构中最为大量，（排除掉普拍枋的影响后）几达现存总数的 73%。按方形边长为 1，则对角线为$\sqrt{2}$，两者原即是最简的一对几何数值关系，同时也可概括为"方五斜七"或"方七斜十"。

《营造法式》文本中，柱高、心间广与檐栿深的极限值也存在着简单数值比例关系，可见设计体系下存在一个极限核心简体，自该简体缩放、变

1　王贵祥.$\sqrt{2}$与唐宋建筑柱檐关系［M］//中国建筑学会建筑历史学术委员会主编.建筑历史与理论（第3、4辑）.南京：江苏人民出版社，1982：137-144。

2　王贵祥.关于唐宋建筑外檐铺作的几点初步探讨［J］.古建园林技术，1986（04）：p.8-12；1987（01）：43-46；1987（02）：39-43。

3　王贵祥.唐宋单檐木构建筑比例探析［M］//杨鸿勋编.营造（第一届中国建筑史学国际研讨会论文选辑）.北京：文津出版社，2001：226-247；王贵祥.关于唐宋单檐木构建筑平面比例问题的一些初步探讨［M］//张复合主编.建筑史论文集（第15辑）.北京：清华大学出版社，2002：50-64；王贵祥.唐宋时期建筑平立面比例中不同开间级差系列探讨［C］//纪年宋《营造法式》刊行900周年暨宁波保国寺大殿建成990周年学术研讨会论文集.2003：234-256。

4　王贵祥.唐宋单檐木构建筑平面与立面比例规律的探讨［J］.北京建筑工程学院学报，1989（02）：49-70。

形、复制，即可生成多套空间尺寸。[1]

此外，方三间殿的心间自阑额以下的长方形长、宽边亦泰半符合该比值（次间则为以柱高即短边为边长的方形，与心间长方形组合）；五间殿则多以1：1.4作为平面宽、深比（实例如广济寺三大士殿、华严寺薄伽教藏殿等），文献记录对此也可佐证（如《吴越备史》载钱氏重栱殿"**五间十二架，长六丈、广八丈四尺**"，又如《宋史·舆服志》记临安宫室"**垂拱、崇政二殿……每殿为屋五间十二架，修六丈、广八丈四尺**"）。

7：10关系除大量运用于方三间殿的平立面设计外，尚可用于多边形平面的计算。[2] 方七斜十、方五斜七、$\sqrt{2}$这三组数字，形异实同，但$\sqrt{2}$是无理数，以整数方斜比取而代之，正是几何问题代数化的常见手法，也即简单化和直接化的传统思路。这组数据以密率表现则为"方百斜百四十一"，误差率可由疏率的1％下降到0.4％，用于斗栱构件斜长求值。也正是由于这组比例常数广泛应用于涵括三间方殿和正多边形塔阁在内的绝大多数实例上，八棱立面的正、斜面比例与一般常见的心、次间面阔比一样，都是10：7的关系。

以是之故，以等腰直角三角形直、斜边比（或正方形边长、对角线比）5：7为代表的比例常数，广泛运用于自规格化制材、组合套裁下料、结构

1　檐柱高极值见《营造法式》卷二十六诸作料例一"大木作·朴柱"条："**长三十尺，径三尺五寸至二尺五寸，充五间八架椽以上殿柱**"；栿长极值按同卷"大料模方"条："**长八十尺至六十尺，广三尺五寸至二尺五寸，厚二尺五寸至二尺，充十二架椽至八架栿**"，但或有所截割，并非以此全部80尺为有效栿长，因按卷第五"椽"条所记，椽每架不过6尺，殿阁可加至7尺5寸，实例所见一般以六椽栿为大，未见十椽、十二椽者，以六椽计，极值为36~45尺，以八椽计则为48~60尺。心间广之极值李诫未曾明言，若以心间双补间、朵当取最大值150分°，一等材6分为1分°计算，则间广极值为27尺。此外，乔迅翔先生指出，料例中小方木之极值即为柱间极限距离，而一等材用常使方，极值27尺，即是用一等材时的间广极值。见：乔迅翔.《营造法式》大木作料例研究［M］//贾珺主编. 建筑史（第28辑）. 北京：清华大学出版社，2012；81-87；但《营造法式》卷三壕寨制度"定平"条又记："**凡定柱础取平须更用真尺校之，其真尺长一丈八尺、广四寸、厚二寸五分**"，水平真尺用于测量相邻两础间是否存在高低参差，十八尺即是其能够容许的极限间广，或许后者更为接近日常施工所能达到的最大尺度。

2　张十庆.《营造法式》八棱模式与应县木塔的尺度设计［M］//贾珺主编. 建筑史（第25辑）. 北京：清华大学出版社，2009；1-9. 文章指出，按《营造法式·看详》"取径围"条"**八棱径六十，每面二十有五，其斜六十有五**"的规定可演化成"**以其径60为内接圆直径，斜65为外接圆直径，这是根据勾股弦定理中的5：12：13的5倍值关系而得到的比例形式，简洁易记，在建筑设计和施工中的运用十分便利**"，边长与直径取25：60是《营造法式》八棱通例，无论阑八藻井、殿心阑八石或八棱转轮经藏皆然。这一比例在取其二倍值时，体现为方七斜十关系（即边长24的方形，每边分解为7＋10＋7的三段，逐点相接即得到边长为10的内接八边形；四个角蝉部分则是直边为7、斜边为10的等腰直角三角形），此时八边形对径24（内接圆直径）、斜径26（外接圆直径）。

构件加工，直至柱网平面设计、椽长屋宇组合等多个层次的营造过程之中，了解这点，对于我们从貌似纷杂无序的实测数据中找到潜藏的设计规律大有裨益。

6.3 晋东南五代、宋、金木构的平面尺度构成规律

6.3.1 柱网平面的基本单位

如前节所述，宋金之交随着《营造法式》的成书，材分°模数制迅速推广。在这一发展脉络之下考察五代、宋、金时期晋东南诸遗构的平面尺度构成规律，评判其可能的基本单位，无疑需从三个方面入手：其一是直接或间接的文献资料，其二是材的构成形式，其三是补间铺作的有无。

显然，柱间整数尺制和材分°制在本质上是相互矛盾的，特定分°值与特定分°数之积恰为整尺的偶合可能性较低，而同期文献记载中，间广进深数值多采用整尺寸计量。

早期学者基于"以材为祖"的认识，提出了两种基本学说，其一为梁思成先生注释《营造法式》时采用的"假设数值说"，其二为陈明达先生撰写《营造法式大木作研究》时主张的"固定材份说"。[1]

前者假设工匠施工之前即已对所欲创建的建筑**"选定材的等第，并假设面阔、进深、柱高等的绝对尺寸"**。这一假说建立在材与建筑的面阔、进深、构件尺寸各自存在绝对对应关系的预设基础上，但从《营造法式》原文与图样中无可考辑。同时，实际操作过程中自相抵牾之处甚多，如计算好的举高空的问题时有发生，且推得尺寸与实例所见亦颇不相吻合。

后者则建立在屋宇空间规模、柱梁构件大小，乃至举折分°数等一应数值均以分°值为制，材分°制同时兼任建筑设计模数与结构设计模数的认识基础之上。但据此推得的数值往往过碎，甚至达到一尺的万分之五（如厅堂二等材檐出 3.9875 尺），至为烦琐，实际施工中显然难以操作，且制度过于严格，必将导致据之建造的实例互为相似形，缺少变化，而这也与实际看到的情状不符。

关于这一点，傅熹年先生在维护陈明达先生基本观点的同时曾作有一个带折中色彩的解释，认为决定建筑平面时，先自铺作中距出发，确定面阔、进深分°值，然后为便于施工放线和易于核查再将其折成实尺，并调节到 1 尺或 0.5 尺尾数。[2]何建中先生则认为这种调整幅度甚小，而用六等以上

---

1 杜启明. 宋《营造法式》设计模数与规程论 [J]. 中原文物, 1999 (03)：66-77。

2 傅熹年. 中国古代城市规划建筑群布局及建筑设计方法研究 [M]. 北京：中国建筑工业出版社, 2001：93-129。

材时，间广都大于允许的朵当极值之合，也即无需受到铺作中距的限制。则此时以 5 分°为尾数的材分°数实际上仍是变相的尺寸常量，迂回过渡并无实际意义，故此材分°制在木构的平面构成中缺乏实际的存在意义。[1]

考察本书所涉遗构，若文献记载以丈尺定长广，则平面中分°制存在的前提不能成立；若无补间铺作，则以分°制调控屋宇深广的意义不能证明；若材栔广厚比畸零，则分°值的取用原则难以确定。凡满足以上三点中任意一条的案例，即认为仍处在整数尺柱间制的阶段。

1）文献记载情况

《营造法式》大木作制度中凡举例说明之处，皆以丈尺计算，并不用材分表示，如柱生起、侧脚、举折、出檐长、椽径、檐头生起、脊槫增出、出际长度、踏道广厚等靡不如此；部分功限条目亦复如是（如大木作功限三"荐拔抽换柱栿等功限"条称："**平柱：有副阶者**以长二丈五尺为率**一十功……无副阶者**以长一丈七尺为率**六功……副阶平柱**以长一丈五尺为率**四功**"），即便言及补间铺作配置时，亦只称"**其铺作分布，令远近皆匀**如只心间用双补间者，假如心间用一丈五尺，次间用一丈之类。或间广不匀，即每补间铺作一朵，不得过一尺"，其余可想而知。

北宋官方文献记录皇陵规划，无论木构[2]、夯土[3] 砖石[4]，皆以丈尺计量。

到南宋淳熙十五年（1188 年）造永思陵，修奉交割《思陵录》时，已出现关于材尺寸的记载，当时《营造法式》材分°制度已获实行，盖无疑义，但文中逐条先讲明建筑空间丈尺，再分项记述结构构件规格及各项做法，则

1 潘谷西，何建中. 营造法式解读 [M]. 南京：东南大学出版社，2005：267-306。

2 《宋会要辑稿·礼三三》"钦圣宪肃皇后"条："一神门四座，每座三间各四椽四铺作事，步间修盖深二丈，平柱长一丈二尺。一献殿一座，共深五十五尺，殿身三间各六椽，五铺下昂作事，四转角二厦头，步间修盖，平柱长二丈一尺八寸，副阶一十六间各两椽，四铺下昂作事，四转角步间修盖，平柱长一丈。一阙亭两座，每座五间各四椽，四铺柱头作事，深二丈二尺，每座两厦一转角，柱高一丈二尺。一铺屋四座，每座两间各两椽，单斗直替作事，深一丈二尺、柱高八尺。"

3 《宋史》卷一二二"山陵"条："安陵……皇堂下深五十七尺，高三十九尺，陵台三层正方，下层每面长九十尺。南神门至乳台、乳台至鹊台皆九十五步。乳台高二十五尺，鹊台增四尺，神墙高九尺五寸，环四百六十步，各置神门角阙……仁宗慈圣光献皇后曹氏……崩于庆寿宫……韩缜言，永昭陵北稍西地二百十步内，取方六十五步，可为山陵。"

4 《宋史》卷一二三"园陵"条："（真宗章献明肃皇后）……石门一合两段，长一丈二尺五寸，阔六尺，厚二尺……宫人二，高八尺，阔二尺五寸，厚二尺；土衬二，长四尺，阔三尺五寸，厚六寸；座二，长三尺五寸，阔三尺，厚八寸。"

其时材分°模数于屋宇规模之设定无与，也是明白无误的。[1]

按杜启明先生对宋仁宗永昭陵神门及阙亭遗址平面数据所作复原，则整尺之外，尚有以1/4尺为尾数进行间广、架深设计的传统，[2]这一现象在晋东南地区的同期遗构中也有所反映，可作为间架设计数值上升至四分尺精度的佐证。

《金史》未载宫室陵寝制度，但晋东南地区散佚碑文中偶见相关营造记录，据之可知金代建筑规模仍旧以丈尺论定无疑，如西上坊成汤庙正殿旁侧正隆二年（公元1157年）《成汤庙记》碑所记："……**中建大殿，高九十尺，其广七丈五尺，深六丈八尺。后殿并左右挟殿广九丈五尺，深三丈八尺，中高三丈五尺，左右减十之一。前建门楼，高七十尺，其左右挟屋相连，阔二十有八步，南北八步有奇，东西廊屋相对，各十九间，庭中建献殿五间，高广深邃，足以容乐舞之众……**"

2）用材比例情况

用材的规律，主要包括材广、材厚、栔高的比例关系及其取值单位，以及足材的存在形态——作为实物或材栔的加合概念。大体来说，北宋之前的材广多合乎整寸数，等第亦较少；《营造法式》成书之后材等划分趋于复杂，逐渐由简洁寸数转入简洁比例（3∶2）阶段；栔高的相对高度逐步下降，由早期常见的材广之半逐渐降到《营造法式》体系下的0.4倍材广，足材与单材的高度比也随之下降。在某些区域，用材规律的滞后性明显，单材广厚比长期不整，这或与制材过程中对整数尺制的保留相关。

考察晋东南地区22个代表性案例的用材比例情况见表6-2（低于95%吻合度者以灰框标出）：

1　《思陵录》："殿门一座，三间四椽入深二丈，心间阔一丈六尺，两次间各阔一丈二尺，四铺下昂绞耍头，柱头骨朵子，分心柱。四寸五分材，月梁栿，彻脊明，圆椽顺板，飞子白板，直废造，下檐平柱高一丈二尺，柱櫍在内……殿一座，三间六椽入深三丈，心间阔一丈六尺，两次间各阔一丈二尺；并龟头一座三间，入深二丈四尺，心间阔一丈六尺，两次间各阔五尺。并四铺下昂柱头骨朵子，月梁栿绞单栱，屏风柱，五寸二分五厘材，彻脊明，圆椽顺板；内龟头连檐，四椽月梁栿，五寸二分五厘材，圆椽厦板，两转出角，四入角，飞子白板。下檐平柱高一丈二尺，柱櫍在内……前后殿二座各三间六椽，入深三丈，各面阔一丈四尺，四铺卷头胫内单栱襻间，心间前栿项柱，两山鞦靰柱，彻脊明，五寸二分五厘材，圆椽顺板，飞子白板，柱头骨朵子，直废造，下檐平柱高一丈一尺，柱櫍在内……"

2　杜启明. 关于《营造法式》中建筑与设计模数的研究［M］//杨鸿勋编. 营造（第一届中国建筑史学国际研讨会论文选辑）. 北京：文津出版社，2001：210-221. 按文章复原案，南神门面阔12＋17＋12＝41尺，架深5.75×4＝23尺，台基高2尺，下出6.25尺，阙亭总架深5.75×4＝23尺，下出3.5～5尺，总面阔为11.5＋11.5＋11.5＝34.5尺。

案例	单材广厚取值(mm)	比值	与法式吻合度(%)	足/单材广取值(mm)	比值	与法式吻合度(%)	材广絜高取值(mm)	比值	与法式吻合度(%)
A1 天台庵弥陀殿	180/110	1.636	91.67	270/180	1.5	93.33	180/90	2	80.00
A2 龙门寺西配殿	180/120	1.5	100	265/180	1.472	95.09	180/85	2.118	84.71
A3 大云院弥陀殿	220/160	1.375	91.67	320/220	1.455	96.25	220/100	2.2	88.00
B1 碧云寺正殿	180/120	1.5	100	265/180	1.472	95.09	180/85	2.118	84.71
B2 布村玉皇庙正殿	210/120	1.75	85.71	285/210	1.357	96.94	210/75	2.8	89.29
A17 原起寺大殿	180/120	1.5	100	270/180	1.5	93.33	180/90	2	80.00
A5 北吉祥寺前殿	210/140	1.5	100	295/210	1.405	99.66	210/85	2.471	98.82
A7 游仙寺毗卢殿	190/120	1.583	94.74	285/190	1.5	93.33	190/95	2	80.00
A9 南吉祥寺中殿	230/130	1.769	84.79	325/230	1.413	99.08	230/95	2.421	96.84
A11 正觉寺后殿	220/140	1.571	95.46	315/220	1.432	97.78	220/95	2.316	92.63
A12 开化寺大雄殿	210/140	1.5	100	310/210	1.476	94.84	210/100	2.1	84.00
A18 龙门寺大雄殿	200/150	1.333	88.89	310/200	1.55	90.32	200/110	1.818	72.73
A19 九天圣母庙正殿	200/120	1.667	89.99	275/200	1.375	98.21	200/75	2.667	93.75
A21 青莲寺释迦殿	155/105	1.476	98.41	215/155	1.387	99.08	155/60	2.583	96.79
A25 南村二仙庙正殿	190/130	1.462	97.44	260/190	1.368	97.74	190/70	2.714	92.11
B7 佛头寺大殿	180/110	1.636	91.69	300/180	1.667	84.00	180/120	1.5	60.00
B14 普照寺大殿	200/140	1.429	95.24	275/200	1.375	98.21	200/75	2.667	93.75
A27 龙岩寺释迦殿	170/140	1.214	80.95	245/170	1.441	97.14	170/75	2.267	90.67
A29 西溪二仙庙后殿	210/136	1.544	97.14	297/210	1.414	99.01	210/87	2.414	96.55
A40 冶底岱庙天齐殿	195/120	1.625	92.31	270/195	1.385	98.93	195/75	2.6	96.15
A50 会仙观三清殿	200/130	1.538	97.53	280/200	1.4	100	200/80	2.5	100
B27 北马玉皇庙正殿	242/120	2.017	74.38	305/242	1.260	90.02	242/63	3.841	65.10

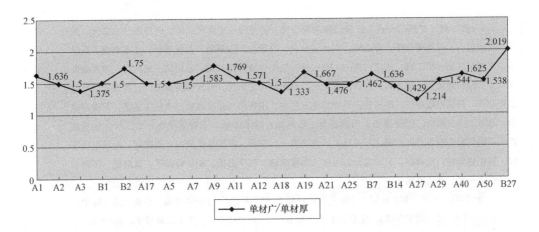

图 6-1　晋东南地区五代、宋、金木构用材主要比例关系

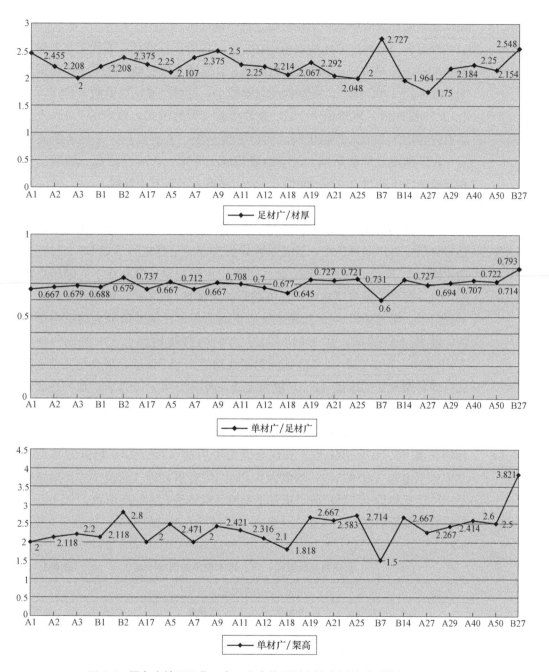

图 6-1　晋东南地区五代、宋、金木构用材主要比例关系（续）

由图 6-1 可知，单材广厚比自五代至金一直围绕 1.5 的中值上下浮动，除 B2 布村玉皇庙正殿、A9 南吉祥寺中殿、A27 陵川龙岩寺中殿、B27 北马玉皇庙正殿几例离散幅度较大外，数据偏移量均不超过 13%，可见广厚比在本区域的材数值中是一个相对稳定的构成因素。

较而言，足材广厚比的取值存在较显著的阶段性特征：五代至北宋前中期（A1-A9），在 2～2.5 的区间内围绕 2.275 的均值变动；北宋中后期即熙宁至政和间（A11-A25）变动幅度急剧减小，足材广厚比取值趋于稳定，在 2～2.35 区间内，取均值 2.162，非常接近《营造法式》规定的 2.1；入金后首先经历了一个大的起伏期，到金中期皇统、大定以后，又迅速恢复稳定，A29 西溪二仙宫后殿、A40 冶底岱庙天齐殿、A50 会仙观三清殿三例相互差值皆不超过 0.096，均值 2.196，仅略大于宋末的数据。

栔高作为影响足材广的主要因素，其变化规律在时间轴上反映为两点：其一是个案的跳跃性显著，其二是以《营造法式》颁行为界划分为前后两个数量台级。材广栔高比中，首先是特异值造成的干扰较强（如 B2 布村玉皇庙正殿、B7 佛头寺大殿、B27 北马玉皇庙正殿三例，散布在不同的历史时期，且均打破了各自所在序列取值趋势的完整性）；其次，排除掉上述三个特异值后，明显地以 A19 九天圣母庙正殿为界，比例数值分为前后两个台级，前者（A1-A18）在 1.818-2.471 区间内围绕均值 2.151 波动，后者（A19-A50）在 2.267～2.714 区间内围绕均值 2.552 波动，后者与《营造法式》单材栔高比的取值（2.5）更为接近，而 A19 九天圣母庙正殿的建成年代（公元 1101 年）也正与崇宁法式的颁行年代相近。

与之相应，单/足材广的比值，也以 A19 为界分为前后两个阶段，排除掉特异值 B2、B7、B27 后，五代至北宋中后期（A1-A18）均值为 0.681，北宋末至金末（A19-A50）均值为 0.718，后者更接近《营造法式》规定系的 15/21 比值即 0.714，应当是直接参考《营造法式》制度所致。

代入复原营造尺，考察上述各例的用材尺寸及对应等第，得表 6-3 及图 6-2。

晋东南地区五代、宋、金木构用材情况一览　　　　表 6-3

年代	A1 天台庵弥陀殿(推定尺长 301mm)												材等
	材广			材厚			栔高			足材广			
唐	测值(mm)	合尺(尺)	复核(%)	测值(mm)	合尺(尺)	复核(%)	测值(mm)	合尺(尺)	复核(%)	测值(mm)	合尺(尺)	复核(%)	六等
	180	0.6	99.67	110	0.36	98.51	90	0.3	99.67	270	0.9	99.67	
年代	A2 龙门寺西配殿(推定尺长 303mm)												材等
	材广			材厚			栔高			足材广			
五代	测值(mm)	合尺(尺)	复核(%)	测值(mm)	合尺(尺)	复核(%)	测值(mm)	合尺(尺)	复核(%)	测值(mm)	合尺(尺)	复核(%)	六等
	180	0.6	99.01	120	0.4	99.01	85	0.27	96.25	265	0.87	99.48	

年代	A3 大云院弥陀殿（推定尺长 302.6mm）														材等
	材广			材厚			栔高			足材广			四等
	测值(mm)	合尺(尺)	复核(%)	测值(mm)	合尺(尺)	复核(%)	测值(mm)	合尺(尺)	复核(%)	测值(mm)	合尺(尺)	复核(%)	
	220	0.72	99.03	160	0.54	97.92	100	1/3	99.86	320	1.05	99.29	

年代	B1 小张村碧云寺正殿（推定尺长 311mm）												材等
五代	材广			材厚			栔高			足材广			六等
	测值(mm)	合尺(尺)	复核(%)	测值(mm)	合尺(尺)	复核(%)	测值(mm)	合尺(尺)	复核(%)	测值(mm)	合尺(尺)	复核(%)	
	180	0.6	96.46	120	0.4	96.46	85	0.27	98.79	265	0.87	97.94	

年代	B2 布村玉皇庙正殿（推定尺长 310mm）												材等
	材广			材厚			栔高			足材广			四等
	测值(mm)	合尺(尺)	复核(%)	测值(mm)	合尺(尺)	复核(%)	测值(mm)	合尺(尺)	复核(%)	测值(mm)	合尺(尺)	复核(%)	
	210	0.7	96.77	120	0.4	96.77	75	0.25	96.77	285	0.95	96.77	

年代	A17 潞城原起寺大雄殿（推定尺长 300mm）												材等
	材广			材厚			栔高			足材广			六等
	测值(mm)	合尺(尺)	复核(%)	测值(mm)	合尺(尺)	复核(%)	测值(mm)	合尺(尺)	复核(%)	测值(mm)	合尺(尺)	复核(%)	
	180	0.6	100	120	0.4	100	90	0.3	100	270	0.9	100	

年代	A5 北吉祥寺前殿（推定尺长 309.4mm）												材等
北宋	材广			材厚			栔高			足材广			五等
	测值(mm)	合尺(尺)	复核(%)	测值(mm)	合尺(尺)	复核(%)	测值(mm)	合尺(尺)	复核(%)	测值(mm)	合尺(尺)	复核(%)	
	210	0.63	92.82	140	0.45	99.45	85	0.27	98.28	295	0.9	94.38	

年代	A7 游仙寺毗卢殿（推定尺长 316.7mm）												材等
	材广			材厚			栔高			足材广			六等
	测值(mm)	合尺(尺)	复核(%)	测值(mm)	合尺(尺)	复核(%)	测值(mm)	合尺(尺)	复核(%)	测值(mm)	合尺(尺)	复核(%)	
	190	0.6	99.99	120	0.4	94.73	95	0.3	99.99	285	0.9	99.99	

年代	A9 南吉祥寺中殿（推定尺长 304.8mm）												材等
	材广			材厚			栔高			足材广			三等
	测值(mm)	合尺(尺)	复核(%)	测值(mm)	合尺(尺)	复核(%)	测值(mm)	合尺(尺)	复核(%)	测值(mm)	合尺(尺)	复核(%)	
	230	0.75	99.39	130	0.42	98.47	95	0.3	96.25	325	1.05	98.47	

年代	A11 长子正觉寺后殿（推定尺长 310mm）											
	材广			材厚			栔高			足材广			材等
	测值(mm)	合尺(尺)	复核(%)	测值(mm)	合尺(尺)	复核(%)	测值(mm)	合尺(尺)	复核(%)	测值(mm)	合尺(尺)	复核(%)	四等
	220	0.7	98.64	140	0.45	99.64	95	0.3	97.89	315	1	98.41	

	A12 开化寺大雄殿（推定尺长 303.7mm）											
	材广			材厚			栔高			足材广			材等
	测值(mm)	合尺(尺)	复核(%)	测值(mm)	合尺(尺)	复核(%)	测值(mm)	合尺(尺)	复核(%)	测值(mm)	合尺(尺)	复核(%)	四等
	210	0.7	98.78	140	0.45	97.83	100	0.3	91.11	310	1	97.97	

	A18 龙门寺大雄殿（推定尺长 314.4mm）											
	材广			材厚			栔高			足材广			材等
	测值(mm)	合尺(尺)	复核(%)	测值(mm)	合尺(尺)	复核(%)	测值(mm)	合尺(尺)	复核(%)	测值(mm)	合尺(尺)	复核(%)	五等
	200	0.64	99.40	150	0.48	99.40	110	0.36	97.19	310	1	98.60	

北宋	A19 九天圣母庙正殿（推定尺长 313.4mm）											
	材广			材厚			栔高			足材广			材等
	测值(mm)	合尺(尺)	复核(%)	测值(mm)	合尺(尺)	复核(%)	测值(mm)	合尺(尺)	复核(%)	测值(mm)	合尺(尺)	复核(%)	五等
	200	0.64	99.71	120	0.4	95.72	75	0.24	99.71	275	0.88	99.71	

	A21 青莲寺释迦殿（推定尺长 307.2mm）											
	材广			材厚			栔高			足材广			材等
	测值(mm)	合尺(尺)	复核(%)	测值(mm)	合尺(尺)	复核(%)	测值(mm)	合尺(尺)	复核(%)	测值(mm)	合尺(尺)	复核(%)	七等
	155	0.5	99.10	105	0.35	97.66	60	0.2	97.66	215	0.7	99.98	

	A25 南村二仙庙（推定尺长 312.7mm）											
	材广			材厚			栔高			足材广			材等
	测值(mm)	合尺(尺)	复核(%)	测值(mm)	合尺(尺)	复核(%)	测值(mm)	合尺(尺)	复核(%)	测值(mm)	合尺(尺)	复核(%)	六等
	190	0.6	98.75	130	0.42	98.98	70	0.21	93.81	260	0.81	97.42	

	B7 佛头寺大殿（推定尺长 314.6mm）											
	材广			材厚			栔高			足材广			材等
	测值(mm)	合尺(尺)	复核(%)	测值(mm)	合尺(尺)	复核(%)	测值(mm)	合尺(尺)	复核(%)	测值(mm)	合尺(尺)	复核(%)	六等
	180	0.6	95.36	110	0.35	99.90	120	0.35	91.77	300	0.95	99.62	

年代	B14 沁县普照寺大殿(推定尺长 313mm)													
	材广			材厚			栔高			足材广			材等
	测值 (mm)	合尺 (尺)	复核 (%)	测值 (mm)	合尺 (尺)	复核 (%)	测值 (mm)	合尺 (尺)	复核 (%)	测值 (mm)	合尺 (尺)	复核 (%)	五等
	200	0.63	98.60	140	0.46	97.24	75	0.23	95.99	275	0.86	97.88	

	A27 陵川龙岩寺中佛殿(推定尺长 315.8mm)													
	材广			材厚			栔高			足材广			材等
	测值 (mm)	合尺 (尺)	复核 (%)	测值 (mm)	合尺 (尺)	复核 (%)	测值 (mm)	合尺 (尺)	复核 (%)	测值 (mm)	合尺 (尺)	复核 (%)	七等
	170	0.54	99.69	140	0.45	98.52	75	0.24	98.96	245	0.78	99.46	

金	A29 西溪二仙宫后殿(推定尺长 313.8mm)													
	材广			材厚			栔高			足材广			材等
	测值 (mm)	合尺 (尺)	复核 (%)	测值 (mm)	合尺 (尺)	复核 (%)	测值 (mm)	合尺 (尺)	复核 (%)	测值 (mm)	合尺 (尺)	复核 (%)	五等
	210	0.66	98.62	136	0.44	98.50	87	0.27	97.39	297	0.93	98.26	

	A40 冶底岱庙天齐殿(推定尺长 313.9mm)													
	材广			材厚			栔高			足材广			材等
	测值 (mm)	合尺 (尺)	复核 (%)	测值 (mm)	合尺 (尺)	复核 (%)	测值 (mm)	合尺 (尺)	复核 (%)	测值 (mm)	合尺 (尺)	复核 (%)	六等
	195	0.6	96.59	120	0.4	95.57	75	0.24	99.55	270	0.84	97.66	

	A50 会仙观三清殿(推定尺长 314.1mm)													
	材广			材厚			栔高			足材广			材等
	测值 (mm)	合尺 (尺)	复核 (%)	测值 (mm)	合尺 (尺)	复核 (%)	测值 (mm)	合尺 (尺)	复核 (%)	测值 (mm)	合尺 (尺)	复核 (%)	五等
	200	0.63	98.95	130	0.42	98.54	80	0.27	94.33	280	0.9	99.05	

	B27 北马玉皇庙正殿(推定尺长 305.2mm)													
	材广			材厚			栔高			足材广			材等
	测值 (mm)	合尺 (尺)	复核 (%)	测值 (mm)	合尺 (尺)	复核 (%)	测值 (mm)	合尺 (尺)	复核 (%)	测值 (mm)	合尺 (尺)	复核 (%)	二等
	241.9	0.8	99.07	119.8	0.4	98.13	63.3	0.2	96.43	305.2	1	100	

3) 补间铺作的施用情况

作为本书研究对象的 96 例晋东南唐至金遗构中,施用补间铺作者仅 36 例,其余只在柱间扶壁栱上作隐刻。

补间铺作的配置分如下几种情况:

(1) 逐间单补间,补间铺作与柱头铺作样式相同。

实例有 A1 天台庵弥陀殿、A3 大云院弥陀殿、A7 游仙寺毗卢殿、A34 中坪二仙宫正殿、A45 高都玉皇庙东朵殿、B9 上阁村龙岩寺前殿、B12 监

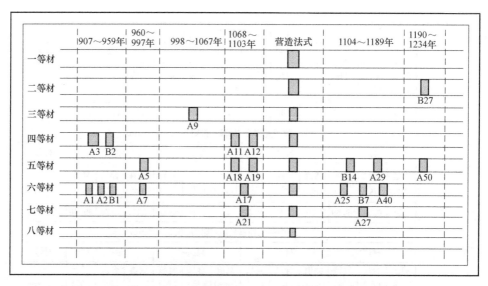

图 6-2　晋东南地区五代、宋、金遗构用材情况

漳村应感庙五龙殿、B18 显庆寺毗卢殿、B19 三王村三峻庙正殿、B20 玉泉村东岳庙正殿、B21 玉泉村东岳庙东朵殿、B26 寺润村三教堂、B31 开福寺中佛殿、B38 长子府君庙正殿，共 14 个。

（2）心间用单补间、次间不用。

实例有 A19 九天圣母庙正殿、A31 西李门村二仙庙正殿、A49 郊底村白玉宫正殿、B40 川底村佛堂，共 4 个。

（3）逐间单补间，且补间铺作较柱头铺作简化。

实例有 A4 崇明寺中佛殿 1 个。

（4）逐间单补间并用斜栱。

实例有 A9 南吉祥寺前殿、B28 东邑村龙王庙正殿 2 个。

（5）逐间单补间，仅心间用斜栱。

实例有 A39 高都东岳庙天齐殿、B7 佛头寺正殿、B10 周村东岳庙东朵殿、B14 沁县普照寺大殿、B17 南庄村玉皇庙正殿、B24 石掌村玉皇庙正殿、B25 南神头村二仙庙正殿、B43 高都东岳庙昊天上帝殿，共 8 个。

（6）心间补间铺作用斜栱，次间不施补间。

实例有 A10 小会岭村二仙庙正殿、B16 龙门寺山门、B46 西顿村济渎庙正殿 3 个。

（7）心间双补间，次间单补间。

实例有 A27 陵川龙岩寺中殿、A29 西溪二仙庙后殿、A40 冶底村岱庙天齐殿，此外 A37 王报村二郎庙戏台只一间，用双补间，共 4 个。

使用单补间时，仅是以铺作均分相应间广，不存在系统的设计因素。四例双补间的建造年代集中在金天会到大定间，正是受《营造法式》影响强烈的时段，这之后的遗构中，双补间之类的法式因素又逐渐减弱，因此或许可以认为上举四例代表了《营造法式》所录南方技术对泽潞一带匠作传统发生影响的高潮阶段，材分°制与朵当模数如果存在，也最有可能应用在这几个实例中。

本区木构总体而言较少使用补间铺作（使用者仅占全部案例的 37.5％，这其中又有 89％用单补间，真正用到双补间，致使朵当有可能参与平面设计的仅占全部案例的 4.2％），从概率论的角度看，也可以认为整数尺柱间制在五代、宋、金时期始终左右着本区的营造实践。

6.3.2　柱网实例汇总及分类

考察晋东南地区早期木构遗存的柱网平面，大致皆以整数尺柱间制为原则（或以半尺、1/4 尺为率增减）。以对折法定寸数、采用二进制的传统，符合我国古代营造实践的计算习惯。在用内柱的实例中，内外柱基本皆对缝。

据表 6-1 所引文献，择取若干实例数据，制成柱脚平面尺度及比例关系表格 6-4 及图 6-3。

晋东南地区部分五代、宋、金遗构的营造尺长及平面尺寸推定　表 6-4

样本信息	A1 平顺天台庵弥陀殿（推定尺长 301mm，架深 6870mm）									
尺度列项	面阔				进深				柱檐高度	
	心间	次间	梢间	总值	前进	中进	后进	总值	檐柱高	铺作高
测值(mm)	3160	1875	/	6910	1875	3135	1875	6885	2520	690
合尺(尺)	10.49	6.23	/	22.96	6.23	10.42	6.23	22.87	8.37	2.29
取整(尺)	10.5	6.25	/	23	6.25	10.5	6.25	23	8.4	2.3
吻合度(%)	99.98	99.67	/	99.81	99.67	99.24	99.67	99.43	99.64	99.67
备注	本构为绝对方间，架深＝柱脚进深，侧脚值约当斗口跳长度，内倾较剧，柱檐高度比 0.785，显得柱高比重较大（因斗栱太简）；台明 9710mm×9685mm，合 32.25 尺×32.25 尺									
样本信息	A2 平顺龙门寺西配殿（推定尺长 303mm）									
尺度列项	面阔				进深				柱檐高度	
	心间	次间	梢间	总值	前进	中进	后进	总值	檐柱高	铺作高
测值(mm)	3390	3180	/	9750	3360	/	3360	6720	3050	845
合尺(尺)	11.19	10.49	/	32.18	11.09	/	11.09	22.18	10.07	2.79
取整(尺)	11	10.5	/	32	11	/	11	22	10	2.8
吻合度(%)	98.30	99.95	/	99.45	99.20	/	99.20	99.19	99.34	99.60
备注	本构山面用中柱									

样本信息	A3 平顺大云院弥陀殿(推定尺长 302.6mm,架深 11580mm)									
尺度列项	面阔				进深				柱檐高度	
	心间	次间	梢间	总值	前进	中进	后进	总值	檐柱高	铺作高
测值(mm)	/	/	/	11800	2695	4720	2695	10110	2880	1470
合尺(尺)	/	/	/	38.99	8.91	15.59	8.91	33.41	9.52	4.86
取整(尺)	/	/	/	39	9	16	9	34	9.5	5
吻合度(%)	/	/	/	99.99	98.96	97.44	98.96	98.27	99.79	97.20
备注	面阔较进深多出 5 尺,恰当铺作高,以及柱高一半									

样本信息	B1 小张村碧云寺正殿(推定尺长 311mm,架深 9240mm)									
尺度列项	面阔				进深				柱檐高度	
	心间	次间	梢间	总值	前进	中进	后进	总值	檐柱高	铺作高
测值(mm)	3400	3430	/	10260	2160	3800	2160	8120	3120	993
合尺(尺)	10.93	11.03	/	32.99	6.95	12.22	6.95	26.11	10.03	3.19
取整(尺)	11	11	/	33	7	12.5	7	26.5	10	3.2
吻合度(%)	99.39	99.74	/	99.97	99.22	97.76	99.22	98.53	99.68	99.78
备注	台明 12240mm×10830mm,合 40 尺×35 尺									

样本信息	B2 布村玉皇庙正殿(推定尺长 310mm,架深 8245mm)									
尺度列项	面阔				进深				柱檐高度	
	心间	次间	梢间	总值	前进	中进	后进	总值	檐柱高	铺作高
测值(mm)	3100	2500	/	8100	1590	3510	1590	6700	2910	1090
合尺(尺)	10	8.06	/	26.13	5.13	11.32	5.13	21.61	9.39	3.52
取整(尺)	10	8	/	26	5	11.5	5	21.5	9.5	3.5
吻合度(%)	100	99.20	/	99.51	97.47	98.46	97.47	99.49	98.81	99.54
备注	台明 11690mm×10445mm,合 37.75 尺×33.75 尺									

样本信息	A5 陵川北吉祥寺前殿(推定尺长 309.4mm,架深 11130mm)									
尺度列项	面阔				进深				柱檐高度	
	心间	次间	梢间	总值	前进	中进	后进	总值	檐柱高	铺作高
测值(mm)	4740	3840	/	12420	3040	3510	3040	9590	3940	1460
合尺(尺)	15.32	12.41	/	40.14	9.83	11.34	9.83	30.99	12.73	4.72
取整(尺)	15	12.5	/	40	9.75	11.5	9.75	31	12.5	4.8
吻合度(%)	97.91	99.29	/	99.65	99.19	98.61	99.19	99.99	98.16	98.31
备注	柱高包含普拍枋厚,去除之后约合 12 尺;台明 16300mm×13520mm,合 53 尺×44 尺									

样本信息	A9 陵川南吉祥寺中殿（推定尺长 304.8mm，架深 10250mm）									
尺度列项	面阔				进深				柱檐高度	
	心间	次间	梢间	总值	前进	中进	后进	总值	檐柱高	铺作高
测值(mm)	4590	3800	/	12190	2060	4580	2060	8700	3640	1280
合尺(尺)	15.06	12.47	/	39.99	6.76	15.03	6.76	28.54	11.94	4.19
取整(尺)	15	12.5	/	40	6.75	15	6.75	28.5	12	4.2
吻合度(%)	99.61	99.74	/	99.98	99.85	99.83	99.85	99.85	99.52	99.99

备注	心间广与中进深相等，形成殿中方筒，角间为 50/27 的扁长方间；柱高约当铺作三倍；台明 16210mm×13440mm，合 53 尺×44 尺

样本信息	A11 长子正觉寺后殿（推定尺长 310mm，架深 13765mm）									
尺度列项	面阔				进深				柱檐高度	
	心间	次间	梢间	总值	前进	中进	后进	总值	檐柱高	铺作高
测值(mm)					3850	4380	4170	12400	2790	1660
合尺(尺)	未及	未及	未及	未及	12.42	14.13	13.45	40	9	5.35
取整(尺)					12.5	14	13.5	40	9	5.4
吻合度(%)					99.35	99.09	99.64	100	100	99.16

备注	据古代文物修整所"晋东南潞安、平顺、高平和晋城四县的古建筑"（《文物参考资料》1958 年 3 期）数据，总进深 18330mm，本书取贺文数据

样本信息	A12 开化寺大雄殿（推定尺长 303.7mm，架深 13260mm）									
尺度列项	面阔				进深				柱檐高度	
	心间	次间	梢间	总值	前进	中进	后进	总值	檐柱高	铺作高
测值(mm)	4240	3650	/	11540	3600	4200	3600	11400	3660	1410
合尺(尺)	13.96	12.02	/	37.99	11.85	13.83	11.85	37.54	12.05	4.64
取整(尺)	14	12	/	38	12	14	12	38	12	4.7
吻合度(%)	99.72	99.85	/	99.99	98.78	98.78	98.78	98.78	99.57	98.78

备注	本表数据自柴泽俊，"山西几处重要古建筑实例"，《柴泽俊古建筑文集》p.165，所取为柱头值，按柱脚值则总面阔、总进深均为 11720mm，合 39 尺

样本信息	A17 潞城原起寺大雄殿（推定尺长 300.0mm，架深 7920mm）									
尺度列项	面阔				进深				柱檐高度	
	心间	次间	梢间	总值	前进	中进	后进	总值	檐柱高	铺作高
测值(mm)	3150	1930	/	7010	1850	3240	1920	7010	2530	900
合尺(尺)	10.5	6.43	/	23.37	6.17	10.8	6.4	23.37	8.43	3
取整(尺)	10.5	6.5	/	23.5	6.25	10.75	6.5	23.5	8.5	3
吻合度(%)	100	98.97	/	99.43	98.67	99.54	98.46	99.43	99.22	100

备注	总的面阔进深取值相等，故总值在尺度推算中优先；进深前后间较面阔次间少0.25 尺，进深中间较面阔心间多 0.5 尺，打破绝对方间布局，或为调整椽架的需要；台明 9100mm×10030mm，合 30 尺×33.5 尺

样本信息	A18 平顺龙门寺大雄殿（推定尺长 314.4mm，架深 8840mm）									
尺度列项	面阔				进深				柱檐高度	
	心间	次间	梢间	总值	前进	中进	后进	总值	檐柱高	铺作高
测值(mm)	3750	2610	/	8970	2580	3680	2580	8840	3360	未及
合尺(尺)	11.93	8.30	/	28.53	8.21	11.70	8.21	28.12	10.69	
取整(尺)	12	8.25	/	28.5	8.25	11.5	8.25	28	11	
吻合度(%)	99.40	99.40	/	99.89	99.47	98.29	99.47	99.58	97.15	

备注	数据取自《上栋下宇——历史建筑测绘五校联展》，历史建筑测绘五校联展编委会，天津大学出版社，2006。本表采用柱脚平面测值。马文数据面阔、进深均为 2650+3660+2650＝8960mm；台明 12120mm×13200mm，合 39 尺×42 尺；角间为方间、当中方筒进深较面阔减小 0.5 尺

样本信息	A19 平顺九天圣母庙正殿（推定尺长 313.4mm，架深 11590mm）									
尺度列项	面阔				进深				柱檐高度	
	心间	次间	梢间	总值	前进	中进	后进	总值	檐柱高	铺作高
测值(mm)	3670	2700	/	9070	3010	4010	3010	10030	3650	1370
合尺(尺)	11.71	8.59	/	28.94	9.60	12.79	9.60	32.00	11.65	4.37
取整(尺)	12	8.5	/	29	9.5	13	9.5	32	12	4.4
吻合度(%)	97.58	98.95	/	99.80	98.96	98.38	98.96	100	97.05	99.35

备注	进深各间较面阔各间逐一增加一尺；台明 11350mm×12850mm，合 36 尺×41 尺；台明 11350mm×12850mm，合 36 尺×41 尺。

样本信息	A21 泽州青莲寺释迦殿（推定尺长 307.2mm，架深 13000mm）									
尺度列项	面阔				进深				柱檐高度	
	心间	次间	梢间	总值	前进	中进	后进	总值	檐柱高	铺作高
测值(mm)	4580	3680	/	11940	3680	4180	3680	11540	3750	1360
合尺(尺)	14.91	11.98	/	38.87	11.98	13.61	11.98	37.57	12.21	4.43
取整(尺)	15	12	/	39	12	13.5	12	37.5	12.5	4.5
吻合度(%)	99.39	99.83	/	99.66	99.83	99.22	99.83	99.83	97.68	98.40

备注	仅中进深较心间广增出 1/4 尺，疑是变形；台明 16240mm×16310mm，合 53 尺×53 尺

样本信息	A25 泽州小南村二仙庙正殿（推定尺长 312.7mm，架深 7840mm）									
尺度列项	面阔				进深				柱檐高度	
	心间	次间	梢间	总值	前进	中进	后进	总值	檐柱高	铺作高
测值(mm)	3080	2590	/	8260	1660	3090	1660	6410	3200	1420
合尺(尺)	9.85	8.24	/	26.44	5.31	9.88	5.31	20.49	10.23	4.54
取整(尺)	10	8.25	/	26.5	5.25	10	5.25	20.5	10.5	4.5
吻合度(%)	98.50	99.85	/	99.79	98.90	98.82	98.90	99.99	97.43	99.10

备注	当中为 10 尺方间，角间长边较短边多 3 尺；台明 11910mm×10145mm，合 38 尺×32.5 尺

样本信息	B7 平顺佛头寺大殿（推定尺长 314.6mm，架深 9180mm）									
尺度列项	面阔				进深				柱檐高度	
	心间	次间	梢间	总值	前进	中进	后进	总值	檐柱高	铺作高
测值(mm)	3400	2850	/	9100	1950	2140×2	1950	8180	2860	1090
合尺(尺)	10.81	9.06	/	28.93	6.198	6.802×2	6.198	26.0	9.09	3.465
取整(尺)	11	9	/	29	6.25	6.75×2	6.25	26	9	3.5
吻合度(%)	98.25	99.35	/	99.74	99.17	99.24	99.17	99.99	99.00	98.99
备注	台明 11840mm×10760mm，合 38 尺×34 尺									
样本信息	B11 平顺回龙寺正殿（推定尺长 308.5mm）									
尺度列项	面阔				进深				柱檐高度	
	心间	次间	梢间	总值	前进	中进	后进	总值	檐柱高	铺作高
测值(mm)	3430	3115	/	9660	2380	3570	2380	8330	2610	975
合尺(尺)	11.12	10.09	/	31.31	7.71	11.57	7.71	27.0	8.46	3.16
取整(尺)	11	10	/	31	7.75	11.5	7.75	27	8.5	3.2
吻合度(%)	98.92	99.04	/	99.01	99.55	99.38	99.55	100	99.53	98.76
备注	台明 12070mm×11010mm，合 40 尺×36 尺									
样本信息	B14 沁县普照寺大殿（推定尺长 313mm，架深 12180mm）									
尺度列项	面阔				进深				柱檐高度	
	心间	次间	梢间	总值	前进	中进	后进	总值	檐柱高	铺作高
测值(mm)	4060	3760	/	11580	未及	未及	未及	10680	3960	1115
合尺(尺)	12.97	12.01	/	36.99				34.12	12.65	3.56
取整(尺)	13	12	/	37				34	13	3.6
吻合度(%)	99.78	99.89	/	99.99				99.64	97.32	98.95
备注	台明 14760mm×14550mm，合 47 尺×46.5 尺									
样本信息	A27 陵川龙岩寺释迦殿（推定尺长 315.8mm，架深 10160mm）									
尺度列项	面阔				进深				柱檐高度	
	心间	次间	梢间	总值	前进	中进	后进	总值	檐柱高	铺作高
测值(mm)	4440	3240	/	10920	2500	4000	2500	9000	3600	1320
合尺(尺)	14.06	10.26	/	34.58	7.92	12.67	7.92	28.49	11.40	4.18
取整(尺)	14	10.25	/	34.5	8	12.5	8	28.5	11.5	4.2
吻合度(%)	99.58	99.91	/	99.77	98.96	98.66	98.96	99.99	99.13	99.52
备注	台明 15010mm×20170mm，合 48 尺×64 尺									

样本信息	A29 西溪二仙庙后殿(推定尺长 313.8mm,架深 12110mm)									
尺度列项	面阔				进深				柱檐高度	
	心间	次间	梢间	总值	前进	中进	后进	总值	檐柱高	铺作高
测值(mm)	4780	3415	/	11610	3281	3878	3281	10440	4130	未及
合尺(尺)	15.23	10.88	/	36.99	10.46	12.36	10.46	33.27	13.16	未及
取整(尺)	15	11	/	37	10.5	12.5	10.5	33.5	13	未及
吻合度(%)	98.49	98.93	/	99.99	99.58	98.87	99.58	99.31	98.78	未及
备注	/									

样本信息	A40 泽州冶底岱庙天齐殿(推定尺长 313.9mm,架深 11760mm)									
尺度列项	面阔				进深				柱檐高度	
	心间	次间	梢间	总值	前进	中进	后进	总值	檐柱高	铺作高
测值(mm)	4560	3190	/	10940	未及	未及	未及	10360	4500	1395
合尺(尺)	14.53	10.16	/	34.85	未及	未及	未及	33.00	14.34	4.44
取整(尺)	14.5	10.25	/	35	未及	未及	未及	33	14.5	4.5
吻合度(%)	99.82	99.12	/	99.58	未及	未及	未及	100	98.87	98.76
备注	台明 15240mm×13790mm,合 49 尺×44 尺									

样本信息	A50 武乡会仙观三清殿(推定尺长 314.1mm)									
尺度列项	面阔				进深				柱檐高度	
	心间	次间	梢间	总值	前进	中进	后进	总值	檐柱高	铺作高
测值(mm)	3420	3450	1515	13350	1540	3000×2	2510	10050	3430	1705
合尺(尺)	10.89	10.98	4.82	42.50	4.90	9.55	7.99	31.99	10.92	5.43
取整(尺)	11	11	5	43	5	9.5×2	8	32	11	5.5
吻合度(%)	98.98	99.85	96.47	98.84	98.06	99.48	99.89	99.99	99.27	98.69
备注	面阔数据经过调整取均,实测东梢间 1540mm,西梢间 1500mm,东次间 3470mm,西次间 3430mm;铺作高含普拍枋高 300mm;进深中进当前进 2 倍;铺作当柱高一半									

样本信息	B27 北马村玉皇庙正殿(推定尺长 305.2mm,架深 8910mm)									
尺度列项	面阔				进深				柱檐高度	
	心间	次间	梢间	总值	前进	中进	后进	总值	檐柱高	铺作高
测值(mm)	3087	3083	3085	15423				7195		2419
合尺(尺)	10.11	10.10	10.11	50.53	未及	未及	未及	23.57	未及	7.926
取整(尺)	10	10	10	50				23.6		8
吻合度(%)	98.87	98.99	98.93	98.94				99.89		99.07
备注	东次间广 3074mm,西次间 3092mm,次间广均值 3083mm;东梢间广 3093mm,西梢间 3077mm,梢间广均值 3085mm,表中仅按均值推算营造尺									

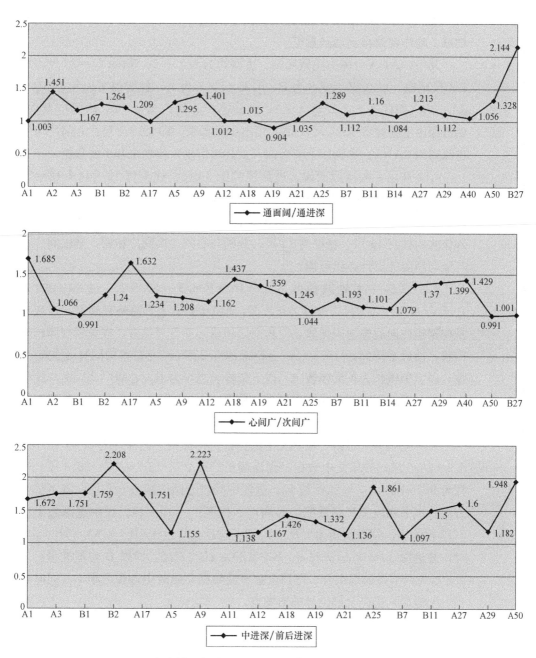

图6-3　晋东南地区部分五代、宋、金遗构平面比例关系

1）正方间的间广分配模式

表 6.4 所举 21 例中，正方间计有 4 例，其柱网设计模式为：先定椽架，得到进深数据，继而以上架椽深（或中进深之半）为基准量，以 1/4 尺为率增减，略作调整得到面阔数据。

其中：A1 天台庵弥陀殿面阔、进深均为 6.25＋10.5＋6.25＝23 尺，取 1/4 尺尾数，以 0.25 尺×5 为 B，0.25 尺×7 为 A，柱脚值可表示为 $5B+6A+5B$；而柱高 8.4 尺合 4.8A，即柱高：心间广为 4∶5。次间广及前、后进深由上架椽深 5.25 尺（3A）增出 1 尺得来，即 3A+1 尺；心间广与中进深则为 3A×2。本构以上架椽深（及其增衍量）控制全套平面数据。

A12 开化寺大雄殿面阔、进深柱脚值 39 尺，柱头值 12＋14＋12＝38 尺。心间广/中进深为上架椽深×2。以上架椽深 7 尺为 A，则次间广与前后进深为 2×（A－1 尺），同样是以上架椽深及其增衍量定柱头平面尺寸。此外该构内柱高 14 尺，檐柱高 12 尺，分别与心间、次间广相捋，则以间广参与竖向高度的设计亦属可能。

A17 原起寺大雄殿面阔 6.5＋10.5＋6.5＝23.5 尺，进深 6.25＋10.75＋6.5＝23.5 尺，外框为正方间，但心间/中进方筒略有参差，这或许是构架扭曲向后檐歪闪导致，而角间原初或为 6.5 尺见方。柱头较柱脚约略内收，前后平槫间距 10.5 尺，上架椽深 5.25 尺。可知本构同样是先定架深，以上架椽长为扩大模数 A，以下架椽长之半为 B，心间广 2A 减去 B 得次间广。若进深数据并非变形所致，则系以 0.25 尺为率微调前内柱列四柱的结果，微调值 0.25 尺合 $A/21$ 或 $B/16$。

A18 龙门寺大雄殿，按马文中数据，折得面阔、进深均为 8.5＋11.5＋8.5＝28.5 尺；按段文中数据，则面阔折合 8.25＋12＋8.25＝28.5 尺，进深为 8.25＋11.5＋8.25＝28 尺，进深中间较心间广减去 0.5 尺，基本仍是方间。本书取段文实测数据，心间广∶次间广＝16∶11。设中进深之半即 5.75 尺为 B，则通面阔为（B＋2.5）＋（2B＋0.5）＋（B＋2.5）＝4B＋5.5 尺，通进深（B＋2.5）＋2B＋（B＋2.5）＝4B＋5 尺，即以 B 为基准量，以 0.5 尺为调节量加以组合，得到全套平面数据，此时中进深之半 B（同时约当上架椽深）仍是全部设计的出发点。

2）扁方间的间广分配模式

统计数据内含扁方间遗构 14 例，其中转角造 11 例、不厦两头造 3 例。

转角造案例中，大致面阔、开间相等者，以上架椽长暨心间广/中进深之半为基准量，略加调整推得次间广/前后进深；开间进深均不等的，则以较小的梢间值为基准；间广、进深数据驳杂的，或以尾数，或以面阔、进深差值进行组合，得出基本平面数据（图 6-4）。具体分析如下：

A3 大云院弥陀殿总面阔 39 尺，总进深 $9+16+9=34$ 尺，两者相差 5 尺，恰为铺作高、出檐长，以及平柱高之半，则差值 5 尺或许承担了某种调整量的作用。

B1 碧云寺正殿面阔 $11+11+11=33$ 尺，进深 $7+12.5+7=26.5$ 尺，其平面数据较为隐晦，若将前后进深 7 尺拆分为 $a(5.5$ 尺$)+b(1.5$ 尺$)$，则面阔各间 11 尺 $=2a$，进深中进 12.5 尺 $=2a+b$，总面阔 $6a$，总进深 $4a+3b$。大概可以认为间广之半是该设计过程的起点。

B2 布村玉皇庙正殿，按徐文数据，面阔可折成 $8+10+8=26$ 尺，进深 $5+11.5+5=21.5$ 尺。因转角构造以短边为有效长度，故取前、后进深 5 尺为基准量 a，以其 0.3 倍作为调整值 b，这组组合遵循 $10:3$ 的常用比例关系（自方五斜七的等腰三角形上，以斜边端点为圆心，以直边长 7 为半径作圆，圆弧切割斜边，分其为 $7:3$ 的两段），此时心间广 $=2a$，次间广 $=a+2b$，前后进深 $=a$，中进深 $=2a+b$，通面阔 $=4a+4b$，通进深 $=4a+b$。

A19 九天圣母庙正殿面阔 $8.5+12+8.5=29$ 尺，进深 $9.5+13+9.5=32$ 尺，进深各进分别较面阔各间增出一尺。设以 3.5 尺为 a、5 尺为 b，次间广 $=a+b$，心间广 $=2a+b$，3.5 尺与 5 尺正合方七斜十关系。

A21 青莲寺释迦殿面阔 $12+15+12=39$ 尺，进深 $12+13.5+12=37.5$ 尺，以两者差值 1.5 尺为 a，则次间广 $8a$，心间广 $10a$，总面阔 $26a$，前后进深 $8a$，中进深 $9a$，总进深 $25a$。这是一个典型的利用四分尺取基准长，并通过基准长整倍数关系求得平面数据的例子。

A25 南村二仙庙正殿。面阔 $8.25+10+8.25=26.5$ 尺，进深 $5.25+10+5.25=20.5$ 尺，当中为 10 尺 $\times$ 10 尺的正方间，角间纵长大于横长 3 尺。若以四分尺常用单位 0.75 尺作为基准长 a，则次间广 $=11a$，前后进深 $=7a$，心间广暨中进深 $=12a+1$ 尺。

A50 会仙观三清殿面阔 $5+11+11+11+5=43$ 尺，进深 $5+9.5+9.5+8=32$ 尺，外檐三面转角改易痕迹明显，或为元、明重修时所遗手笔。平面大致由 4 尺、5 尺、5.5 尺几种基本单元组合得来，面阔为 $5+(5.5+5.5)+(5.5+5.5)+(5.5+5.5)+5=43$ 尺、进深为 $4+(4+5.5)+(4+5.5)+4=32$ 尺。

非转角造的情况则较为驳杂，规律性不强，但仍保有以上架椽长或上下架椽长组合控制平面间广的痕迹：

A2 龙门寺西配殿面阔 $10.5+11+10.5=32$ 尺，进深 $11+11=22$ 尺，大致为 6 个 11 尺 $\times$ 11 尺方格，仅次间缩小 0.5 尺，全套数据可拆分为 5.5 尺和 5 尺的组合。

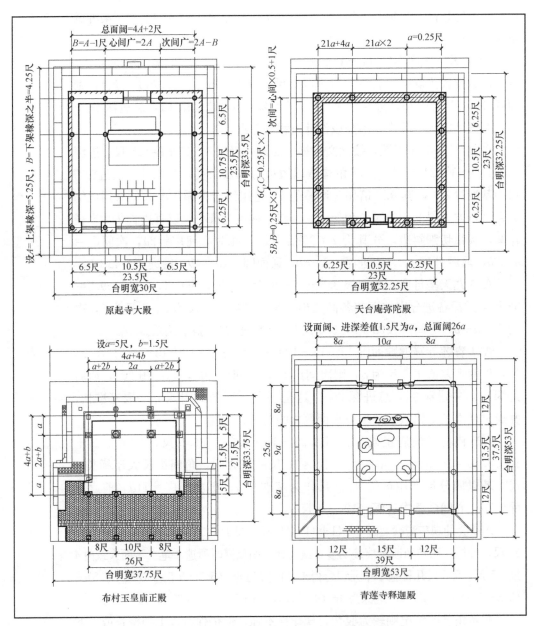

图 6-4　晋东南地区遗构的平面构成模式

292

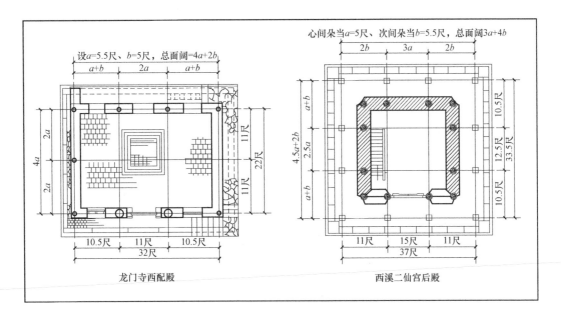

图 6-4　晋东南地区遗构的平面构成模式（续）

A11 正觉寺后殿面阔数据未明，进深三间 12.5＋14＋13.5＝40 尺，前后檐长短坡，对称形式或为 12.5＋15＋12.5＝40 尺或 13＋14＋13＝40 尺。

B11 回龙寺正殿面阔 10＋11＋10＝31 尺，进深 7.75＋11.5＋7.75＝27 尺（中进深因调整椽长而略加大，总进深原始设计值或为 8＋11＋8＝27 尺）。若以 5 尺为 a，2.75 尺为 b，则前、后进深＝$a+b$，次间广＝$2a$，心间广＝$4b$，中进深＝$(a+2b)+1$ 尺或 $4b+0.5$ 尺，总面阔 $4a+4b$，总进深 $3.2a+4b$。

3）心间用双补间的朵当与间广设计模式

晋东南地区心间施双补间的三例，全部为金代歇山顶三间殿。

A27 梁泉村龙岩寺中佛殿面阔 10.25＋14＋10.25＝34.5 尺，进深 8＋12.5＋8＝28.5 尺，次间用单补间，朵当长 5.125 尺，心间用双补间，朵当长 4.667 尺；山面不用补间。此时朵当只以间内均分为则，而未进一步参与平面设计（单就柱脚尺寸而言，可由 1.25 尺、3.5 尺、5.5 尺三个数据相互套得：次间广＝5.5 尺＋3.5 尺＋1.25 尺，心间广＝3.5 尺×4，前后进深＝5.5 尺＋1.25 尺×2，中进深＝5.5 尺＋3.5 尺×2，但其意义尚不明）。

A29 西溪二仙宫后殿面阔 11＋15＋11＝37 尺、进深 10.5＋12.5＋10.5＝33.5 尺。前檐次间单补间、心间双补间，后檐逐间单补间，山面前后进单补间、中进无补间，因此各组朵当大小不等：前檐次间 5.5 尺、心间

5尺，后檐则分别为5.5尺和7.5尺，山面前后进朵当5.25尺。除后檐心间朵当较大外，其余皆相差仿佛。以前檐心间朵当5尺为a，次间朵当5.5尺为b，则面阔为$3a+4b$，进深为$(a+b)+(2.5a)+(a+b)=4.5a+2b$，山面前后进既可均分，亦可拆解为前檐两种朵当之和（利于结角计算）。

A40冶底岱庙天齐殿面阔10.25＋14.5＋10.25＝35尺，进深33尺，仅前廊用补间铺作，山面中、后进及后檐不用。按柱脚尺寸，前檐朵当有无理数（次间5.125尺，心间4.83尺），应当仅是间内匀分的自然结果。

三个案例中，仅在西溪二仙宫后殿上勉强存在朵当意识，且因山面及后檐补间铺作施用混杂，整体而言仍不存在统一的朵当控制。可见晋东南地区在入金后相当长的时期内，仍处于"由均分开间形成朵当"，而非"由复制朵当形成开间"的阶段，朵当模数尚未成形，亦不能使间广构成趋于模数化。

6.4　晋东南五代、宋、金木构的橡架尺度设计规律

6.4.1　分°制或尺制——橡长设计的单位问题

1）橡长与材等的相互关系

《营造法式》以尺寸定椽长，如卷第五"椽"条论及架深时称**"用椽之制，每架平不过六尺，若殿阁或加五寸至一尺五寸"**。与之相应，在论定铺作里跳深时，则用分°单位，如卷第四"栱"条称**"一曰华栱……每跳之长，心不过三十分°；传跳虽多，不过一百五十分°"**，150分°或许即为橡架深之理论极限值（实际营造过程中往往受诸多外部因素的影响，导致最终的椽长数值围绕该理论值略有波动，如前引《思陵录》中，殿门用四寸五分材，四椽深二丈，一椽五尺合167分°之类，这与理论值定作150分°并不矛盾，反而为其提供了较大的灵活性），是以铺作里跳跳数虽多，也不能越过此数，伸入下一步架之内。

除节省材植，避免与榑下襻间抵牾的目的之外，铺作里转减跳也有空间设计和结构理性的考虑，150分°合十材广，正是分制中最易于与营造尺换算的数值。

既然椽长可同时与营造尺和分°制关联，无疑在整个设计过程中也担负着尺寸与材分°相互转化的中介作用。匠人在施工之前，须先划地盘、点草架、定侧样，决定屋宇的构架类型与空间尺寸，这一阶段的诸因子如间广、架深、柱高、举高等皆以尺寸表达；此后方可根据实际架深尺寸及每架所用分°数（常量）推定分°值，并借助经验总结，折出用材等第，确定结构模数，按所定材等进行构件断面计算，如此则不会出现构件凿枘不能共容的问

题，这或许是"**凡构屋之制，皆以材为祖，材有八等，度屋之大小，因而用之**"的原意。

这种以椽架深先定设计模数，进而将之运用于整个结构设计过程的原则，在《营造法原》中亦有所表现：姚承祖以架深定梁栿断面，继之以梁栿断面为模数定其余构件截面尺寸（之所以选用梁栿断面而非材断面作为模数，一是由于时至近代，铺作在屋架结构中已退化为装饰构件；二是法原涉及对象多为民间住宅，又按殿庭、厅堂、平房分类，若取材模数则无法统筹兼顾。相应的，《营造法式》既以材为祖，就不甚言及余屋之类了）。

2）柱侧脚与架深寸数畸零

本节引征16个架深、进深数据齐全的实例中，柱脚平面上各间尾数最小折为1/4尺，但对应到柱头平面后复原数据较为零散，多核到整寸数止。针对槫、柱对位的遗构，以脊架椽平长之和为中进深柱头值、以檐柱缝以内的下架椽长部分与中架椽长之和为前、后进深柱头值，与柱脚平面数据比对，可知部分遗构上存在侧脚现象；间或亦有柱头值反大于柱脚值的，应是构架扭闪变形所致；至于柱、槫不对位者则不在本项讨论之列，详细情况见表6-5。

晋东南地区若干实例之柱头、柱脚测值比较　　　　　表6-5

案例	柱头值（尺）			柱脚值（尺）			柱脚-柱头差值（尺）				椽长统计（尺）			
	前	中	后	前	中	后	前	中	后	成因	下架	中架	上架	种类
A1	4.85	10.5	4.85	6.25	10.5	6.25	1.4	0	1.4	变形	6.25	/	5.25	A+B
A3	8.9	15.6	8.9	9	16	9	0.1	0.4	0.1	侧脚	11.5	/	7.8	A+B
B1	7	12.2	7	7	12.5	7	0	0.3	0	误差	8.75	/	6.1	A+B
B2	5.3	11.2	5.3	5	11.5	5	−0.3	0.3	−0.3	变形	7.9	/	5.6	A+B
A5	9.8	11.4	9.8	9.75	11.5	9.75	−0.05	0.1	−0.05	误差	6.7	5.6	5.7	A+B+B
A11	12.4	14	13.4	12.5	14	13.5	0.1	0	0.1	侧脚	8.3	7	7	A+B+B
A12	11.9	14	11.9	12	14	12	0.1	0	0.1	侧脚	7.7	7.2	7	A+B+B
A17	6.5	10.5	6.5	6.25	10.75	6.5	−0.25	0.25	0	变形	8	/	5.25	A+B
A18	8.6	11	8.6	8.25	11.5	8.25	−0.35	0.5	−0.35	变形	7	4.3	5.5	A+B+C
A19	9.4	12.8	9.4	9.5	13	9.5	0.1	0.2	0.1	侧脚	6.7	5.4	6.4	A+B+C
A21	12	13.6	12	12	13.5	12	0	−0.1	0	误差	7.7	7.1	6.8	A+A+B
B7	6.2	13.6	6.2	6.2	13.6	6.2	0	0	/	/	7.8	/	6.8	A+B
A29	10.5	12.4	10.3	10.5	12.5	10.5	0	0.1	0.2	变形	7.2	6	6.2	A+B+B

6.4.2　椽长实例汇总及分类

晋东南地区实例大抵仍以槫柱对位（上平槫与山面柱）者居多，但由于侧脚等原因，柱头与柱脚尺寸往往略有出入。本小节考察椽长构成规律，相应间广取值亦以柱头值为准。此外，关于分°制在五代至北宋初是否存在，本书存疑，姑且以实测材厚值的 1/10 作为可能的分°值，代入校核，考察其取值规律，详见表 6-6。

晋东南地区若干实例之平面尺度构成情况推测　　　　　　表 6-6

样本信息		A1 平顺天台庵弥陀殿（推定尺长 301mm，分值 11mm，材广 180mm，栔高 90mm）								
列项		测值(mm)	合尺(尺)	取整(尺)	吻合率(%)	合分(分°)	取整(分°)	吻合率(%)	合材栔	吻合率(%)
下架椽长	出跳	425	1.412	1.4	99.15	38.64	40	96.59	2材1栔	94.44
	柱缝内	1450	4.817	4.85	99.33	131.82	130	98.62	5材6栔	99.31
	总值	1875	6.229	6.25	99.67	170.45	170	99.73	7足材	99.21
中架椽长		/	/	/	/	/	/	/	/	/
上架椽长		1560	5.183	5.25	98.72	141.82	140	98.72	6足材	96.30
总架深		6870	22.82	23	99.23	624.55	620	99.27	26足材	97.86
出檐	檐椽出	1215	4.037	4	99.08	110.45	110	99.59	5材4栔	96.43
	飞子出	380	1.262	1.25	99.01	34.55	35	98.70	1材2栔	94.74
	总出檐	1595	5.30	5.25	99.06	145	145	100	6足材	98.46
出际长		未及	未及	未及	未及	未及	未及	未及	未及	未及
样本信息		A3 平顺大云院弥陀殿（推定尺长 302.6mm，分值 16mm，材广 220mm，栔高 100mm）								
列项		测值(mm)	合尺(尺)	取整(尺)	吻合率(%)	合分(分°)	取整(分°)	吻合率(%)	合材栔	吻合率(%)
下架椽长	出跳	790	2.611	2.6	99.59	49.375	50	98.75	2材3栔	93.67
	柱缝内	2680	8.857	8.9	99.51	167.5	170	98.53	9材8栔	96.40
	总值	3470	11.47	11.5	99.72	216.875	220	98.58	11足材	98.58
中架椽长		/	/	/	/	/	/	/	/	/
上架椽长		2320	7.667	7.8	98.29	145	145	100	7足材	96.55
总架深		11580	38.27	38.6	99.14	723.75	730	99.14	36足材	99.48
出檐	檐椽出	1030	3.404	3.4	99.89	64.375	65	99.04	3材4栔	97.17
	飞子出	500	1.652	1.6	96.83	31.25	30	96.00	2材1栔	92.59
	总出檐	1530	5.056	5	98.89	95.625	95	99.35	5足材	95.63
出际长		2840	9.385	9.4	99.84	177.5	180	98.61	9足材	98.61
槫梢到系头栿缝		1780	5.882	5.9	99.70	111.25	110	98.88	6材5栔	97.80
样本信息		B1 小张村碧云寺正殿（推定尺长 311mm，分值 12mm，材广 180mm，栔高 85mm）								
列项		测值(mm)	合尺(尺)	取整(尺)	吻合率(%)	合分(分°)	取整(分°)	吻合率(%)	合材栔	吻合率(%)
下架椽长	出跳	560	1.801	1.75	97.22	46.667	45	96.43	2足材	94.64
	柱缝内	2160	6.95	7	99.22	180.00	180	100	8足材	98.15
	总值	2720	8.746	8.75	99.95	226.67	225	99.26	10足材	97.43

中架椽长	/	/	/	/	/	/	/	/	/
上架椽长	1900	6.109	6.1	99.85	158.33	160	98.96	7足材	97.63
总架深	9240	29.71	29.7	99.96	770.00	770	100	34足材	97.51
出檐 檐椽出	620	1.994	2	99.68	51.667	50	96.77	2材3栔	99.19
出檐 飞子出	410	1.318	1.3	98.63	34.167	35	97.62	2材1栔	92.13
出檐 总出檐	1030	3.312	3.3	99.64	85.833	85	99.03	4足材	97.17
出际长	1165	3.746	3.75	99.89	97.083	95	97.85	4材5栔	98.28

样本信息	B2 布村玉皇庙正殿(推定尺长310mm,分值12mm,材广210mm,栔高75mm)

列项	测值(mm)	合尺(尺)	取整(尺)	吻合率(%)	合分(分°)	取整(分°)	吻合率(%)	合材栔	吻合率(%)
下架椽长 出跳	802.5	2.589	2.6	99.57	66.875	65	97.20	3材2栔	97.20
下架椽长 柱缝内	1642.5	5.298	5.3	99.97	136.875	140	97.77	6材7栔	92.02
下架椽长 总值	2445	7.887	7.9	99.84	203.75	205	99.27	9足材	95.32
中架椽长	/	/	/	/	/	/	/	/	/
上架椽长	1735	5.597	5.6	99.94	144.583	145	99.71	6足材	98.56
总架深	8360	26.97	27	99.88	696.67	700	99.52	30足材	98.68
出檐 檐椽出	960	3.097	3.1	99.90	80.000	80	100	3材4栔	96.88
出檐 飞子出	510	1.645	1.65	99.71	42.5	45	94.44	2材1栔	97.06
出檐 总出檐	1470	4.742	4.75	99.83	122.5	125	98.00	5足材	96.94
出际长	1125	3.629	3.6	99.20	93.75	95	98.68	4足材	98.68

样本信息	A5 陵川北吉祥寺前殿(推定尺长309.4mm,分值14mm,材广210mm,栔高85mm)

列项	测值(mm)	合尺(尺)	取整(尺)	吻合率(%)	合分(分°)	取整(分°)	吻合率(%)	合材栔	吻合率(%)
下架椽长 出跳	770	2.489	2.5	99.55	55	55	100	3材2栔	96.25
下架椽长 柱缝内	1300	4.202	4.2	99.96	92.857	95	97.74	4材5栔	97.31
下架椽长 总值	2070	6.690	6.7	99.86	147.86	150	98.57	7足材	99.76
中架椽长	1740	5.624	5.6	99.58	124.29	125	99.43	6足材	98.31
上架椽长	1755	5.672	5.7	99.51	125.36	125	99.72	6足材	99.15
总架深	11130	35.97	36	99.92	795	800	99.38	38足材	99.29
出檐 檐椽出	1060	3.426	3.4	99.24	75.714	75	99.06	3材4栔	91.51
出檐 飞子出	480	1.551	1.6	96.96	34.286	35	97.96	2材1栔	95.05
出檐 总出檐	1540	4.977	5	99.55	110	110	100	5足材	95.78

样本信息	A9 陵川南吉祥寺中殿(推定尺长304.8mm,分值13mm、材广230mm,栔高95mm)

列项		测值(mm)	合尺(尺)	取整(尺)	吻合率(%)	合分(分°)	取整(分°)	吻合率(%)	合材栔	吻合率(%)
下架椽长	出跳	805	2.641	2.65	99.66	61.923	60	96.89	3材2栔	91.48
	柱缝内	795	2.608	2.6	99.69	61.154	60	98.11	2材3栔	93.71
	总值	1600	5.249	5.25	99.99	123.08	125	98.46	5足材	98.46
中架椽长		1685	5.528	5.5	99.49	129.62	130	99.70	5材6栔	97.97
上架椽长		1840	6.037	6	99.39	141.54	140	98.91	6材5栔	99.19
总架深		10250	33.63	33.5	99.62	788.46	790	99.81	32足材	98.56
出檐	檐椽出	955	3.133	3.2	97.91	73.46	75	97.95	3足材	97.95
	飞子出	425	1.394	1.4	99.60	32.692	30	91.77	1材2栔	98.82
	总出檐	1380	4.528	4.6	98.43	106.154	105	98.91	4材5栔	98.92
出际长		1150	3.773	3.8	99.29	88.462	90	98.29	4材3栔	95.44

样本信息	A11 长子正觉寺后殿(推定尺长310mm,分值14mm,材广220mm,栔高95mm)

列项		测值(mm)	合尺(尺)	取整(尺)	吻合率(%)	合分(分°)	取整(分°)	吻合率(%)	合材栔	吻合率(%)
前檐下架椽长	出跳	895	2.887	2.9	99.56	63.929	65	98.35	3材2栔	94.97
	柱缝内	1660	5.355	5.4	99.16	118.57	120	98.81	5材6栔	99.40
	总值	2555	8.242	8.3	99.30	182.5	185	98.65	8足材	98.63
后檐下架椽长	出跳	470	1.516	1.5	98.94	33.571	35	95.92	2材1栔	87.85
	柱缝内	1980	6.387	6.4	99.80	141.43	140	98.99	6材7栔	99.75
	总值	2450	7.903	7.9	99.96	175	175	100	8足材	97.22
中架椽长		2190	7.065	7	99.09	156.43	155	99.09	7足材	99.32
上架椽长		2190	7.065	7	99.09	156.43	155	99.09	7足材	99.32
总架深		13765	44.40	44.2	99.54	983.21	980	99.67	44足材	99.31
出檐	檐椽出	1040	3.355	3.4	98.67	74.286	75	99.05	3材4栔	100
	飞子出	570	1.839	1.8	97.88	40.714	40	98.25	2材1栔	93.86
	总出檐	1610	5.194	5.2	99.88	115	115	100	5足材	97.83

样本信息	A12 开化寺大雄殿(推定尺长303.7mm,分值14mm,材广210mm,栔高100mm)

列项		测值(mm)	合尺(尺)	取整(尺)	吻合率(%)	合分(分°)	取整(分°)	吻合率(%)	合材栔	吻合率(%)
下架椽长	出跳	930	3.062	3	97.97	66.429	65	97.85	3足材	100
	柱缝内	1420	4.676	4.7	99.48	101.43	100	98.59	5材4栔	97.93
	总值	2350	7.738	7.7	99.51	167.86	165	98.30	8材7栔	98.74
中架椽长		2180	7.178	7.3	98.33	155.71	155	99.54	7材8栔	99.54
上架椽长		2100	6.915	7	98.78	150	150	100	7材7栔	100
总架深		13260	43.66	43.8	99.68	947.14	940	99.25	42足材	98.19

样本信息		A17 潞城原起寺大雄殿（推定尺长 300.0mm，分值 12mm，材广 180mm，栔高 90mm）								
列项		测值（mm）	合尺（尺）	取整（尺）	吻合率（%）	合分（分°）	取整（分°）	吻合率（%）	合材栔	吻合率（%）
下架椽长	出跳	455	1.517	1.5	98.88	37.92	40	94.79	2材1栔	98.90
	柱缝内	1935	6.450	6.5	99.23	161.25	160	99.22	7足材	97.67
	总值	2390	7.967	8	99.58	199.17	200	99.58	9材8栔	97.91
中架椽长		/	/	/	/	/	/	/	/	/
上架椽长		1570	5.233	5.25	99.68	130.83	130	99.36	6材7栔	91.81
总架深		7920	26.40	26.5	99.62	660	660	100	30足材	97.78
出檐	檐椽出	765	2.550	2.55	100	63.75	65	98.08	3足材	94.44
	飞子出	430	1.433	1.45	98.85	35.83	35	97.68	2材1栔	95.56
	总出檐	1195	3.983	4	99.58	99.583	100	99.58	5材4栔	94.84
出际长		1435	4.783	4.8	99.65	119.58	120	99.65	5材6栔	99.65

样本信息		A18 平顺龙门寺大雄殿（推定尺长 314.4mm，分值 15mm，材广 200mm，栔高 110mm）								
列项		测值（mm）	合尺（尺）	取整（尺）	吻合率（%）	合分（分°）	取整（分°）	吻合率（%）	合材栔	吻合率（%）
下架椽长	出跳	845	2.688	2.7	99.54	56.333	55	97.63	3材2栔	97.04
	柱缝内	1345	4.278	4.3	99.49	89.667	90	99.63	4材5栔	99.63
	总值	2190	6.966	7	99.51	146	145	99.32	7足材	99.09
中架椽长		1355	4.310	4.3	99.77	90.333	90	99.63	4材5栔	99.63
上架椽长		1720	5.471	5.4	98.70	114.67	115	99.71	6材5栔	98.29
总架深		10530	33.49	33.4	99.73	702	700	99.72	34足材	99.91

样本信息		A19 平顺九天圣母庙正殿（推定尺长 313.4mm，分值 12mm，材广 200mm，栔高 75mm）								
列项		测值（mm）	合尺（尺）	取整（尺）	吻合率（%）	合分（分°）	取整（分°）	吻合率（%）	合材栔	吻合率（%）
下架椽长	出跳	840	2.680	2.7	99.23	70	70	100	3足材	98.21
	柱缝内	1240	3.957	4	98.93	103.33	105	98.41	5材4栔	95.38
	总值	2080	6.637	6.7	99.06	173.33	175	99.05	8材7栔	97.88
中架椽长		1710	5.456	5.4	98.97	142.5	145	98.28	6材7栔	99.13
上架椽长		2005	6.398	6.4	99.96	167.08	165	98.76	7足材	96.01
总架深		11590	36.98	37	99.95	965.83	970	99.57	42足材	99.65
出檐	檐椽出	920	2.936	2.9	98.77	76.667	75	97.83	3材4栔	97.83
	飞子出	500	1.595	1.6	99.71	41.667	40	95.99	2材1栔	95.00
	总出檐	1420	4.531	4.5	99.32	118.33	115	97.18	5足材	96.83
出际长		1130	3.606	3.6	99.84	94.167	95	99.12	4足材	97.35

样本信息		A21 泽州青莲寺释迦殿（推定尺长 307.2mm，分值 10.5mm、材广 155mm、栔高 60mm）								
列项		测值 (mm)	合尺 (尺)	取整 (尺)	吻合率 (%)	合分 (分°)	取整 (分°)	吻合率 (%)	合材栔	吻合率 (%)
下架 椽长	出跳	730	2.376	2.4	99.01	69.524	70	99.32	3材4栔	96.58
	柱缝内	1510	4.915	4.9	99.69	143.81	145	99.18	7足材	99.67
	总值	2240	7.292	7.3	99.89	213.33	215	99.22	10材11栔	98.66
中架椽长		2180	7.096	7.1	99.95	207.62	205	98.74	10足材	98.62
上架椽长		2080	6.771	6.8	99.57	198.09	200	99.05	10材9栔	99.52
总架深		13000	42.32	42.4	99.95	1238.09	1240	99.85	60足材	99.23
出檐	檐椽出	1040	3.385	3.4	99.57	99.049	100	99.05	5足材	96.74
	飞子出	470	1.529	1.5	98.05	44.762	45	99.47	2材3栔	95.92
	总出檐	1510	4.915	4.9	99.69	143.81	145	99.18	7足材	99.67

样本信息		A25 泽州小南村二仙庙正殿（推定尺长 312.7mm，分值 13mm，材广 190mm，栔高 70mm）								
列项		测值 (mm)	合尺 (尺)	取整 (尺)	吻合率 (%)	合分 (分°)	取整 (分°)	吻合率 (%)	合材栔	吻合率 (%)
下架 椽长	出跳	715	2.287	2.3	99.41	55	55	100	3材2栔	99.30
	柱缝内	1295	4.141	4.1	99.00	99.615	100	99.62	5足材	99.62
	总值	2010	6.428	6.4	99.57	154.62	155	99.75	8材7栔	100
中架椽长		/	/	/	/	/	/	/	/	/
上架椽长		1910	6.108	6.1	99.87	146.92	145	98.69	7材8栔	98.95
总架深		7840	25.07	25	99.71	603.08	605	99.68	30足材	99.49
出檐	檐椽出	860	2.750	2.75	99.99	66.154	65	98.26	3材4栔	98.84
	飞子出	450	1.439	1.45	99.25	34.615	35	98.90	2材1栔	100
	总出檐	1310	4.189	4.2	99.75	100.77	100	99.24	5足材	99.24
出际长		1150	3.678	3.7	99.40	88.462	90	98.29	4材5栔	96.52
次间缝到 系头栿		1300	4.157	4.2	98.98	100	100	100	5足材	100

样本信息		B3 青莲寺藏经阁（推定尺长 302.2mm，材尺寸及出际尺寸未详）								
列项		测值 (mm)	合尺 (尺)	取整 (尺)	吻合率 (%)	合分 (分°)	取整 (分°)	吻合率 (%)	合材栔	吻合率 (%)
下架 椽长	出跳	660	2.184	2.2	99.27					
	柱缝内	1020	3.375	3.4	99.27					
	总值	1680	5.559	5.6	99.27					
中架椽长		/	/	/	/					
上架椽长		1805	5.973	6	99.55	未及	未及	未及	未及	未及
总架深		6970	23.06	23.2	99.41					
出檐	檐椽出	650	2.151	2.2	97.77					
	飞子出	450	1.489	1.5	99.27					
	总出檐	1100	3.639	3.7	98.38					

其他	下层为宋崇宁间加建,清代改修,推定尺长 310mm,柱高 3100mm 合 10 尺,四铺作单卷头高 1220mm 合 4 尺;上层或沿用为宋初遗构,推定尺长 302.2mm,柱高 2720mm 合 9 尺,五铺作单杪单假昂高 1300mm 合 4.3 尺,面阔 11800mm 合 39 尺

样本信息	B7 平顺佛头寺大殿(推定尺长 314.6mm,分值 11mm,材广 180mm,栔高 120mm)

列项		测值 (mm)	合尺 (尺)	取整 (尺)	吻合率 (%)	合分 (分°)	取整 (分°)	吻合率 (%)	合材栔	吻合率 (%)
下架椽长	出跳	500	1.589	1.6	99.33	45.45	45	99.00	2 材 1 栔	96.00
	柱缝内	1950	6.198	6.2	99.97	177.27	175	98.72	6 材 7 栔	98.46
	总值	2450	7.788	7.8	99.84	222.73	220	98.77	8 足材	97.96
中架椽长		/	/	/	/	/	/	/	/	/
上架椽长		2140	6.802	6.8	99.97	194.55	195	99.77	7 足材	98.13
总架深		9180	29.18	29.2	99.93	834.55	830	99.45	30 足材	98.04
出檐	檐椽出	780	2.479	2.5	99.17	70.91	70	98.72	3 材 2 栔	100
	飞子出	420	1.335	1.3	97.38	38.18	40	95.45	1 材 2 栔	100
	总出檐	1200	3.814	3.8	99.63	109.09	110	99.17	4 足材	100
出际长		1050	3.338	3.3	98.87	95.45	95	99.52	3 材 4 栔	97.14
次间缝到系头栿		1770	5.626	5.6	99.53	160.91	160	99.43	6 足材	98.33

样本信息	B14 沁县普照寺大殿(推定尺长 313mm,分值 14mm,材广 200mm,栔高 75mm)

列项		测值 (mm)	合尺 (尺)	取整 (尺)	吻合率 (%)	合分 (分°)	取整 (分°)	吻合率 (%)	合材栔	吻合率 (%)
下架椽长	出跳	720	2.300	2.3	99.99	51.429	50	97.22	3 材 2 栔	96.00
	柱缝内	1424	4.549	4.6	98.89	101.71	100	98.32	5 材 6 栔	98.21
	总值	2144	6.849	6.9	99.26	153.14	155	98.80	8 足材	97.45
中架椽长		1970	6.294	6.3	99.90	140.71	140	99.50	7 足材	97.72
上架椽长		1976	6.313	6.3	99.79	141.14	140	99.19	7 足材	97.42
总架深		12180	38.91	39	99.77	870	870	100	44 足材	99.34
出檐	檐椽出	900	2.875	2.9	99.15	64.286	65	98.90	3 材 4 栔	100
	飞子出	480	1.534	1.5	97.78	34.286	35	97.96	2 材 1 栔	98.96
	总出檐	1380	4.409	4.4	99.15	98.571	100	98.57	5 足材	99.64

样本信息	A27 陵川龙岩寺释迦殿(推定尺长 315.8mm,分值 14mm,材广 170mm,栔高 75mm)

列项		测值 (mm)	合尺 (尺)	取整 (尺)	吻合率 (%)	合分 (分°)	取整 (分°)	吻合率 (%)	合材栔	吻合率 (%)
下架椽长	出跳	630	1.995	2	99.75	45	45	100	3 材 2 栔	95.45
	柱缝内	1190	3.768	3.8	99.16	85	85	100	5 足材	97.14
	总值	1820	5.763	5.8	99.36	130	130	100	8 材 7 栔	96.55

列项		测值(mm)	合尺(尺)	取整(尺)	吻合率(%)	合分°(分°)	取整(分°)	吻合率(%)	合材栔	吻合率(%)
中架椽长		1550	4.908	4.9	99.83	110.71	110	99.36	6材7栔	99.68
上架椽长		1710	5.415	5.4	99.73	122.14	125	97.71	7足材	99.71
总架深		10160	32.17	32.2	99.91	725.71	730	99.41	42足材	98.74
总出檐		1470	4.655	4.7	99.04	105	105	100	6足材	100

样本信息		A29 西溪二仙庙后殿(推定尺长 313.8mm,分值 13.6mm,材广 210mm,栔高 87mm)								
列项		**测值(mm)**	**合尺(尺)**	**取整(尺)**	**吻合率(%)**	**合分°(分°)**	**取整(分°)**	**吻合率(%)**	**合材栔**	**吻合率(%)**
前檐下架椽长	出跳	835	2.661	2.7	98.55	61.397	60	97.72	3足材	93.71
	柱缝内	1411	4.496	4.5	99.92	103.75	105	98.81	5足材	95.02
	总值	2246	7.157	7.2	99.41	165.15	165	99.91	8足材	94.53
后檐下架椽长	出跳	835	2.661	2.7	98.55	61.397	60	97.72	3足材	93.71
	柱缝内	1357	4.324	4.3	99.44	99.779	100	99.78	5足材	91.38
	总值	2192	6.985	7	99.79	161.18	160	99.27	8足材	92.26
前檐中架椽长		1878	5.985	6	99.75	138.09	140	98.63	6材7栔	99.52
后檐中架椽长		1924	6.131	6	97.86	141.47	140	98.96	6材7栔	97.14
上架椽长		1939	6.179	6.2	99.66	142.57	145	98.33	7材6栔	97.34
总架深		12118	38.62	38.6	99.95	891.03	895	99.56	42足材	97.15
总出檐		1460	4.653	4.7	98.99	107.35	110	97.59	5足材	98.32

样本信息	8 25 南神头二仙庙正殿(推定尺长 315mm) 檐柱高 3780mm,普拍枋高 150mm,铺作高 1440mm,出际尺寸未详								
列项	**测值(mm)**	**合尺(尺)**	**取整(尺)**	**吻合率(%)**	**合分°(分°)**	**取整(分°)**	**吻合率(%)**	**合材栔**	**吻合率(%)**
下架椽长	1910	6.063	6	98.98					
中架椽长	1720	5.460	5.5	99.28					
上架椽长	1980	6.286	6.3	99.77	未及	未及	未及	未及	未及
总架深	11220	35.62	35.6	99.95					
总出檐	1470	4.667	4.7	99.29					

样本信息		B27 北马村玉皇庙正殿(推定尺长 305.2mm,分值 11.98mm,材广 241.9mm, 栔高 63.3mm),出檐及出际尺寸未详								
列项		**测值(mm)**	**合尺(尺)**	**取整(尺)**	**吻合率(%)**	**合分°(分°)**	**取整(分°)**	**吻合率(%)**	**合材栔**	**吻合率(%)**
下架椽长	出跳	1302.8	4.269	4.25	99.55	108.75	110	98.86	4材5栔	98.56
	柱缝内	224.2	0.735	0.75	97.95	18.715	20	93.57	1材	92.68
	总值	1527	5.003	5	99.93	127.46	130	98.05	5足材	99.93
中架椽长		1401	4.590	4.6	99.79	116.94	115	98.34	4.5足材	97.16
上架椽长		1527	5.003	5	99.93	127.46	130	98.05	5足材	99.93
总架深		8910	29.19	29.2	99.98	743.74	750	99.17	29足材	99.34

1) 实例的椽长构成规律

首先从丈尺设计的角度考察上表各组数据，大致可归为如下几类（图 6-5）：

（1）四分尺基准长。

以四分尺为基准长单位，在整数尺制基础上按一定的比例关系分配各架椽长，属于唐、五代以来早期式样遗构中的常用设计手法，实例包括 A1 天台庵弥陀殿、A17 潞城原起寺大雄殿：

A1 天台庵弥陀殿：下架椽长 6.25 尺（柱缝外 1.4＋4.85 柱缝内），与次间、前后进等长；上架椽长较其缩减一尺，为 5.25 尺。因材广与架深间欠缺直接联系，材模数在此无法成立，试以 1/4 尺为基准长 a 折算，得下架长 $25a$，上架长 $21a$。就此析出一对组合：令 $b=3a$，$c=7a$，下架椽平长＝$5b$，上架长＝$3c$。这仍是基于整数尺制下基准长的简洁比例关系演化得来。

A17 潞城原起寺大雄殿：下架椽长 8 尺（柱缝外 1.5＋柱缝内 6.5），上架椽长 5.25 尺，总深 26.5 尺。本构材尺寸（0.6×0.4 尺，栔高 0.3 尺）与椽长数据对应性不佳；若以 0.25 尺为基准长 a，折得下架椽长 $6a$（出跳长）＋$26a$（檐柱缝到平槫缝长），上架椽长 $21a$，总架深 $106a$（若将基准长放大为 a' 暨 0.75 尺，则铺作出跳长 $2a'$，檐柱缝到平槫缝间距 $8a'$＋0.5 尺、上架椽长 $7a'$，总架深 $34a'$＋1 尺）。可见以四分尺单位为基准长时折算椽长较准，体现的是比例而非模数关系，这一点与北宋前中期诸构不同，而更接近唐、五代的传统，同时本构在构件样式上也遗留较多古制，两者或可互为印证，作为断代依据。

（2）以铺作出跳值为基准长。

本区五代遗构中，存在以铺作出跳值为基准，以其整倍数作为椽长取值依据的做法，实例如 B1 碧云寺正殿：

B1 碧云寺正殿下架椽长 8.75 尺（柱缝外 1.75＋柱缝内 7），上架椽长 6.1 尺，总架深 29.7 尺。该构以铺作出跳长 1.75 尺为 a，下架椽合 $5a$（柱缝到平槫缝长 $4a$），上架椽长合 $3.5a$，两者恰成 10：7 的近似 $\sqrt{2}$ 关系，前后撩风槫距为 $17a$，而柱头总进深为 $15a$。

（3）铺作出跳值＋常量。

实际是对上述第二种做法（以铺作出跳值为基准长）的修正或演绎，以某一基准量（常为铺作出跳值或其整倍数）配合常量（多取 1 尺、半尺之类简单数）构成椽长数据，实例包括 A3 大云院弥陀殿、B2 布村玉皇庙正殿、B3 青莲寺藏经阁、A19 九天圣母庙正殿、B14 普照寺正殿：

A3 大云院弥陀殿，下架椽长 11.5 尺（柱缝外 2.6＋柱缝内 8.9），上架椽长 7.8 尺，总架深 38.6 尺。设以铺作出跳长 2.6 尺为基准量 a，则上架椽合 $3a$，下架椽柱缝内部分为 $3a$＋1.1 尺，总长 $4a$＋1.1 尺，总架深折得

$14a+2.2$ 尺。常量 1.1 尺不符合尺数整洁的原则，但它与基准量 2.6 尺之差，却是下架椽长尾数（11.5 尺－10 尺）。

B2 布村玉皇庙正殿，下架椽长 7.9 尺（柱缝外 2.6＋柱缝内 5.3），上架椽长 5.6 尺，总架深 27 尺。设以铺作出跳总长之半 1.3 尺为 a，下架椽柱缝内部分长 $a+4$ 尺，连出跳长 $3a+4$ 尺，上架椽长 $2a+3$ 尺，总架深 $[(2a)+(a+4)+(2a+3)]×2=10a+14$ 尺。则本构的椽长构成未始不可视作以 1.3 尺（基准长）和 1 尺（常量）为组合套得。

B3 青莲寺藏经阁，下架椽长 $2.2+3.4=5.6$ 尺，上架椽长 6 尺，总架深 23.2 尺。其椽长数据可大致拆解为 1.2 尺（基准长）和 1 尺（常量）的组合：铺作出跳 2.2 尺＝1.2 尺＋1 尺、檐柱缝到平槫缝 3.4 尺＝1.2 尺×2＋1 尺、上架椽长 6 尺＝1.2 尺×5。

A19 九天圣母庙正殿，下架椽长 6.7 尺（柱缝外 2.7＋柱缝内 4），中架椽长 5.4 尺，上架椽长 6.4 尺，总架深 37 尺。设铺作出跳长为基准量 a，下架椽为 $a+4$ 尺，中架椽为 $2a$、上架椽为 $2a+1$ 尺，架道总深 $10(a+1)$ 尺，a 虽同时恰合 3 足材（材广 0.64 尺，栔高 0.26 尺），但以材栔组合套椽长时其数理逻辑性不强（檐柱缝到下平槫缝的 4 尺＝（2.7＋1.3）尺合 3 材 8 栔，下架椽长总计 6 材 11 栔；中架椽长 5.4 尺合 6 足材；上架椽长 6.4 尺合 10 材），可信度不高。

B14 普照寺大殿，下架椽长 6.9 尺（柱缝外 2.3＋柱缝内 4.6），中架椽长 6.3 尺、上架椽长 6.3 尺，架道总深 39 尺。以铺作出跳长 2.3 尺为基准长 a，椽长自下而上分别为 $3a$、$a+4$ 尺、$a+4$ 尺，总深为 $10a+16$ 尺。椽长同时与材数据保持整比关系：材广 0.63 尺，厚 0.46 尺，栔高 0.23 尺，铺作出跳长当 10 栔，下架椽长 30 栔，上中架椽长 10 材广。

此外，从材栔模数组合的视角考察剩余的实例，可知尚有如下几种构成方式：

（4）以材广、栔高为组合模数。

晋东南北宋中期六架椽遗构的椽长尾数均较为零散，显然并非通过整尺数基准量获得，而代入分°值后所得份数距《营造法式》规定较远，本身亦乏规律性。因此选择中间层次的材栔单位加以验核，发现两者吻合度良好，同时铺作跳长基本符合材栔整倍数关系，即前述（2）以铺作出跳值为基准长的传统在材栔组合模数的新阶段得到了变相的延续。实例中，A5 北吉祥寺前殿、A11 正觉寺后殿、A12 开化寺大雄殿、A18 龙门寺大雄殿：

A5 北吉祥寺前殿，下架椽长 6.7 尺（柱缝外 2.5＋柱缝内 4.2），中架椽长 5.6 尺，上架椽长 5.7 尺，总架深 36 尺。设以材广 0.7 尺为 a，栔高 0.25 尺为

b，上架椽 5.7 尺＝6 足材，中架椽 5.6 尺＝8 材，下架椽 6.7 尺＝6 材 10 絜（出跳部分 2.5 尺＝10b，柱缝内部分 4.2 尺＝6a），架道总深可表达为 40 材 32 絜。

A11 正觉寺后殿前檐下架椽长 8.3 尺（柱缝外 2.9＋柱缝内 5.4），后檐下架椽长 7.9 尺（柱缝外 1.5＋柱缝内 6.4），中架椽长 7 尺，上架椽长 7 尺，总深 44.2 尺。设以材广 0.7 尺为 a，絜高 0.3 尺为 b，前檐下架椽长 8.3 尺合 8 材 9 絜（铺作出跳长 2.9 尺＝2a＋5b，前檐柱到下平槫缝长 5.4 尺＝6a＋4b），中架与上架椽各长 7 尺＝7 足材，后檐下架椽长 7.9 尺合 7 材 10 絜（铺作出跳长 1.5 尺＝5b，后檐柱到下平槫缝 6.4 尺＝7a＋5b），加合得架道总深 43 材 47 絜。

A12 开化寺大雄殿，下架椽长 7.7 尺（柱缝外 3＋柱缝内 4.7），中架椽长 7.3 尺，上架椽长 7 尺，总深 43.8 尺。代入单材广 0.7 尺，絜高 0.3 尺，则下架椽长 7.7 尺＝8 材 7 絜（铺作出跳部分 3 尺＝3 材 3 絜，柱缝到下平槫缝 4.7 尺＝5 材 4 絜），中架椽长 7.3 尺＝7 材 8 絜，上架椽长 7 尺＝7 材 7 絜，总架深恰当 42 足材。

A18 龙门寺大雄殿，[1] 下架椽长 7 尺（柱缝外 2.7＋柱缝内 4.3），中架椽长 4.3 尺，上架椽长 5.4 尺（恰当铺作出跳长的 2 倍），架道总深 33.6 尺。本例提供了一种组合式的架道构成模式：设上架椽长为 a，中架椽长为 b，下架椽长为 c，c 由柱缝以内部分 c_1 和铺作外跳部分 c_2 组成，其中 c_1＝b，c_2＝0.5a，c＝0.5a＋b，即依靠两种基本椽长的组合得到第三种椽长，而作为设计基准量之一的上架椽仍是直接源自铺作出跳长。此外，由于槫柱不对缝，上平槫位于内柱之内 0.35 尺，这个 0.35 尺同样作为补充模数参与了若干空间尺度的设计：设 0.35 尺为 d，纵剖面上，心缝梁架到山花缝梁架距离 1325mm 合 4.2 尺（99.67%），正当 12d；铺作两跳长度分别为 425mm 和 420mm，合 1.35 尺＋1.35 尺即（1 尺＋d）＋（1 尺＋d），里跳

1 高天，段智钧. 平顺龙门寺大殿大木结构用尺与用材探讨［M］//王贵祥主编. 中国建筑史论汇刊（第 4 辑）. 北京：清华大学出版社，2011：224-23. 文章曾就龙门寺大雄殿的尺度规律作过探讨。文中因柱头相对柱脚内倾 4～8cm，达柱高的 1.18%～2.37%，判定该构有侧脚，并认为 **"大殿的侧脚实际做法很可能是以柱脚和上部梁架为基点，将外檐各柱头较之各自所对应铺作（及普拍枋）的正心向内微收"**。在分别针对柱脚平面间广值、梁架槫缝间距和外檐铺作出跳值进行筛选后，推定营造尺长为 31.4cm，并据之导出面阔三间 8.3 尺＋11.9 尺＋8.3 尺＝28.5 尺，进深三间 8.2 尺＋11.7 尺＋8.2 尺＝28.1 尺，脊架 5.5 尺，平槫架 4.25 尺，檐架 7 尺，铺作外跳 2.7 尺，心间梁栿到山面梁栿 4.2 尺，系头栿到山花缝 4.1 尺，山面前柱柱头铺作与下平槫错缝并向外撇出 0.35 尺等一组数据。该文以复原到营造尺长及具体尺寸数为止，没有进一步讨论各数据间的联系及尺度构成的其他规律。

440＋355＝795mm，合 1.4 尺＋1.15 尺即 $4d$＋(0.8 尺＋d)；上架椽 a 与中架椽 b 之间差值 1.1 尺约合 $3d$；通进深 28 尺合 $80d$。值得注意的是，补充模数 d 恰与栔高相等（复原材广 0.65 尺，栔高 0.35 尺，足材广 1 尺），则本构的基准长仍可由材栔组合表示：设材广为 e，栔高为 f，则铺作出跳值 2.7 尺＝(1.3＋1.4) 尺＝$2e＋4f$，柱缝到下平槫缝 4.3 尺＝(1＋2.6＋0.7) 尺＝$5e＋3f$，两者之和为下架椽长 $7e＋7f$ 暨 7 足材；中架椽 4.3 尺与柱缝到平槫缝间距同，即 5 材 3 栔；上架椽 5.4 尺为铺作出跳值 2 倍，即 4 材 8 栔，总架深为 32 材 36 栔。

（5）以材广、足材广为组合模数。

在部分北宋中晚期遗构中，存在着以材广、足材广代替材栔组合作为椽长模数的可能，这或是材栔模数制定型前夕偶然发生的变异做法，实例有 A21 青莲寺释迦殿、B7 佛头寺正殿：

A21 青莲寺释迦殿下架椽长 7.3 尺（柱缝外 2.4＋柱缝内 4.9），中架椽长 7.1 尺，上架椽长 6.8 尺，材断面 155mm×105mm 合 0.5 尺×0.35 尺，栔高 0.2 尺（足材广厚比 2：1），略小于《营造法式》七等材。设以单材广 0.5 尺为 a，足材广 0.7 尺为 b，则椽长相关数据可拆解为：铺作出跳长 2.4 尺＝(1＋1.4) 尺＝$2a＋2b$，柱缝到下平槫缝长 4.9 尺＝$7b$，下架椽平长为 $2a＋9b$；中架椽长 7.1 尺＝(5＋2.1) 尺＝$10a＋3b$；上架椽长 6.8 尺＝(4＋2.8) 尺＝$8a＋4b$ 或 (0.5＋6.3)＝$a＋9b$。

B7 佛头寺正殿下架椽长柱缝外 1.6 尺＋柱缝内 6.2 尺＝7.8 尺，上架椽长 6.8 尺，架道总深 29.2 尺。单材 0.6×0.35 尺，栔高 0.35 尺，设以单材广 0.6 尺为 a，足材广 0.95 尺为 b，可折算为：铺作外跳长 1.6 尺≈$a＋b$，檐柱缝到平槫缝长 6.2 尺＝$4a＋4b$，下架椽长 7.8 尺＝$5a＋5b$，上架椽长 6.8 尺＝$5a＋4b$，总架深为 $20a＋18b$。

（6）材广倍数＋常量调节。

北宋中晚期遗构中，存在以单一的材广模数为主、配合某一常量加以调整的椽长设计方法，其本质仍遵循材模数制，但混杂了某些具有特殊意义的常量，实例如 A9 南吉祥寺中殿、A25 小南村二仙庙正殿：

A9 南吉祥寺中殿下架椽长 5.25 尺（柱缝外 2.6＋柱缝内 2.65），中架椽长 5.5 尺，上架椽长 6 尺，总深 33.5 尺。以材广 0.75 尺为度，则上架椽 6 尺＝8 材，下架椽 5.25 尺＝7 材，中架椽 5.5 尺＝6 材＋1 栔；铺作出跳长及檐柱缝到下平槫缝长基本均分下架椽。三架椽长间以 0.25 尺级差递增（中架椽－下架椽＝0.25 尺，上架椽－中架椽＝0.25 尺×2），调节量 1 尺接近足材广取值。

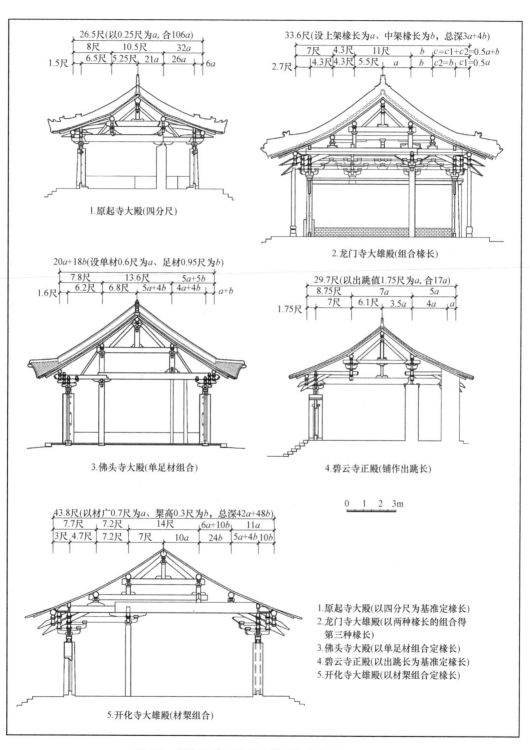

图 6-5　晋东南地区遗构的椽长构成类型

1. 原起寺大殿（四分尺）

2. 龙门寺大雄殿（组合椽长）

3. 佛头寺大殿（单足材组合）

4. 碧云寺正殿（铺作出跳长）

5. 开化寺大雄殿（材栔组合）

1. 原起寺大殿（以四分尺为基准定椽长）
2. 龙门寺大雄殿（以两种椽长的组合得第三种椽长）
3. 佛头寺大殿（以单足材组合定椽长）
4. 碧云寺正殿（以出跳为基准定椽长）
5. 开化寺大雄殿（以材栔组合定椽长）

0　1　2　3m

A25 小南村二仙庙正殿槫、柱不对缝，平槫在内柱分位外侧，下架椽长柱缝外 2.3 尺＋柱缝内 4.1 尺＝6.4 尺，上架椽长 6.1 尺，总架深 25 尺，内柱距脊槫缝 5 尺，距平槫缝 1.1 尺。设以单材广 0.6 尺为模数 a，以内柱缝与下平槫缝间距 1.1 尺为调整量 b，算得铺作出跳长 2.3 尺＝(1.2＋1.1)尺＝$2a＋b$，檐柱到平槫缝距离 4.1 尺＝(3＋1.1)尺＝$5a＋b$，下架椽总长 $7a＋2b$；上架椽长 6.1 尺＝(0.6＋1.1×5)尺＝$a＋5b$；总架深为 $16a＋14b$。1.1 尺为槫、柱错缝差值，在此作为常量参与椽长设计，这或与前述龙门寺大雄殿上平槫、内柱间错缝产生的 0.35 尺调节量作用相似。

（7）以单材广为模数。

入金后，椽长与单材广之间的联系趋于紧密，往往合其整倍数，并不再假借足材广、栔高或固定常数与单材进行组合。由于大量实例用材广厚比不符合《营造法式》的 3∶2 体系，材广与分°制间如何换算并不确定，故不能将该现象释读为分°制确立导致的直接结果，而仍将其视作材模数控制下的设计结果。实例有 A27 陵川龙岩寺中佛殿：

A27 陵川龙岩寺中佛殿，下架长（柱缝外 2＋柱缝内 3.8）＝5.8 尺，中架长 4.9 尺，上架长 5.4 尺，总架深 32.2 尺。上架椽长 5.4 尺合 10 材，中架椽长 4.9 尺约合 9 材，下架椽长中柱缝到槫缝间距 3.8 尺约合 7 材，铺作出跳 2 尺约合 4 材，总深约 11 材。如果以分°值（取材厚 1/10）考察本构，吻合度极高，但单材广厚比与《营造法式》规定相差较大，分°数的取定方式存疑。

综合上述实例的情况，总结晋东南早期木构建筑椽长分配规律如表 6-7：

晋东南地区五代、宋、金木构椽长设计模式一览　　　　　表 6-7

分类/模式		时代/案例	唐	五代（含五代样式）				宋前中期				
			A1	A3	B1	B2	A17	A5	A9	A11	A12	A18
椽长种类	四架	等长										
		长短椽	✓	✓	✓	✓	✓					
	六架	等长										
		A-B-C							✓		✓	✓
		A-B-B						✓		✓		
		A-A-B										
		A-B-A										
椽长组合模式	整尺比例	四分尺基准长	✓				✓					
		出跳值基准长			✓							✓
		出跳值加常量		✓		✓						

分类/模式		时代/案例	唐	五代(含五代样式)				宋前中期				
			A1	A3	B1	B2	A17	A5	A9	A11	A12	A18
椽长组合模式	材栔模数	材广+栔高组合						√		√	√	
		材广+足材广										
		材广+常量							√			
		材广										
	未明											

分类/模式		时代/案例	宋后期					金				
			A19	A21	A25	B3	B7	A27	A29	B11	B14	B27
椽长种类	四架	等长										
		长短椽		√	√		√		√			
	六架	等长										
		A-B-C	√	√				√	√			
		A-B-B							□		√	
		A-A-B		□								
		A-B-A										√
椽长组合模式	整尺比例	四分尺基准长										
		出跳值基准长										
		出跳值加常量	√			√					√	
	材栔模数	材广+栔高组合								□		
		材广+足材广		√			√					□
		材广+常量			√							
		材广						√		√		
	未明								√			√
备注			同时满足某一大类中两个分项者,符合度较高的一项优先记作√,共存项目记作□									

2) 铺作出跳、出檐及出际情况

(1) 铺作出跳长与檐椽的内外划分。

晋东南地区唐至金木构皆不用檐栿,柱缝上扶壁栱大都不封到椽底,以此之故,下架椽长分作柱缝内、外两个部分,柱缝之外即铺作外跳长度。

如前节所述,五代遗构中有以铺作出跳长度控制椽长设计的倾向,则铺作跳长合于整尺而非由分°数决定,也是完全可能的,试以年代为序考察本区木构檐柱缝所分下架椽内、外部分比例情况,见图6-6。

由折线趋势可知,除B27北马村玉皇庙铺作形式特异,导致内外比例失调外,其余案例的铺作出跳部分在整个下架椽中所占比例较为均齐,大致在0.35上下浮动;至于柱缝内、外部分的比例,则因铺作跳数不同而各异:排除斗口跳及七铺作等极端情况不论,对于大多数五铺作案例而言,均在1.5~1.9之间浮动。

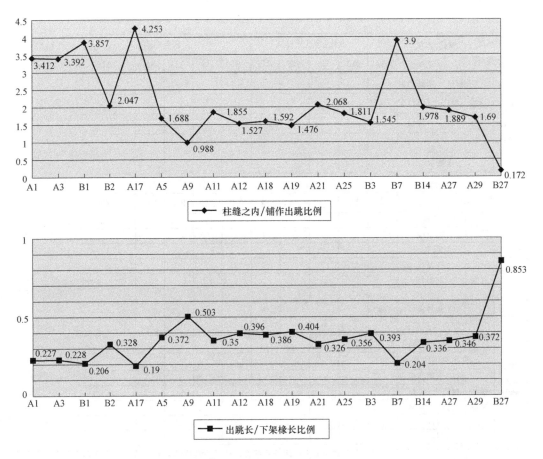

图 6-6　晋东南地区五代、宋、金木构铺作出跳长与下架椽长比例关系

（2）出檐及檐椽、飞子所占比例。

《营造法式》造檐之制称："从撩檐枋心出，如椽径三寸即檐出三尺五寸，椽径五寸即檐出四尺至四尺五寸。檐外别加飞椽，每檐一尺，出飞子六寸"。本区实例中檐椽长往往大于《营造法式》规定甚多，但因存在撩风槫及下平槫双支点，故实际跨度并不至于过大，椽径也在适用范围之内。

若按下架平长 5 尺，椽径 3 寸算，檐椽出 3.5 尺，飞子出 2.1 尺，总出檐 5.6 尺；而按下架平长 6 尺，椽径 5 寸算，檐椽出 4.5 尺，飞子出 2.7尺，总出檐 7.2 尺。即在《营造法式》成例之下，总出檐与檐椽平长之比在1.12～1.2 间——本区实例因下架椽特长，并无一例能符合的。至于椽、飞伸出比例，则仅 B1 碧云寺正殿与 B3 青莲寺藏经阁小于《营造法式》定值（1.667）。详细情况见表 6-8 与图 6-7。

（3）出际长的取值范围。

晋东南地区五代、宋、金木构出檐长度变化趋势　　　　表 6-8

案例编号	总出檐长		檐出		飞子出		檐/飞比例	檐椽平长		总出/檐架	出檐+出跳/檐椽平长
	(尺)	(分°)	(尺)	(分°)	(尺)	(分°)		(尺)	(分°)		
A3	5	96	3.4	64	1.6	32	2.125	11.5	220	0.44	0.67
B1	3.3	86	2	52	1.3	34	1.512	8.75	225	0.38	0.58
B2	4.75	113	3.1	74	1.65	39	1.882	7.9	190	0.60	0.93
A17	4	100	2.55	35	1.45	65	1.779	8.0	200	0.50	0.69
A5	5	110	3.4	75	1.6	35	2.208	6.7	150	0.74	1.12
A9	4.6	105	3.2	75	1.4	30	2.247	5.25	125	0.86	1.37
A11	5.2	115	3.4	75	1.8	40	1.825	8.3	185	0.63	0.98
A12	4	100	2.55	65	1.45	35	1.779	7.7	165	0.51	0.90
A19	4.5	115	2.9	75	1.6	40	1.840	6.7	175	0.68	1.09
A21	4.9	145	3.4	100	1.5	45	2.213	7.3	215	0.67	1.00
A25	4.2	100	2.75	65	1.45	35	1.911	6.4	155	0.65	1.01
B3	3.7	/	2.2	/	1.5	/	1.444	5.6	/	0.65	1.05
B7	3.8	110	2.5	70	1.3	40	1.857	7.8	220	0.49	0.69
B14	4.4	100	2.9	65	1.5	35	2.063	6.9	155	0.64	0.98
A27	4.7	105	/	/	/	/	/	5.8	130	0.81	1.15
A29	4.7	110	/	/	/	/	/	7.2	165	0.65	1.02

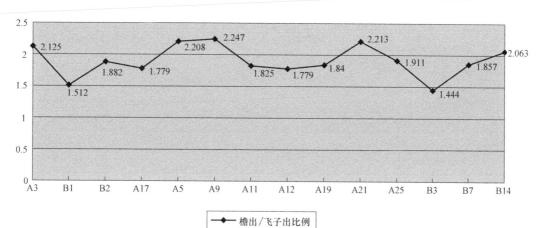

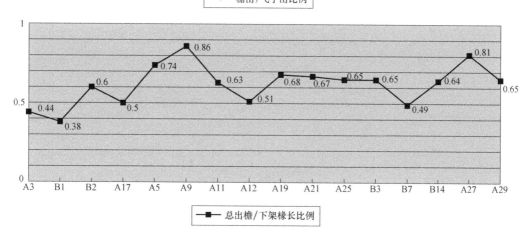

图 6-7　晋东南地区五代、宋、金木构出檐部分比例关系

《营造法式》出际制度称："榑至两梢间，两际各出柱头又谓之屋废。如两椽屋，出二尺至二尺五寸；四椽屋，出三尺至三尺五寸；六椽屋，出三尺五寸至四尺；八椽至十椽屋，出四尺五寸至五尺。若殿阁转角造，即出际长随架于丁栿上出夹际柱子以柱榑梢，或更于丁栿背上添系头栿。"

按《营造法式》厅堂椽长极值为 6 尺，出际极值五尺尚在椽长限度之内，殿堂出际长随架，则可以达到 7 尺 5 寸。本区实例中，出际尺寸大致集中在 3~4 尺之间，仅 A3 大云院弥陀殿一个例外——弥陀殿山花梁架几乎直接落在山面柱缝上，若以榑梢为起点、以榑子下一支点为终点定出际，则该构出际长跨整个次间，达到 9.4 尺；而若以山花梁架中缝为起点、以榑梢为终点定出际，则可以认为该构基本未作出际。不同于《营造法式》殿堂出际长随架的规定，本区木构下架椽特长，实际出际尺寸不可能与之相等，实例所见，大概皆取 0.4~0.7 倍下架椽长，详情见图 6-8。

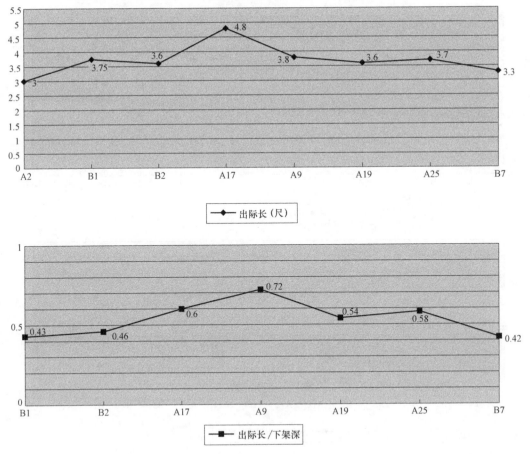

图6-8 晋东南地区五代、宋、金木构出际部分长度范围及比例关系

6.5　本章小结

　　在总结前辈学者关于中世木构建筑间架设计方法与比例规律的相关成果的基础上，本章结合已公布的勘测报告对晋东南地区五代、宋、金遗构进行了针对性的验核，以期了解其尺度构成的发展规律。研究内容主要涵括了材的断面比例关系及营造尺复原，平面间架的丈尺构成方式，椽长分配模式及其单位，下架椽长中铺作出跳长度与檐柱以内部分的划分方式，檐出与飞子出的比例关系，出际长的大致取值范围等。主要结论包括本区遗构平面及间椽构成的分类情况及时代嬗变规律（如归纳了柱网平面构成遵循正方间以上架椽深或中进深之半为扩大模数，以四分尺为率增减；而扁长间面阔开间相等者以开间之半为模数，开间进深均不等的以较小的梢间值为模数等结论。此外，间椽构成分作整尺单位和材栔单位两类，其下又可分出四分尺基准长、铺作出跳总值作基准长、材栔组合模数、材广＋足材广组合模数等多种细类），并通过折线图的形式就一些关键性的比例关系给出了历时性的变化序列，以总结其发展趋势，从而为深入了解晋东南地区遗构的尺度和比例设计规律提供了若干参照。

第 7 章　结论

7.1　研究回顾与展望

本书以全面展现晋东南地区唐至金木构建筑构架技术的发展脉络为起点，在借助年代学方法对各时期典型样式进行归纳分类的基础上，引入跨地域比较研究的视野，利用《营造法式》作为文本参照，抽取若干代表性的构造线索，探讨北宋末以来由《营造法式》面世推动的南、北方技术交流对晋东南区系内营造传统的影响情况，并借助与同时期相邻地区典型做法的比对，探索各匠系间木构技术的流动方向和传播途次，以寻求本区工匠取得的成就在整个中国木构建筑技术史中的适当定位，作为深化区域建筑研究和推进《营造法式》文本研究的一种尝试。

全篇共分六章：

第 1 章介绍了选题缘起，简要回顾了过往研究成果，介绍了本书的基本思路、方法与框架，继之对晋东南长治、晋城两市及下辖区县的史地背景及交通情况加以概述，作为文中关于区系间技术交流与传播部分推论的外部依据。

第 2 章针对晋东南地区早期遗构的构架属性进行讨论，得出其基本处于由殿堂向厅堂发展的折中式递进序列的早期阶段，即固着于"简化殿堂"状态的结论。围绕构架体系的判定，本章主要援引两项指标：其一是铺作层的产生、发展与消退，对应于典型殿堂的生命周期及演化方向；其二是柱梁插接关系及槫架编排次第，涉及厅堂的地域属性及细类划分。以上两点即构成围绕晋东南实例进行宏观构架研究的基本视角与甄别标准。

第 3 章进一步放大研究焦点，关注遗构的构造表现，借助年代学和量化分析的方法，对总计 96 个案例进行归类统计，从铺作（含补间配置、斗栱样式、铺作组织等）和梁架（含柱梁关系、隔承类别、丁栿配置等）两个层面分别进行区域内整理和跨区域比较，从而获得了直观且可核查的认识基础。

在此基础之上，第4、5章各选择了三个样式/构造线索进行专题研究，借由比较晋东南遗构传统做法与周边地区、与《营造法式》规定的异同，作为实例与文本互证工作的切入点，以讨论《营造法式》编纂前后的木构技术发展总体趋势，该趋势在不同匠系内的差异性表现，以及《营造法式》颁行对于弥补地区间差异的作用。专题部分强调厅堂思维通过《营造法式》的中介，逐步影响北方建造传统，进而触发在地化的简化策略，令厅堂化与殿堂简化两条线索并行发展，共同构成北宋中期以降晋东南及周边地区技术发展主流方向的史实。

为更全面地把握本区木构建筑的相关情况，第6章进一步从尺度构成规律的视角出发，对区内部分已公开实测数据的遗构进行营造尺复原和间椽配置模式分析，以期深入了解在技术急遽发展的宋、金时期，当地工匠设计意识的演变轨迹。

第7章针对全文创新点进行总结，并反思研究过程中的主要问题与不足之处。

本研究的创新点主要有两项：

1）在前人工作基础上围绕研究内容的深化和拓展，包括：

（1）重新审视了宋、金时期北方木构架的一般演变规律，排列出典型殿堂→简化殿堂→接柱式厅堂→典型厅堂的进化序列，作为衡量折中式遗构所处发展阶段的标准。

（2）从宗教教义及酬神节次的差别出发解释了晋东南地区佛、道教及民间神祠殿宇各自格式化的空间分配模式，并借助统计学的方法对不同的构造节点进行了量化分析。

（3）通过探究耍头拟昂现象的视觉成因与构造约束条件、照壁组合方式及关联构件样式的演变历程、扶壁栱配置中特殊性与规律性的互动情况等几个典型的样式线索，挖掘了隐藏其后的技术进步意义，强调了简化趋势的在地化表现形式。

（4）通过爬梳晋东南地区遗构中襻间与串构件此消彼长的过程、大角梁平置及隐角梁法成为标准结角方法的现象、槫柱错缝的产生原因及相应的尺度调整方法，将之与《营造法式》相关制度进行比对，廓清其中若干条目的技术源头及其影响，从而在文本研究与地域建筑研究间架设了有效的转化通道，对于深化这两方面的工作作出贡献。

（5）首次将晋东南五代、宋、金遗构作为一个整体，较为全面地探讨其尺度构成规律，并总结了不同时期流行的间椽配置模式，从而跨越了个案研究的范畴，从区系内匠作传统的角度出发，对大量案例的基本尺度现象作出相应解释，具有一定的开拓意义。

2）在批判视野下针对研究方法的统合与反思，包括：

（1）从文化地理学的角度出发，对晋东南及接邻地区木构技术的相互渗透现象加以解释，尝试在谱系式的案例排列与诠释式的背景铺叙间取得平衡。

（2）对基于构件样式的年代学方法进行了反思，讨论了以关键构造节点作为替代性判定标准的可行性，并展开了定量统计工作。

书中不足之处甚多，尤其在一手资料特别是精细化测绘数据的获得方面，因写作周期和原始资料等方面的限制而存在较多遗漏，这也在相当程度上对尺度规律研究的具体结果（而非方法）造成了不利影响，降低了包括复原营造尺长在内的诸多具体数值的可信度，不能不说是一个缺憾。

其次，涉及样本的数量过于驳杂，且其中存在相当一部分断代存疑或纯度较低的案例，虽基于统计的需要而未予舍弃，但实际讨论中对其牵涉不多，反添蛇足之嫌。

此外，本书的焦点集中在木构技术进步（简化及厅堂化）的事实对于促进构架体系、构造做法及构件样式变革的系列表现上，而较少关注更为细致的纯粹样式线索。实际上晋东南地区早期遗构作为重要的建筑史案例宝库，其中值得深究的部分极多，单就与《营造法式》直接相关的课题而言，无论石柱的磨制工艺和雕镌图案、木构件的加工痕迹和榫卯做法、砖石神台的浮雕形象或小木作神龛的拼鬪技法，都是可以单独成文的优质研究对象。即便大木作范畴内的诸多侧面，本书也未能一一照顾周全（如本区内代表性的斜栱做法、转角列栱与梢间补间配置、出际方式与立面调节、侧脚技术与屋檐曲线等），一方面这是本书写作必须突出主线决定的，另一方面也意味着在本书标题之下留有大量空白，有待日后进一步的充实和完善。

迄今为止，关于本地区木构技术的研究实际上仍去起步阶段未远，相信随着学界对这一群体关注程度的不断提升，情况将很快得到全面改善。

7.2 南北方技术互动下的《营造法式》与晋东南五代、宋、金遗构

本书的写作缘起，正如绪论中所述，始于对厘清《营造法式》所载制度南北技术源头的企图。这一研究方向历时既久，前人成果亦颇丰硕，想要百尺竿头更进一步自然困难重重。因此选择以区域建筑研究作为切入点，结合实例加以突破，而双核式的布局也带来写作上的困扰：行文时，在照顾案例的全面性与线索的逻辑性时经常陷入两难境地，笔者往往苦恼于在单刀直进和全面铺陈的两极间追寻平衡，而难免在铺叙线索、切换视点的过程中屡屡

措置失当。

总的来说，本书通篇强调的无非是同一个主题：五代、宋、金以降木构技术发展带来的简化倾向在实例与《营造法式》中的双重体现。围绕这一主线安排叙事，在肯定"从简"背景的同时归纳相关区系各自的简化策略，研判（阶段性的或程度上的）差异产生的原因，并据之评价技术流动的方向性，同时将《营造法式》文本也纳入到技术简化背景中加以再释读，正是本书的主要工作成果。

南北方的技术互动是一个漫长且非匀质的过程，政治、军事事件的触发，文化、艺术风气的熏染，经济、人口流动的影响，往往构成其中突发性的质变关窍，而五代十国间的篡夺割据，宋金间的战和谲变，都将剧烈动荡的世局推向变革的高潮，这也构成了技术史研究中的关键节点。[1] 徐怡涛先生在其博士论文的终章着重强调了特定历史事件对于建筑形制分期的决定性作用（如王安石托古改制带动的复古风潮影响了熙宁间的木构营造实践，出现斗䫜下撇出峰和撤除补间铺作的逆时性现象），无疑在纯粹的形制样式层面，意识形态对于生产实践的反馈是迅速而确定的，但构造技术的全面变革则缓慢得多，这种受容过程中的反复导致的延滞性往往异化为地域差别，而基于修缮、模仿等外因产生的晚期建筑的样式泥古现象，则更进一步混淆了技术传播的时空边界，令其脉络模糊。

关于文物建筑形制的年代学判定问题，正如徐怡涛先生自己指出的，虽可通过"同座建筑原构形制共时性原理"[2] 加以解决，但仍存在明确的复杂性：其一是各种原构构件的存世年代跨度不同（形制复杂者变化速度快于简单者）；其二是同一种构件形制在不同的地区与时代下具有不同的时空分布状况。服务于判定单体建筑建造年代的目的时，具有较高时代敏感性的形制

1　李浈. 试论古建筑技术史研究的"节点"[J]. 华中建筑，1997（04）：50-51。

2　徐怡涛. 文物建筑形制年代学研究原理与单体建筑断代方法［M］//王贵祥主编. 中国建筑史论汇刊（第2辑）. 北京：清华大学出版社，2009：487-494。文章提出"同座建筑原构形制共时性原理"的概念，作为对地面建筑考古工作无法利用基于自然规律的地层学原理导致的方法论缺憾的补偿。这一概念的认识基础在于，同一座建筑上的所有原构形制必然在同一空间中同时存在，以此从对象案例上提取一组已知年代变化区间的原构形制，寻找时间上的交集（即若干种具连带性的典型形制中，最晚出现的和最早结束的形制之间的共存年代），作为其始建年代的可能区间，即可得到客观可信的结论。该解决方案有别于传统年代鉴定方法的特殊性在于："共时性断代首先将待鉴定文物建筑视作一个由不同历史时期的构件和文字资料堆积形成的、没有层位关系的堆积单元，再从堆积单元中解析出原构构件……进而逐一分析在特定区域内原构形制的存在年代区间，再依据原构共时性原理将被分解的原构构件组合起来，以确定整座建筑的始建年代区间……经过确认的建筑，其原构形制成为区域内的形制标尺，成为进一步研究的基础。"

指标无疑更加适用（如变动频繁的铺作样式），而在进行跨区域匠作谱系比较研究时，情况则截然相反。

本书既以晋东南及周边地区的木构群体（而非单一案例）作为研究对象来讨论历时性的技术发展问题，相较于依赖构件样式线索作为跨区域技术流播的佐证资料，自然更加认同从构架层面入手寻求匠作谱系亲缘性的思路。毕竟形制的酷肖蕴含着过大的偶然性，难以据之作为甄别技术源流的标准（如元末明初，月梁形阑额及丁头栱在晋东南地区大量出现，但这并不意味着该时期的木构遗存在技术层面上与江南做法全面趋同），而柱梁交接方式、立架顺序、空间设计等方面的近似，迁涉的实际因素既多，因某种意识形态一时风行而发生变化的可能就较低，无疑也就更具说服力。

为此须将考察的焦点聚集在南北方木构技术差异的根本关窍之上，而这对应的无非是稳定性实现途径及其附生的施工次第问题，以之衡量晋东南早期遗构，可以明确地看到殿堂纵架遭受削弱的单向进程（铺作层瓦解、叠梁做法消失、襻间退化）以及厅堂化进程加速的若干迹象（逐层用梁栿传统的消失、蜀柱运用的日趋广泛、串构件的发达）。这些事实又进而指示了该时段内南北技术流动的方向性，同时《营造法式》著录的一些默认选项（如角梁、丁栿做法）也间接反映了当时官方选择的倾向性，为排列区域间的技术位势关系提供了依据。

7.3 结语

毋庸讳言，木构技术史研究本身是枯燥晦涩的。

"枯燥"源自人的因素的抽离。一方面，传统工艺研究强调大量的工匠访谈与忠实的施工现场记录，但这无法适用于早期建筑史的讨论；另一方面，借由构件加工方式、施工改易痕迹等因素推动的工匠意识研究，因缺乏可靠的直观证据与行为学参照而无法坐实。从这个意义上看，真正了解古人的思维方式并把握各种技术选择的产生原因是一件不可能完成的任务，而承认这一点必将导致谱系学研究方法的盛行，这便需要大量地堆砌材料。

"晦涩"则是因为，对于遗构中所见构造手法的总结、分析、评价，无不基于当下的逻辑观念，而这与历史的真实间或许早已谬以千里。时至今日，即便建筑史初学者也不再盲从于线性唯理论的思维方式，编织连续完整的宏大叙事网络已不是当今技术史研究的潮流所向，但解释学的方法仍然无可回避，否则碎片式的证据罗列无法构成完整的研究——这一"**着眼于对历史原典或原文本进行分析与解释，运用了当代哲学、语言学、符号学、结构人类学、文化人类学、艺术史学等多个学科的研究方法与成果，对历史原典**

中隐含的意义与象征性进行揭露与展示"的手段的目的在于,"用复杂图景代替简单图景,同时力图保持简单图景所具有的清晰的说服力",从而将相关认知建立在"用盘根错节但可以理解的事物代替盘根错节但不可理解的事物的可能性上"。[1]

总之,技术史的研究着重于诠释而非描述,考校的是作者将个别现象由点及线、由线及面,最终连缀成贯通自如的逻辑网络的能力。木构建筑的可拆解和再造属性导致构件之间的叠压关系与时代早晚之间并无必然联系,而历代的持续修缮改换则造成了文献记载与实物年代的不对应(词义的不统一则加剧了该问题,如"重建"和"重修"之间界限的模糊),加之地表遗存数量的相对稀缺和存世时段的断裂,共同导致借助地层学方法、通过类型排比和实物罗列以获取研究对象发展序列的自明的可能性甚为渺茫,线索间的缺环无法通过实证的方式得到弥补,而只能借助逻辑推理加以解决。

这本质上是"我注六经"而非"六经注我"式的主观创造性工作,却借鉴了大量的科学研究工具,从而制造出令人难以自拔的悖论陷阱。能否抑制填补逻辑链条缺环的冲动,或许正是考古学与建筑史学的一个主要差异所在——既然罗列而不评价的方法无法适用于木构技术史研究中案例相对稀缺的事实,也就无法阻止叙事技巧本身成为这一学科固有的缺陷与魅力所在。

近来围绕长治、晋城两地若干早期建筑的断代问题出现了新的争论,与当年的日本"法隆寺大讨论"一样,在争辩与翻案工作的刺激下,无疑将出现新的研究视野与方法,进而推进整个学科的发展。但与此同时,我们不应忘记精确断代仅仅是通达更长远目标的必经之路而远非终点:建筑年代的判定更多的是令后续工作(勾勒技术发展脉络及流播线索)更加可信的前期准备。

由此联想到本书的种种不足。无疑,作为对前辈学者既有成果的反思和补充,本研究的价值主要在于借助新的理论视野审视以往的感性认识,继而编织出一套内在自足的论证逻辑。从这个意义上来说,论点、论据和论证三个环节中,本书主要侧重于后者,在晋东南古建筑宝库尚未得到全面发掘的情况下,这样的工作成果难称满意,但也为今后的进一步研究留下了巨大的空间。

---

1 克利福德·格尔兹. 文化的解释 [M]. 王铭铭主编. 纳日碧力戈等译. 上海:上海人民出版社,1999:39。

附录 A　晋东南地区五代、宋、金佛教殿宇及道教神祠的空间配置模式

采用 5 个分项指标：

(1) 在建筑群中的位置：佛教寺院主要有金堂、法堂、配殿、过殿、山门等，道教神社则有主殿、献殿、山门、戏台、朵殿等。

(2) 基本规模：三间六架记为 A1，三间四架为 A2，三间五架为 A3，三间三架为 A4，五间六架为 B1，五间八架为 B2，一间两架为 C1，一间四架为 C2；屋顶形态方面，歇山顶为 X，悬山顶为 Y，庑殿顶为 W，卷棚顶为 J，攒尖顶为 C。如"三间六架歇山顶"的情况记为 A1＋X。

(3) 墙体围合方式：两山砖墙、前后檐辟门窗的记为 A1，三面砖墙、前檐辟门窗为 A2，四面辟设门窗的为 A3，四面皆砌砖墙、墙上开门窗洞口的为 A4，前后檐开敞记作 A5，四面开敞记作 A6；前廊开敞的记作 B1，未作前廊的记作 B2，副阶周匝记作 B3。如"三面砖墙前檐辟门窗并前廊开敞"的情况记作 A2＋B1。

(4) 梁栿分椽：六架椽中，前四椽栿后乳栿用后内柱的记作 4-2，前乳栿后四椽栿用前内柱的记作 2-4，六椽通栿不用内柱的记作 6，前后三椽栿分心用三柱的记作 3-3，前后劄牵用四柱的记作 1-4-1；同理八架椽屋表现为 6-2、2-4-2、2-6 等，四架椽屋则记为 1-3、4、3-1、2-2 之类。

(5) 佛坛/神坛面积：纵长一间的记作 A1，三间的记作 A2，满占两道系头栿之间的记作 A3；横长则记其前后缘对应的平槫，脊槫、上平槫、中平槫、下平槫和檐槫分别为 J、S、Z、X、Y，并于其后记其对应椽架数。如"佛坛纵长一间，横长上平槫间两架"记作 A1-SS（2）。

附表 A-1、附表 A-2 分别统计了本地区五代宋金佛教、道教建筑的空间配置情况。

晋东南地区五代、宋、金佛教建筑的空间配置情况　　　　附表 A-1

样本序号	建筑名称	位置	规模	围合	分椽	佛坛
A2	平顺龙门寺西配殿	配殿	A2＋Y	A2＋B2	4	A1-JY(2)
A3	平顺大云院弥陀殿	佛殿	A1＋X	A1＋B2	4-2	A1-SS(2)

样本序号	建筑名称	位置	规模	围合	分椽	佛坛
A4	高平崇明寺中佛殿	佛殿	A2＋X	A1＋B2	4	遗失
A5	陵川北吉祥寺前殿	佛殿	A1＋X	A1＋B2	4-2	A1-SS(2)
A6	长治崇教寺正殿	佛殿	A1＋Y	A2＋B2	3-1	A1-SS(2)
A7	高平游仙寺毗卢殿	佛殿	A1＋X	A1＋B2	4-2	A1-SS(2)
A8	长子崇庆寺千佛殿	佛殿	A1＋X	A2＋B2	4-2	A1-SS(2)
A9	陵川南吉祥寺中殿	佛殿	A1＋X	A1＋B2	6	遗失
A11	长子正觉寺后殿	法堂	B1＋Y	A2＋B2	4-2	遗失
A12	高平开化寺大殿	佛殿	A1＋X	A2＋B2	4-2	A1-SS(2)
A14	长子崇庆寺三大士殿	配殿	A2＋Y	A2＋B2	4	未明
A16	泽州高都镇景德寺后殿	法堂	B1＋Y	A4＋A2	4-2	A1-SS(2)
A17	潞城原起寺大殿	佛殿	A2＋X	A1＋B2	3-1	A1-JY(2)
A18	平顺龙门寺释迦殿	佛殿	A1＋X	A1＋B2	4-2	A1-SS(2)
A20	泽州青莲寺罗汉阁	配殿	A2＋Y	A2＋B2	1-3	A1-JY(2)
A21	泽州青莲寺释迦殿	佛殿	A1＋X	A1＋B2	4-2	A1-XX(4)
A26	泽州崇寿寺释迦殿	佛殿	A1＋X	A1＋B2	4-2	遗失
A27	陵川龙岩寺释迦殿	佛殿	A1＋X	A1＋B2	4-2	A1-SS(2)
A28	高平开化寺观音阁	朵殿	A3＋Y	A2＋B1	3-2	A1-JS(S)
A32	平顺淳化寺正殿	佛殿	A1＋X	A1＋B2	6	遗失
A33	沁县洪教院正殿	佛殿	A1＋Y	A2＋B2	1-4-1	遗失
A36	沁县大云寺正殿	佛殿	A1＋Y	A2＋B2	1-4-1	新造
B1	长子小张碧云寺正殿	佛殿	A2＋X	A2＋B2	3-1	A1-SS(2)
B3	泽州青莲寺藏经阁	过殿	A2＋X	A2＋B2	4	无
B4	高平清化寺如来殿	佛殿	A1＋X	A2＋B2	4-2	A1-SS(2)
B5	高平嘉祥寺转果殿	佛殿	A1＋X	A1＋B2	4-2	新造
B6	高平资圣寺大殿	佛殿	A1＋X	A1＋B2	6	未明
B7	平顺佛头寺大殿	佛殿	A2＋X	A1＋B2	3-1	遗失
B11	平顺回龙寺正殿	法堂	A2＋Y	A2＋B1	1-3	无
B13	武乡大云寺三佛殿	佛殿	B1＋Y	A2＋B2	4-2	遗失
B14	沁县普照寺大殿	佛殿	A1＋X	A2＋B2	3-1	遗失
B16	平顺龙门寺山门	山门	A1＋Y	A1＋B2	1-4-1 3-3	A1-YY(4)
B18	泽州显庆寺毗卢殿	佛殿	A1＋X	A3＋B2	4-2	新造
B23	陵川北吉祥寺中殿	佛殿	A1＋Y	A1＋B2	4-2	A1-SS(2)
B30	武乡洪济院正殿	佛殿	B1＋Y	A2＋B2	4-2	未明
B33	长子天王寺前殿	山门	A1＋X	A4＋B2	3-3	遗失
B34	长子天王寺后殿	佛殿	B1＋Y	A4＋B2	4-2	遗失
B40	泽州川底村佛堂正殿	佛殿	A2＋X	A2＋B2	4	遗失
B41	泽州高都镇景德寺中殿	佛殿	B1＋Y	A2＋B2	4-2	遗失
B45	陵川南吉祥寺后殿	法堂	B1＋Y	A2＋B2	1-5	无

样本序号	建筑名称	位置	规模	围合	分椽	神坛	备注
A10	小会岭二仙庙正殿	主殿	A1+X	A2+B2	6	A1-SY(2)	后上平槫下加立支柱
A13	府城玉皇庙玉皇殿	主殿	A1+X	A2+B1	2-4	A1-SY(2)	后院主殿，室内遍设彩塑不限于神坛之上
A15	周村东岳庙正殿	主殿	A2+X	A4+B2	1-3	遗失	室内吊顶，后下平槫下后加柱
A19	九天圣母庙正殿	主殿	A1+X	A2+B1	2-4	A1-SY(3)	/
A23	河底村汤王庙正殿	主殿	A2+Y	A2+B1	1-3	未明	/
A24	北义城玉皇庙后殿	主殿	A2+X	A2+B1	1-3	遗失	后下平槫下后加支柱
A25	小南村二仙庙正殿	主殿	A2+X	A2+B1	1-3	A3-SY(3)	天宫神龛一座，前出角阙与飞陛相连
A29	西溪二仙庙后殿	主殿	A1+X	A2+B1	2-4	A1-SY(2)	后上平槫下加立支柱
A30	西上坊成汤庙正殿	主殿	B2+X	A2+B2	2-6/2-4-2	A1-JZ(2)	推测原状前廊开敞；后中平槫下加柱
A31	西李门二仙庙正殿	主殿	A1+X	A2+B1	2-4	遗失	殿内仅剩石供案一座
A34	中坪二仙宫正殿	主殿	A1+X	A2+B1	2-4	A1-JY(2)	/
A35	南阳护三峻庙正殿	主殿	A1+Y	A2+B1	2-4	A1-SY(2)	/
A37	王报村二郎庙戏台	戏台	C1+X	A2+/	/	无	铺作后尾挑平槫、平梁交圈，三面开敞
A38	礼义崔府君庙山门	山门	A1+X	A2+B1	6	无	
A39	高都东岳庙天齐殿	主殿	A1+X	A2+B2	2-4	遗失	原状或前廊开敞
A40	冶底岱庙天齐殿	主殿	A1+X	A2+B1	2-4	未明	前廊下安置力士两尊
A41	襄垣昭泽王庙正殿	主殿	A2+Y	A2+B1	1-3	遗失	现状于前檐柱间安门窗，原状前廊开敞
A42	尹西东岳庙天齐殿	主殿	A2+Y	A2+B1	1-3	未明	/

样本序号	建筑名称	位置	规模	围合	分椽	神坛	备注
A43	湖妲村二仙庙正殿	主殿	A1＋Y	A2＋B1	2-4	未明	室内现封吊天花
A44	府城玉皇庙成汤殿	主殿	A1＋Y	A2＋B2	4-2	A2-SY(2)	殿内元代天宫楼阁三座;中院主殿
A45	高都玉皇庙东朵殿	朵殿	A2＋Y	A2＋B1	1-3	未明	梁栿月梁造
A46	屯城东岳庙天齐殿	主殿	A1＋Y	A2＋B1	2-4	未明	/
A47	襄垣灵泽王庙正殿	主殿	A2＋Y	A2＋B1	1-3	遗失	/
A49	郊底村白玉宫正殿	主殿	A2＋X	A2＋B1	1-3	A1-JY(2)	劄牵当中位置上托罗汉枋一道
A50	监漳会仙观三清殿	主殿	A1＋X/Y	A2＋B1	2-4	遗失	三间悬山顶长短坡,前檐加拔成转角造
B2	布村玉皇庙正殿	主殿	A2＋X	A2＋B2	3-1	遗失	/
B8	长春村玉皇观正殿	主殿	A2＋Y	A2＋B2	4/3-1	遗失	后加柱头栌斗内出蝉肚状实拍栱
B10	周村东岳庙关帝殿	朵殿	A1＋X/Y	A2＋B1	2-4	遗失	后四椽悬山顶,接前披檐两椽转角造
B12	监漳应感庙五龙殿	主殿	B1＋Y	A2＋B1	2-4	遗失	/
B17	南庄村玉皇庙正殿	主殿	A1＋Y	A2＋B1	2-4	A1-JY(2)	与献殿相连并开畅,后上平槫下加支柱
B19	三王村三峻庙正殿	主殿	A1＋X	A2＋B1	2-4	未明	/
B20	玉泉村东岳庙正殿	主殿	A1＋X	A2＋B1	2-4	遗失	后上平槫下加有支柱
B21	玉泉东岳庙东朵殿	朵殿	A1＋X	A4＋B2	2-4	遗失	原状或为前廊开敞
B24	石掌村玉皇庙正殿	主殿	A1＋X	A2＋B1	2-4	A1-SY(2)	/
B25	南神头二仙庙正殿	主殿	A1＋X	A2＋B1	2-4	遗失	后上平槫下加立支柱
B26	寺润村三教堂正殿	主殿	C2＋X	A2＋B3	4	未明	主体一间四架,副阶周匝方三间

样本序号	建筑名称	位置	规模	围合	分椽	神坛	备注
B27	北马村玉皇庙正殿	主殿	B1+Y	A2+B2	6	遗失	前后檐略分长短坡
B28	东邑村龙王庙正殿	主殿	A1+Y	A2+B2	2-4	遗失	心间前廊开敞,两次间檐槫下安有窗扇
B35	韩坊村尧王庙正殿	主殿	A1+X	A1+B2	2-4	遗失	/
B36	南鲍村汤王庙正殿	主殿	A1+X	A2+B1	2-4	A1-JX(2)	/
B37	布村玉皇庙后殿	后殿	A1+Y	A2+B2	4-2	遗失	/
B38	长子县府君庙正殿	主殿	B2+X	A2+B1	2-4-2	遗失	/
B39	王郭村三嵕庙正殿	主殿	A1+X	A2+B2	2-4	遗失	前接献殿作勾连搭,前檐柱列间开敞
B42	周村东岳庙财神殿	朵殿	A1+X/Y	A4+B2	2-4	遗失	悬山部分长短坡,前接两椽披檐作转角造
B44	崇瓦张三嵕庙正殿	主殿	A1+Y	A2+B1	2-4	未明	/
B46	西顿村济渎庙正殿	主殿	A1+Y	A2+B1	2-4	未明	/

附录 B　晋东南地区五代、宋、金木构建筑的梁架做法分类

采用 20 个分项指标：

（1）是否用内柱及内柱所处位置：通栿不用内柱记作 A，用前内柱记作 B1，用后内柱记作 B2，前后平槫下皆施内柱记作 B3，用中柱的记作 B4。

（2）梁栿加工与否：加工平直的梁栿记作 A，用弯曲自然材的记作 B，剜刻月梁记作 C。

（3）内外柱高度关系：等高记作 A，无明显高度关系记作 B，相差整材絜记作 C。

（4）长短栿位置关系：长栿压短栿记作 A，长栿对短栿（底皮等高）记作 B。

（5）长短栿节点与内柱关系：插入内柱中的记作 A，压于内柱头栌斗上的记作 B。

（6）逐槫下用栿与否：逐层逐槫下用栿记作 A，下平槫或中平槫下省略中层梁栿的记作 B，逐槫下用栿并添加衬梁的记作 C（该项仅针对六架椽及以上规模，四架椽屋不在其列，统一记作"/"）。

（7）丁栿处置方式：按从前向后统计，平置型丁栿记作 D1，斜置型中，直材斜置的记作 D2、弯材斜置的记作 D3（本项若双丁栿，记作 D2-D1 之类，若单丁栿，只记作 D2 之类）。

（8）丁栿与平槫对位与否：对位的记作 A，丁栿在平槫外侧的记作 B1，在平槫内侧的记作 B2，单丁栿的情况则考察其与脊槫的关系。

（9）承系头栿构件：按从前向后统计，每项分两部分，其一为下端受重梁栿的类型，大角梁记作 J，丁栿则按第（7）条记作 D1、D2 或 D3，若直接落在梁栿上记为 L，落在下平槫上记作 X；其二为垫托构件的类型，驼峰记作 T，蜀柱记作 S，直接以栌斗承托的记作 L。则该项记作 D1/S-D2/T 之类（即系头栿前端由平置丁栿上蜀柱承托，后端由直材斜置丁栿上驼峰承托）。

（10）横架梁栿上承槫子的构件类型：驼峰为 T，蜀柱为 S，垫块为 K，内柱直接承托为 Z，自下平槫起逐一计数，如"脊槫与上平槫下用蜀柱，下平槫下用驼峰"记作 T-S-S-S-T。

（11）上下平槫之间是否用劄牵：凡下平槫下自栌斗口内出劄牵劄入上平槫（或中平槫）下蜀柱身的，记作 A；平槫之间不用劄牵的，记作 B（该项针对六架椽及以上规模，四架椽屋不在其列，统一记作"/"）。

（12）系头栿与下平槫位置关系：等高交圈的记作 A，系头栿上皮高于檐面平槫上皮的记作 B，系头栿上皮低于檐面平槫上皮记作 C。

（13）系头栿缝梁架水平位置：直接立在梢间缝梁架上的记作 A；直接立在山面柱缝上的记作 C；立在梢间中线偏向内侧（即靠近平柱）的记作 B1，立在梢间中缝上的记作 B2，立在梢间中线偏向外侧（即靠近角柱）的记作 B3。

（14）系头栿之外是否别用承椽串：用单独承椽串的记作 A，不用的记作 B。

（15）大角梁下是否存在角缝构件：仅以转角铺作里跳承托大角梁的记作 A，用递角栿的记作 D，用抹角栿的记作 M，两者并用的记作 D/M。

（16）槫间是否遍用叉手、托脚：遍用的记作 A，平槫间省略托脚的记作 B。

（17）丁栿上是否用劄牵：劄入蜀柱或丁栿的记作 A1，平置于栌斗内且上托系头栿的记作 A2，不用劄牵的记作 B，从前向后逐缝计数。

（18）丁栿、短栿与长栿的压接关系：丁栿与长栿平接且压在短栿之上的记作 A，丁栿与短栿平接且压于长栿之下的记作 B，丁栿压在通栿/对栿节点之上的记作 C，丁栿、长栿、短栿平接于一点的记作 D。

（19）是否用顺身串：逐槫下计数（不含檐槫），用的记作 A，不用的记作 B，则诸如"下平槫下无，上平槫与脊槫下用串"的情况记作 B-A-A-A-B。

（20）是否用襻间及襻间类型：两材襻间记作 A1，单材襻间记作 A2，捧节令栱记作 A3，实拍襻间记作 A4，不用的记作 B，逐槫下记录，诸如"脊槫下用单材襻间，其余各槫下不用"的情况记作 B-B-A2-B-B。

附表 B-1 记录了本地区木构案例的典型梁架节点做法；附表 B-2 对案例柱梁基本情况进行了样本统计与数理分析；附表 B-3 对梁柱交接节点，附表 B-4 对系头栿构造方式，附表 B-5 对丁栿构造类型，附表 B-6 对山花缝上诸构件的组织方式，附表 B-7 对构成屋架的杂项构件的成分与组合分别进行了数据统计。

晋东南地区五代、宋、金木构建筑的梁架做法分类　　附表 B-1

样本序号	建筑名	项目									
		1	2	3	4	5	6	7	8	9	10
		11	12	13	14	15	16	17	18	19	20
唐五代构											
A1	平顺天台庵正殿	A	A	/	/	/	/	D1-D1	A	D1/S-D1/S	S-S-S
		/	C	A	A	D	A	B-B	C-C	B-B-B	A2-A3-A2
A2	平顺龙门寺西配殿	A	A	/	/	/	/	/	/	/	T-S-T
		/	/	/	/	/	A	B-B	/	B-B-B	A2-A2-A2
A3	平顺大云院弥陀殿	B2	C	C	B	B	/	D2-D1	A	D2/T-D1/T	T-S-T
		A	A	B1	B	A	A	A2-A2	C-D	A-A-B	A1-A2-A3-A2-A1
北宋构											
A4	高平崇明寺中佛殿	A	C	/	/	/	C	D1/D2	A	/	S-S-S
		/	C	B3	B	A	A	B	C	B-A-A	B-A3-A3
A5	陵川北吉祥寺前殿	B2	A	C	A	B	A	D2-D1	A	J/L-D2/S-D1/S-J/L	T-S-S-S-S
		B	A	B3	B	M	B	A2-A2	C-B	A-A-A-A-A	A3-A3-A3-A3-A4
A7	高平游仙寺毗卢殿	B2	B	A	A	B	B	D3-D1	A	D3/T-D1/T	L-T-S-T-L
		B	A	B3	B	A	B	B-B	C-A	B-B-A-B-B	B-A2-A1-A2-B
A8	长子崇庆寺千佛殿	B2	C	C	B	B	C	D2-D1	A	J/L-D2/T-D1/T-J/L	L-T-S-T-L
		B	A	B3	B	A	B	B-B	C-D	B-B-A-B-B	B-A1-A2-A1-B
A9	陵川南吉祥寺中殿	A	C	/	/	/	/	D2-D2	B1	J-D2/T-D2/T-J	边缝 K-S-S-S-K；心缝 T-S-S-S-T
		B	A	B3	B	A	B	B-B	C-C	B-A-A-A-B	B-B-A3-B-B
A10	小会岭村二仙庙正殿	A	B	/	/	/	B	D2-D2	B1	D2/T-D2/T	K-S-S-S-K
		A	A	B3	A	B	B	B-B	C-C	B-B-B-B-B	B-B-A4-B-B
A11	长子正觉寺后殿	B2	A	C	A	B	B	/	/	/	L-S-S-S-S
		A	/	/	/	/	A	/	/	B-A-A-A-A	A3-A3-A1-A3-A3
A12	高平开化寺大雄殿	B2	A	C	B	B	A	D2-D1	A	J/L-D2/T-D1/T-J/L	L-S-S-S-T
		B	A	B3	A	B	B	B-B	C-D	B-B-B-B-B	B-A2-A2-A2-B
A16	高都镇景德寺后殿	B2	A	B	B	B	C	/	/	/	无-S-S-S-T
		B	/	/	/	/	A	/	/	A-A-A-A-A	B-A3-A2-A3-B
A17	潞城原起寺大雄殿	B2	C	B	B	B	/	D1-D1	A	L/T-L/T	T-S-T
		/	C	A	B	D	A	B-B	C-C	A-B-A	A2-A1-A2

327

样本序号	建筑名	项目									
		1	2	3	4	5	6	7	8	9	10
		11	12	13	14	15	16	17	18	19	20
A18	平顺龙门寺大雄殿	B2	A	C	B	B	B	D2-D1	B1	J/L-D2/T-D1/T-J/L	T-S-S-S-T
		A	A	B2	B	D/M	B	B-B	C-D	B-B-A-B-B	B-A2-A2-A2-B
A19	平顺九天圣母庙正殿	B1	A	A	B	B	A	D1-D2	A	J/L-D1/S-D2/S-J/L	T-S-S-S-L
		B	A	B3	B	M	B	B-B	B-C	A-A-A-A-A	A2-A2-A3-A2-A2
A21	晋城青莲寺释迦殿	B2	A	C	B	B	B	D2-D2	A	D2/T-D2/T	T-S-S-S-T
		A	A	B3	B	A	B	A1-A1	C-C	B-B-A-B-B	A2-A1-A3-A1-A2
A24	北义城镇玉皇庙正殿	B1	A	A	A	B	/	D1-D3	B2	J/S-D1/S-D3/S-J/L	S-S-S
		/	C	B1	A	A	B	B-B	B-C	A-B-A	B-A4-B
A25	小南村二仙庙正殿	B1	B	C	B	B	/	D1-D1	A	D1/T-D1/T	T-S-T
		/	C	B3	A	A	A	B-B	C-C	A-B-A	B-A2-B
B1	小张村碧云寺正殿	B2	A	A	B	B	/	D2-D1	A	D2/L-D1/L	L-S-L
		A	A	B1	A	A	B	B-B	C-C	A-B-A	A1-A2-A1
B2	布村玉皇庙正殿	B2	C	A	B	B	/	D2-D1	A	D2/T-D1/S	T-S-T
		B	C	B2	A	A	A	B-B	C-D	A-A-A	A3-A2-A3
B4	高平清化寺如来殿	B2	A	A	A	B	B	D2-D1	A	J/L-D2/T-D1/S-J/L	L-S-S-S-L
		A	A	B3	A	A	B	A1-A1	C-A	B-A-A-A-B	B-A2-A3-A2-B
B7	平顺佛头寺大殿	B2	A	C	B	B	/	D3-D2-D1	A	D3/S-D2/S-D1/S	S-S-S
		/	C	B3	A	A	A	A1-B-A1	C-C-A	A-A-A	A3-A3-A3
B8	长春村玉皇观正殿	A	A	B	/	/	C	/	/	/	K-S-K
		B	/	/	/	/	B	/	/	A-A-A	B-B-B
金构											
A27	陵川龙岩寺中佛殿	B2	A	C	A	B	B	D3-D1	A	J/L-D3/T-D1/S-J/L	L-S-S-S-S
		A	A	B3	B	A	B	A2-B	C-B	B-A-A-A-B	A3-A2-A1-A2-A3
A28	高平开化寺观音殿	B2	A	B	/	/	/	/	/	/	L-S-S-S-L
		B	/	/	/	/	B	/	/	B-A-A-A-B	B-A3-A1-A3-未明
A29	西溪二仙庙后殿	B1	A	A	A	B	B	D1-D2	A	J-D1/S-D2/T-J	S-S-S-S-L
		A	C	B3	A	A	B	A2-A2	B-C	B-A-B-A-B	A2-A2-A1-A2-A2

样本序号	建筑名	1	2	3	4	5	6	7	8	9	10
		11	12	13	14	15	16	17	18	19	20
A30	西上坊村成汤庙正殿	B3	B	B	A	B	B	D1-D3-D1	A	J/L-D1/S-D3/T-D1/S-J/L	L-S-S-S-S-S-L
		A	C	B3	B	A	A	A2-B-A2	B-C-B	A-A-A-A-A-A-A	A3-A2-A3-A1-A3-A2-A3
A31	西李门村二仙庙正殿	B1	A	C	A	B	B	D1-D3	A	J/L-D1/S-D3/S-J/L	S-S-S-S-K
		A	A	B3	B	A	B	A2-B	B-C	B-A-A-A-B	A3-A3-A2-A3-A3
A32	平顺淳化寺正殿	A	A	/	/	/	/	D1-D1	B1	J/K-D1/S-D1/S-J/K	T-S-S-S-S
		A	B	B1	B	A	B	B-B	C-C	A-A-A-A-A	B-A2-A2-A2-B
A35	南阳护村三嵕庙正殿	B1	A	C	A	B	A	/	/	/	S-S-S-T-L
		B	/	/	/	/	A	/	A-A-A-A-A	A3-A3-A3-A3-A3	
A36	沁县大云寺正殿	B3	A	B	/	/	/	/	/	/	K-T-S-T-K
		B	/	/	/	/	B	/	A-A-A-A-A	A2-A2-A2-A2-A2	
A39	高都镇东岳庙天齐殿	B1	A	A	A	B	B	D1-未明	未明	J-D1/S-未明-未明	S-S-未明-未明-未明
		A	A	B2	B	M	未明	A2-未明	B-C	A-B-未明-未明-未明	A3-A3-未明-未明-未明
A40	冶底村岱庙天齐殿	B1	A	C	A	B	B	D1-D2	未明	J-D1/S-未明-未明	S-S-未明-未明-未明
		A	C	B2	B	A	B	未明	未明	未明	A3-A3-未明-未明-未明
A41	襄垣昭泽王庙正殿	B1	A	B	A	A	/	/	/	/	Z-S-T
		B	/	/	/	/	B	/	A-A-A	B-B-B	
A42	尹西村东岳庙天齐殿	B1	A	C	A	B	/	/	/	/	S-S-S-未明
		A	/	/	/	/	B	/	A-A-未明-未明-未明	未明	
A44	府城村玉皇庙成汤殿	B2	A	A	未明	未明	B	/	/	/	S-S-S-S
		A	/	/	/	/	B	/	A-A-A-A-A	未明-A3-A3-A3-未明	
A45	高都镇玉皇庙东朵殿	B1	C	A	A	B	B	/	/	/	S-未明-S-S-K
		A	/	/	/	/	B	/	A-未明-A-A-B	A3-未明-A2-A3-A3	
A47	襄垣灵泽王庙正殿	B1	A	B	/	/	/	/	/	/	T-S-T
		/	/	/	/	/	B	/	A-A-A	A3-A3-A3	

| 样本序号 | 建筑名 | 1 | 2 | 3 | 4 | 5 | 6 | 7 | 8 | 9 | 10 |
		11	12	13	14	15	16	17	18	19	20
A49	郊底村白玉宫正殿	B1	A	A	A	B	/	D1-D3	B1	J/L-D1/S-D3/T-J/L	T-S-T
		B	B	B1	B	A	B	B-A2	B-C	B-A-B	A3-A3-A3
A50	武乡会仙观三清殿	B1	A	B	A	A	B	/	/	J/L-/-/-/	S-T-S-S-L
		A	A	C	B	A	B	/	/	A-A-A-A-A-A	B-A3-A3-A3-A3-A3
B11	侯壁村回龙寺正殿	B1	A	C	A	A	/	/	/	/	L-S-T
		B	/	/	/	/	A			B-A-A	A3-A2-A2
B12	监漳村应感庙五龙殿	B1	A	B	A	A	B	/	/	/	T-Z-S-S-T
		A	/	/	/	/	B		/	A-A-A-A-A	A3-A3-A3-A3-A3
B13	武乡大云寺三佛殿	B3	A	B	/	/	/	/	/	/	S-L-S-S-S-L-S
		B	/	/	/	B			/	B-A-A-A-A-A-B	B-A3-A3-A2-A3-A3-B
B14	沁县开村普照寺大殿	B2	A	C	B	B	A	D3-D1	A	J/L-D3/T-J/L-D1/T	T-S-S-S-T
		B	A	B3	B	M	B	B-B	C-D	A-A-A-A-A	A3-A3-A3-A3-A3
B16	平顺龙门寺山门	B4	A	C	B	B	/	/	/	/	边缝 S-S-S, 心缝 T-S-T
		/	/	/	/	/	B	/	/	A-A-A	B-A3-B
B19	三王村三嶕庙正殿	B1	A	C	A	B	B	D1-D3	A	J/J-D1/S-D3/S-J/L	S-S-S-T
		B	B	B2	B	A	B	A2-A2	B-C	B-B-B-B-B	未明
B20	玉泉村东岳庙正殿	B1	A	A	A	B	B	D1-D3	A	J/L-D1/S-D3/T-J/L	S-S-S-S-未明
		A	A	B2	B	A	B	A2-A1	B-C	A-A-B-A-未明	A3-A3-A3-A3-未明
B21	玉泉村东岳庙东朵殿	B1	A	A	A	B	B	/	/	/	S-S-S-L
		A	/	/	/	/	B	/	/	B-A-A-A-B	A3-A3-A1-A3-A3
B23	陵川北吉祥寺中殿	B2	A	A	A	B	B	/	/	/	T-S-S-S-S
		A	/	/	/	/	A	/	/	A-A-A-A-A	A3-A3-A1-A3-A3

样本序号	建筑名	1	2	3	4	5	6	7	8	9	10
		11	12	13	14	15	16	17	18	19	20
B24	石掌村玉皇庙正殿	B1	A	A	A	B	B	D1-D3	A	J-D1/S-D3/T-J	S-S-S-S-L
		A-B	A	B3	B	M	B	A1-B	B-C	B-A-A-A-B	A2-A3-A1-A3-A2
B25	南神头二仙庙正殿	B1	A	A	A	B	A	D1-D2	A	J-D1/S-D2/T-J	S-S-S-S-K
		B	A	B2	B	A	B	A2-B	B-C	A-A-A-A-A	B-A3-A1-A2-B
B27	北马村玉皇庙正殿	A	B	/	/	/	B	/	/	/	K-S-T-S-K
		A	/	/	/	/	B	/		B-A-A-A-B	A3-A3-A1-A3-A3
B28	东邑村龙王庙正殿	B1	A	C	A	B	B	/	/	/	T-S-S-S-T
		A	/	/	/	/	B	/		A-A-A-A-B	A3-A3-A1-A3-A3
B31	阳城开福寺中殿	B2	B	A	A	B	B	D3-D1	A	J/L-D3/T-D1/T-J/L	T-S-S-S-S
		A	A	B2	B	M	A	B-A1	C-A	B-A-A-A-B	A2-A2-A3-A2-A2
B33	长子天王寺前殿	B4	A	C	/	/	C	D2-D2	A	J-D2/T-D2/T-J	K-S-S-S-K
		B	B	B3	B	A	B	A1-A1	C-C	B-B-B-B-B	B-A2-A2-A2-B
B34	长子天王寺后殿	B2	A	A	A	B	B	/	/	/	S-S-S-S-S
		B-A	/	/	/	/	B	/		B-A-A-A-B	B-A3-A2-A3-B
B35	韩坊村尧王庙正殿	B1	A	C	A	B	B	D1-D3	A	J/L-D1/S-D3/T-J/L	S-S-S-S-T
		A	A	B3	B	B	A	A2-B	B-C	A-A-A-A-A	A3-A3-A3-A3-A3
B36	南鲍村汤王庙正殿	B1	A	A	A	B	B	/	/	/	S-S-S-S-S
		A	/	/	/	/	B	/		A-A-A-A-A	B-A3-A3-A3-B
B37	布村玉皇庙后殿	B2	B	C	A	B	B	/	/	/	K-S-S-S-S
		A	/	/	/	/	B	/		B-A-A-A-A	A3-A3-A2-A3-A3
B38	长子县府君庙正殿	B3	A	C	A	B	B	D1-D2-D1	A	J-D1/S-D2/T-D1/S-J	S-S-S-S-S-S-S
		A	A	B2	B	D	B	A2-B-A2	B-C-B	A-A-A-A-A-A-A	A3-A3-A1-A1-A1-A1-A3

样本序号	建筑名	项目									
		1	2	3	4	5	6	7	8	9	10
		11	12	13	14	15	16	17	18	19	20
B39	王郭村三嶕庙正殿	B1	A	A	A	B	B	D1-D3	A	J/L-D1/S-D3/T-J/L	S-S-未明-S-S
		A	A	B3	B	A	未明	A2-A2	B-C	B-A-未明-B-B	A3-A2-未明-A2-未明
B40	川底村佛堂正殿	A	B	/	/	/	/	/	/	/	T-S-T
		/	/	A	B	A	A	/	/	A-B-A	A3-A3-A3
B44	崇瓦张村三嶕庙正殿	B1	A	C	A	B	B	/	/	/	S-S-S-S-T
		A-B	/	/	/	/	B	/	/	B-A-B-B-B	A3-A3-A2-A3-A3

本区 A、B 两类总计 96 个样本中，实际采用 63 个，摒除无效样本 33 个，其中：

A6 崇教寺正殿、A13 府城村玉皇庙玉皇殿、A14 崇庆寺西配殿、A22 米山镇玉皇庙正殿、A23 河底村汤王庙正殿、A26 崇寿寺释迦殿、A33 沁县洪教院正殿、A34 中坪二仙宫正殿、A46 屯城镇东岳庙天齐殿、B6 资圣寺正殿、B9 上阁龙岩寺前殿、B30 武乡洪济院正殿、B32 润城镇东岳庙天齐殿、B43 高都东岳庙昊天上帝殿因未开放或其他原因致使资料不足；

B26 寺润村三教堂、A37 王报村二郎庙戏台因规模窄小，相关考察点过少而予舍弃；

A15 周村东岳庙正殿、A43 湖埋村二仙庙正殿、B10 周村东岳庙关帝殿、B42 周村东岳庙财神殿室内封顶无法考察梁架配置；

A48 下交村汤帝庙拜殿、B5 嘉祥寺转果殿、B15 南涅水村洪教院正殿、B17 南庄村玉皇庙正殿、B18 显庆寺毗卢殿、B41 高都景德寺中殿、B45 南吉祥寺圆明殿、B46 西顿村济渎庙正殿梁架部分经后世改动较巨，不足采信；

A20 青莲寺罗汉阁、A38 礼义镇崔府君庙山门、B3 青莲寺藏经阁、B22 西溪二仙庙梳妆楼、B29 九天圣母庙梳妆楼为重层楼阁，不在本章讨论之列。

针对上表的统计分析情况如下：

列项	细目	样本序号	计数/比例	A 类样本分布						B 类样本
				一期	二期	三期	四期	五期	六期	
内外柱高度	内柱升高	A16/A17/B8/A28/A30/A36/A41/A47/A50/B12/B13	11/56 20%	0/10	0/10	0/10	2/10 20%	6/10 60%	2/10 20%	1
	差整材栔	A3/A5/A8/A11/A12/A18/A21/A25/B7/A27/A31/A35/A40/A42/B11/B14/B16/B19/B28/B33/B34/B35/B37/B38/B44	25/56 44%	1/16 6.25%	1/16 6.25%	2/16 12.5%	4/16 25%	7/16 43.75%	1/16 6.25%	9
	等高	A7/A19/A24/B1/B2/B4/A29/A39/A44/A45/A49/B20/B21/B23/B24/B25/B31/B34/B36/B39	20/56 36%	0/8	1/8 12.5%	0/8	1/8 12.5%	3/8 37.5%	3/8 37.5%	12
用内柱情况	不用内柱	A1/A2/A4/A9/A10/B8/A32/B27	8/62 13.5%	2/6 33%	1/6 17%	2/6 33%	0/6	1/6 17%	0/6	2
	用前内柱	A19/A24/A25/A29/A31/A35/A39/A40/A41/A42/A45/A47/A49/A50/B11/B12/B19/B20/B21/B24/B25/B28/B35/B36/B39/B44	26/62 42%	0/15	0/15	0/15	1/15 7%	9/15 60%	5/15 33%	11
	用后内柱	A3/A5/A7/A8/A11/A12/A16/A17/A18/A21/B1/B2/B4/B7/A27/A28/A44/B14/B23/B31/B34/B37	22/62 35%	1/14 7%	2/14 14%	1/14 7%	6/14 43.5%	3/14 21.5%	1/14 7%	8
	只用中柱	B16/B33	2/62 3%	/	/	/	/	/	/	2
	前后内柱	A30/A36/B13/B38	4/62 6.5%	0/3	0/3	0/3	0/3	3/3 100%	0/3	1
梁栿加工	直梁	A1/A2/A5/A11/A12/A16/A18/A19/A21/A24/B1/B4/B7/B8/A27/A28/A29/A31/A32/A35/A36/A39/A40/A41/A42/A44/A47/A49/A50/B11/B12/B13/B14/B16/B19/B20/B21/B23/B24/B25/B28/B35/B34/B35/B36/B38/B39	47/62 76%	2/28 7%	1/28 3.5%	0/28	6/28 21.5%	14/28 50%	5/28 18%	19

333

列项	细目	样本序号	计数/ 比例	A类样本分布						B类 样本
				一期	二期	三期	四期	五期	六期	
梁栿 加工	自然 弯梁	A7/A10/A25/A30/B27/ B31/B37/B40	8/62 13%	0/4	1/4 25%	1/4 25%	0/4	2/4 50%	0/4	4
	剜刻 月梁	A3/A4/A8/A9/A17/ B2/A45	7/62 11%	1/6 16.5%	1/6 16.5%	2/6 34%	1/6 16.5%	0/6	1/6 16.5%	1

晋东南地区遗构梁架统计表二（柱梁交接情况）　　附表 B-3

列项	细目	样本序号	计数/ 比例	A类样本分布						B类 样本
				一期	二期	三期	四期	五期	六期	
长短 栿关 系	上下 叠压	A5/A7/A11/A24/B4/ A27/A29/A30/A31/ A35/A39/A40/A41/ A42/A45/A49/A50/ B11/B12/B19/B20/B21/ B23/B24/B25/B28/B31/ B34/B35/B36/B37/B38/ B39/B44	34/48 71%	0/17	2/17 12%	0/17	1/17 6%	10/17 58.5%	4/17 23.5%	17
	相对	A3/A8/A12/A16/A17/ A18/A19/A21/A25/B1/ B2/B7/B14/B16	14/48 29%	1/10 10%	0/10	1/10 10%	6/10 60%	2/10 20%	0/10	4
长短 栿节 点	插入 内柱	A41/A50/B11/B12	4/48 8.3%	0/3	0/3	0/3	0/3	2/3 67%	1/3 33%	1
	压内 柱头	A3/A5/A7/A8/A11/ A12/A16/A17/A18/ A19/A21/A24/A25/B1/ B2/B4/B7/A27/A29/ A30/A31/A35/A39/ A40/A42/A45/A49/ B14/B16/B19/B20/B21/ B23/B24/B25/B28/B31/ B34/B35/B36/B37/B38/ B39/B44	44/48 91.7%	1/24 4%	2/24 8%	1/24 4%	7/24 29.5%	10/24 42%	3/24 12.5%	20
逐层 用梁 栿	逐槫 下用	A5/A12/A19/A35/ B14/B25	6/42 14%	0/5	1/5 20%	0/5	2/5 40%	2/5 40%	0/5	1
	省略 中层	A7/A10/A11/A18/ A21/B4/A27/A29/A30/ A31/A39/A40/A44/ A45/A50/B12/B19/ B20/B21/B23/B24/B27/ B28/B31/B34/B35/B36/ B37/B38/B39/B44	31/42 74%	0/15	1/15 7%	1/15 7%	3/15 20%	7/15 46%	3/15 20%	16
	加设 衬梁	A4/A8/A16/B8/B33	5/42 12%	0/3	1/3 33.3%	1/3 33.3%	0/3	1/3 33.3%	0/3	2

334

列项	细目	样本序号	计数/比例	A类样本分布						B类样本
				一期	二期	三期	四期	五期	六期	
上下平槫间用劄牵	用	A3/A10/A11/A18/ A21/B1/B4/A27/A29/ A30/A31/A32/A39/ A40/A42/A44/A45/ A50/B12/B20/B21/B23/ B27/B28/B31/B35/B36/ B37/B38/B39	30/53 56.5%	1/17 6%	0/17	1/17 6%	3/17 18%	8/17 46%	4/17 24%	13
	不用	A5/A7/A8/A9/ A12/A16/ A19/B2/B8/A28/A35/ A36/A41/A49/ B11/B13/ B14/B19/B23/B33	20/53 38%	0/14	2/14 14%	2/14 14%	3/14 22%	6/14 43%	1/14 7%	6
	前后不同	前用后不用:B24/E19 前不用后用:B34	3/53 5.5%	/	/	/	/	/	/	3

晋东南地区遗构梁架统计表三（系头栿配置情况） 附表 **B-4**

列项	细目	样本序号	计数/比例	A类样本分布						B类样本
				一期	二期	三期	四期	五期	六期	
角梁后尾是否托栿	承托	A5/A8/A9/A12/A18/ A19/A24/B4/A27/A29/ A30/A31/A32/A39/ A40/A49/A50/B14/ B19/B20/B24/B25/B31/ B33/B35/B38/B39	27/37 73%	0/17	1/17 6%	2/17 12%	4/17 23%	8/17 47%	2/17 12%	10
	不承托	A1/A3/A7/A10/A17/ A21/A25/B1/B2/B7	10/37 27%	2/7 29%	1/7 14%	1/7 14%	2/7 29%	1/7 16%	0/7	3
丁栿上隔承构件	仅蜀柱	A1/A5/A19/A24/B7/ A31/A32/B19	8/32	1/6 16.7%	1/6 16.7%	0/6	1/6 16.7%	3/6 50%	0/6	2
	仅驼峰	A3/A7/A8/A9/ A10/A12/ A17/A18/A21/ A25/B14/ B31/B33	13/32	1/11 9%	1/11 9%	3/11 28%	4/11 36%	2/11 18%	0/11	2
	蜀柱＋驼峰	B2/B4/A27/A29/A30/ A49/B20/B24/B35/ B38/B39	11/32	0/4	0/4	0/4	0/4	3/4 75%	1/4 25%	7
系头栿与下平槫高度关系	等高交圈	A3/A5/A7/A8/A9/A10/ A12/A18/A19/A21/B1/ B4/A27/A31/A39/A50/ B14/B20/B24/B25/B31/ B35/B38/B39	24/38 63%	1/15 7%	2/15 13%	3/15 20%	4/15 26.5%	4/15 26.5%	1/15 7%	9

335

列项	细目	样本序号	计数/比例	A类样本分布						B类样本
				一期	二期	三期	四期	五期	六期	
系头栿与下平槫高度关系	系头栿在上	A32/A49/B19/B33	4/38 10.5%	0/2	0/2	0/2	0/2	1/2 50%	1/2 50%	2
	下平槫在上	A1/A4/A17/A24/A25/B2/B7/A29/A30/A40	10/38 26.5%	1/8 12.5%	1/8 12.5%	0/8	1/8 12.5	5/8 62.5%	0/8	2
系头栿投影位置	在梢间缝	A1/A17/B40	3/39 7.5%	1/2 50%	0/2	0/2	1/2 50%	0/2	0/2	1
	在山面柱缝	A50	1/39 2.5%	/	/	/	/	/	1/1 100%	0
	在梢间缝内侧	A3/A24/B1/A32/A49	5/39 13%	1/4 25%	0/4	0/4	0/4	2/4 50%	1/4 25%	1
	在梢间缝外侧	A4/A5/A7/A8/A9/A10/A12/A19/A21/A25/B4/B7/A27/A29/A30/A31/B14/B24/B33/B35/B39	21/39 54%	0/15	3/15 20%	3/15 20%	3/15 20%	6/15 40%	0/15	6
	在梢间中缝	A18/B2/A39/A40/B19/B20/B25/B31/B38	9/39 23%	0/3	0/3	0/3	1/3 33%	2/3 67%	0/3	6

晋东南地区遗构梁架统计表四（丁栿配置情况）　　附表 B-5

列项	细目	样本序号	计数/比例	A类样本分布						B类样本
				一期	二期	三期	四期	五期	六期	
双丁栿	前平＋后斜直	A4/A19/A29/A40/B25	5/33 15%	0/4	1/4 25%	0/4	1/4 25%	2/4 50%	0/4	1
	前平＋后斜弯	A24/A31/A49/B19/B20/B24/B35/B39	8/33 24.5%	0/3	0/3	0/3	0/3	2/3 67%	1/3 33%	5
	前平＋后平	A1/A17/A25/A32	4/33 12%	1/4 25%	0/4	0/4	1/4 25%	2/4 50%	0/4	0
	前斜直＋后斜直	A9/A10/A21/B33	4/33 12%	0/3	0/3	2/3 67%	1/3 33%	0/3	0/3	1
	前斜直＋后平	A2/A5/A8/A12/A18/B1/B2/B4	8/33 24.5%	1/5 20%	1/5 20%	1/5 20%	2/5 40%	0/5	0/5	3
	前斜弯＋后平	A7/A27/B14/B31	4/33 12%	0/3	1/3 33%	0/3	0/3	2/3 67%	0/3	1

列项	细目	样本序号	计数/比例	A类样本分布						B类样本
				一期	二期	三期	四期	五期	六期	
三丁栿	前斜弯＋中斜直＋后平直	B7	/	/	/	/	/	/	/	1
	前平直＋中斜弯＋后平直	A30	/	/	/	/	/	1	/	0
	前平直＋中斜直＋后平直	B38	/	/	/	/	/	/	/	1

晋东南地区遗构梁架统计表五（丁栿关联构件的使用情况）　附表 B-6

列项	项目	样本序号	计数/比例	A类样本分布						B类样本
				一期	二期	三期	四期	五期	六期	
丁栿上用劄牵与否	双丁栿皆用	A3/A5/A29/B19/B39	5/36 14%	0/3	2/3 67%	0/3	0/3	1/3 33%	0/3	2
	双丁栿中一根上使用	A27/A31/A49/B20/B25/B35	6/36 17%	0/3	0/3	0/3	0/3	2/3 67%	1/3 33%	3
	三丁栿中两侧两根上使用	A30/B38	2/36 5%	0/1	0/1	0/1	0/1	1/1 100%	0/1	1
	不用	A1/A2/A4/A7/A8/A9/A10/A12/A17/A18/A19/A21/A24/A25/A32/B1/B2/B4/B7/B14/B24/B31/B33	23/36 64%	2/16 12.5%	2/16 12.5%	3/16 18.75	5/16 31.25	4/16 25%	0/16	7
丁栿与平槫位置关系	两者对缝	A1/A3/A4/A5/A7/A8/A12/A17/A19/A21/A25/B1/B2/B4/B7/A27/A29/A30/A31/B14/B19/B20/B24/B25/B31/B33/B35/B38/B39	29/36 80.5%	2/16 12.5%	3/16 18.75%	1/16 6/25%	4/16 25%	6/16 37.5	0/16	13
	在平槫外侧	A9/A10/A18/A32/A49	5/36 14%	0/5	0/5	2/5 40%	1/5 20%	1/5 20%	1/5 20%	0
	在平槫内侧	A24	1/36 2.75%	0/1	0/1	0/1	0/1	1/1 100%	0/1	0
丁栿与长短栿交接关系	三者交接节点：丁栿接长栿，压在短栿上为A；丁栿接短栿，压在长栿下为B；丁栿压在对栿或通栿上为C；三者交于一点为D									
	C-C	A1/A4/A9/A10/A17/A21/A25/B1/A32/B33	10/36 27%	1/8 12.5%	1/8 12.5%	2/8 25%	2/8 25%	2/8 25%	0/8	2

列项	项目	样本序号	计数/比例	A类样本分布						B类样本
				一期	二期	三期	四期	五期	六期	
丁栿与长短栿交接关系	C-D	A3/A8/A12/A18/B2/B14	6/36 17%	1/5 20%	0/5	1/5 20%	2/5 40%	1/5 20%	0/5	1
	C-B	A5/A27	2/36 6%	0/2	1/2 50%	0/2	0/2	1/2 50%	0/2	0
	B-C	A19/A24/A29/A31/A39/A49/B19/B20/B24/B25/B35/B39	12/36 33%	0/6	0/6	0/6	1/6 17%	4/6 66%	1/6 17%	6
	C-A	A7/B4/B31	3/36 8%	0/1	1/1 100%	0/1	0/1	0/1	0/1	2
	C-C-A	B7	1/36 3%	/	/	/	/	/	/	1
	B-C-B	A30/B38	2/36 6%	0/1	0/1	0/1	0/1	1/1 100%	0/1	1
系头栿外是否另用承橼串	另用承橼串	A1/A24/A25/B1/B2/B7/A29	7/39 18%	1/4 25%	0/4	0/4	0/4	3/4 75%	0/4	3
	不另用	A3/A4/A5/A7/A8/A9/A10/A12/A17/A18/A19/A21/B4/A27/A30/A31/A32/A39/A40/A49/A50/B14/B19/B20/B24/B25/B31/B33/B35/B38/B39/B40	32/39 82%	1/21 4.5%	3/21 14.5%	3/21 14.5%	5/21 24%	7/21 33%	2/21 9.5	11

晋东南地区遗构梁架统计表六（杂项）　　　　附表 B-7

列项	细目	样本序号	计数/比例	A类样本分布						B类样本
				一期	二期	三期	四期	五期	六期	
角梁后尾支托方式	角栱承托	A3/A4/A7/A8/A9/A10/A12/A21/A24/A25/B1/B2/B4/B7/A27/A29/A30/A31/A32/A40/A49/A50/B19/B20/B25/B33/B39/B40	28/39 72.5%	1/18 5.5%	2/18 11%	3/18 17%	2/18 11%	8/18 44.5%	2/18 11%	10
	用递角栱	A1/A17/B35/B38	4/39 10%	1/2 50%	0/2	0/2	1/2 50%	0/2	0/2	2
	用抹角栱	A5/A19/A39/B14/B24/B31	6/39 15%	0/4	1/4 25%	0/4	1/4 25%	2/4 50%	0/4	2
	兼用抹、递角栱	A18	1/39 2.5%	0/1	0/1	0/1	1/1 100%	0/1	0/1	0

列项	细目	样本序号	计数/ 比例	A类样本分布						B类 样本
				一期	二期	三期	四期	五期	六期	
槫间 是否 遍用 托脚	遍用	A1/A2/A3/A4/ A11/A16/A17/ A25/B2/B7/A30/ A35/B11/B23/B31/ B35/B40	17/61 28%	3/10 30%	1/10 10%	0/10	3/10 30%	3/10 30%	0/10	7
	省略	A5/A7/A8/A9/ A10/A12/A18/A19/ A21/24/B1/B4/B8/ A27/A28/A29/A31/ A32/A36/A40/A41/ A42/A44/A45/A47/ A49/A50/B12/B13/ B14/B16/B19/B20/ B21/B24/B25/B27/ B28/B33/B34/B36/ B37/B38/B44	44/61 72%	0/27	2/27 7.5%	3/27 11%	4/27 15%	12/27 44.5%	6/27 22%	17

附录 C 晋东南地区五代、宋、金木构建筑的铺作配置情况

共分 7 个子项进行考察:

(1) 前檐补间铺作配置:按各间分别计数,与柱头铺作相同者记为 A,用斜栱的记为 B,素枋上隐刻的记为 C,较柱头铺作简化(减跳之类)的记为 D,各类别之前以数字记其朵数,如"次间单补间、心间补间用斜栱一朵",记作 1A+1B+1A。

(2) 山面补间铺作配置:同上。

(3) 后檐补间铺作配置:同上。

(4) 柱头铺作情况:按"铺作数+栱昂配置+单/重栱造+偷/计心造"记录。

(5) 补间铺作情况:同上。

(6) 转角铺作情况:同上。

(7) 内柱头铺作情况:同上。

附表 C-1 对晋东南地区早期木构建筑的铺作配置基本情况进行了分类列举。

晋东南地区五代、宋、金木构建筑铺作配置情况 附表 C-1

样本序号	建筑名称	项目				
		1	2	3	4/5	6/7
A1	平顺天台庵正殿	/+1A+/	/+1C+/	/+1C+/	柱头斗口跳;补间铺作同柱头	转角铺作斗口跳;无内柱
A2	平顺龙门寺西配殿	/+1C+/	/	/+1C+/	柱头斗口跳;补间铺作隐刻	无转角铺作;无内柱
A3	平顺大云院弥陀殿	1A+1A+1A	1A+1A+1A	1A+1A+1A	柱头五铺作双杪单栱偷心造;补间铺作同柱头	转角铺作角缝单杪单下昂;内柱头四铺作单杪

样本序号	建筑名称	项目				
		1	2	3	4/5	6/7
A4	高平崇明寺中佛殿	1D+1D+1D	1D+1D	1D+1D+1D	柱头七铺作双杪双昂,一三跳偷心,二四跳计心,里转二三跳计心; 补间五铺作双杪,第一杪偷心	转角铺作下两杪偷心,下道昂头瓜子栱、慢栱交首,上道昂头角缝十字令栱与正身缝令栱未作交首;里转两杪,第一杪承十字令栱,第二杪令栱与补间后尾令栱交首; 无内柱
A5	陵川北吉祥寺前殿	1C+1C+1C	1C+1C+1C	1C+1C+1C	柱头五铺作单杪单假昂重栱计心造; 补间铺作隐刻	转角铺作瓜子栱列小栱头,慢栱不出列,令栱鸳鸯交首; 内柱头五铺作双杪,泥道栱与杪头连作、丁栿与泥道慢栱连作,第一杪足材华栱与杪头连作,第二杪乳栿出作杪头
A6	故驿村崇教寺正殿	1C+1C+1C	/	未明	平柱头用斜栱,五铺作重栱计心造,里转双杪单栱计心; 补间铺作隐刻	无转角铺作; 内柱头四铺作,其上丁栿绞柱头枋
A7	高平游仙寺毗卢殿	1A+1A+1A	1A+1A+1A	1A+1A+1A	柱头五铺作单杪单昂单栱偷心造,里转两杪; 补间五铺作双杪偷心,里转四杪	转角铺作正身缝单杪单昂,令栱鸳鸯交首; 内柱头五铺作双杪,第二杪延到后檐柱头铺作,泥道慢栱延至山面柱头铺作,作成通枋,分别充乳栿及丁栿下顺栿串
A8	长子崇庆寺千佛殿	1C+1C+1C	1C+1C+1C	1C+1C+1C	柱头五铺作单杪单昂单栱偷心造; 补间铺作隐刻	转角铺作仅昂头令栱鸳鸯交首并相列; 内柱头五铺作双杪,柱头枋出半栱在外作泥道栱并用足材
A9	陵川南吉祥寺中殿	1B+1B+1B	/+1B+/	1B+1B+1B	柱头五铺作单杪单下昂单栱偷心造,檐面里跳出两杪偷心,山面里跳另出单华栱两杪; 补间五铺作双杪单栱偷心造,自第二杪出斜华栱,其上令栱交首	转角铺作令栱交首并出跳相列,华头子里转出卷头绞角托算桯枋; 无内柱

341

样本序号	建筑名称	项目				
		1	2	3	4/5	6/7
A10	小会岭二仙庙正殿	/+1B+/	/+1A+/	/+1A+/	柱头五铺作双杪单栱偷心造，里转出双杪； 前檐补间用斜栱五铺作双杪，余同柱头，补间与柱头铺作令栱交首，共五只连作	转角五铺作双杪； 无内柱
A11	长子正觉寺后殿	1C+1C+1C+1C+1C	/	1C+1C+1C+1C+1C	柱头五铺作单杪单昂重栱计心造，里转出三杪偷心； 补间铺作隐刻	无转角铺作； 内柱头四铺作单杪，华栱与昝头连作，泥道栱上托柱头枋两层
A12	高平开化寺大雄殿	1C+1C+1C	1C+1C+1C	1C+1C+1C	柱头五铺作单杪单昂重栱计心造，里转两杪； 补间铺作隐刻	转角铺作瓜子栱列切几头，慢栱列小栱头在交首令栱内； 内柱头四铺作，乳栿下素枋隐刻泥道栱，丁栿下素枋出头作华栱
A15	周村东岳庙正殿	1C+1C+1C	1C+/	未明	柱头四铺作单昂插昂； 补间铺作隐刻	转角铺作令栱鸳鸯交首； 内柱头铺作情况未明
A16	高都镇景德寺后殿	1C+1C+1C+1C+1C	/	1C+1C+1C+1C+1C	前檐柱头五铺作单杪单昂重栱计心造，里转双杪，后檐四铺作单杪； 补间铺作隐刻	无转角铺作； 内柱头四铺作，第一杪里转为昝头托乳栿，乳栿端头绞泥道慢栱并作成昝头托四椽栿
A17	潞城原起寺大雄殿	/+1C+/	/+1C+/	/+1C+/	柱头四铺作单杪，直接承替木绞平出昂形耍头托槫，栌斗口里出半栱式小栱头； 补间铺作隐刻	转角铺作角缝与正身缝上替木通长连作，角华栱足材； 内柱头栌斗口内直接出素枋绞合昝托梁栿
A18	平顺龙门寺大雄殿	1C+1C+1C	1C+1C+1C	1C+1C+1C	柱头五铺作单杪单昂重栱计心造； 补间铺作隐刻	转角铺作瓜子栱、令栱出列，不列慢栱； 内柱头铺作之下道柱头枋出半栱在外作泥道栱，上道柱头枋出半栱在外作泥道慢栱，绞昝头托栱
A19	九天圣母庙正殿	1C+1A+1C	1C+1C+1C	1C+1C+1C	柱头五铺作单杪单插昂重栱计心造，山面前柱头铺作里转出虾须栱两跳； 前檐心间补间五铺作单杪单昂，其余隐刻	转角铺作瓜子栱出列作插昂，令栱与慢栱出列作爵头； 内柱头五铺作双杪，外转单栱计心，里转双杪偷心，扶壁重栱造

样本序号	建筑名称	项目				
		1	2	3	4/5	6/7
A21	晋城青莲寺释迦殿	1C+1C+1C	1C+1C+1C	1C+1C+1C	柱头五铺作单杪单昂重栱计心造；补间铺作隐刻	转角铺作仅令栱相列；内柱头五铺作双杪
A23	河底村汤王庙正殿	1C+1C+1C	/	未明	柱头五铺作单杪单插昂重栱计心造，里转双杪补间铺作隐刻	无转角铺作；内柱头铺作未明
A24	北义城玉皇庙正殿	/+/+/	/+/+/	/+/+/	柱头四铺作单杪，里跳作耍头托梁栿；无补间铺作	转角铺作令栱鸳鸯交首，角缝用插昂；内柱头栌斗内乳栿绞泥道栱，出作耍头
A25	小南村二仙庙正殿	/+1C+/	/+1C+/	/+1C+/	柱头五铺作单杪单昂单栱偷心造；补间铺作隐刻	转角铺作仅昂头令栱鸳鸯交首并相列；内柱头四铺作单杪上托足材枋，垫托长短栱节点
A26	西部崇寿寺释迦殿	1C+1C+1C	1C+1C+1C	1C+1C+1C	柱头五铺作单杪单昂单栱计心造；补间铺作隐刻	转角铺作正身缝及角缝皆单杪单昂，瓜子栱列切几头在外，慢栱列小栱头隐在交首令栱内侧；内柱头情况未明
A27	陵川龙岩寺中佛殿	1A+2A+1A	1C+1C+1C	1A+2A+1A	柱头五铺作单杪单假昂重栱计心造，山面及后檐里转单杪，前檐里转双杪；补间五铺作单杪单昂重栱计心造，里转三杪偷心	转角铺作瓜子栱列切几头，慢栱列小栱头在交首令栱内侧，里转角缝三杪偷心；内柱头四铺作，泥道栱外出作耍头，柱头枋上隐出慢栱，华栱托乳栿，乳栿出头作耍头
A28	高平开化寺观音殿	1C+1C+1C	/	/+/+/	柱头四铺作单假昂；补间铺作隐刻	无转角铺作；内柱头四铺作
A29	西溪二仙庙后殿	1A+2A+1A	1A+1C+1A	1A+1A+1A	柱头五铺作双假昂重栱计心造，里转双杪；补间五铺作双昂（下道假昂、上道真昂）重栱计心造；里转双杪托里耍头与靴楔以垫昂尾	转角铺作檐面正身缝单杪单昂，山面正身缝双昂，里转两杪；内柱头五铺作双杪，扶壁重栱托柱头枋，华栱两杪托乳栿（后尾作耍头）
A30	西上坊成汤庙正殿	1C+1C+1C+1C+1C	1C+1C+1C+1C	1C+1C+1C+1C	柱头五铺作单杪单昂重栱计心造；补间铺作隐刻	转角铺作里转三杪偷心；前内柱头栌斗口内耍头绞角，后内柱头栌斗口内四铺作，上承耍头、柱头枋

样本序号	建筑名称	项目				
		1	2	3	4/5	6/7
A31	西李门二仙庙正殿	1C+1A+1C	1C+1C+1C	1C+1C+1C	柱头五铺作双昂(假昂)重棋计心造，里转单杪托蝉肚状耷头；补间五铺作双杪重棋计心造，里转三杪偷心	转角铺作瓜子棋列小棋头、慢棋列切几头并绞连身对隐之令棋出头，里转角华棋三杪偷心；内柱头铺作四铺作，华棋托乳栿，泥道棋外测作成耷头托丁栿，柱头枋隐刻慢棋
A32	平顺淳化寺正殿	/+/+/	/+/+/	/+/+/	柱头四铺作单假昂，里转单杪；无补间铺作	转角铺作令棋鸳鸯交首；无内柱
A34	中坪二仙宫正殿	1A+1A+1A	/+/+/	未明	柱头五铺作双假昂重棋计心造，里转单杪；补间五铺作双杪重棋计心造，里转双杪偷心托上昂	转角铺作正身缝单杪单昂、角缝双昂，瓜子棋列小棋头、慢棋出列后隐在交首令棋身后，角华棋里转两杪偷心；内柱头铺作情况未明
A35	南阳护三峻庙正殿	1C+1C+1C	/	1C+1C+1C	前檐柱头五铺作单杪单插昂重棋计心造，里转双杪偷心，后檐四铺作单杪；补间铺作隐刻	无转角铺作；内柱头炉斗口内泥道棋绞乳栿
A36	沁县大云寺正殿	1C+1C+1C	/	1C+1C+1C	柱头四铺作单杪，里转单杪托栿；补间铺作隐刻	无转角铺作；内柱头炉斗口内直接以襻间枋绞四椽栿
A37	王报村二郎庙戏台	2A	2A	2A	补间四铺作单假昂，里转单杪托靴楔，其上昂形耍头上挑平槫交圈	转角四铺作单假昂，里转单杪上靴楔、昂形耍头上挑平槫；无内柱
A38	陵川崔府君庙山门(上檐)	1C+1C+1C	1C+1C	1C+1C+1C	柱头五铺作单杪单假昂单棋偷心造，里转两杪偷心；补间铺作隐刻	转角铺作单棋单昂(真昂)，角华棋里转两杪偷心；无内柱
A39	高都东岳庙天齐殿	1A+1B+1A	1A+1C+1C	1C+1A+1C	柱头四铺作单假昂，里转单杪作耷头；补间山面及后檐四铺作单杪，前檐次间四铺作单假昂，前檐心间四铺作单杪并出斜棋两只，里转双杪	转角四铺作假昂，令棋绞角，里转双杪偷心，抹角栿架于尽角补间里转第二杪头上；内柱头铺作四铺作，华棋、泥道棋朝内作成卷头、朝外作成耷头

样本序号	建筑名称	项目				
		1	2	3	4/5	6/7
A40	冶底村岱庙天齐殿	1A+2A+1A	1A+1C+1C	1C+1C+1C	柱头五铺作双昂(下道假昂、上道插昂)重栱计心造,里转单杪托耍头; 补间五铺作双昂(下道假昂、上道真昂)重栱计心造;里转三杪偷心	转角铺作瓜子栱列小栱头,慢栱列切几头并绞交首令栱,里转角华栱三杪偷心; 内柱头铺作泥道栱在栌斗口内绞耍头托乳栿
A41	襄垣昭泽王庙正殿	1C+1C+1C	/	/	柱头四铺作单插昂; 补间铺作隐刻	无转角铺作; 内柱头直接承平梁
A42	泽州尹西村东岳庙天齐殿	1C+1C+1C	/	未明	柱头五铺作单杪单假昂重栱计心,里转双杪偷心; 补间铺作隐刻	无转角铺作; 内柱头四铺作
A43	湖㛃村二仙庙正殿	/+/+/	/	未明	柱头五铺作双昂(下道插昂、上道假昂)单栱计心造,里转双杪偷心; 无补间铺作	无转角铺作; 内柱头铺作情况未明(包砌于砖墙内)
A44	泽州府城村玉皇庙成汤殿	1C+1C+1C	/	1C+1C+1C	柱头四铺作单假昂, 补间铺作隐刻	无转角铺作; 无内柱
A45	高都玉皇庙东朵殿	1A+1A+1A	/	未明	柱头四铺作单假昂,里转单杪托劄牵; 补间四铺作单假昂,里转单杪	无转角铺作; 内柱头铺作出华栱一只托劄牵,泥道栱封于砖墙内
A46	屯城镇东岳庙后殿	1C+1C+1C	/	未明	柱头六铺作三假昂重栱计心造,里转两杪; 补间铺作隐刻	无转角铺作; 内柱头四铺作
A47	襄垣灵泽王庙正殿	1C+1C+1C	/	未明	柱头用斜栱,五铺作重栱计心造,正缝双假昂、斜缝双杪; 补间铺作隐刻	无转角铺作; 内柱头四铺作,上承柱头枋及乳栿
A48	下交村汤帝庙拜殿	1C+1C+1C	1C+1C+1C	1C+1C+1C	柱头五铺作双假昂重栱计心造,里转斜置丁栿下两杪,平置丁栿下单杪; 补间铺作隐刻	转角五铺作双昂重栱计心造,里转角华栱三杪偷心; 内柱头四铺作,华栱做成足材合沓,绞泥道栱托梁栿

样本序号	建筑名称	项目				
		1	2	3	4/5	6/7
A49	郊底村白玉宫正殿	/+1A+/	/+1C+/	/+1A+/	柱头前檐及山面四铺作单昂(假昂或插昂),后檐单杪,里转单杪; 补间四铺作单假昂,里转双杪	转角正身缝用单杪、角缝用单假昂,里转双杪偷心; 内柱头四铺作,泥道栱托柱头枋(枋上隐刻慢栱)及平置丁栿
A50	武乡会仙观三清殿	/	/	/	柱头五铺作单杪单假昂重栱计心造,里转两杪并计心; 无补间铺作	转角铺作瓜子栱列小栱头、慢栱列切几头并绞交首令栱出头,里转两杪计心; 内柱升高至槫下,内柱头铺作泥道栱绞平梁出头
B1	小张村碧云寺正殿	1C+1C+1C	/+1C+/	1C+1C+1C	柱头四铺作单昂,里转两杪偷心; 补间铺作隐刻	转角铺作正身缝单杪、角缝单昂; 内柱头四铺作,柱头枋上隐刻泥道慢栱
B2	布村玉皇庙正殿	1C+1C+1C	/+1C+/	1C+1C+1C	柱头五铺作双杪单栱偷心造,里转单杪; 补间铺作隐刻	转角五铺作双杪,罗汉枋绞角出头充令栱,里转三杪; 内柱头四铺作,其上丁栿/柱头枋绞三椽栿/劄牵
B4	高平清化寺如来殿	1C+1C+1C	1C+1C+1C	1C+1C+1C	柱头四铺作单昂假昂; 补间铺作隐刻	转角令栱连身对隐,里转偷心; 内柱头四铺作,华栱后端作成耍头、柱头枋隐慢栱
B6	高平大周纂村资圣寺正殿	1C+1C+1C	1C+1C+1C	1C+1C+1C	柱头五铺作单杪单昂重栱计心造,里转双杪偷心; 补间铺作隐刻	转角铺作正身缝及角缝皆单杪单昂,瓜子栱列切几头在外,慢栱列小栱头隐在交首令栱之内,里转双杪偷心; 内柱头情况未明
B7	平顺佛头寺大殿	1A+1B+1A	/+/+/	1A+1B+1A	柱头五铺作双插昂单栱计心造,里转双杪偷心; 补间五铺作双杪出45°斜栱,里转正缝偷心	转角铺作瓜子栱、令栱出列作插昂,里转偷心; 内柱头栌斗内素枋绞耍头托梁栿

样本序号	建筑名称	项目				
		1	2	3	4/5	6/7
B8	长春村玉皇观正殿	1C+1C+1C	/	1C+1C+1C	前檐柱头五铺作单杪单昂单栱偷心造,里转双杪,后檐四铺作单杪; 补间铺作隐刻	无转角铺作; 内柱头栌斗内实拍栱绞柱头枋托梁栿
B10	周村东岳庙东朵殿	1A+1B+1A	/	未明	柱头四铺作单杪; 补间四铺作单杪,用在心间的另加斜栱两缝	转角正身缝四铺作单杪、角缝单假昂; 内柱头铺作情况未明
B11	侯壁村回龙寺正殿	/	/	/	柱头四铺作单假昂,栌斗口内先出实拍蝉肚替木一组,其上柱头枋绞平出假昂,里转偷心托劄牵; 无补间铺作	无转角铺作; 内柱头栌斗口内实拍足材十字栱一组,承柱头枋绞平梁
B12	武乡监漳村应感庙五龙殿	1A+1A+1A+1A+1A	/	未明	柱头四铺作单插昂,里转单杪托算程枋,上咬杳头托梁栿; 补间四铺作单杪,里转单杪偷心,托算程枋绞耍头后尾	无转角铺作; 内柱头于栌斗口内捧节令栱直接绞平梁头
B13	武乡大云寺三佛殿	1C+1C+1C+1C+1C	/	/+/+/+/+/	柱头五铺作单杪单假昂重栱计心造,里转两杪; 补间铺作隐刻	无转角铺作; 内柱为柱上接柱,上段蜀柱头栌斗内平梁出头斫作华栱(挑上平槫),绞泥道栱
B14	开村普照寺大殿	1A+1B+1A	/	1A+1A+1A	柱头五铺作单杪单假昂重栱计心造,里转单杪承令栱托算程枋,假昂后尾作成杳头; 补间心间斜栱五铺作双杪重栱计心造,次间双杪,里皆转单杪	转角铺作单杪单假昂,慢栱列切几头,令栱鸳鸯交首并绞耍头、切几头,里转角华栱三杪托抹角栿; 内柱头栌斗口内以柱头绞杳头,柱头枋上隐刻泥道栱、泥道慢栱
B15	沁县南涅水村洪教院正殿	1C+1C+1C	/	1C+1C+1C	柱头五铺作单杪单昂重栱计心造,平柱于第一杪跳头另用斜华栱两缝,令栱鸳鸯交首,角柱仅向外侧出斜华栱一缝; 补间铺作隐刻	无转角铺作; 内柱头于栌斗口内出襻间枋直接绞四椽栿

样本序号	建筑名称	项目				
		1	2	3	4/5	6/7
B16	平顺龙门寺山门	1C+1B+1C	/	1C+1B+1C	柱头五铺作双假昂重栱计心造,里转四铺作计心,上道假昂后尾作耍头;补间外转五铺作,出斜华栱两缝,里转四铺作,横栱皆连栱交隐	无转角铺作;内柱头四铺作,泥道栱绞耍头托四椽通栿
B17	南庄村玉皇庙正殿	1A+1B+1A	/	/+/+/	柱头五铺作双假昂重栱计心造,里转双杪;补间五铺作双假昂重栱计心造,出斜栱各两缝	无转角铺作;无内柱
B18	泽州显庆寺毗卢殿	1A+1A+1A	1A+1A+1A	1A+1A+1A	柱头五铺作双昂插昂重栱计心造,里转双杪;补间五铺作双昂,下道为插昂	转角里转一、二杪头翼形栱绞角;内柱头栌斗内耍头绞蝉肚绰幕托梁栿
B19	三王村三崚庙正殿	1A+1A+1A	1C+1C+1C	未明	柱头四铺作单杪;补间四铺作单杪	转角四铺作,正身缝出单杪、角缝出假昂;内柱头四铺作,华栱外出作蝉肚耍头,柱头枋隐泥道慢栱
B20	玉泉村东岳庙正殿	1A+1A+1A	1A+1C+1C	1C+1C+1C	柱头四铺作单插昂,里转单杪;补间四铺作单插昂,里转单杪	转角正身缝出单杪、角缝出单假昂,里转双杪,第一杪头令栱绞角;内柱头四铺作
B21	陵川玉泉村东岳庙东朵殿	1A+1A+1A	/	未明	柱头四铺作单假昂,里转单杪;补间四铺作单假昂,里转单杪托蝉肚状靴楔	无转角铺作;内柱头四铺作,现包于砖柱内
B22	西溪二仙庙梳妆楼(上檐)	/+1C+/	/+1C+/	/+1C+/	柱头四铺作单假昂;补间铺作隐刻	转角铺作令栱于角缝昂上绞角并连身对隐;无内柱
B22	西溪二仙庙梳妆楼(平座)	/+1C+/	/+1C+/	/+1C+/	柱头五铺作双杪,第二杪头不用令栱,直接施铺板枋并裹雁翅板;补间铺作隐刻	转角铺作正身缝及角缝上第一杪头令栱交隐;无内柱

样本序号	建筑名称	项目				
		1	2	3	4/5	6/7
B24	石掌村玉皇庙正殿	1A+1B+1A	1A+1A+1A	/+/+/	柱头四铺作单假昂,里转单秒作耍头,其上绞栱令栱托算程枋,补间心间斜栱四铺作单秒,里转双秒,梢间四铺作单假昂,里转第二秒出斜向令栱一只托抹角栱	转角四铺作,正身缝单假昂,令栱连身对隐并绞昂形耍头,里转第一秒端头置令栱绞角算程枋,其上第二秒作成蝉肚状耍头垫托角梁后尾;内柱头四铺作,泥道栱双面异形,外侧出卷头托柱头枋,里侧出耍头托平置丁栿,华栱作成耍头上托乳栿
B25	南神头二仙庙正殿	1A+1B+1A	1C+1A+1C	1C+1A+1C	柱头五铺作单秒单插昂重栱计心造,里转双秒(第一秒头以令栱承算程枋,第二秒头以交互斗直接承算程枋);补间斜栱,五铺作双秒重栱计心造,里转正、斜缝各出两秒	转角五铺作单秒单昂重栱计心造,慢栱为通檐长枋木上逐段隐出,瓜子栱列几头、慢栱列小栱头,隐在鸳鸯交首令栱之内;里转出角华栱三秒偷心;内柱头五铺作双秒
B26	寺润村三教堂上檐	1A	1A	1A	补间四铺作单昂,昂形耍头上彻平槫,里跳单秒施翼形栱	转角四铺作,角缝单昂、正身缝单秒;无内柱
B27	北马村玉皇庙正殿	1C+1C+1C+1C+1C	/	1C+1C+1C+1C+1C	柱头七铺作单秒三昂重栱计心造,里转三秒单栱计心;补间铺作隐刻	无转角铺作;无内柱
B28	东邑村龙王庙正殿	1B+1B+1B	/	/	柱头五铺作单秒单假昂重栱计心造,里转单秒;补间斜栱,五铺作单秒单假昂重栱计心造,第二秒上斜令栱与斜瓜子栱平行,横栱连作,里转正缝出两秒、斜缝出一秒	无转角铺作;内柱头四铺,柱头枋出作慢栱,华栱作成耍头托乳栿
B31	阳城开福寺中佛殿	1A+1A+1A	1A+1A+1A	1A+1A+1A	柱头五铺作单秒单假昂重栱计心造,里转后丁栿下两秒计心、前丁栿下单秒;补间五铺作单秒单昂重栱计心造,里转两秒计心	转角铺作瓜子栱列小栱头、慢栱列切几头、令栱连身对隐并绞慢栱;里转出角华栱三秒;内柱头四铺作,华栱后端作成耍头托乳栿,乳栿前端做成耍头托四椽栿,扶壁重栱造

样本序号	建筑名称	项目				
		1	2	3	4/5	6/7
B33	长子天王寺前殿	1C+1C+1C	1C+1C+1C	1C+1C+1C	柱头五铺作单杪单假昂重栱计心造，里转两杪偷心； 补间铺作隐刻	转角铺作里转两杪偷心； 内柱头于栌斗口内出实拍栱绞耍头
B34	长子天王寺后殿	未明	/	未明	柱头四铺作单假昂，里转出耍头； 补间铺作隐刻	无转角铺作； 内柱头五铺作双杪
B35	韩坊村尧王庙正殿	1C+1C+1C	1C+1C+1C	1C+1C+1C	柱头五铺作双昂（插昂）重栱计心造，里转单杪托蝉肚状耍头； 补间铺作隐刻	转角铺作单杪单昂，瓜子栱列切几头，令栱鸳鸯交首，里转三杪； 内柱头铺作栌斗口里出耍头相绞，承乳栿、丁栿及柱头枋
B36	南鲍村汤王庙正殿	1C+1C+1C	/	未明	柱头四铺作单假昂，里转作耍头； 补间铺作隐刻	无转角铺作； 内柱头四铺作，华栱外端出作耍头，泥道慢栱上托柱头枋
B37	布村玉皇庙后殿	1C+1C+1C	/	未明	柱头五铺作单杪单昂（假昂）重栱计心造，里转双杪偷心； 补间铺作隐刻	无转角铺作； 内柱头四铺作，华栱托乳栿，泥道栱托柱头枋
B38	长子县府君庙正殿	1A+1A+1A+1A+1A	/+/+/+/	/+/+/+/	柱头五铺作双假昂重栱计心造，里转单杪； 补间五铺作双昂（下道假昂、上道真昂）重栱计心造，里转两杪偷心	转角五铺作双假昂，瓜子栱列小栱头、慢栱列切几头并绞交首令栱出头，里转三杪偷心； 内柱头铺作出华栱一条作成耍头，上托乳栿，扶壁出重栱
B39	王郭村三峻庙正殿	1C+1C+1C	1C+1C+1C	1C+1C+1C	柱头四铺作单假昂，里转作成耍头承梁栿； 补间铺作隐刻	转角四铺作单假昂，里转两杪偷心； 内柱头四铺作，泥道栱向外侧作成耍头，华栱托乳栿
B40	川底村佛堂正殿	/+1A+/	/+1A+/	/+1A+/	柱头四铺作单假昂，里转单杪； 补间四铺作单昂，里转双杪托靴楔	转角铺作正身缝出单杪、角缝出单假昂，里转双杪偷心； 无内柱
B41	高都镇景德寺中殿	1C+1C+1C+1C	/	未明	柱头五铺作双假昂单栱计心造，里转双杪； 补间铺作隐刻	无转角铺作； 内柱头四铺作

样本序号	建筑名称	项目				
		1	2	3	4/5	6/7
B42	周村东岳庙西朵殿	/+/+/	/	未明	柱头四铺作单杪,华栱里转为乳栿、耍头里转为乳栿上缴背;无补间铺作	转角铺作正身缝单杪、角缝单插昂,令栱连身对隐,里转出单杪;内柱头铺作情况未明
B44	崇瓦张三峻庙正殿	1C+1C+1C	/	1C+1C+1C	柱头五铺作双假昂,里转出单杪托耍头;补间铺作隐刻	无转角铺作;内柱头四铺作单杪,其上柱头枋绞耍头承梁栿
B46	西顿村济渎庙正殿	/+1B+/	/	/+/+/	柱头四铺作单插昂,里转单杪;补间心间用四铺作斜栱	无转角铺作;内柱头四铺作,华栱作成蝉肚耍头形托乳栿

未纳入统计的有 14 例：A13 府城村玉皇庙玉皇殿、A14 崇庆寺三大士殿、A20 青莲寺罗汉阁、A22 米山镇玉皇庙正殿、A33 沁县洪教院正殿；B3 青莲寺藏经阁、B5 嘉祥寺转果殿、B9 上阁龙岩寺前殿、B23 北吉祥寺中殿、B29 九天圣母庙梳妆楼、B30 武乡洪济院正殿、B32 润城东岳庙天齐殿、B43 高都东岳庙昊天上帝殿、B45 南吉祥寺圆明殿。

附表 C-2、附表 C-3 分别对该地区案例的补间铺作内柱头铺作的施用情况进行了分类分期统计。

晋东南地区遗构铺作统计表一（补间铺作施用情况）　　　　附表 C-2

列项	细目	样本序号	计数/比例	A 类样本分布						B 类样本
				一期	二期	三期	四期	五期	六期	
前檐施用补间铺作情况	不用且无隐刻	A5/A6/A8/A11/A12/A15/A16/A18/A21/A23/A24/A26/A28/A30/A32/A35/A36/A38/A41/A42/A43/A44/A46/A47/A48/A50/B1/B2/B4/B6/B8/B11/B13/B15/B22/B27/B33/B35/B36/B37/B39/B41/B42/B44	44/81 54%	0/26 0%	2/26 8%	1/26 4%	6/26 23%	10/26 38%	7/26 27%	18
	逐间用单补间	A3/A4/A7/A9/A34/A39/A45/B7/B10/B12/B14/B17/B18/B19/B20/B21/B24/B25/B26/B28/B31/B38	22/81 27%	1/7 14%	2/7 29%	1/7 14%	0/7	2/7 29%	1/7 14%	15

列项	细目	样本序号	计数/比例	A类样本分布						B类样本
				一期	二期	三期	四期	五期	六期	
前檐施用补间铺作情况	仅心间用补间	A1/A2/A10/A17/A19/A25/A31/A49/B16/B40/B46	11/81 14%	2/8 25%	0/8	1/8 12.5%	2/8 25%	2/8 25%	1/8 12.5%	3
	心间用双补间	A27/A29/A37/A40	4/81 5%	0/4	0/4	0/4	0/4	4/4 100%	0/4	0
补间铺作样式	与柱头铺作同	A3/A7/A19/A27/A29/A31/A34/A37/A40/A45/A49/B12/B18/B19/B20/B21/B26/B31/B38/B40	20/73 27.5%	1/11 9%	1/11 9%	0/11	1/11 9%	6/11 55%	2/11 18%	9
	减跳数	A4	1/73 1.5%	0/1	1/1 100%	0/1	0/1	0/1	0/1	0
	隐刻栱	A5/A6/A8/A11/A12/A15/A16/A17/A18/A21/A23/A25/A26/A28/A30/A35/A36/A38/A41/A42/A44/A46/A47/A48/B1/B2/B4/B6/B8/B13/B15/B22/B27/B33/B35/B36/B37/B39/B41/B44	40/73 55%	0/24	2/24 8.5%	0/24	8/24 33%	9/24 37.5	5/24 21%	16
	用斜栱	A9/A10/A39/B7/B10/B14/B16/B17/B24/B25/B28/B46	12/73 16%	0/3	0/3	2/3 66%	0/3	1/3 34%	0/3	9

晋东南地区遗构铺作统计表二（内柱头铺作施用情况）　　附表 C-3

列项	细目	样本序号	计数/比例	A类样本分布						B类样本
				一期	二期	三期	四期	五期	六期	
与外檐柱头铺作间关系	层数相同	A5/A7/A8/A18/A19/A21/A28/A29/A39/A49/B1/B4/B19/B20/B21/B24/B25/B36/B38/B39	20/58 34.5%	0/10	2/10 20%	1/10 10%	3/10 30%	3/10 30%	1/10 10%	10

列项	细目	样本序号	计数/比例	A类样本分布						B类样本
				一期	二期	三期	四期	五期	六期	
与外檐柱头铺作间关系	减一跳或更多	A3/A6/A11/A12/ A16/A25/A27/ A31/A42/A46/ A47/A48/B2/B16/ B28/B31/B37/ B41/B42	19/58 33%	0/12	2/12 17%	0/12	3/12 25%	3/12 25%	4/12 33%	7
	承实拍杪头或素枋不出卷头	A17/A24/ A30/A35/ A36/A40/B7/B8/ B11/B14/B15/B18/ B33/B35/B46	15/58 26%	0/6	0/6	0/6	1/6 17%	5/6 83%	0/6	9
	自栌斗直接承托平梁	A41/A50/B12/B13	4/58 6.5%	0/2	0/2	0/2	0/2	1/2 50%	1/2 50%	2

附录 D 晋东南地区五代、宋、金木构建筑的铺作属性

分 18 个子项对铺作属性进行考察：

(1) 铺作与梁栿关系：梁栿绞入铺作层（出头作华栱之类）记作 A，梁栿压于铺作之上记作 B。

(2) 铺作出跳数：按"外跳跳数＋里跳跳数"记录。

(3) 跳头单重栱造情况：按外跳和里跳分别逐跳记录，单栱记作 D，重栱记作 C，外、里跳间以/分隔。

(4) 昂后尾下三角空间支垫构件：自下而上逐层记录，卷头记作 A1，垫块记作 A2，里要头记作 A3，靴楔记作 A4，梁栿后尾记作 A5，沓头记作 A6。

(5) 跳头偷心计心情况：按外跳和里跳分别逐跳记录，偷心记作 T，计心记作 J，外、里跳间以/分隔。

(6) 双昂（或昂与昂形要头）平行与否：平行的记作 A，斜交的记作 B。

(7) 用昂情况：用真昂记作 A1，假昂记作 A2，插昂记作 A3，里跳用上昂记作 A4，不用昂的记作/按"柱头＋补间"记（补间若隐刻记作/）。

(8) 要头形态：爵头记作 A1，平出下昂形记作 A2，斜出下昂形记作 A3，尖圆形记作 A4，挑尖梁头形记作 A5，其他为 A6，不出头记作 B，不用要头记作/。

(9) 用衬方头情况：出头的记作 A，不绞替木出头的记作 B，不用衬方头的记作/。

(10) 里跳托梁栿构件：用昂者记作 A1，用卷头记作 A2，用直斫沓头记作 A3，用蝉肚沓头记作 A4，用半栱状替木记作 A5。

(11) 华栱用材：单材记作 A，足材记作 B，按柱头/补间/角柱正身缝/角柱角缝记，若无补间或转角，记作-。

(12) 华头子情况：两瓣卷杀圆和的记作 A1，单瓣直出为 A2，不出华头子为 A3，假昂下刻出假华头子为 A4，不用昂及华头子的记作/。

(13) 扶壁栱配置情况：自下而上逐层记录，栌斗口内半栱状垫木记作 B，单栱造记作 D，重栱造记作 C，素枋记作 S，若素枋上隐栱记作 SY，垫

块记作 K，例如扶壁单栱三素枋即记作"D＋S＋S＋S"之类。

（14）斜栱出华栱情况：出直华栱的记作 A，不出的记作 B，偷心仅出一组斜华栱的记作 C1，逐跳计心出两组以上斜华栱的记作 C2。如"不出直华栱，出一组斜华栱"的情况，记作 B＋C1 之类。

（15）斜栱里跳情况：与外跳相同的记作 A，里跳不用斜栱的记作 B，里跳用斜栱但较外跳减跳的记作 C。

（16）斜栱用横栱情况：慢栱、令栱皆交首连作的记作 A，分段单作的记作 B。

（17）擎檐构件：外跳用替木撩风槫的记作 A，用令栱撩檐枋的记作 B。

（18）外跳遮椽板情况：用平置遮椽板的记作 A1，斜置遮椽板的记作 A2，用峻脚椽的记作 A3，不用的记作 /。

附表 D-1 对本地区早期木构建筑的外檐铺作构造做法、样式细节进行了分类总传。

晋东南地区五代、宋、金木构建筑的外檐铺作属性　　　　附表 D-1

样本序号	建筑名称	项目								
		1	2	3	4	5	6	7	8	9
		10	11	12	13	14	15	16	17	18
A1	平顺天台庵正殿	A	1+/	−/−	/	/+/	/	/	B	/
		A2	B/−/A/B	/	SY+SY+S	/	/	/	A	/
A2	平顺龙门寺西配殿	A	1+/	−/−	/	/+/	/	/	B	B
		A5	B/−/−/−	/	SY+SY+S	/	/	/	A	/
A3	平顺大云院弥陀殿	B	2+3	D/D	/	T/T	/	/	A2+A4	B
		A2	B/A/B/B	/	D+SY+SY+S+K+S	/	/	/	A	/
A4	高平崇明寺中佛殿	A	4+3	D/D	A1+A1+A1+A3	J/J	A	A1+/	A1+A1	
		A1	B/B/B/B	A3/−	SY+SY+SY+S	/	/	/	A	/
A5	陵川北吉祥寺前殿	B	2+2	C/−	/	J/T	A	A2+/	A2	
		A3	B/−/A/B	A4	D+SY+SY+S	/	/	/	A	A1+A2
A7	高平游仙寺毗卢殿	B	2+2/4	D/D	A1+A1+A3	T/T	B	A1+/	A3+A1	/+B
		A1	B/B/A/B	A2/−	D+SY+SY+SY+S	/	/	/	A	/
A8	长子崇庆寺千佛殿	B	2+2	D/D	A1+A1+A1+A4	T/T	A	A1+/	A3	
		A1	B/−/A/B	A2	D+SY+SY+SY+S	/	/	/	A	/
A9	陵川南吉祥寺中殿	B	2+2	D/D	A1+A1+A2	T/T	A	A1+/	A3	B
		A1	B/A/A/B	A2	D+SY+SY+SY	A+C2	A	A	A	/

| 样本序号 | 建筑名称 | 1 | 2 | 3 | 4 | 5 | 6 | 7 | 8 | 9 |
		10	11	12	13	14	15	16	17	18
A10	小会岭二仙庙正殿	B	2+2	D/D	A1+A1+A3	T/T	B	/+A1	A3+A1	/
		A1	B/B/A/B	A2	D+SY+SY+S	A+C2	A	A	A	/
A11	长子正觉寺后殿	B	2+3	C/—	A1+A1+A1+A4	J/T	A	A1+/	A3	/
		A1	B/—/—/—	A1	D+SY+SY+S	/	/	/	A	A1
A12	高平开化寺大雄殿	A	2+2	C/D	A1+A1+A3+A4	J/T	B	A1+/	A3	/
		A1	B/—/A/B	A3	D+SY+SY+S	/	/	/	A	A1+A2
A15	周村东岳庙正殿	B	1+/	—/—	未明	—/—	/	A3+/	A1	B
		未明	B/—/A/B	A4	D+SY+S					
A16	高都镇景德寺后殿	B	2+2	C/—	A1+A1+A3+A2	J/T	A	A1+/	A3	/
		A1	B/—/—/—	A2	C+SY+S+K	/	/	/	A	
A17	潞城原起寺大雄殿	A	1+/	D/—	/				A2	B
		A4	B/—/A/B	/	B+SY+D+S				A	
A18	平顺龙门寺大雄殿	B	2+2	C/—	A1+A1+A3	J/T	B	A1+/	A3	/
		A1	B/—/A/B	A2	D+SY+SY+S	/	/	/	A	A1+A2
A19	九天圣母庙正殿	B	2+2	C/D	A1+A1+A3+A4	J/J		A2+A1	A1	B
		A2	B/B/B/B	A4/A1	C+SY+S	/	/	/	A	
A21	晋城青莲寺释迦殿	B	2+2	C/D	A1+A1+A3	J/T	A	A1+/	A3	/
		A1	B/—/A—B	A2	D+SY+SY+S	/	/	/	A	A2
A24	北义城玉皇庙正殿	A	1+/	D/—	/				A1	/
		/	B/—/A/B	A2角昂下	D+S	/	/	/	A	
A25	小南村二仙庙正殿	B	2+1	C/—	A1+A3+A2	J/T	A	A1+/	A3	/
		A1	B/—/A/B	A3	D+SY+SY+S	/	/	/	A	A1
A27	陵川龙岩寺中佛殿	B	2+2/3	C/—	A1+A1+A1+A4	J/T	/	A1+A3	A1	B
		A3	B/B/B/B	A4+A1	D+SY+SY+S	/	/	/	A	
A28	高平开化寺观音殿	B	1+1	D/—	/	J/T	/	A2	A1	B
		A3	B/—/—/—	A4	D+SY+S	/	/	/	A	
A29	西溪二仙庙后殿	B	2+2	C/D	A1+A1+A3+A4	J/T	A	A2+A1	A1	/
		A2	B/B/B/B	A4+A1	D+SY+SY+S	/	/	/+	A	
A30	西上坊成汤庙正殿	A	2+2	C/—	A1+A1+A4	J/T	/	A1+/	A1	B
		A1	B/—/B/B	A1	D+SY+SY+S	/	/	/	A	
A31	西李门二仙庙正殿	B	2+1	C/—	A1+A1+A1+A4	J/T	A	A2+A1	A3	/
		A4	B/B/B/B	A4+/	C+SY+S	/	/	/	A	

样本序号	建筑名称	项目								
		1	2	3	4	5	6	7	8	9
		10	11	12	13	14	15	16	17	18
A32	平顺淳化寺正殿	A	1+1	D/—	/	J/T	/	A2+/	A5	/
		A2	B/—/A/B	A4	D+SY+S	/	/	/	A	/
A35	南阳护三峻庙正殿	A	2+2	C/—	/	J/T	/	A2+/	A1	B
		A2	B/—/—/—	A4	D+SY+SY+SY+S	/	/	/	A	
A36	沁县大云院正殿	A	1+1	D/—	/	/	/	/	A2	A
		A2	B/—/—/—	/	D+SY+SY+S	/	/	/	A	
A37	王报村二郎庙戏台	B	1+1	D/—	A1+A4	J/T	A	A2+A4	A3	
		A1	—/B/B/B	A4	D+SY+S	/	/	/	A	/
A38	陵川崔府君庙山门	B	2+2	D/—	A1+A1+A3	J/T	A	A1+/	A3	B
		A1	B/—/A/B	A2	D+SY+SY+S	/	/	/	A	/
A39	高都东岳庙天齐殿	A	1+/	D/—	A1+A1+A4	J/T	A	A2+A2	A1+A3	B
		A3	B/B/B/B	A4	D—SY—S	A+C2	B	A	A	/
A40	冶底村岱庙天齐殿	B	2+1/3	C/—	A1+A1+A1+A4	J/T	A	A2+A1	A1	
		A3	B/B/B/B	A1+A4	D+SY+SY+S	/	/	/	A	/
A41	襄垣昭泽王庙正殿	A	1+1	D/—	/	/	/	A2+/	A1	
		A2	B/—/—/—	A4	D+SY+S	/	/	/	A	/
A42	尹西东岳庙天齐殿	A	2+2	C/—	/	J/T	A	A2+/	A3	B
		A2	B/—/—/—	A4	D+SY+SY+S	/	/	/	A	/
A45	高都玉皇庙东朵殿	A	1+2	D/D	A1+A3/A1+A4	J/T	A	A2+A2	A1+A3	B
		A2	B/B/—/—	A4	D+SY+S	/	/	/	A	/
A47	襄垣灵泽王庙正殿	B	2+1	C/D	/	J/J	A	A2+/	A1	B
		A3	B/—/—/—	A4	D+SY+SY+S	A+C2	C	A	A	/
A49	郊底村白玉宫正殿	A	1+1	D/—	A1+A1+A3	J/T	A	A2+A2	A3+A1	
		A2	B/B/B/B	/	D+SY+S	/	/	/	A	A1
A50	武乡会仙观三清殿	B	2+2	C/C	/	J/J	A	A2+/	A3	A
		A3	B/—/B/B	A4	三重栱+SY+S	/	/	/	A	/
B1	小张村碧云寺正殿	A	1+2	D/—	A1+A1+A5	J/T	A	A1+/	A3	/+B转角
		A1	B/—/A/B	A2	S—D—SY—S	/	/	/	A	/
B2	布村玉皇庙正殿	A	2+1	—/—	A1+A5+A2	T/T	A	A1+/	A3	/
		A2	A/—/B/A	A3	D+SY+SY+SY+S	/	/	/	A	/
B4	高平清化寺如来殿	B	1+1	—/—	/	J/T	A	A2+/	A1+A3	未明
		A3	B/—/未明/B	A4	D+SY+S	/	/	/	A	/

样本序号	建筑名称	项目								
		1	2	3	4	5	6	7	8	9
		10	11	12	13	14	15	16	17	18
B7	车当村佛头寺大殿	B	2+1	D/—	/	J/T	A	A2+A2	A1	/
		A2	B/B/B/B斜栱A	A4	D+SY+S	A+C2	B	A	A	/
B8	长春村玉皇观正殿	B	2+2	D/—	A1+A1+A3	T/T	B	A1+/	A2	B
		A1	B/—/—/—	A2	D+SY+SY+S	/	/	/	A	/
B10	周村东岳庙东朵殿	A	1+/	D/—	/	J/—	/	/+/	A1	
		/	B/—/A/B	A2角缝	D+S	/	/	/	A	/
B11	侯壁村回龙寺正殿	A	1+/	D/—	/	J/T	/	A2+/	A1	B
		A3	B/—/—/—	A3	B+SY+D+SY+S	/	/	/	A	/
B12	武乡应感庙五龙殿	B	1+1	D/—	/.	J/T	/	A3	A6	A
		A3	B/B/—/—	A2/A3	C+S	/	/	/	A	/
B13	武乡大云院三佛殿	B	2+2	C/D	A1+A1+A5	J/J	/	A1+/	A1	A
		A1	B/—/—/—	A1	D+SY+S	/	/	/	A	/
B14	沁县普照寺大殿	B	2+1	C/D	A1+A3+A4	J/J	/	A2+A2/A4	A1	B
		A3	B/B/B/B	A4	C+S	A+C2	B	A	A	/
B15	南涅水洪教院正殿	A	2+2	C/D	/	J/T	A	A2+/	A3	A
		A3	B/—/—/—	A4	C+SY+S	A+C2	?	A	A	/
B16	平顺龙门寺山门	A	2+1	C/D	/	J/J	A	A2+/	A1	B
		A3	B/B/—/—	A4	C+SY+S	A+C2	C	A	A	A1+A2
B17	南庄村玉皇庙正殿	A	2+2	C/D	A1+A1+A4	J/J	A	A2+/	A3	/
		A3	B/B/—/—	A4	D+SY+S	A+C2	C	A	A	/
B18	泽州显庆寺毗卢殿	B	2+2	C/D	A1+A1+A4	J/J	A	A2+A1	A1	
		A2	B/B/A/B	A4	D+SY+S	/	/	/	A	/
B19	三王村三嵕庙正殿	A	1+/	D/—	/	J/T	/	/+A2	A1	B
		A3	B/B/A/B	A4	D+SY+S	/	/	/	A	/
B20	玉泉村东岳庙正殿	A	1+1	D/D	/	J/J	/	A3	A1	A
		A2	B/B/A/B	A2	D+SY+S	/	/	/	A	A1
B21	玉泉东岳庙东朵殿	B	1+1	D/—	A1+A4	J/T	/	/+A1	A1	B
		A4	B/B	未明	未明	/	/	/	A	/
B22	西溪二仙庙梳妆楼	B	1+1	D/—	/	J/T	A	A2+/	A3	未明
		A3	B/—/B/B	A4	D+SY+S	/	/	/	A	/

样本序号	建筑名称	项目								
		1	2	3	4	5	6	7	8	9
		10	11	12	13	14	15	16	17	18
B23	陵川北吉祥寺中殿	B	2+2	C/-	/	J/T	A	A2+/	A3	B
		A3	B/-/A/B	A4	D+SY+SY+S	/	/	/	A	A1+A2
B24	石掌村玉皇庙正殿	A	1+1	D/D	A1+A1+A4	J/J	/	A2+A2	A6+A1+A3	/+B
		A4	B/B/A/B	A4	D+SY+S	A+C2	A	A	A	/
B25	南神头二仙庙正殿	A	2+2	C/D	/	J/J	A	A2+A1	A3+A1	
		A2	B/B/B/B	A4+A1	D+SY+SY+S	A+C1	C	A	A	
B26	陵川寺润村三教堂	B	1+1	D/D	A1+A3+A4	J/J	A	A1+/	A3	
		A1	B/-/A/B	A2	D+SY+S	/	/	/	A	
B27	北马村玉皇庙正殿	B	4+3	C/D	A1+A1+A1+A4	J/J	A	A1+/	A3	B
		A1	B/-/-/-	A2	C+SY+SY+S	/	/	/	A	A2
B28	东邑村龙王庙正殿	A	2+1	C/D	A1+A6+A5+A2	J/J	A	A2+A2	A3	
		A3	B/B/-/-	A4	C+SY+S	A+C2	C	A	A	
B31	阳城开福寺中殿	B	2+2	C/D	A1+A1+A4	J/J	A	A2+A1	A3	
		A3	B/B/B/B	A4+A1	D+SY+SY+S	A+C1	B	A	A	A1
B33	长子天王寺前殿	B	2+2	C/-	/	J/T	/	A2+/	/	/
		A3	B/-/A/B	A4	D+SY+SY+S+K+S	/	/	/	A	
B35	韩坊村尧王庙正殿	A	2+1	C/-	/	J/T	A	A3+/	A1	
		A4	B/-/A/B	A4	C+SY+S	/	/	/	A	
B36	南鲍村汤王庙正殿	A	1+/	D/-	/	J/T	/	A2+/	A1	B
		A3	B/-/-/-	A4	D+SY+S	/	/	/	A	
B37	布村玉皇庙后殿	B	2+2	C/-	/	J/T	/	A2+/	A3	
		A3	B/-/-/-	A4	D+SY+SY+S	/	/	/	A	A1
B38	长子县府君庙正殿	A	2+1	C/-	A1+A1+A4	J/T	A	A2+A1	A5/A1	A
		A3	B/B/B/B	A4+A1	C+S	/	/	/	A	/
B39	王郭村三峻庙正殿	B	1+/	D/-	/	J/T	/	A2+/	A1	B
		A4	B/-/B/B	A4	D+SY+S	/	/	/	A	/
B40	泽州川底佛堂正殿	A	1+1	D/-	A1+A1+A4	J/T	/	A2+A1	A1	
		A3	B/B/A/B	A4/A1	D+SY+S	/	/	/	A	/

样本序号	建筑名称	项目								
		1	2	3	4	5	6	7	8	9
		10	11	12	13	14	15	16	17	18
B41	高都景德寺中佛殿	B	2+2	D/—	/	J/T	A	A2+/	A6	未明
		A3	B/—/—/—	A4	D+SY+S+?	/	/	/	A	/
B42	周村东岳庙西朵殿	A	1+未明	D/?	未明	J/?	/	/+/	A1	
		未明	B/B/A/A	A2角缝	D+SY+S	A+C1	?	A	A	/
B44	崇瓦张三峻庙正殿	A	2+1	C/—		J/T	A	A2+/	A1	
		A3	B/—/—/—	A4	D+SY+SY+S	/	/	/	A	/

未纳入统计的 24 例包括：A6 崇教寺正殿、A13 府城村玉皇庙玉皇殿、A14 崇庆寺三大士殿、A20 青莲寺罗汉阁、A22 米山镇玉皇庙正殿、A23 河底村汤王庙正殿、A26 崇寿寺释迦殿、A33 沁县洪教院正殿、A34 中坪二仙宫正殿、A43 湖娌村二仙庙正殿、A44 府城村玉皇庙成汤殿、A46 屯城镇东岳庙天齐殿、A48 下交汤帝庙拜殿；B3 青莲寺藏经阁、B5 嘉祥寺转果殿、B9 上阁龙岩寺前殿、B29 九天圣母庙梳妆楼、B30 武乡洪济院正殿、B32 润城东岳庙天齐殿、B33 长子天王寺前殿、B34 长子天王寺后殿、B43 高都东岳庙昊天上帝殿、B45 南吉祥寺圆明殿、B46 西顿济渎庙正殿。

附表 D-2 对晋东南地区早期木构遗存铺作用栱昂情况进行了数据统计。

晋东南地区遗构铺作统计表三（铺作施用栱昂情况）　　　附表 D-2

列项	细目	样本序号	计数/比例	A类样本分布						B类样本
				一期	二期	三期	四期	五期	六期	
与梁栿间关系	绞接	A1/A2/A4/A12/A17/A24/A30/A32/A35/A36/A39/A41/A42/A45/A49/B1/B2/B10/B11/B15/B16/B17/B19/B20/B24/B25/B28/B35/B36/B38/B40/B42/B44	33/72 46%	2/15 14%	1/15 7%	0/15	2/15 14%	7/15 45%	3/15 20%	18
	压接	A3/A5/A7/A8/A9/A10/A11/A15/A16/A18/A19/A21/A25/A27/A28/A29/A31/A37/A38/A40/A47/A50/B4/B7/B8/B12/B13/B14/B18/B21B22/B23/B26/B27/B31/B33/B37/B39/B41	39/72 54%	0/22	3/22 14%	3/22 14%	6/22 27%	8/22 36%	2/22 9%	17

列项	细目	样本序号	计数/比例	A类样本分布						B类样本
				一期	二期	三期	四期	五期	六期	
里外跳数关系	相等	A5/A8/A9/A10/ A12/A16/A18/ A19/A21/A28/ A29/A30/A32/ A35/A36/A37/ A38/A41/A42/ A49/A50B4/B8/ B12/B13/B15/B17/ B18/B20/B21/B22/ B23/B24/B25/B26/ B31/B33/B37/ B40/B41	40/60 67%	0/21	1/21 4.5%	3/21 14%	5/21 24%	9/21 43%	3/21 14.5%	19
	里跳减跳	A4/A7/A25/A31/ A47/B2/B7/B14/ B16/B27/B28/B35 /B38/B44	14/60 23%	0/5	2/5 40%	0/5	0/5	2/5 40%	1/5 20%	9
	里跳增跳	A3/A11/A27/A40/ A45/B1	6/60 10%	1/5 20%	0/5	0/5	1/5 20%	2/5 40%	1/5 20%	1
跳头单重棋造	单棋	A3/A4/A7/A8/ A9/A10/A17/A24/ A28/A32/A36/ A37/A38/A39/ A41/A45/A49/B1/ B7/B8/B10/B11/ B12/B19/B20/B21/ B21/B22/B24/B26/ B36/B39/B40/ B41/B42	35/67 52%	1/17 6%	2/17 12%	3/17 18%	1/17 6%	8/17 46%	2/17 12%	18
	重棋	A5/A11/A16/A18/ A25/A27/A30/ A31/A35/A40/ A42/A50/B23/ B33/B35/B37/ B38/B44	18/67 27%	0/12	1/12 8.5%	0/12	3/12 25%	6/12 50%	2/12 16.5%	6
	间用	A12/A19/A29/ A47/B13/B14/B15/ B16/B17/B18/B25/ B27/B28/B31	14/67 21%	0/4	0/4	0/4	2/4 50%	1/4 25%	1/4 25%	10
偷计心造情况	偷心	A3/A7/A8/ A9/A10/ B2/B8	7/65 11%	1/5 20%	1/5 20%	3/5 60%	0/5	0/5	0/5	2

列项	细目	样本序号	计数/比例	A类样本分布						B类样本
				一期	二期	三期	四期	五期	六期	
偷计心造情况	计心	A4/A19/A47/A50/B10/B13/B14/B16/B17/B18/B20/B24/B25/B26/B27/B28/B31/B42	18/65 28%	0/4	1/4 25%	0/4	1/4 25%	0/4	2/4 50%	14
	外跳计心里跳偷心	A5/A11/A12/A16/A18/A21/A25/A27/A28/A29/A30/A31/A32/A35/A37/A38/A39/A40/A42/A45/A49/B1/B4/B7/B11/B12/B15/B19/B21B22/B23/B33/B35/B36/B37/B38/B39/B40/B41/B44	40/65 61%	0/21	1/21 4.5%	0/21	5/21 24%	12/21 57.5%	3/21 14%	19
双昂角度情况	平行	A4/A5/A8/A9/A11/A16/A21/A25/A29/A31/A37/A38/A39/A40/A42/A45/A47/A49/A50/B1/B4/B7/B15/B16/B17/B18/B22/B23/B25/B26/B27/B28/B31/B35/B38/B41/B44	37/43 86%	0/19	2/19 10.5%	2/19 10.5%	3/19 15.5%	7/19 37%	5/19 26.5%	18
	斜交	A7/A10/A12/A18/B8/B14	6/43 14%	0/4	1/4 25%	1/4 25%	2/4 50%	0/4	0/4	2
柱头用昂情况	真昂	A4/A7/A8/A9/A11/A12/A16/A18/A21/A25/A27/A30/A38/B1/B2/B8/B13/B26/B27	19/61 31%	0/13	2/13 15.5%	2/13 15.5%	5/13 38%	4/13 31%	0/13	6
	假昂	A5/A19/A28/A29/A31/A32/A35/A37A39/A40/A41/A42/A45/A47/A49/A50/B4/B7/B11/B14/B15/B16/B17/B18/B22/B23/B24/B25/B28/B31/B33/B36/B37/B38/B39/B40/B41/B44	38/61 62%	0/16	1/16 6.25%	0/16	1/16 6.25%	9/16 56.25%	5/16 31.25%	22
	插昂	A15/B12/B20/B35	4/61 7%	/	/	/	1/1 100%	/	/	3

列项	细目	样本序号	计数/比例	A类样本分布						B类样本
				一期	二期	三期	四期	五期	六期	
补间用昂情况	真昂	A10/A19/A29/A31/A40/B18/B21/B25/B31/B38/B40	11/21 52.5%	0/5	0/5	1/5 20%	1/5 20%	4/5 80%	0/5	6
	假昂	A39/A45/A49/B7/B19/B24/B28	7/21 33.5%	0/3	0/3	0/3	0/3	1/3 33%	2/3 67%	4
	插昂	A27	1/21 4.5%	/	/	/	/	1/1 100%	/	0
	上昂	A37/B14	2/21 9.5%	/	/	/	/	1/1 100%	/	1
补间华栱情况	单材	A3/A9	2/30 6.5%	1/2 50%	0/2	1/2 50%	0/2	0/2	0/2	0
	足材	A4/A7/A10/A19/A27/A29/A31/A37/A39/A40/A45/A49/B7/B12/B14/B16/B17/B18/B19/B20/B21/B24/B25/B28/B31/B38/B40/B42	28/30 93.5%	0/12	2/12 17%	1/12 8%	1/12 8%	6/12 50%	2/12 17%	16
用华头子形态	两瓣	A11/A27/A29/A30/A40/B13/B25/B31/B38/B40	10/64 15.5%	0/5	0/5	0/5	1/5 20%	4/5 80%	0/5	5
	单瓣	A7/A8/A9/A10/A16/A18/A21/A24/A38B1/B8/B20/B26/B27/B42	15/64 23.5%	0/9	1/9 11%	3/9 33%	3/9 33%	2/9 23%	0/9	6
	不出	A4/A12/A25/B2/B11/B12	6/64 9.5%	0/3	1/3 33%	0/3	1/3 33%	1/3 33%	0/3	3
	隐刻	A5/A15/A19/A28/A31/A32/A35/A37/A39/A41/A42/A45/A47/A50/B4/B7/B14/B15/B16/B17/B18/B19/B22/B23/B24/B28/B33/B35/B36/B37/B39/B41/B44	33/64 51.5%	0/14	1/14 7%	0/14	2/14 14%	7/14 50%	4/14 29%	19

| 列项 | 细目 | 样本序号 | 计数/比例 | A类样本分布 | | | | | | B类样本 |
				一期	二期	三期	四期	五期	六期	
扶壁组成形式	单栱上叠素方	A3/A5/A7/A8/ A9/A10/A11/A12/ A15/A18/A21/ A24/A25/A27/ A28/A29/A30/ A32/A35/A36/ A37/A38/A39/ A40/A41/A42/ A45/A47/A49/B2/ B4/B7/B8/B10/ B13/B17/B18/B19/ B20/B22/B23/B24/ B25/B26/B31/B33/ B36/B37/B39/B40/ B41/B42/B44	53/71 75%	1/29 3.5%	2/29 7%	3/29 10.5%	5/29 17%	14/29 48%	4/29 14%	24
	重栱上叠素方	A16/A19/A31/ A50/B12/B14/B15/ B16/B27/B28/ B35/B38	12/71 17%	0/4	0/4	0/4	2/4 50%	1/4 25%	1/4 25%	8
	其他形式	A1/A2/A4/A17/ B1/B11	6/71 8%	2/4 50%	2/4 50%	0/4	0/4	0/4	0/4	2
斜栱外跳情况	斜栱偷心	B25/B31/B42	3/12 25%	/	/	/	/	/	/	3
	斜栱计心	A9/A10/A39/A47/ B7/B14/B17/ B24/B28	9/12 75%	0/4	0/4	2/4 50%	0/4	1/4 25%	1/4 25%	5
斜栱里跳情况	与外跳同	A9/A10/B24	3/12 25%	0/2	0/2	2/2 100%	0/2	0/2	0/2	1
	不用斜栱	A39/B7/B14/B31	4/12 33%	/	/	/	/	1/1 100%	/	3
	较外减跳	A47/B16/B17/B25/ B28	5/12 42%	/	/	/	/	/	1/1 100%	4

附录 E 晋东南地区五代、宋、金木构建筑的铺作构件样式

包括 10 个子项：

(1) 横栱长的相互关系：泥道栱记为 N，泥道慢栱为 NM，泥道令栱为 NL，令栱为 L，瓜子栱为 G，慢栱为 M，翼形栱为 Y。

(2) 跳头横栱栱端形态：抹斜处理为 A，平直处理为 B，跳头横栱逐项记录，如"令栱抹斜、瓜子栱与慢栱不抹斜"之类记作 G/B+M/B+L/A。

(3) 角华栱形态：平直的记作 A，中间起棱出峰且配合使用五边斗的记作 B，若角缝只用角昂不用角栱，记作 C。

(4) 三小斗的形态：按照散斗、交互斗、齐心斗的顺序分别记录三种小斗的形态，菱形斗记作 A1，长方斗 A2，五边斗记作 A3。

(5) 转角支垫大角梁构件：宝瓶为 A1，角神为 A2，垫块为 B，直接由撩风槫绞角承托的为 C，无转角为/。

(6) 交互斗截纹或顺纹开槽按跳头偷心与计心分别记述，截纹 A，顺纹 B。计心时斗内十字开槽，考察其看面摆放规律。如偷心端交互斗截纹开槽，计心端交互斗看面为顺纹，记作 T/A+J/B。

(7) 耍头形态：分三项记录，形态上《营造法式》蚂蚱头形（两折）记作 A1、切几头形（一折）记作 A2，昂形记作 A3，其他形状记作 A4，与地平关系上平出为 B1，斜出为 B2（针对昂形耍头），嘴部起棱并尖嘴为 C1，平直不起棱为 C2（针对昂形耍头）。如"昂形耍头，平出，嘴部平直不起棱，角缝不用"记作 A3+B1+C2。

(8) 斗畝曲线形态：斜直记作 A1，卷杀内凹记作 A2，上曲下撇出峰记作 A3。

(9) 栌斗形态：分别按照柱头、补间与转角的情况加以记录，方栌斗为 A1，圆栌斗为 A2，瓜棱斗为 A3，讹角斗为 A4，方斗抹角为 A5，若补间隐刻不用栌斗，则记作/，如"柱头用方栌斗，补间隐刻不用栌斗，转角用讹角斗"之类记作 A1-/-A4。

(10) 昂嘴形态：真昂作批竹形且中央起棱昂嘴出锋为 A1，真昂作琴面

形为 A2，真昂作卷鼻形为 A3，真昂作批竹形且扁平不起棱为 A4；假昂作批竹形且中央起棱昂嘴出锋为 B1，假昂作琴面形为 B2，假昂作卷鼻形为B3，假昂作批竹形且扁平不起棱为 B4；插昂作批竹形为且中央起棱昂嘴出锋 C1，插昂作琴面形为 C2，插昂作卷鼻形为 C3，插昂作批竹形且扁平不起棱为 C4。按柱头、补间、转角分别记。

附表 E-1 对晋东南地区五代、宋、金木构建筑铺作部分的构件样式进行了细类划分，附表 E-2 对其中斗栱部分进行了详尽的数理统计。

晋东南地区五代、宋、金木构建筑的铺作构件样式　　　　附表 E-1

样本序号	建筑名称	项目				
		1	2	3	4	5
		6	7	8	9	10
A1	平顺天台庵弥陀殿	N<NM	/	A	S/A2+Q/−+J/A2	C
		T/B	/	A1	A1+A1+A1	/
A2	平顺龙门寺西配殿	NL<NM	/	/	S/A2+Q/A2+J/A2	/
		T/B	/	A2	A1+/+/	/
A3	平顺大云院弥陀殿	Y<L<N=NL<NM	L/B	B	S/A2+Q/A2+J/A2	C
		T/B+J/A	A2/A4+B1+C2	A1	A1+A1+A1	/
A4	高平崇明寺中佛殿	N=G=L=NL<NM=M	G/B+M/B+L/B	A	S/A2+Q/A2+J/A2	C
		T/A+J/B	A1+B1+C1	A3	A1+/+A1	A1
A5	陵川北吉祥寺前殿	N<G=L<NM<M	G/A+M/A+L/A	B	S/A1A2+Q/A2+J/A2A3	C
		T/B+J/A(瓜栱下)+B(令栱下)	A3+B2+C1	A2	A1+/+A1	B2
A7	高平游仙寺毗卢殿	N=L	L/A	A	S/A1A2+Q/A2+J/A2	C
		T/B+J/A	A3+B2+C1	A3	A1+A1+A1	A4
A8	长子崇庆寺千佛殿	N=NL=L<NM	L/A(外跳)+B(里跳)	A	S/A1A2+Q/A2+J/A2	C
		T/B+J/B	A3+B2+C1/C2	A3	A1+/+A1	A1
A9	陵川南吉祥寺中殿	N<L	L/A	B	S/A1A2+Q/A2+J/A2A3	C
		T/B+J/A	A1/A3+B2+C2	A1	A1+A1+A1	A4
A10	小会岭二仙庙正殿	N=L=NL<NM	L/A	B	S/A1A2+Q/A2=J/A2A3	C
		TB/+J/AB	A1/A3+B1+C1	A3	A1+A1+A1	A1
A11	长子正觉寺后殿	N=G<L<M=NM	G/B+M/B+L/B	/	S/A2+Q/A2+J/A2	/
		T/B+J/B	A3+B2+C2	A2	A1+/+A1	A2
A12	高平开化寺大雄殿	L=G<N<NM=M	G/A+M/A+L/A	B	S/A1A2+Q/A2+J/A2A3	C
		T/A+J/B	A3+B2+C1	A3	A1+/+A1	A1
A15	周村东岳庙正殿	N=L	L/A	C	SA1A2/+Q/A2+J/A3	B
		J/A	A1+B1+C1	A2	A1+/+A1	C2

样本序号	建筑名称	项目				
		1	2	3	4	5
		6	7	8	9	10
A16	高都镇景德寺后殿	N=G=L<M=NM	G/A+M/A+L/A	/	S/A1A2+J/A2	/
		T/A+J/B	A3+B2+C2	A2	A1+/+/	A2
A17	潞城原起寺大雄殿	N<NM	/	A	S/A2+Q/A2+J/A2	C
		T/B	A3+B1+C2	A3	A1+/+A1	/
A18	平顺龙门寺大雄殿	NL=L<N=G<M=NM	G/A+M/A+L/A	B	S/A1A2+Q/A2+J/A3	C
		T/B+J/A	A3+B2+C1	A3	A1+/+A1	A1
A19	九天圣母庙正殿	N=G<NL=L<NM=M	G/B+M/B+L/B	B	S/A2+Q/A2+J/A2A3	C
		TB/+J/B	A1+B1+C1	A2	A1+A2+A1	C2+A2
A21	晋城青莲寺释迦殿	Y<N=NL<G=L<M=NM	G/A+M/A+L/A	B	S/A1+Q/A2(转角交首令栱上)+J/A3+A2	C
		T/B+J/A	A3+B2+C1	A1/A3	A1+/+A1	A1
A24	北义城玉皇庙正殿	N=L	L/A	C	S/A1A2+Q/A2/+J/A2A3	C
		T/B+J/A	A1+B1+C1	A1/A3	A1+/+A1	B2
A25	小南村二仙庙正殿	N=L=G<M=NM	G/A+M/A+L/A	B	S/A1A2+Q/A2+J/A2A3	C
		J/A+J/B(昂上)	A3/A2+B2+C1	A3	A1+/+A1	A2
A27	陵川龙岩寺中佛殿	N=G<L<M=NM	G/B+M/B+L/B	A	S/A2+Q/A2+J/A2A3	C
		T/B+J/B	A1+B1+C1	A2	A1+A1+A1	B2+A2
A28	高平开化寺观音殿	N<L	L/B	/	S/A2+Q/A2+J/A2	/
		J/B	A1+B1+C1	A2	A1外柱/A2内柱+/+/	B2
A29	西溪二仙庙后殿	N=G<L<M=NM	G/B+M/B+L/B	B	S/A2+Q/A2+J/A2A3	C
		T/A+J/B	A1+B1+C1	A2	A1+A1+A1	B2+A2
A30	西上坊成汤庙正殿	N=G<L<M=NM	G/A+M/A+L/A	B	S/A2+Q/A2+J/A2A3	C
		J/AB(五边斗截纹向外)	A1/A3+B2+C2	A2	A1+/+A1	A2+B2
A31	西李门二仙庙正殿	N=G<L<M=NM	G/B+M/B+L/B	B	S/A2+Q/A2+J/A2A3	B
		T/B+J/B	A1/A3+B2+C2	A2	A1+A3/A2+A1	B2
A32	平顺淳化寺正殿	N=L	L/A	C	S/A1A2+Q/A2+J/A2	C
		T/B+J/AB(五边斗截纹向外)	A2+B1+C1	A2	A1+/+A1	B2
A35	南阳护三峻庙正殿	N=G<L<NM<M	G/B+M/B+L/B	/	S/A2+Q/A2+J/A2	/
		未明	A1+B1+C1	A2	A1+/+/	C2

样本序号	建筑名称	项目				
		1	2	3	4	5
		6	7	8	9	10
A36	沁县大云院正殿	N=L<NM	L/A	/	S/A1A2+Q/A2+J/A2	/
		T/B+J/A	A3+B1+C1	A2	A1+/+/	/
A38	陵川崔府君庙山门	N=L	L/A	B	S/A1A2+Q/A2+J/A2A3	C
		未明	A3+B2+C2	A2	A1+A1+A1	A4
A39	高都东岳庙天齐殿	N<L	L/A	C	S/A2+Q/A2+J/A1A2	C
		T/未明+J/B	A1/A3+B2+C2	A2	A1+A3+A1	B2
A40	冶底村岱庙天齐殿	N=G<L<M	G/B+M/B+L/B	C	S/A2+Q/A2+J/A2A3	C
		T/B+J/B	A1+B1+C1	A2/A3	A1+A3+A1	C2+A2
A45	高都玉皇庙东朵殿	N<L	L/A	/	S/A1A2+J/A2	/
		T/B+J/B	A1/A3+B2+C1	A1/A2	A4+A3+/	B2
A49	郊底村白玉宫正殿	N<L	L/A	C	S/A1A2+Q/A2+J/A2A3	A1/A2
		T/B+J/B	A2/A3+B2+C2	A2	A1+A1+A1	B2+B2
A50	武乡会仙观三清殿	N=G<L<M=NM	G/A+M/A+L/A	B	S/A1A2+Q/A2+J/A2A3	A1
		T/B+J/B	A3+B2+C1	A2	A1+/+A2	B2
B1	小张村碧云寺正殿	L<N<NM	L/A	C	S/A1A2+Q/A2+J/A2	C
		T/A+J/B	A1/A3+B2+C2	A3	A1+/+A1	A1
B2	布村玉皇庙正殿	/	L/B	B	S/A2+J/A2A3	C
		T/A+J/B	A3+B1/B2+C1	A3	A1+/+A1	/
B7	平顺佛头寺大殿	N<L	L/A	C	SA1A2/+QA2/+J/A1A2A3	A1
		J/A	A1+B1+C1	A2	A1+A1+A1	B2
B10	周村东岳庙东朵殿	N=L	L/A	C	S/A1A2+Q/A2+J/A3	C
		J/A	A1+B1+C1	A2	A1+/+A1	C2
B11	侯壁回龙寺正殿	N(隐)<L	L/A	/	S/A1A2+Q/A2+J/A3	/
		J/A(五边斗)	A1+B1+C1	A3	A1+/+/	B2
B13	武乡大云院三佛殿	N=G<L<M=NM	G/B+M/B+L/B	/	S/A2+Q/A2+J/A2	/
		T/B+J/B	A1+B1+C1	A1	A1+/+/	A2
B16	平顺龙门寺山门	N=G=L<M=NM	G/A+M/A+L/A	/	S/A1A2+Q/A2+J/A2	/
		J/B	A1+B1+C1	A2/A3	A1+A1+/	B2
B20	玉泉东岳庙正殿	N<L	L/B	C	S/A2+Q/A2+J/A2A3	C
		T/AB+J/A	A2+B1+C1	A2	A5+A4+A5	B2
B22	西溪二仙庙梳妆楼	N=L	L/B	C	S/A2+Q/A2+J/A2	B
		T/A+J/B	A3+B2+C1	A2	A1+/+A1	B2

样本序号	建筑名称	项目				
		1	2	3	4	5
		6	7	8	9	10
B23	陵川北吉祥寺中殿	N<L=G<M=NM	G/A+M/A+L/A	B	S/A1A2+QA2/+J/A2A3	C
		T/B+J/AB	A1/A3+B2+C1	A1	A1+/+A1	B2
B24	石掌村玉皇庙正殿	N<L	外跳A里跳B	C	S/A1A2+Q/A2+J/A2A3	C
		T/B+J/B	A4+B1+C2	A2	A1+A1/A3+A1	B2
B25	南神头二仙庙正殿	N=G,隐慢栱令栱	G/A+M/A+L/A	B	S/A1A2+Q/A2+J/A2A3	C
		T/A+J/AB(五边斗截纹向外)	A3+B2+C1	A2	A1+A1+A1	B2
B26	陵川寺润村三教堂	N<L	L/A	C	S/A1A2+Q/A2+J/A2A3	C
		J/B	A1/A3+B2+C2	A2	/+A1+A1	C2+B2
B27	北马村玉皇庙正殿	N<G=L<M	外跳A里跳B	/	S/A2+J/A2	/
		J/B	A3+B2+C2	A2	A1+/+/	A2
B28	东邑村龙王庙正殿	N=L=G<M=NM	G/A+M/A+L/A	/	S/A1A2+Q/A2+J/A2	/
		J/B	A3+B2+C2	A1/A2	A1+A3+/	B2
B31	阳城开福寺中佛殿	N=L<G<M=NM	柱头A,补间AB	B	S/A1A2+Q/A2+J/A2A3	C
		J/AB(五边斗截纹向外)	A3+B2+C1	A2	A1+A1+A1	B2
B36	南鲍村汤王庙正殿	N<L	L/B	/	S/A2+J/A2	/
		J/B	A1+B1+C1	A1/A2	A1+/+/	B2
B37	布村玉皇庙后殿	N=G<L<M	G/B+M/B+L/B	/	S/A2+Q/A2+J/A2	/
		T/A+J/B	A3+B2+C2	A2	A1+/+A1	B2
B38	长子县府君庙正殿	N<G=L<M	G/B+M/B+L/B	C	S/A2+Q/A2+J/A2	C
		T/A+J/B	A1+B1+C1	A2	A1+A1+A1	B2+A2
B41	高都镇景德寺中殿	N<L2<L1	L/A	/	S/A1A2+J/A3	/
		T/未明+J/A	A4+B1+C2	A1	A1+/+/	B2
B42	周村东岳庙西朵殿	N=L	L/AB	C	S/A1A2+Q/A2+J/A3	C
		J/A	A2/A4+B1+C2	A2	A1+A1+A1	B2

晋东南地区遗构铺作统计表四（斗栱等构件样式情况）　　附表 E-2

列项	细目	样本序号	计数/比例	A类样本分布						B类样本
				一期	二期	三期	四期	五期	六期	
令栱与泥道栱长关系	令栱较长	A5/A9/A11/A19/A21/A27/A28/A29/A30/A31/A35/A39/A40/A45/A49/A50/B7/B11/B13/B20/B22/B23/B24/B26/B27/B36/B37/B38/B41	29/48 60.5%	0/16	1/16 6.25%	1/16 6.25%	3/16 18.75%	8/16 50%	3/16 18.75%	13

列项	细目	样本序号	计数/比例	A类样本分布						B类样本
				一期	二期	三期	四期	五期	六期	
令栱与泥道栱长关系	泥道栱长	A12/A18/B1	3/48 6.5%	0/2	0/2	0/2	2/2 100%	0/2	0/2	1
	两者等长	A3/A4/A7/A8/ A10/A15/A16/ A24/A25/A32/ A36/A38/B10/ B16/B28/B42	16/48 33%	1/12 8.5%	2/12 17%	2/12 17%	2/12 17%	5/12 40.5%	0/12	4
栱端处理	抹斜	A5/A7/A9/A10/ A12/A15/A16/ A21/A24/A25/ A30/A32/A36/ A38/A39/A45/ A49/A50/B1/B7/ B10/B11/B16/B23/ B25/B26/B28/B41	28/51 55%	0/18	2/18 11%	2/18 11%	4/18 22%	7/18 39%	3/18 17%	10
	平直	A3/A4/A11/A19/ A27/A28/A29/ A31/A35/A40/B2/ B13/B20/B22/B24/ B36/B37/B38	18/51 35%	1/10 10%	1/10 10%	0/10	2/10 20%	6/10 60%	0/10	8
	混用	A8/B24/B27/ B31/B42	5/51 10%	/	/	1/1 100%	/	/	/	4
角华栱形态	平直	A1/A4/A7/A8/ A17/A27	6/39 15.5%	1/6 17%	2/6 32%	1/6 17%	1/6 17%	1/6 17%	0/6	0
	起棱出峰	A3/A5/A9/A10/ A12/A18/A19/ A21/A25/A29/ A30/A31/A38/ A50/B2/B23/ B25/B31	18/39 46%	1/14 7%	1/14 7%	2/14 14%	4/14 28%	5/14 37%	1/14 7%	4
	仅用角昂	A15/A24/A32/ A39/A40/A49/B1/ B7/B10/B20/B22/ B24/B26/B38/B42	15/39 38.5%	0/6	0/6	0/6	1/6 17%	4/6 66%	1/6 17%	9
耍头形态	蚂蚱头形	A4/A9/A10/A15/ A19/A24/A27/ A28/A29/A35/ A39/A40/A45/B7/ B10/B11/B13/B16/ B36/B38	20/52 38.5%	0/13	1/13 8%	2/13 16%	2/13 16%	7/13 52%	1/13 8%	7

列项	细目	样本序号	计数/比例	A类样本分布						B类样本
				一期	二期	三期	四期	五期	六期	
要头形态	切几头形	A3/A25/A32/A49/B20	5/52 9.5%	1/4 25%	0/4	0/4	0/4	2/4 50%	1/4 25%	1
	仿下昂形	A5/A7/A8/A11/A12A16/A17/A18/A21/A30/A31/A36/A38/A50/B1/B2/B22/B23/B25/B26/B27/B28/B31/B37	24/52 46%	0/14	2/14 14%	1/14 7%	6/14 43%	4/14 29%	1/14 7%	10
	斜杀内凹	B24/B41/B42	3/52 6%	/	/	/	/	/	/	3
昂形要头角度	平出	A3/A4/A10/A15/A17/A19/A24/A27/A28/A29/A32/A35/A36/A40/B2/B7/B10/B11/B13/B16/B20/B36/B38/B41/B42	25/51 49%	1/14 7%	1/14 7%	1/14 7%	3/14 21%	8/14 58%	0/14	11
	斜出	A5/A7/A8/A9/A11/A12/A16/A18/A21/A25/A30/A31/A38/A39/A45/A49/A50/B1/B22/B23/B25/B26/B27/B28/B31/B37	26/51 51%	0/17	2/17 12%	2/17 12%	5/17 29.5%	5/17 29.5%	3/17 17%	9
昂嘴形态	尖嘴起棱	A4/A5/A8/A10/A11/A12/A15/A16/A18/A19/A21/A24/A25/A27/A28/A29/A30/A31/A32/A35/A39/A40/A45/A49/A50/B1/B7/B10/B11/B13/B16/B20/B22/B23/B24/B25/B26/B27/B28/B31/B36/B37/B38/B41/B42	45/48 94%	/25	/25	/25	/25	/25	/25	20
	扁嘴弧面	A7/A9/A38	3/48 6%	0/3	1/3 33%	1/3 33%	0/3	1/3 33%	0/3	0

列项	细目	样本序号	计数/比例	A类样本分布						B类样本
				一期	二期	三期	四期	五期	六期	
斗㰦曲线类型	斜直	A1/A3/A9/A21/A24/A45/B13/B23/B28/B36/B41	11/54 20%	2/6 34%	0/6	1/6 16.5%	1/6 16.5%	1/6 16.5%	1/6 16.5%	5
	卷杀内凹	A2/A5/A11/A15/A16/A19/A27/A28/A29/A30/A31/A32/A35/A36/A38/A39/A49/A50/B7/B10/B20/B22/B24/B25/B26/B27/B31/B37/B38/B42	30/54 55.5%	1/18 5.5%	1/18 5.5%	0/18	4/18 22%	10/18 56%	2/18 11%	12
	上曲下撇出峰	A4/A7/A8/A10/A12/A17/A18/A25/A40/B1/B2/B11/B16	13/54 24.5%	0/9	2/9 22%	2/9 22%	3/9 34%	2/9 22%	0/9	4

附录 F 现存主要早期木构及砖石仿木构中的扶壁栱类型

附表 F-1 对现存早期木构或砖石仿木构建筑分布较为集中地区的现存案例中扶壁栱的部分进行了分类统计。

现存主要早期木构及砖石仿木构中的扶壁栱类型 附表 F-1

所属地区	案例名称	建造年代	跳头偷心/计心	扶壁栱类型			
				①泥道重栱＋素方	②泥道单栱＋素方	③泥道重栱素方＋单栱	④令栱素方交叠
晋中	平遥镇国寺万佛殿	公元 963 年	1/3 跳偷		✓		
	太谷安禅寺藏经殿	公元 1001 年	计心单栱		✓		
	榆次永寿寺雨花宫	公元 1008 年	1 跳偷心		✓		
	榆社寿圣寺山门	公元 1020 年	计心单栱		✓		
	祁县兴梵寺正殿	公元 1025 年	计心单栱	✓			
	太原晋祠圣母殿	公元 1031 年	计心单栱		✓		
	白泉关王庙正殿	公元 1122 年	计心重栱		✓		
	清徐狐突庙后殿	公元 1123 年	单斗只替		✓		
	寿阳普光寺大殿	北宋	计心单栱		✓		
	昔阳离相寺正殿	北宋	翼形栱		✓		
	西见子宣承院大殿[1]	北宋	/		✓		
	平遥慈相寺大殿	公元 1137 年	计心重栱	✓			
	文水则天庙正殿[2]	公元 1145 年	1 跳偷心				✓
	太谷真圣寺正殿	公元 1157 年	计心重栱	✓			
	平遥文庙大成殿	公元 1163 年	1/3 跳翼	✓			
	太原晋祠献殿	公元 1168 年	计心单栱		✓		
	榆社福祥寺正殿	公元 1189 年	计心重栱	✓			
	阳曲不二寺大殿	公元 1195 年	计心重栱	✓			
	盂县大王庙后殿	公元 1200 年	计心重栱		✓		
	汾阳太符观玉皇殿	公元 1200 年	计心单栱	✓			
	虞城五岳庙正殿	公元 1203 年	计心重栱		✓		

所属地区	案例名称	建造年代	跳头偷心/计心	扶壁栱类型			
				①泥道重栱+素方	②泥道单栱+素方	③泥道重栱+素方+单栱	④令栱素方交叠
晋中	清源文庙大成殿	公元1203年	计心单栱	✓			
	太谷宣梵寺大殿³	金	偷心单栱	✓	✓		
	兴东垣东岳庙正殿	金	计心单栱		✓		
	柳林香岩寺大雄殿	金	计心重栱	✓			
	庄子圣母庙正殿	金	计心重栱	✓			
晋西南	芮城广仁王庙正殿	公元831年	偷心单栱				✓
	芮城城隍庙正殿	公元1016年	计心重栱	✓			
	乡宁寿圣寺正殿	公元1049年	计心单栱	✓			
	夏县余庆禅院正殿	公元1065年	计心单栱			✓	
	万荣稷王庙正殿	宋金	1跳偷心			✓	
	绛县太阴寺正殿	公元1170年	计心重栱	✓			
	曲沃大悲院献殿	公元1180年	计心单栱			✓	
	新绛白台寺释迦殿	公元1195年	计心单栱			✓	
	新绛白台寺法藏阁	公元1195年	计心单栱			✓	
豫西北豫中	济渎庙寝宫	公元973年	1跳偷心		✓		
	登封初祖庵大殿	公元1125年	计心重栱	✓			
	济源奉仙观三清殿	公元1184年	计心重栱	✓			
	登封清凉寺大殿	金	计心单栱			✓	
	临汝风穴寺中佛殿	金	计心单栱	✓			
	济源济渎庙龙亭	金	计心单栱	✓			
	济源大明寺中殿	公元1327年	计心重栱	✓			
晋北	五台佛光寺东大殿	公元857年	1/3跳偷		✓		
	华严寺薄伽教藏殿	公元1038年	计心重栱		✓		
	应县佛宫寺释迦塔	公元1056年	1/3跳偷		✓		
	忻州金洞寺转角殿	公元1093年	1跳偷心		✓		
	定襄关王庙无梁殿	公元1123年	1跳偷心		✓		
	应县净土寺大殿	公元1124年	计心单栱	✓			
	定襄洪福寺三圣殿	公元1125年	计心重栱		✓		
	五台佛光寺文殊殿	公元1137年	计心单栱		✓		
	大同华严寺大雄殿	公元1140年	计心重栱		✓		
	朔县崇福寺弥陀殿	公元1143年	3跳偷心		✓		
	大同善化寺山门	公元1143年	计心重栱	✓			
	大同善化寺三圣殿	公元1143年	计心重栱	✓			
	大同善化寺大雄殿	公元1143年	计心重栱		✓		

所属地区	案例名称	建造年代	跳头偷心/计心	扶壁栱类型			
				①泥道重栱＋素方	②泥道单栱＋素方	③泥道重栱＋素方＋单栱	④令栱素方交叠
晋北	大同善化寺普贤阁	公元1154年	计心重栱		√		
	繁峙岩山寺文殊殿	公元1158年	计心单栱	√			
	荆庄大云寺大雄殿	金	计心单栱		√		
	朔县崇福寺观音殿	金	计心重栱	√			
	五台延庆寺大殿	金	1跳偷心		√		
	繁峙三圣寺大雄殿	金	计心重栱	√			
辽宁河北山东	正定文庙大成殿	五代?	1跳偷心		√		
	涞源阁院寺文殊殿	公元966年	1跳翼栱		√		
	蓟县独乐寺山门	公元984年	1跳偷心		√		
	蓟县独乐寺观音阁	公元984年	1/3跳偷		√		
	义县奉国寺大殿	公元1020年	1/3跳偷		√		
	宝坻广济寺三大士殿	公元1025年	计心重栱		√		
	正定隆兴寺摩尼殿	公元1052年	1跳偷心		√		
	易县开元寺观音殿⁴	公元1105年	1跳偷心		√		
	易县开元寺毗卢殿	公元1105年	计心重栱		√		
	易县开元寺药师殿	公元1105年	1跳偷心		√		
	新城开善寺大殿	辽	计心重栱		√		
	广饶关帝庙正殿	公元1129年	计心重栱	√			
	涉县成汤庙山门	公元1164年	计心单栱	√			
	曲阜孔庙8号碑亭	公元1195年	计心重栱	√			
	曲阜孔庙11号碑亭	公元1195年	计心重栱	√			
	正定隆兴寺转轮藏殿	金	计心单栱		√		
	正定隆兴寺慈氏阁	金	计心单栱	√			
苏南浙北	苏州虎丘云岩寺塔	公元959年	1跳偷心		√		
	杭州闸口白塔	公元960年	1跳偷心	√			
	杭州灵隐寺双石塔	公元960年	1跳偷心	√			
	杭州梵天寺经幢	公元965年	1跳偷心		√		
	杭州灵隐寺石经幢	公元969年	1跳偷心		√		
	苏州罗汉院双塔	公元982年	计心单栱		√		
	苏州瑞光塔内筒	公元1009年	1跳偷心	√			
	甪直保圣寺大殿	公元1013年	1跳偷心			√	
	常熟崇教兴福寺塔	公元1130年	计心重栱	√			
	苏州报恩寺塔内筒	公元1162年	计心单栱	√			
	湖州飞英塔内石塔	公元1162年	1跳偷心		√		

所属地区	案例名称	建造年代	跳头偷心/计心	扶壁栱类型			
				①泥道重栱+素方	②泥道单栱+素方	③泥道重栱+素方+单栱	④令栱素方交叠
苏南浙北	苏州玄妙观三清殿	公元1179年	1跳偷心	✓			
	(同上)内檐	公元1179年	1跳偷心				✓
	湖州飞英塔外塔	公元1236年	重栱计心		✓		
	杭州灵峰探梅石塔	南宋	计心单栱	✓			
	上海真如寺大殿	公元1320年	计心单栱	✓			
	苏州轩辕宫正殿	公元1338年	计心重栱	✓			
	苏州虎丘二山门	公元1338年	计心单栱	✓			
	苏州斜塘土地庙	元	单斗只替	✓			
浙东浙中	宁波保国寺大殿	公元1013年	1跳偷心				✓
	宁波横省石牌坊	宋元	1跳偷心	✓			
	宁波庙沟后石牌坊	宋元	1跳偷心				✓
	武义延福寺大殿	公元1317年	1跳偷心				✓
	金华天宁寺大殿	公元1318年	1跳偷心				✓
浙南闽北	福州华林寺大殿	公元964年	1/3跳偷				✓
	松阳延庆寺塔副阶	公元1002年	已毁				✓
	(同上)上层外檐	公元1002年	1跳偷心	✓			
	莆田元妙观三清殿	公元1015年	1/3跳偷				✓
	泰宁甘露庵南安阁	公元1165年	计心单栱				✓
	罗源陈太尉宫正殿	公元1239年	1跳偷心				✓
	景宁时思寺大殿	公元1356年	1/2跳偷				✓
广府	肇庆梅庵大殿	公元996年	1跳偷心			✓	
	广州光孝寺大殿	公元1127年	计心重栱			✓	

1 榆次宣承院正殿四铺作单假昂，跳头交互斗直接承托耍头，未用令栱或替木。

2 则天庙正殿扶壁配置为"单栱+素方（隐栱）+素方+单栱+替木+承椽枋"，较之典型令栱素方交叠多出素方一道。

3 宣梵寺大殿仅前后檐柱缝（前檐扶壁单栱、后檐扶壁重栱）及铺作部分（五铺作出两杪，第一杪头托通枋，第二杪头直接承替木绞耍头）保持金代特征。

4 易县开元寺观音殿自栌斗口内出半栱替木一组，华栱端头以单斗只替托撩风槫，若将半栱替木视作泥道栱、华栱变体，则其扶壁组成与单栱叠素方做法差仿仿佛，否则则为有枋无栱。

参 考 文 献

[1] （清）顾祖禹. 读史方舆纪要［M］. 北京：中华书局，2005.

[2] （北魏）郦道元. 水经注［M］. 重庆：重庆出版社，2008.

[3] 凤凰出版社编选. 中国地方志集成——山西府县志辑［M］. 南京：凤凰出版社，2005.

[4] （后晋）刘昫. 旧唐书［M］. 郑州：中州古籍出版社，1996.

[5] （宋）宋祁，欧阳修，范镇，等. 新唐书［M］. 郑州：中州古籍出版社，1996.

[6] （宋）薛居正，卢多逊，扈蒙，等. 旧五代史［M］. 郑州：中州古籍出版社，1996.

[7] （宋）欧阳修. 五代史记［M］. 北京：国家图书馆出版社，2006.

[8] （元）脱脱，铁木儿塔识，贺惟一，等. 宋史［M］. 郑州：中州古籍出版社，1996.

[9] （元）脱脱，欧阳玄，伯颜，等. 金史［M］. 郑州：中州古籍出版社，1996.

[10] （宋）李诚. 营造法式［M］. 北京：中国书店，2006.

[11] （唐）李吉甫. 元和郡县图志［M］//贺次君点校. 中国古代地理总志丛刊. 北京：中华书局，1983.

[12] （宋）司马光. 资治通鉴［M］. 吉林：吉林大学出版社，2009.

[13] （清）徐松. 宋会要辑稿［M］. 北京：中华书局，2012.

[14] （明）陈邦瞻. 宋史纪事本末［M］. 北京：中华书局，1977.

[15] （宋）徐梦莘. 三朝北盟会编［M］. 上海：上海古籍出版社，1987.

[16] （宋）李心传. 建炎以来系年要录［M］. 北京：中华书局，1988.

[17] （金）宇文懋昭. 大金国志［M］. 济南：齐鲁书社，1999.

[18] （元）马端临. 文献通考［M］. 北京：中华书局，2006.

[19] （宋）李焘. 续资治通鉴长编［M］. 上海：上海古籍出版社，2009.

[20] （清）胡聘之. 山右石刻丛编［M］. 山西人民出版社，1988.

[21] 中国公路交通史编审委员会. 中国古代道路交通史［M］. 北京：人民交通出版社，1994.

[22] 谭其骧. 中国历史地图集［M］. 北京：中国地图出版社，1996.

[23] 王文楚. 古代交通地理丛考［M］. 北京：中华书局，1996.

[24] 漆侠. 宋代经济史［M］. 上海：上海人民出版社，1987.

[25] 何俊哲，张达昌，于国石. 金朝史［M］. 北京：中国社会科学出版社，1992.

[26] 中国科学院自然科学史研究所. 中国古代建筑技术史［M］. 北京：科学出版社，1985.

[27] 梁思成. 营造法式注释［M］. 北京：中国建筑工业出版社，1983.

[28] 刘致平. 中国建筑类型及结构［M］. 北京：中国建筑工业出版社，1987.

[29] 刘敦桢. 中国古代建筑史［M］. 北京：中国建筑工业出版社，1984.

[30] 刘叙杰. 中国古代建筑史（第一卷）［M］. 北京：中国建筑工业出版社，2003.

[31] 陈明达. 营造法式大木作研究［M］. 北京：文物出版社，1981.

[32] 陈明达. 中国古代木结构技术（战国——北宋）［M］. 北京：文物出版社，1990.

[33] 潘谷西，何建中. 营造法式解读［M］. 南京：东南大学出版社，2005.

[34] 祁英涛. 祁英涛古建论文集［M］. 北京：华夏出版社，1992.

[35] 萧默. 敦煌建筑研究［M］. 北京：机械工业出版社，2003.

[36] 傅熹年. 傅熹年建筑史论文集［M］. 北京：文物出版社，1998.

[37] 陈明达. 陈明达古建筑与雕塑史论 [M]. 北京：文物出版社，1998.

[38] 傅熹年. 中国古代建筑十论 [M]. 上海：复旦大学出版社，2004.

[39] 傅熹年. 中国古代建筑史（第二卷）[M]. 北京：中国建筑工业出版社，2003.

[40] 汉宝德. 斗栱的起源与发展 [M]. 台北：明文书局，1988.

[41] 郭黛姮. 中国古代建筑史（第三卷）[M]. 北京：中国建筑工业出版社，2003.

[42] 傅熹年. 中国科学技术史（建筑卷）[M]. 北京：科学出版社，2008.

[43] 傅熹年. 傅熹年建筑史论文选 [M]. 天津：百花文艺出版社，2009.

[44] 柴泽俊. 柴泽俊古建筑文集 [M]. 北京：文物出版社，1999.

[45] 张十庆. 中日古代建筑大木技术的源流与变迁 [M]. 天津：天津大学出版社，2004.

[46] 国家文物局. 中国文物地图集（山西分册）[M]. 北京：中国地图出版社，2006.

[47] 张驭寰. 上党古建筑 [M]. 天津：天津大学出版社，2009.

[48] 张十庆. 中国江南禅宗寺院建筑 [M]. 武汉：湖北教育出版社，2002.

[49] 山西省文物局. 山西文物建筑保护五十年初编 [Z]. 内部刊行稿，2006.

[50] 曾晨宇. 凝固的艺术魂魄——晋东南地区早期古建筑考察 [M]. 北京：学苑出版社，2005.

[51] 贺大龙. 长治五代建筑新考 [M]. 北京：文物出版社，2008.

[52] 陈明达. 营造法式辞解 [M]. 天津：天津大学出版社，2010.

[53] 孙儒僩、孙毅华. 解读敦煌——中世纪建筑画 [M]. 上海：华东师范大学出版社，2010.

[54] 杨宽. 中国历代尺度考 [M]. 北京：商务印书馆，1955.

[55] 金其鑫. 中国古代建筑尺寸设计研究——论周易蓍尺制度 [M]. 合肥：安徽科学技术出版社，1992.

[56] 丘光明，邱隆，杨平. 中国科学技术史（度量衡卷）[M]. 北京：科学出版社，2001.

[57] 傅熹年. 中国古代城市规划建筑群布局及建筑设计方法研究 [M]. 北京：建筑工业出版社，2001.

[58] 张良皋. 匠学七说 [M]. 北京：中国建筑工业出版社，2002.

[59] 肖旻. 唐宋古建筑尺度规律研究 [M]. 南京：东南大学出版社，2006.

[60] 王立平. 文物保护工程典型案例（第二辑·山西专辑）[M]. 北京：科学出版社，2009.

[61] 王贵祥、刘畅、段智均. 中国古代木结构建筑比例与尺度研究 [M]. 北京：中国建筑工业出版社，2011.

[62] 大冈实. 日本建筑样式 [M]. 东京：常盘书房，1935.

[63] 日本建筑学会. 日本建筑史图集 [M]. 东京：彰国，2005.

[64] 浅野清. 奈良时代建筑の研究 [M]. 东京：中央公论美术出版社，1969.

[65] 太田博太郎. 建筑学大系4-Ⅰ日本建筑史 [M]. 东京：彰国社，1979.

[66] 天沼俊一. 日本建筑细部变迁小图录 [M]. 京都：星野书店，1944.

[67] 饭田须贺斯. 中国建筑の日本建筑に及ばせる影响 [M]. 东京：相模书房，1953.

[68] 中国营造学社编. 中国营造学社汇刊 [M]. 北京：知识产权出版社，2006.

[69] 梁思成. 中国建筑史 [M]. 天津：百花文艺出版社，1998.

[70] 秦孝仪. 宫室楼阁之美——界画特展 [Z]. 台北：国立故宫博物院，2000.

[71] 马炳坚. 中国古建筑木作营造技术 [M]. 北京：科学出版社，2003.

[72] 上海现代建筑设计集团有限公司. 共同的遗产 [M]. 北京：中国建筑工业出版社，2009.

[73] 古代建筑修整所. 晋东南潞安、平顺、高平和晋城四县的古建筑 [J]. 文物参考资料，1958

（03）：26-42.

[74] 酒冠五. 大云院 [J]. 文物参考资料，1958（03）：43-44.

[75] 朱希元. 晋东南潞安、平顺、高平和晋城四县的古建筑（续）[J]. 文物参考资料，1958（04）：44-48.

[76] 酒冠五. 山西慈林山法兴禅寺 [J]. 文物参考资料，1958（04）：59-60.

[77] 柴泽俊. 山西古建筑历史地位和文化价值刍议 [C] //2010 年三晋文化研讨会论文集，2010：40-59.

[78] 殷亚方，罗彬，张之平，等. 晋东南古建筑木结构用材树种鉴定研究 [J]. 文物世界，2010（04）：33-37.

[79] 雷生霖，畅红霞，孙先徒，等. 晋东南地区早期文化的考古调查与初步认识 [J]. 文博，2011（02）：3-12.

[80] 王曜. 晋东南地区寺庙石窟考察 [J]. 艺术评论，2007（11）：80-81.

[81] 张十庆. 古代营建技术中的"样"、"造"、"作" [M] //张复合主编. 建筑史论文集（第 15辑）. 2002：37-41.

[82] 杨子荣. 试论山西元代以前木构建筑的保护 [J]. 文物季刊，1994（01）：62-67.

[83] 徐崇寿. 山西行政区域沿革考略. 北京：清华大学出版社，[M] //三晋文化研究会学术部主管. 三晋文化研究论丛（第 1 辑）. 太原：山西人民出版社，1994：223-285.

[84] 刘毓庆. 晋东南及其周边神话与中国文化及文学之精神 [J]. 中州学刊，2005（01）：170-171.

[85] 冯国栋. 宋代佛教史学略论 [J]. 史学史研究，2005（02）：55-62.

[86] 程民生. 论宋代佛教的地域性差异 [J]. 世界宗教研究，1997（03）：38-47.

[87] 杨曾文. 唐五代禅宗在今山西地区的传播 [J]. 佛学研究，1999（06）：306-314.

[88] 李会智，高天. 山西晋城青莲寺史考 [J]. 文物世界，2003（01）：24-32.

[89] 李会智，高天. 山西晋城青莲寺佛教发展之脉络 [J]. 文物世界，2003（03）：18-23.

[90] 宋文强. 平顺龙门寺历史沿革考 [J]. 文物世界，2010（03）：52-57.

[91] 梁瑞强. 平顺大云院五代壁画略述 [J]. 山西档案，2012（04）：16-21.

[92] 张薇薇. 晋东南地区二仙文化的历史渊源及庙宇分布 [J]. 文物世界，2009（02）：24-31.

[93] 段友友，刘彦. 晋东南成汤崇拜的巫觋文化意蕴考论 [J]. 中国文化研究，2008（03）：152-165.

[94] 朱向东，姚晓. 商汤文化对晋东南宋金祭祀建筑的影响——以下交汤帝庙为例 [J]. 华中建筑，2011（01）：157-161.

[95] 李留文. 豫西北与晋东南二仙信仰比较研究——兼论区域文化之间的互动 [J]. 世界宗教研究，2010（10）：81-86.

[96] 朱向东、刘芳. 中国传统文化影响下的寺院空间形态分析——以宋、金时期晋东南佛寺建筑为例 [J]. 古建园林技术，2011（01）：43-45.

[97] 张君梅. 从民间祠祀的变迁看三教融合的文化影响——以晋东南村庙为考察中心 [J]. 文化遗产，2011（03）：116-122.

[98] 赵世瑜. 从贤人到水神：晋南与太原的区域演变与长程历史——兼论山西历史的两个"历史性时刻" [J]. 社会科学，2011（02）：162-171.

[99] 陈明达. 关于《营造法式》的研究 [M] //张复合主编. 建筑史论文集（第 11 辑）. 北京：

清华大学出版社，1999：43-52.

[100]　陈明达. 读《营造法式》注释（卷上）札记 [M] //张复合主编. 建筑史论文集（第 12
辑）. 北京：清华大学出版社，2000：25-41.

[101]　徐伯安. 我国古代木构建筑结构体系的确立及其原生形态 [M] //张复合主编. 建筑史论文
集（第 15 辑）. 北京：清华大学出版社，2002：8-36.

[102]　张十庆. 从建构思维看古代建筑结构的类型与演化 [J]. 建筑师，2007（02）：168-171.

[103]　钟晓青. 斗栱、铺作与铺作层 [M] //王贵祥主编. 中国建筑史论汇刊（第 1 辑）. 北京：
清华大学出版社，2009：3-26.

[104]　张海啸. 北魏宋绍祖墓石室研究 [J]. 文物世界，2005（01）：33-40.

[105]　莫宗江. 涞源阁院寺文殊殿 [M] //清华大学建筑工程系. 建筑史论文集（第 2 辑）. 1979：
51-71.

[106]　徐怡涛. 河北涞源阁院寺文殊殿建筑年代鉴别研究 [M] //张复合主编. 建筑史论文集（第
16 辑）. 北京：清华大学出版社，2002：82-94.

[107]　刘临安. 中国古代建筑的纵向构架 [J]. 文物，1997（06）：68-73.

[108]　贾洪波. 也论中国古代建筑的减柱、移柱做法 [J]. 华夏考古，2012（04）：96-113.

[109]　董广强. 从麦积山石窟看北朝木构建筑的发展 [J]. 丝绸之路，1997（11）：46.

[110]　杨秉纶、王贵祥、钟晓青. 福州华林寺大殿 [M] //清华大学建筑系编. 建筑史论文集（第
9 辑）. 北京：清华大学出版社，1988：1-32.

[111]　陈文忠. 莆田元妙观三清殿建筑初探 [J]. 文物，1996（07）：78-88.

[112]　吴玉敏. 从唐到宋中国殿堂型建筑铺作的发展 [J]. 古建园林技术，1997（01）：19-25.

[113]　颜华. 山东广饶关帝庙正殿 [J]. 文物，1995（01）：59-63.

[114]　何建中. 何谓《营造法式》之"槽" [J]. 古建园林技术，2003（03）：41-43.

[115]　朱永春.《营造法式》殿阁地盘分槽图新探 [J]. 建筑师，2006（06）：79-82.

[116]　刘智敏. 开善寺大雄宝殿修缮工程设计深化与现场实施 [J]. 古建园林技术，2005（03）：
37-42.

[117]　王辉. 试从北宋少林寺初祖庵大殿分析江南技术对《营造法式》的影响 [J]. 华中建筑，
2003（03）：104-107.

[118]　刘畅，刘梦雨，王雪莹. 平遥镇国寺万佛殿大木结构测量数据解读 [M] //王贵祥主编. 中
国建筑史论汇刊（第 5 辑）. 北京：清华大学出版社，2012：101-148.

[119]　冯继仁. 中国古代木构建筑的考古学断代 [J]. 文物，1995（10）：43-68.

[120]　李会智. 山西现存早期木结构建筑区域特征浅探（上）[J]. 文物世界，2004（02）：22-29.

[121]　李会智. 山西现存早期木结构建筑区域特征浅探（中）[J]. 文物世界，2004（03）：9-18.

[122]　李会智. 山西现存早期木结构建筑区域特征浅探（下）[J]. 文物世界，2004（04）：22-29.

[123]　朱向东，王敏. 晋东南村庙建筑形态分析 [J]. 科技情报开发与经济，2007（06）：
167-170.

[124]　王书林，徐怡涛. 晋东南五代宋金时期柱头铺作里跳形制分期及区域流变研究 [J]. 山西大
同大学学报：自然科学版，2009（08）：79-85.

[125]　孟超，刘妍. 晋东南歇山建筑的梁架做法综述与统计分析——晋东南地区唐至金歇山建筑
研究之一 [J]. 古建园林技术，2008（02）：3-9.

[126]　刘妍，孟超. 晋东南歇山建筑与《营造法式》殿堂造做法比较——晋东南地区唐至金歇山

建筑研究之二［J］. 古建园林技术，2008（04）：8-13.

［127］ 刘妍，孟超. 晋东南歇山建筑"典型"做法的构造规律——晋东南地区唐至金歇山建筑研究之三［J］. 古建园林技术，2011（01）：20-25.

［128］ 刘妍，孟超. 晋东南歇山建筑"典型"做法的构造规律——晋东南地区唐至金歇山建筑研究之四［J］. 古建园林技术，2011（02）：7-11.

［129］ 聂磊. 浊漳河流域的文化遗产［J］. 文物世界，2012（03）：44-48.

［130］ 贺婧，朱向东. 山西东南地区宋代建筑特色探析——以晋城二仙庙为例［J］. 文物世界，2010（03）：39-41.

［131］ 滑辰龙. 沁县普照寺大殿勘察报告［J］. 文物季刊，1996（01）：36-43.

［132］ 赵建斌，段文昌，任惠霞，等. 晋城金代古戏台概说［J］. 文物世界，2008（05）：3-8.

［133］ 吴静品. 长治北石槽三嵕庙西配殿构造浅析［J］. 古建园林技术，2002（03）：49-51.

［134］ 叶建华. 武乡会仙观三清殿修缮工程研究［J］. 洛阳大学学报，2007（12）：85-89.

［135］ 李玉民，刘宝兰. 晋城冶底岱庙天齐殿建筑与艺术风格浅析［J］. 文物世界，2008（06）：50-54.

［136］ 刘畅、张荣、刘煜. 西溪二仙庙后殿建筑历史痕迹解析［M］//贾珺主编. 建筑史（第23辑）. 北京：清华大学出版社，2008（07）.

［137］ 耿莉玲. 太原宋金木结构建筑特点［J］. 文物世界，2007（03）：27-30.

［138］ 肖迎九. 清源文庙大成殿建筑特征分析［J］. 文物世界，2011（04）：38-42.

［139］ 李会智，马琴. 汾阳虞城村五岳庙五岳殿结构分析及时代考［J］. 文物世界，2003（05）：28-35.

［140］ 朱向东，刘旭峰. 山西汾阳太符观昊天殿建筑特征分析［J］. 中外建筑，2011（01）：81-82.

［141］ 李会智. 文水则天庙后殿结构分析［J］. 古建园林技术，2000（06）：7-11.

［142］ 李有成. 定襄县关王庙构造浅探［J］. 古建园林技术，1995（04）：4-8.

［143］ 史国亮. 阳泉关王庙大殿［J］. 古建园林技术，2003（06）：40-44.

［144］ 常学文，孙书鹏. 浑源荆庄大云寺大雄宝殿勘测报告［J］. 文物世界，2004（06）：23-25.

［145］ 王琼，朱向东. 滹沱河流域特征对忻州地区宋金建筑的影响［J］. 科技情报开发与经济，2012（06）：140-143.

［146］ 李艳蓉，张福贵. 忻州金洞寺转角殿勘察简报［J］. 文物世界，2004（06）：38-41.

［147］ 李有成. 山西定襄洪福寺［J］. 文物季刊，1993（01）：22-26.

［148］ 李有成，廉考文. 繁峙县岩山寺文殊殿［J］. 古建园林技术，1986（04）：49-57.

［149］ 李有成. 繁峙境内的三圣寺［J］. 五台山研究，1987（03）：31-32.

［150］ 滑辰龙. 佛光寺文殊殿的现状及修缮设计［J］. 古建园林技术，1995（04）：33-44.

［151］ 贾红艳. 浅析万荣稷王庙正殿的建筑特点及价值［J］. 文物世界，2010（02）：32-35.

［152］ 滑辰龙. 太阴寺大雄宝殿修缮设计［J］. 古建园林技术，2000（04）：44-51.

［153］ 杨焕成. 河南宋代建筑浅谈［J］. 中原文物，1990（04）：109-117.

［154］ 李震，徐千里，刘志勇. 济渎庙寝宫建筑研究［J］. 华中建筑，2003（06）：95-98.

［155］ 曹国正. 济源奉仙观三清大殿浅析［J］. 古建园林技术，2005（02）：13-16.

［156］ 温静. 辽金木构建筑的补间铺作与建筑立面表现［C］//第五届中国建筑史学国际研讨会会议论文集，2010：463-471.

[157] 徐伯安，郭黛姮.《营造法式》术语汇释——壕寨、石作、大木作部分 [M] //清华大学建筑系编. 建筑史论文集（第 6 辑）. 北京：清华大学出版社，1984：1-79.

[158] 杜启明. 宋《营造法式》今误十正 [J]. 中原文物，1992（01）：51-57.

[159] 王鲁民. 说"昂"[J]. 古建园林技术，1996（04）：37-40.

[160] 吴庆洲. 肇庆梅庵 [M] //清华大学建筑系编. 建筑史论文集（第 8 辑）. 北京：清华大学出版社，1987：21-33.

[161] 沈聿之. 斜栱演变及普拍枋的作用 [J]. 自然科学史研究，1995（02）：176-183.

[162] 肖旻. 翼形栱探析 [J]. 古建园林技术，1997（01）：34-37.

[163] 黄滋. 元代古刹延福寺及其大殿的维修对策 [C] //中国文物保护技术协会. 中国文物保护技术协会第二届学术年会论文集. 2002：413-418.

[164] 贾洪波. 关于宋式建筑几个大木构件问题的探讨 [J]. 故宫博物院院刊，2010（03）：91-109.

[165] 徐怡涛. 公元七至十四世纪中国扶壁形制流变研究 [J]. 故宫博物院院刊，2005（05）：86-101，368-369.

[166] 徐怡涛. 从公元七至十六世纪扶壁栱形制演变看中日建筑渊源 [J]. 故宫博物院院刊，2009（01）：37-43.

[167] 张十庆. 南方上昂与挑斡做法探析 [M] //张复合主编. 建筑史论文集（第 16 辑）. 北京：清华大学出版社，2002：31-45.

[168] 姜铮. 唐宋木构中襻间的形制与构成思维研究 [M] //贾珺主编. 建筑史（第 28 辑）. 北京：清华大学出版社，2012：83-93.

[169] 朱光亚. 探索明代江南大木做法的演进 [J]. 南京工学院学报，1983（02）：100-117.

[170] 张十庆. 略论山西地区角翘之做法及其特点 [J]. 古建园林技术，1992（04）：47-50.

[171] 萧默. 屋角起翘缘起及其流布 [M] //中国建筑学会建筑历史学术委员会主编. 建筑历史与理论（第 2 辑）. 南京：江苏人民出版社，1981：17-32.

[172] 高念华. 对江南地区角翘问题的几点看法 [J]. 古建园林技术，1987（02）：56-60.

[173] 李会智. 古建筑角梁构造与翼角生起略述 [J]. 文物季刊，1999（03）：48-51.

[174] 贾洪波. 中国古代建筑的屋顶曲线之制 [J]. 故宫博物院院刊，2000（05）：49-61.

[175] 李江，吴葱. 歇山建筑结构做分类与屋顶组合探析 [J]. 建筑学报，2010（S1）：106-108.

[176] 李灿.《营造法式》中的翼角构造初探 [J]. 古建园林技术，2003（02）：49-56.

[177] 李灿.《营造法式》中厦两头造出际制度释疑 [J]. 古建园林技术，2006（02）：15-19.

[178] 李灿.《营造法式》中翼角檐细部处理及起翘探讨 [J]. 古建园林技术，2006（03）：8-9.

[179] 岳青，赵晓梅，徐怡涛. 中国建筑翼角起翘形制源流考 [J]. 中国历史文物，2009（01）：71-79.

[180] 乔迅翔.《营造法式》大木作料例研究 [M] //贾珺主编. 建筑史（第 28 辑）. 北京：清华大学出版社，2012：81-87.

[181] 丘光明. 中国古代度量衡标准 [J]. 考古与文物，2002（03）：89-96.

[182] 曾武秀. 中国历代尺度概述 [J]. 历史研究，1964（03）：163-182.

[183] 陈梦家. 亩制与里制 [J]. 考古，1966（01）：36-45.

[184] 高青山，王晓斌. 从金代的官印考察金代的尺度 [J]. 辽宁大学学报，1986（04）：74-76.

[185] 杨平. 从元代官印看元代的尺度 [J]. 考古，1997（08）：86-90.

[186] 李浈. 官尺、营造尺、鲁班尺，古代建筑实践中用尺制度初探 [M] //杨鸿勋主编. 建筑历史与理论（第 10 辑）. 北京：科学出版社，2009：11-21.

[187] 陈连洛，郝临山. 中国古代营造尺及相关古尺长度比较研究 [J]. 大同大学学报：自然科学版，2012（01）：89-93.

[188] 王春波. 唐——北宋木结构建筑"平面尺寸"之分析 [J]. 文物季刊，1993（01）：27-30.

[189] 杜启明. 宋《营造法式》设计模数与规程论 [J]. 中原文物，1999（03）：66-77.

[190] 杜启明. 宋《营造法式》大木作设计模数论 [J]. 古建园林技术，1999（04）：39-47.

[191] 张十庆.《营造法式》研究札记——论"以中为法"的模数构成 [M] //张复合主编. 建筑史论文集（第 13 辑）. 北京：清华大学出版社，2000：111-118.

[192] 杜启明. 关于《营造法式》中建筑与设计模数的研究 [M] //杨鸿勋主编. 营造（第一届中国建筑史学国际研讨会论文选辑），2001：210-221.

[193] 张十庆. 部分与整体——中国古代建筑模数制发展的两大阶段 [M] //贾珺主编. 建筑史（第 21 辑）. 北京：清华大学出版社，2005：45-50.

[194] 王贵祥. $\sqrt{2}$ 与唐宋建筑柱檐关系 [M] //中国建筑学会建筑历史学术委员会主编. 建筑历史与理论（第 3、4 辑）. 南京：江苏人民出版社，1982：137-144.

[195] 郭黛姮. 论中国古代木构建筑的模数制 [M] //清华大学建筑系编. 建筑史论文集（第 5 辑）. 北京：清华大学出版社，1983：31-47.

[196] 王贵祥. 关于唐宋建筑外檐铺作的几点初步探讨 [J]. 古建园林技术，1986（04）：8-12；1987（01）：43-46；1987（02）：39-43.

[197] 王贵祥. 唐宋单檐木构建筑平面与立面比例规律的探讨 [J]. 北京建筑工程学院学报，1989（02）：49-70.

[198] 张十庆.《营造法式》八棱模式与应县木塔的尺度设计 [M] //贾珺主编. 建筑史（第 25 辑）. 北京：清华大学出版社，2009：1-9.

[199] 林哲. 以管窥豹尤有一得——山西朔州崇福寺弥陀殿大木作营造尺及比例初探 [J]. 古建园林技术，2002（03）：6-9.

[200] 刘畅. 中国古代大木结构尺度设计算法刍议 [M] //贾珺主编. 建筑史（第 24 辑）. 北京：清华大学出版社. 2009：23-36.

[201] 张十庆. 是比例关系还是模数关系——关于法隆寺建筑尺度规律的再探讨 [J]. 建筑师，2005（05）：92-96.

[202] 王春波. 山西平顺晚唐建筑天台庵 [J]. 文物，1993（06）：34-43.

[203] 徐振江. 平顺天台庵正殿 [J]. 古建园林技术，1989（03）：51-52.

[204] 徐怡涛、苏林. 山西长子慈林镇布村玉皇庙 [J]. 文物，2009（06）：87-96.

[205] 贺大龙. 潞城原起寺大雄宝殿年代新考 [J]. 文物，2011（01）：59-74.

[206] 陈海荣. 长子崇庆寺千佛殿修缮保护工程 [G] //山西省文物局. 山西文物建筑保护五十年. 2006：396-400.

[207] 马吉宽. 平顺龙门寺大雄宝殿勘察报告 [J]. 文物季刊，1992（04）：22-28.

[208] 冯冬青. 龙门寺保护规划 [J]. 古建园林技术，1994（01）：32-39.

[209] 高天，段智钧. 平顺龙门寺大殿大木结构用尺与用材探讨 [M] //王贵祥主编. 中国建筑史论汇刊（第 4 辑）. 北京：清华大学出版社，2011：224-238.

[210] 李会智，李德文. 高平游仙寺建筑现状及毗卢殿结构特征 [J]. 文物世界，2006（05）：

31-38.

[211] 常亚平，卢宝琴. 晋城市古青莲寺大佛殿设计构想 [J]. 古建园林技术，1997（01）：53-57.

[212] 马吉宽. 晋城青莲寺修缮保护工程 [G] //山西省文物局. 山西文物建筑保护五十年. 2006：421-426.

[213] 马吉宽. 陵川北吉祥寺前殿维修工程概述 [J]. 古建园林技术，2010（02）：19-24.

[214] 纪伟. 山西平顺九天圣母庙保护修缮工程 [J]. 古建园林技术，2010（03）：16-19.

[215] 贺大龙. 长治正觉寺修缮保护工程 [G] //山西省文物局. 山西文物建筑保护五十年. 2006：408-412.

[216] 徐怡涛. 山西平顺回龙寺测绘调研报告 [J]. 文物，2003（04）：52-60.

[217] 张驭寰. 陵川龙岩寺金代建筑及金代文物 [J]. 文物，2007（03）：82-85.

[218] 李会智，赵曙光，郑林有. 山西陵川西溪真泽二仙庙 [J]. 文物季刊，1998（02）：3-25.

[219] 刘畅，刘芸，李倩怡. 山西陵川北马村玉皇庙大殿之七铺作斗栱 [M] //王贵祥主编. 中国建筑史论汇刊（第4辑）. 北京：清华大学出版社，2011：169-198.

[220] 陈明达. 唐宋木结构建筑实测数据表 [M] //贺业矩编. 建筑历史研究. 北京：中国建筑工业出版社，1992：231-261.

[221] 傅熹年. 中国古代建筑外观设计手法初探 [J]. 文物，2001（01）：74-79.

[222] 王贵祥. 唐宋单檐木构建筑比例探析 [M] //杨鸿勋编. 营造（第一届中国建筑史学国际研讨会论文选辑）. 北京：文津出版社，2001：226-247.

[223] 王贵祥. 关于唐宋单檐木构建筑平面比例问题的一些初步探讨 [M] //张复合主编. 建筑史论文集（第15辑）. 北京：清华大学出版社，2002：50-64.

[224] 王贵祥. 唐宋时期建筑平面比例中不同开间级差系列探讨 [C] //纪念宋《营造法式》刊行900周年暨宁波保国寺大殿建成990周年学术研讨会论文集，2003：234-256.

[225] 乔迅翔. 《营造法式》大木作功限研究 [M] //杨鸿勋编. 建筑历史与理论（第10辑）. 北京：科学出版社，2009：68-84.

[226] 李浈. 试论古建筑技术史研究的"节点" [J]. 华中建筑，1997（04）：50-51.

[227] 朱光亚. 中国古代木结构谱系再研究 [C] //全球视野下的中国建筑遗产——第四届中国建筑史学国际研讨会论文集，2007：385-390.

[228] 徐怡涛. 文物建筑形制年代学研究原理与单体建筑断代方法 [M] //王贵祥主编. 中国建筑史论汇刊（第2辑）. 北京：清华大学出版社，2009：487-494.

[229] 傅熹年. 中国古代的建筑画 [J]. 文物，1998（03）：75-94.

[230] 傅东光. 画中楼阁——故宫博物院收藏的中国古代建筑画 [J]. 故宫博物院院刊，1999（02）：52-66，63-64.

[231] 王贵祥. 建筑历史研究方法论刍议 [M] //张复合主编. 建筑史论文集（第14辑）. 北京：清华大学出版社，2001：221-228.

[232] 杨鸿勋. 中国建筑史学史概说 [M] //张复合主编. 建筑史论文集（第11辑）. 北京：清华大学出版社，1999：192-200.

[233] 杨鸿勋. 中国建筑考古学概说 [M] //张复合主编. 建筑史论文集（第12辑），北京：清华大学出版社，2000：152-165.

[234] 杨玮，何婷. 晋东南古建保护感想 [C] //全球视野下的中国建筑遗产——第四届中国建筑

史学国际研讨会论文集，2007：525-526.

[235] 贺大龙. 长治宋代"舞楼"引发的思考［N］. 中国文物报，2012-6-1.

[236] 宋文强，秦书源. 浅析浊漳河谷地古建筑申报世界文化遗产的可行性与必要性［J］. 沧桑，2011（02）：36-38.

[237] 赵琳. 宋元江南建筑的技术特征［D］. 南京：东南大学建筑研究所，1998.

[238] 王辉.《营造法式》与江南建筑——《营造法式》中江南木构技术因素探析［D］. 南京：东南大学建筑研究所，2000.

[239] 李开然. 春别江右，月落中原——10世纪后之中国建筑南北比较［D］. 南京：东南大学建筑学院，2000.

[240] 徐怡涛. 长治、晋城地区的五代、宋、金寺庙建筑［D］. 北京：北京大学考古文博学院，2003.

[241] 温玉清. 二十世纪中国建筑史学研究的历史、观念与方法［D］. 天津：天津大学建筑学院，2006.

[242] 薛磊. 山西祠庙建筑构造形态分析［D］. 太原：太原理工大学建筑与土木工程学院，2008.

[243] 张高岭. 怀庆府金元木构建筑研究［D］. 开封：河南大学历史文化学院，2008.

[244] 杨玮. 晋东南地区不同环境背景下文物建筑保护规划的对策研究［D］. 西安：西安建筑科技大学建筑学院，2009.

[245] 成丽. 宋《营造法式》研究史初探［D］. 天津：天津大学建筑学院，2010.

[246] 贺婧. 宋金时期晋东南建筑地域文化特色探析［D］. 太原：太原理工大学建筑与土木工程学院，2010.

[247] 赵春晓. 宋代歇山建筑研究［D］. 西安：西安建筑科技大学建筑学院，2010.

[248] 杜卓慧. 晋东南地区石刻文物的音乐图像研究［D］. 太原：山西大学音乐学院，2010.

[249] 林士超. 台湾与闽东南歇山殿堂大木结构之研究［D］. 南京：东南大学建筑学院，2011.

[250] 任林平. 晋中南地区宋金墓葬研究［D］. 南京：南京大学，2012.

[251] 赵立芝. 山西壶关二仙信仰祭祀仪式研究［D］. 临汾：山西师范大学文学院，2012.

[252] 姜铮.《营造法式》与唐宋厅堂构架技术的关联性研究——以铺作构造的演变为视角［D］. 南京：东南大学建筑研究所，2012.

[253] 唐聪. 两宋时期的木造现象及其工匠意识探析——从保国寺大殿与《营造法式》的构件体系比较入手［D］. 南京：东南大学建筑研究所，2012.

[254] 陈明达. 应县木塔［M］. 北京：文物出版社，1980.

[255] 祁英涛、柴泽俊. 南禅寺大殿修缮复原工程技术报告［R］. 山西古建筑培训班（内部油印本），1981.

[256] 柴泽俊. 中国古代建筑朔州崇福寺［M］. 北京：文物出版社，1996.

[257] 柴泽俊. 太原晋祠圣母殿修缮工程报告［M］. 北京：文物出版社，2000.

[258] 张秀生. 正定隆兴寺［M］. 北京：文物出版社，2000.

[259] 山西省古建筑保护研究所. 朔州崇福寺弥陀殿修缮工程报告［M］. 北京：文物出版社，2006.

[260] 陈明达. 蓟县独乐寺［M］. 天津：天津大学出版社，2007.

[261] 杨新. 中国古代建筑蓟县独乐寺［M］. 北京：文物出版社，2007.

[262] 建筑文化考察组. 义县奉国寺［M］. 天津：天津大学出版社，2008.

[263] 齐平，柴泽俊，张武安. 大同华严寺 [M]. 北京：文物出版社，2008.

[264] 吕舟. 佛光寺东大殿建筑勘察研究报告 [M]. 北京：文物出版社，2011.

[265] 张十庆，喻梦哲，姜铮，等. 宁波保国寺大殿勘测分析与基础研究 [M]. 南京：东南大学出版社，2012.

[266] 山西省古建筑保护研究所（贺大龙主持）. 平顺县佛头寺保护修缮工程实测图 [Z]. 2007.

[267] 郭黛姮. 东来第一山——保国寺 [M]. 北京：文物出版社，2003.

[268] 诸葛净. 苏州东山轩辕宫正殿测绘图（国家文物局指南针计划专项）[Z]. 2010.

[269] 山西省古建筑保护研究所，平遥县宏博古建筑勘测设计事务所. 陵川县南吉祥寺修缮修复工程设计施工图 [Z]. 2004.

[270] 山西省古建筑保护研究所（齐云飞主持）. 晋城二仙庙修缮工程设计方案 [Z]. 2005.